全国普通高等学校机械类"十二五"规划系列教材

# 互换性与测量技术

主　编　刘美华　张秀娟

副主编　吴林峰　李连进

参　编　赵　敏　余庆玲

　　　　刘昱彤　孟　毅

华中科技大学出版社

中国·武汉

# 内 容 简 介

本书系统地阐述了产品几何技术规范(GPS)中的主要国家标准,侧重介绍概念和标准的应用,对测量部分着重介绍测量基本知识和误差处理方法。全书共 10 章,内容包括绪论、测量技术基础、极限与配合、尺寸检测与测量仪器选择、几何公差、表面粗糙度、尺寸链、常用结合件的精度设计、渐开线圆柱齿轮的精度设计,以及单级减速器中典型零件的精度设计示例等。

本书可供高等院校机械类和近机类专业"互换性与测量技术"课程教学使用,也可供机械制造工程技术人员参考。

**图书在版编目(CIP)数据**

互换性与测量技术/刘美华　张秀娟　主编.—武汉:华中科技大学出版社,2013.2 (2025.7 重印)
ISBN 978-7-5609-8478-0

Ⅰ. 互…　Ⅱ. ①刘 …　②张…　Ⅲ. ①零部件-互换性-高等学校-教材 ②零部件-测量技术-高等学校-教材
Ⅳ. TG801

中国版本图书馆 CIP 数据核字(2012)第 257788 号

**互换性与测量技术**　　　　　　　　　　　　　　　　　刘美华　张秀娟　主编

策划编辑:俞道凯
责任编辑:刘　勤
封面设计:范翠璇
责任校对:刘　竣
责任监印:张正林
出版发行:华中科技大学出版社(中国·武汉)　　电话:(027)81321913
　　　　　武汉市东湖新技术开发区华工科技园　　邮编:430223
录　排:华中科技大学惠友文印中心
印　刷:武汉邮科印务有限公司
开　本:787mm×1092mm　1/16
印　张:15.5
字　数:396 千字
版　次:2025 年 7 月第 1 版第 4 次印刷
定　价:49.80 元

# 全国普通高等学校机械类"十二五"规划系列教材

# 编审委员会

顾　问：**李培根**　华中科技大学

　　　　**林萍华**　华中科技大学

主　任：**吴昌林**　华中科技大学

副主任：（按姓氏笔画顺序排列）

王生武　邓效忠　轧　钢　庄哲峰　吴　波　何岭松

陈　炜　杨家军　杨　萍　竺志超　高中庸　谢　军

委　员：（排名不分先后）

许良元　程荣龙　曹建国　郭克希　朱贤华　贾卫平

丁晓非　张生芳　董　欣　庄哲峰　蔡业彬　许泽银

许德璋　叶大鹏　李耀刚　耿　铁　邓效忠　宫爱红

成经平　刘　政　王连弟　张庐陵　张建国　郭润兰

张永贵　胡世军　汪建新　李　岚　杨术明　杨树川

李长河　马晓丽　刘小健　汤学华　孙恒五　聂秋根

赵　坚　马　光　梅顺齐　蔡安江　刘俊卿　龚曙光

吴凤和　李　忠　罗国富　张　鹏　张高君　柴保明

孙　未　何　庆　李　理　孙文磊　李文星　杨咸启

秘　书：

俞道凯　万亚军

全国普通高等学校机械类"十二五"规划系列教材

# 序

　　"十二五"时期是全面建设小康社会的关键时期,是深化改革开放、加快转变经济发展方式的攻坚时期,也是贯彻落实《国家中长期教育改革和发展规划纲要(2010—2020年)》的关键五年。教育改革与发展面临着前所未有的机遇和挑战。以加快转变经济发展方式为主线,推进经济结构战略性调整、建立现代产业体系,推进资源节约型、环境友好型社会建设,迫切需要进一步提高劳动者素质,调整人才培养结构,增加应用型、技能型、复合型人才的供给。同时,当今世界处在大发展、大调整、大变革时期,为了迎接日益加剧的全球人才、科技和教育竞争,迫切需要全面提高教育质量,加快拔尖创新人才的培养,提高高等学校的自主创新能力,推动"中国制造"向"中国创造"转变。

　　为此,近年来教育部先后印发了《教育部关于实施卓越工程师教育培养计划的若干意见》(教高[2011]1号)、《关于"十二五"普通高等教育本科教材建设的若干意见》(教高[2011]5号)、《关于"十二五"期间实施"高等学校本科教学质量与教学改革工程"的意见》(教高[2011]6号)、《教育部关于全面提高高等教育质量的若干意见》(教高[2012]4号)等指导性意见,对全国高校本科教学改革和发展方向提出了明确的要求。在上述大背景下,教育部高等学校机械学科教学指导委员会根据教育部高教司的统一部署,先后起草了《普通高等学校本科专业目录机械类专业教学规范》、《高等学校本科机械基础课程教学基本要求》,加强教学内容和课程体系改革的研究,对高校机械类专业和课程教学进行指导。

　　为了贯彻落实教育规划纲要和教育部文件精神,满足各高校高素质应用型高级专门人才培养要求,根据《关于"十二五"普通高等教育本科教材建设的若干意见》文件精神,华中科技大学出版社在教育部高等学校机械学科教学指导委员会的指导下,联合一批机械学科办学实力强的高等学校、部分机械特色专业突出的学校和教学指导委员会委员、国家级教学团队负责人、国家级教学名师组成编委会,邀请来自全国高校机械学科教学一线的教师组织编写全国普通高等学校机械类"十二五"规划系列教材,将为提高高等教育本科教学质量和人才培养质量提供有力保障。

当前,经济社会的发展,对高校的人才培养质量提出了更高的要求。该套教材在编写中,应着力构建满足机械工程师后备人才培养要求的教材体系,以机械工程知识和能力的培养为根本,与企业对机械工程师的能力目标紧密结合,力求满足学科、教学和社会三方面的需求;在结构上和内容上体现思想性、科学性、先进性,把握行业人才要求,突出工程教育特色。同时,注意吸收教学指导委员会教学内容和课程体系改革的研究成果,根据教指委颁布的各课程教学专业规范要求编写,开发教材配套资源(习题、课程设计和实践教材及数字化学习资源),适应新时期教学需要。

教材建设是高校教学中的基础性工作,是一项长期的工作,需要不断吸取人才培养模式和教学改革成果,吸取学科和行业的新知识、新技术、新成果。本套教材的编写出版只是近年来各参与学校教学改革的初步总结,还需要各位专家、同行提出宝贵意见,以进一步修订、完善,不断提高教材质量。

谨为之序。

国家级教学名师

华中科技大学教授、博导

2012 年 8 月

# 前　言

　　"互换性与技术测量"是高等院校机械类、近机类等各专业必修的主干技术基础课程,是架设在基础课、实践课和专业课之间的桥梁。课程主要内容包含标准化和计量学两部分,与机械设计、制造、质量控制等多方面密切相关,是机械工程技术人员和管理人员必备的基础知识。

　　目前,国际上将本学科称为"产品几何技术规范(geometrical product specifications, GPS)"。传统的 GPS 由尺寸公差标准、形位公差标准、表面特征标准构成,这些标准在规范产品的几何定义和控制方面发挥了重要作用。但是,这些标准自成体系,标准之间存在缺陷,在设计、制造、检验之间缺乏有机衔接。新一代 GPS 以新的公差理论和概念提出了标准体系的层次结构和矩阵模型、标准构建的系统模型、产品的表面模型、精度控制的过程模型及新的不确定度概念,构建了以规范为主线的科学而完整的标准体系,实现了对宏观几何特征的尺寸公差、几何公差,以及表面结构的全面整合,保证了对产品设计、制造、检测、计量器具的各项要求的协调和统一。本书以新一代 GPS 为基础,主要介绍 GPS 标准体系中尺寸公差中的尺寸、几何公差及表面结构公差中的粗糙度公差等相关国家标准。其中,第 1 章主要介绍互换性、公差、测量及标准化的基本概念及相互之间的联系;第 2 章主要介绍测量基础知识及误差理论;第 3 章主要介绍尺寸公差中尺寸的极限与配合国家标准的构成规律及应用;第 4 章主要介绍尺寸的检测方法、选择通用测量仪器及设计专用量具的方法;第 5 章主要介绍几何公差国家标准的内容及检测方法;第 6 章主要介绍表面结构中的粗糙度国家标准;第 7 章主要介绍加工、装配中所涉及尺寸链的相关概念与计算;第 8、9 章主要介绍机械传动机构中常用零部件的精度设计;最后,第 10 章以单级减速器为例,介绍如何对典型零部件进行尺寸精度、几何精度、表面粗糙度参数的选择与设计,为今后的实际应用奠定基础。

　　本书由刘美华、张秀娟任主编,由吴林峰、李连进任副主编,其中,北京交通大学海滨学院、天津商业大学刘美华、刘昱彤、李连进、孟毅编写第 1、2、3、5、10 章,大连交通大学张秀娟编写第 6、9 章,华北水利水电学院吴林峰编写第 8 章,安徽工程大学赵敏编写第 4 章,北京交通大学海滨学院余庆玲编写第 7 章。由刘美华统稿。

　　在本书的编写和出版过程中得到了各参编院校的大力支持,尤其得到北京交通大学海滨学院的有关项目资助,在此一并表示感谢。

　　由于编者水平有限,书中不足之处在所难免,敬请广大读者批评指正。

编　者

2012 年 8 月

# 目　　录

# 第1章 绪 论

**教学提示** 本章主要介绍互换性、公差、检测的基本概念,以及互换性与标准化、公差与误差之间的联系,同时介绍产品几何技术规范(GPS)及本课程的主要内容及任务。

不论多么复杂的机械产品都是由大量的零部件组成的,这些零部件大多是通用与标准的,只有少数是专用的。通用与标准零部件可以由专门的标准件厂制造及提供,产品生产厂只需生产少量的专用零部件。由于现代社会生产是按专业化协作原则组织的社会化大生产,这就提出了问题,即如何保证不同生产厂家生产的零部件都能满足使用要求,这就是产品的互换性问题。产品的互换性技术无论从深度或广度上,都已进入新的发展阶段,远超出了机械工业的范畴,已扩大到国民经济各个行业和领域。互换性原则已成为机械工业和其他行业生产的基本技术原则。

检测是实现互换性生产必不可少的技术保证,标准化是实现互换性生产的前提。因此,标准化技术、检测技术和互换性技术三者形成了一个有机的整体,产品几何技术规范(GPS)则是提高产品质量的可靠保证和坚实基础。

## 1.1 互换性、公差及检测

### 1.1.1 互换性

互换性是机械工业及其他行业进行产品设计应遵循的最基本的原则。互换性即事物可以相互替换的特性,在工程及日常生活中,产品或零部件互换性的体现比比皆是。例如,自行车、汽车、拖拉机等零件损坏后,维修人员迅速换上同规格的新零件便能很好地满足使用要求,这里提到的机器零件,若为同一规格是可以互相替换使用的,它们都是具有互换性的产品。在制造工程领域中,产品或零部件可互换不仅在使用中体现出优越性,而且对于产品的研究、开发、设计、制造等的整个过程都极为重要。

**1. 互换性概念**

互换性是指同一规格的一批零部件具有互相代换的性能。也就是说,按同一规格产品图样要求,在不同时空条件下制造出来的一批零部件,在总装时,任取一个合格品,就能完好地装在机器上,并能达到预期的使用功能要求。这样的零部件就称为具有互换性的零部件。

**2. 互换性的种类**

互换性可以按不同方法进行分类。

1) 按参数范围分类

按参数范围,互换性可分为几何参数互换性和功能互换性。

几何参数互换性是指零部件的尺寸、形状、表面结构等几何参数具有互换性,着重于保证产品装配要求的互换性,为狭义互换性;功能互换性着重于保证除几何参数外的其他功能参数(如力学、物理、化学参数等)的互换性,为广义互换性。实际上,要使某一产品能够满足互换性,就要使这类产品的几何特征(包括尺寸、形状、表面形貌等)及其力学、物理、化学等性能一致,或者在一定范围内相似,例如,螺母、螺栓不仅能顺利拧在预定位置上,同时拧紧后能保证连接强度,即要求在机器工作过程中,螺栓、螺母彼此不自动松脱,并在许可范围内受力不损坏。本课程主要研究零部件几何特征的互换性,即狭义互换性。

2)按互换程度

按互换程度,互换性分为完全互换性和不完全互换性。

若零部件在装配或互换时,无须辅助加工或修配,也不必挑选就能完好地安装在机器上,并能达到预定的使用功能要求,则称这样的零部件具有完全互换性。例如,常用的标准连接件和紧固件(如螺钉、螺母等)、各类滚动轴承等都具有完全互换性。但是,当装配精度要求很高时,若采用完全互换,则会使零件的加工难度和成本大大提高,甚至无法加工。因此,在产品设计、制造时,往往将零件加工要求适当放宽,在装配时,可按实际尺寸分组(如大孔与大轴相配合)装配。这样,既能保证装配精度和预定的使用功能要求,又能解决工艺困难、降低成本。这时,同一组内的零件间可以互换,但组与组之间的零件不能互换,因此称为不完全互换性。这种互换方法称为不完全互换法。不完全互换法又分为分组互换法、调整法、修配法等(见图1.1)。一般而言,装配时需要挑选或调整的零件,多属于不完全互换零件。

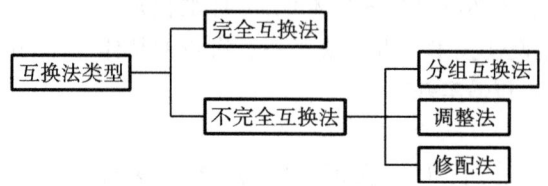

**图 1.1　互换法类型**

设计时采用何种互换方法,设计者应根据产品精度、生产批量、产品复杂程度、生产技术装备及技术水平等一系列因素决定。一般大量生产和成批生产,如汽车生产,大都采用完全互换法;当零部件精度要求很高时,采用完全互换法将使零件的尺寸公差很小、加工困难、成本很高,甚至无法加工,可以采用分组互换法,即将其制造公差适当放大,降低加工精度,加工完后,再用量仪将零件按实际尺寸分组,按组进行装配,这样,既能保证装配精度与使用要求,又能降低成本,如滚动轴承常采用分组法进行装配;小批量和单件生产,如生产重型机器,常采用修配法或调整法,即在装配时允许用补充机械加工或钳工修刮办法来获得所需的精度(修配法),也可用移动或更换某些零件以改变其位置和尺寸的办法来达到所需的精度(调整法)。选择互换性方法的总原则是:制造厂内部的装配采用不完全互换,如滚动轴承;但对于厂外协作件,一般要求零部件满足完全互换性条件,如常见的螺栓、螺母、齿轮等。

**3. 互换性的作用**

互换性是现代化大工业生产的前提,对于提高生产率、保证产品质量、方便使用和维护、提高设计质量和效率等具有重要的意义,具体表现在以下几个方面。

(1)在设计方面,利于最大限度采用标准件、通用件,大大减少设计计算和绘图的工作量,缩短产品的设计周期,便于计算机辅助设计。

(2)在制造方面,利于组织专业化生产,采用先进工艺和高效率的专用设备,实现计算机辅助制造、加工、装配过程的机械化、自动化,减轻工人的劳动强度,提高生产效率,保证产品质量,降低生产成本,是实现大规模专业化生产的基础。

（3）在使用方面，利于维修，及时更换失效零件，减少机器的维修时间和费用，保证机器连续持久的运转，提高机器的使用寿命。

互换性在提高产品质量和可靠性、提高经济效益等方面均具有重大意义，互换性原则已成为现代机械制造业中一个普遍遵守的重要原则。但是，互换性原则不是在任何情况下都适用的，有时只有采取单个配置才符合经济原则，这时零件虽不能互换，但也存在公差与检测要求。

### 1.1.2　公差

任何零件从设计到实物，中间都要经过加工过程。理论上，要使一批产品或零部件具有互换性，应该将它们的所有实际参数（如尺寸、形状等几何参数及强度、硬度等力学参数）加工得完全一样，使得取其中任意一件的应用效果都相同。实际上，无论设备的精度和操作人员的技术水平多么高，要使加工零件的尺寸、几何精度等做到绝对准确是不可能的，也是不必要的。只要将一批产品或零部件实际参数值的变动限制在允许的范围内，即规定公差，保证它们充分近似，即可实现互换性，并获得最佳的技术经济效益。

零件几何参数误差的允许范围称为公差，是由设计人员给定的允许零件的最大误差，包括尺寸公差、几何公差、表面结构公差等。

### 1.1.3　检验及测量技术

加工好的零件是否满足公差要求需要通过检测来判断，检测即检验和测量，其中，检验是判定零件是否合格，测量是将被测量与作为计量单位的标准量进行比较的过程。检测不仅用来评定产品的质量，而且用于分析产生不合格品的原因，以及时调整生产工艺，预防和减少废品的产生。

测量技术是零件互换性得以实现的必要保障，包括测量仪器、测量方法和测量数据的处理和评判。测量技术的水平在一定程度上反映了机械加工的水平。合理的几何量精度设计（规定公差）和高水平的测量技术是保证产品质量、实现互换性生产的两个必不可少的条件和手段。

## 1.2　标准化与优先数系

### 1.2.1　标准化

在现代化生产中，机械产品的制造过程往往涉及许多行业和企业，有的还需要国际合作。为了正确协调各生产部门和准确衔接各生产环节，必须有一种协调手段，使分散的、各生产部门和生产环节保持必要的技术统一，成为一个有机的整体以实现互换性生产。标准及标准化正是联系这种关系的主要途径和手段，是实现互换性的基础。

**1. 标准及标准化**

标准是对重复性事物和概念所作的统一规定，它以科学技术和实践经验为基础，经有关方面协商一致，由主管机构批准，以特定形式发布，作为共同遵守的准则和依据。标准的表现形式为文字表达和实物表达，如标准文件、量块（量块概念见第 2 章）等。标准化是指在经济、技术、科学及管理等社会实践中，对重复性事物和概念通过制定、发布和实施标准达到统一，以获得最佳秩序和社会效益的活动，包括标准的制定、宣传、贯彻、实施和管理。标准化是实现互换性的前提。

**2. 标准分类及代号**

标准的范围很广,涉及人们生产和生活的各个方面。按照针对的对象不同,标准分为基础标准、产品标准、方法标准和安全与环境保护标准等;按级别,标准分为国际标准、区域性标准、国家标准等。本书讨论的机械制造精度标准属于国家基础标准。

我国标准分为国家标准(GB)、行业标准(又称专业标准,如机械工业部标准 JB)、地方标准、企业标准,并将国家标准、行业标准、地方标准分为强制性标准(代号 GB)和推荐性标准(代号 GB/T)。强制性标准是国家通过法律的形式明确要求对于一些标准所规定的技术内容和要求必须执行的标准,不允许以任何理由或方式加以违反、变更,若违反强制性标准,国家将依法追究当事人法律责任。推荐性标准是指国家鼓励自愿采用的具有指导作用而又不宜强制执行的标准,即标准所规定的技术内容和要求具有普遍的指导作用,允许使用单位结合自己的实际情况灵活加以选用。

(1) 国家标准是 4 级标准体系的主体,用字母"GB"表示,例如,GB/T 1182—2008《产品几何技术规范(GPS)几何公差 形状、方向、位置和跳动公差标注》,"GB"后面的"T"表示该国家标准为推荐性国家标准。

(2) 行业标准是针对没有国家标准而又需要在全国某个行业范围内统一的技术要求所制定的标准,是对国家标准的补充,是专业性、技术性较强的标准。行业标准不得与国家标准相抵触。不同行业标准在前面用两个字母表示其所属行业,例如,JB(机械)、NY(农业)、JT(交通)、HJ(环境保护)、QB(轻工)、LY(林业)、WS(卫生)、QC(汽车)、JY(教育)、SJ(电子)、JC(建材)等。

(3) 地方标准是针对没有国家标准和行业标准而又需要在省、自治区、直辖市范围内统一工业产品的安全、卫生要求等所制定的标准。地方标准在本行政区域内适用,不得与国家标准和行业标准相抵触。地方标准在"DB"后面加写两位阿拉伯数字代表省或直辖市,例如,11(北京)、12(天津)、13(河北)、14(山西)、15(内蒙古自治区)、21(辽宁)、22(吉林)、23(黑龙江)、31(上海)、32(江苏)等。

(4) 企业标准是指企业所制定的产品标准和企业针对需要协调、统一的技术要求、管理要求、工作要求所制定的标准,是企业组织生产经营活动的依据。企业在生产产品时,如果没有国家标准、行业标准和地方标准可参照,就应当制定相应的企业标准。对已有国家标准、行业标准或地方标准的,鼓励企业制定严于国家标准、行业标准或地方标准要求的企业标准。企业标准代号由 Q 开头,例如,Q/WP 1024—2002 是 TCL 集团股份有限公司的企业标准,其中"WP"是企业代号,"1024"是标准顺序号,"2002"是标准制定的年份。

## 1.2.2　优先数和优先数系

工程上的技术参数值,不仅与零件自身的技术特性有关,还直接或间接地影响与其配套系列产品的参数值,具有传播特性,例如,螺母直径的大小直接影响并决定着螺钉直径的大小,以及影响丝锥、螺纹塞规、钻头等系列产品直径的大小。为满足不同的需求,产品必然要有不同的规格,形成系列产品。产品技术参数值若杂乱无章,就会给组织生产、协作配套、使用与维修带来困难。对各种技术参数值的协调、简化和统一是标准化的重要内容,优先数系就是对各种技术参数的数值进行协调、简化和统一而形成的科学数系。

优先数系是一种十进制的几何级数。国家标准 GB/T 321—2005《优先数和优先数系》规定:优先数系是由公比分别为 $\sqrt[5]{10}$、$\sqrt[10]{10}$、$\sqrt[20]{10}$、$\sqrt[40]{10}$、$\sqrt[80]{10}$,且项值中含有 10 的整数幂的理论等比数列构成的一组近似等比数列,各数列分别用符号 R5、R10、R20、R40、R80 表示,分别称为 R5 系列、R10 系列、R20 系列、R40 系列、R80 系列,其中,前面 4 个系列为常用系列,称为基本系列,R80 为补充系列。表 1.1 列出了基本系列中 1～10 范围内的优先数值。

在上述系列基础上,可以根据需要重新组成各种派生系列,例如,R10/3 派生系列是在 R10 系列的基础上每隔 3 个数取 1 个数而生成的,具体介绍如下。

R10/3:1.00,2.00,4.00,8.00,16.00,……或者 1.25,2.50,5.00,10.00,20.00,……

**表 1.1 优先数系**(基本系列,摘自 GB/T 321—2005)

| 基本系列 | 优先数(常用值) | | | | | | | | | | |
|---|---|---|---|---|---|---|---|---|---|---|---|
| R5 | 1.00 | 1.60 | 2.50 | 4.00 | 6.30 | 10.00 | | | | | |
| R10 | 1.00 | 1.25 | 1.60 | 2.00 | 2.50 | 3.15 | 4.00 | 5.00 | 6.30 | 8.00 | 10.00 |
| R20 | 1.00 | 1.12 | 1.25 | 1.40 | 1.60 | 1.80 | 2.00 | 2.24 | 2.50 | 2.80 | 3.15 |
| | 3.55 | 4.00 | 4.50 | 5.00 | 5.60 | 6.30 | 7.10 | 8.00 | 9.00 | 10.00 | |
| R40 | 1.00 | 1.06 | 1.12 | 1.18 | 1.25 | 1.32 | 1.40 | 1.50 | 1.60 | 1.70 | 1.80 |
| | 1.90 | 2.00 | 2.12 | 2.24 | 2.36 | 2.50 | 2.65 | 2.80 | 3.00 | 3.15 | 3.35 |
| | 3.55 | 3.75 | 4.00 | 4.25 | 4.50 | 4.75 | 5.00 | 5.30 | 5.60 | 6.00 | 6.30 |
| | 6.70 | 7.10 | 7.50 | 8.00 | 8.50 | 9.00 | 9.50 | 10.00 | | | |

优先数系具有如下特点:

(1) 公比值大的优先数系包含在公比值小的优先数系之中,例如,R10 系列包含 R5 系列里的优先数;

(2) 根据公比值可以判断优先数系的变化规律,例如,R5 系列每隔 5 位数值扩大 10 倍;

(3) 根据表 1.1,数值可向两边扩展,能方便得到所需的其他优先数,例如,R5 系列 0.1～1 之间的优先数是 0.1、0.16、0.25、0.4、0.63、1。

在同一系列的优先数中,相邻两个数的相对差相同,经过积、商、整数幂运算后仍为优先数,运算方便,简单易记。因此,优先数系制度已成为国际上统一的数值分级制度。

本课程所涉及的有关标准中,诸如尺寸分段、公差分级及表面粗糙度的参数系列等多采用优先数系。

## 1.3 产品几何技术规范(GPS)

### 1.3.1 GPS 的含义

制造业技术标准是组织现代化生产的重要技术基础。产品几何技术规范(geometrical product specifications,GPS)是制造业中最重要的技术标准。它是面向产品开发全过程而构建的控制产品几何特征的一套完整的标准,全面覆盖了从宏观到微观的产品几何特征的描述,涉及从产品开发、设计、制造、验收、使用、维修直至报废产品的全生命周期,包括工件尺度、几何形状、位置及表面形貌等诸多方面的标准,可应用于所有几何产品(既包括如机床、汽车等传统机电产品,也包括如计算机、通信、航天等高新技术产品)。产品几何技术规范不仅是工程领域必须依据的技术规范,是产品信息传递与交换的基础标准,也是市场流通领域中评定产品质量的依据。图 1.2 所示为 GPS 标准的构成体系。本书涉及的内容主要包括尺寸公差中的尺寸、几何公差和表面结构中的粗糙度公差等。

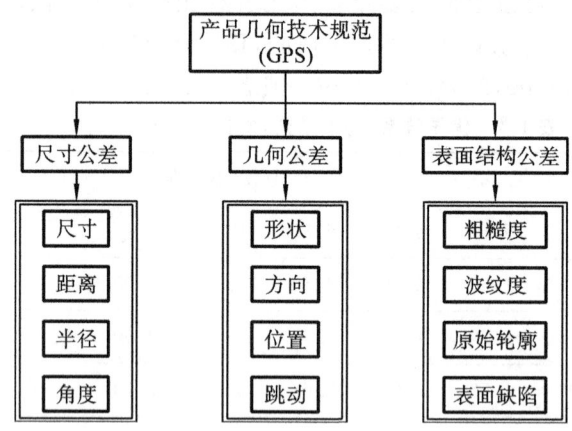

图 1.2　GPS 标准构成的体系

### 1.3.2　GPS 的产生与发展

对产品的几何量精度控制历来受到业界的关注,因为产品的几何特征不仅影响产品的性能、结构、强度、可靠性、寿命、互换性等,而且影响产品的研发成本。在产品研发的过程中,对产品的几何定义及其过程控制方面的资源投入占有相当大的比重,因此,建立一套科学、完整的产品几何技术规范体系,对保证产品质量、降低成本、增强产品的市场竞争力是至关重要的。

传统的 GPS 标准是以几何学为基础的标准,是由尺寸公差、形位公差和表面特征标准构成。这些标准是由三个技术委员会各自独立制定的,存在着一定的缺陷和问题(如标准重复、空缺等),使得产品几何技术规范标准之间存在不衔接和矛盾之处。尽管在规范产品的几何定义和控制方面发挥了重要作用,但是,由于标准本身和标准之间存在着体系结构缺陷,设计、制造、检测缺乏有机衔接,在信息技术应用已十分普及、数字化设计和制造日益深入的今天,传统的 GPS 标准已无法完全适应现代制造业的需要。

新 GPS 标准体系以计量数学为基础,提出了标准体系的层次结构和矩阵模型、标准构建的系统模型、产品的表面模型、精度控制的过程模型及新的不确定度概念,构建了以规范为主线的科学、完整的标准体系,实现了对涉及宏观几何特征的尺寸公差和几何公差,以及涉及微观几何特征的表面结构的全面整合,实现了对产品几何量精度控制过程——设计、制造、检测、计量器具的各项要求的协调和统一,实现了与现代设计和制造技术的结合。图 1.3 所示为新的 GPS 标准体系建模。

新的 GPS 将几何产品的设计规范、生产制造和检验认证以及不确定度的评定贯穿于整个生产过程(见图 1.4),成为产品设计工程师、制造工程师和计量测试工程师共同依据的准则,为产品设计、制造及认证提供一个更加完善的交流工具。

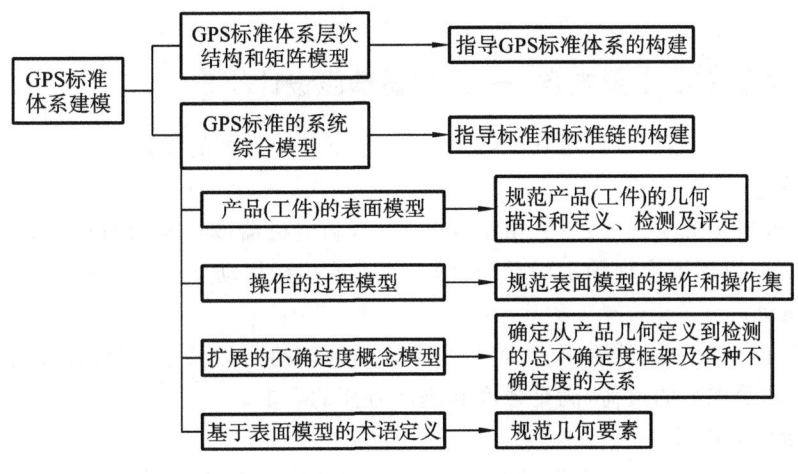

图 1.3 GPS 标准体系建模框图

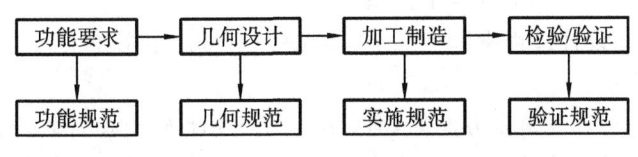

图 1.4 规范链

### 1.3.3 GPS 的意义及作用

任何一个硬件产品都涉及几何量精度的控制问题,制造业的所有企业无一例外地要使用 GPS 标准。在经济全球化的大环境下,面对以精益制造及数字化设计和制造为特征的现代制造业的需求,在全球范围内建立更加科学、系统、先进的 GPS 标准体系意义尤其重大,主要表现在以下五个方面。

(1) 为企业的产品开发提供了一套全新的工具,为产品的数字化设计和制造提供了基础支撑。GPS 标准规定的表面模型和一系列有序的规范操作是产品的数字化仿真(含设计、制造仿真和优化等)及自动化监测的基本依据。

(2) 实现了产品的精确几何定义及规范的过程定义,有利于更加合理、经济和有效地利用设计、制造和检测的资源,显著降低产品的开发成本。

(3) GPS 标准不仅是产品开发的重要依据,而且是规范相关计量器具研制、软件开发的重要准则,因为测试设备要求、器具的标定和校准等已经纳入到 GPS 标准链中,成为不可缺少的链环。

(4) GPS 为国际通用的技术语言,它的应用大大减少了沟通的困难和问题,在经济全球化的环境下,有利于促进产品的协同开发、转包生产,有利于促进国际间技术交流和合作,有利于消除贸易中的技术壁垒。

(5) GPS 标准的实施可显著提高产品的质量,提高企业的市场竞争力。

# 1.4　本课程的主要内容及任务

## 1.4.1　本课程的主要内容——几何量精度设计

一般地,在机械产品的设计过程中,需要进行以下三个方面的设计。

**1. 运动设计**

根据机器或机构应实现的运动,由运动学原理,确定机器或机构合理的传动系统,选择合适的机构或元件,以保证实现预定的动作,满足机器或机构运动方面的要求。

**2. 结构设计**

根据强度、刚度等方面的要求,决定各个零件的合理的公称尺寸,进行合理的结构设计,使其在工作时能承受规定的负荷,满足强度和刚度方面的要求。

**3. 几何量精度设计**

零件的公称尺寸确定后还需要进行精度计算,以决定产品各个零部件的装配精度以及零件的几何参数和公差。零件的几何量精度直接影响使用性能和质量。几何量精度往往用公差来要求,零件的加工误差应小于或等于公差。

需要指出的是,在设计过程中以上三个方面缺一不可。本书主要讨论的是机械几何量精度设计。

机器精度的分析与计算是多方面的,但归结起来,设计人员总是要根据给定的整机精度,最终确定出各个组成零件的精度,如尺寸公差、几何公差及表面粗糙度参数值。但是,根据设计精度制造出的零件,装配成机器或机构后,还不一定能达到给定的精度要求。因为机器在运动过程中,其所处的环境条件(如电压、气温、湿度、振动等)及所受的负荷都可能发生变化,造成相关零件的尺寸发生变化;或者相对运动的零件耦合后,其几何量精度在运动过程中也能发生改变。为此,除了分析和计算机器静态的精度问题之外,还必须分析在运动情况下的零件及机器的精度问题。现代机械产品正朝着机、光、电一体化的方向发展,其精度问题已不再是单纯的尺寸误差、几何误差等几何量精度问题,而是还包括光学量、电学量等及其误差在内的多量纲精度问题,与传统的几何量精度分析相比,现代产品精度分析和计算更为复杂和困难。

## 1.4.2　本课程的研究内容及任务

本课程是高等院校机械类和近机械类一门重要的技术基础课,是联系设计课程与工艺课程的纽带。它包含几何量公差与几何量检测两部分内容,主要研究如何通过合理地规定公差,解决产品的使用要求与制造要求之间的矛盾,以及如何正确地运用测量技术手段保证国家公差标准的贯彻实施。通过本课程的学习,应获得互换性、标准化、测量技术及质量工程的基础知识,掌握各有关标准的基本内容、特点和表格的使用;掌握几何量精度设计的基本方法和工厂常用计量器具的操作技能;初步了解测量误差及其处理方法,并具有一定的工作能力,为从事机电产品的设计、制造、维修、开发和科研打下坚实的基础。

# 习　题

**1.1　填空题**

(1) 派生系列 R10/3 中优先数 31.5 后面的数是_____。

(2) 根据零部件互换性程度的不同,互换性分为_____互换和_____互换两种。

(3) 优先数 R10 系列每隔 9 位,相对高位数而言,第 10 位数的数值将增加到_____倍。

(4) 零件几何参数所允许的变动量称为_____。

(5) 国标 GB/T 321—2005 中规定_____数列作为优先数系。

**1.2　判断题**

(1) 为使零件几何参数具有互换性,必须把零件的加工误差控制在给定的范围内。　　　　　　　　　　　　　　　　　　　　　　　　　　　　　　(　　)

(2) 1.25 是优先数系 R5 中的一个优先数。　　　　　　　　　(　　)

(3) 只要满足制造公差要求,零件就具有完全互换性。　　　　(　　)

(4) 零件几何量精度设计即规定尺寸公差。　　　　　　　　　(　　)

(5) 给定公差是保证互换性得以实现的基本条件。　　　　　　(　　)

**1.3　选择题**

(1) R20/3 派生系列中从 63 开始,后面的 3 个连续优先数为_____。

A. 90、125、180　　　　B. 22.4、31.5、45　　　　C. 16、31.5、63　　　　D. 14、20、28

(2) 保证零件互换性得以实现的措施是_____。

A. 规定公差　　　　B. 标准化　　　　C. 测量技术　　　　D. 上述三项的结合

(3) 保证互换性生产的基础是_____。

A. 现代化生产　　　　B. 标准化　　　　C. 大批量生产　　　　D. 协作化生产

(4) 下列有关互换性的论述正确的有_____。

A. 因为有了大批量生产,所以才有零件的互换性,因为有互换性才制定公差制

B. 具有互换性的零件其几何参数是绝对准确的

C. 零件经过挑选并进行适当的修理再装配的称为完全互换

D. 不完全互换不能满足零件的使用性能

**1.4　简答题**

(1) 互换性、公差、检测、标准化之间的联系与区别是什么?

(2) 何谓优先数系? 各优先数系的构成特点是什么?

(3) 互换性有哪几种类型? 各应用于何种场合? 在实际设计中应如何选择?

(4) 产品几何技术规范与本课程有怎样的联系?

(5) 试写出家用灯泡功率在 15～100W 之间的各种瓦数,并指出它们属于优先数系中的哪个系列。

# 第 2 章 测量技术基础

**教学提示** 测量技术是互换性得以实现的基础,只有通过测量才能获知零件的几何量精度是否达到设计和使用要求,才能作出对零件合格性的评价。本章首先介绍测量技术中的基本概念、测量器具及测量方法,重点介绍测量误差及对测量数据的处理方法。

测量技术是进行质量管理的重要手段,是贯彻质量标准的技术保证,测量的发展促进了现代制造技术的发展。随着制造业的进步,对测量技术的精度要求越来越高。在"设计、制造、检测"这三大环节中,测量占有极其重要的地位。本章涉及的标准如下。

(1) GB/T 6093—2001《几何量技术规范(GPS)长度标准 量块》。

(2) JJG 146—2011《量块》。

(3) JJF 1001—2011《通用计量术语及定义》。

## 2.1 基 本 概 念

### 2.1.1 术语及定义

在机械制造业中,测量技术主要是指针对零件的几何量(包括长度、角度、几何形状及相互位置、表面粗糙度等参数)进行测量和检验,以确定机械或仪器的零部件加工后是否符合设计图样上的技术要求的技术。

**1. 测量**

测量是将被测量与体现测量单位(也称计量单位,简称单位)的标准量进行比较的过程。被测量的量值为 $L$,所采用的测量单位为 $E$,则它们的比值 $q$ 为

$$q = \frac{L}{E} \tag{2.1}$$

被测量的量值 $L$ 即为测量所得的数值 $q$ 与测量单位 $E$ 的乘积,即

$$L = q \times E \tag{2.2}$$

式(2.2)标明,任何几何量的量值都由两部分组成:表征几何量的数值和该几何量的测量单位。显然,进行任何测量,首先都要明确被测量和确定测量单位,其次要有与被测量相适应的测量方法,并且测量结果还要达到所要求的测量精度,即被测量、测量单位、测量方法和测量误差。

**2. 检验**

检验是判断被测几何量是否在规定的极限范围内,从而判断其是否合格的实验过程。检验通常是用量规、样板等专用定值无刻度量具来判断被检对象的合格性,所以,它不能测出被测量的具体数值,在大批量生产中得到广泛应用。

测量和检验统称为检测。

**3. 计量**

计量是实现单位统一、使量值准确可靠的活动。

测量及其应用的科学称为计量学。计量学涵盖有关测量的理论及其不论其测量不确定度大小的所有应用领域。

### 2.1.2　测量要素

一个完整的测量过程应包含被测量、测量单位、测量方法（含测量仪器）和测量误差四要素。

**1. 被测量**

在机械制造中，被测量主要是几何量，包括长度、角度、表面粗糙度、形状及位置误差，以及常用零件如螺纹、齿轮的几何量参数等。

**2. 测量单位**

测量单位简称单位，是根据约定定义和采用的标量，任何其他同类量可与其比较，使两个量之比用一个数表示。我国规定采用以国际单位制（SI）为基础的"法定计量单位制"，它是由一组选定的基本单位和由定义公式与比例因数确定的导出单位所组成的，例如，米（m）、千克（kg）、秒（s）、安[培]（A）、开[尔文]（K）、摩[尔]（mol）、坎[德拉]（cd）分别为长度、质量、时间、电流、热力学温度、物质的量、发光强度的基本单位。机械工程中常用的长度单位有毫米（mm）、微米（$\mu$m）和纳米（nm）。

在测量过程中，测量单位必须以物质形式来体现，能体现测量单位的物质形式有光波波长、精密量块、线纹尺、各种圆分度盘等。

**3. 测量方法**

测量方法是对测量过程中使用的操作所给出的逻辑性安排的一般性描述，测量方法可用不同方式表述，如替代测量法、直接测量法、间接测量法、零位测量法、微差测量法等。根据被测对象的特点，如精度、大小、轻重、材质、数量等来确定测量方法，从而确定所用的计量器具，分析研究被测参数的特点和与其他参数的关系，确定最合适的测量条件（如环境、温度等）。

**4. 测量误差**

测量误差是指测得的量值与被测量的真值之间的差。由于测量过程总不可避免地会出现测量误差，测量结果只是在一定范围内的近似真值，绝对等于真值是不可能的。

## 2.2　长度基准与量块

### 2.2.1　长度基准与量值传递系统

**1. 长度基准——米**

在国际单位制及我国法定测量单位中，长度的基本单位是米（m）。

国际单位制的长度单位米（m）起源于法国。1790 年 5 月由法国科学家组成的特别委员会，建议以通过巴黎的地球子午线全长的四千万分之一作为长度单位——米，1791 年获法国国会批准，于 1799 年制成一根短形截面的铂杆，以此杆两端之间的距离定为 1 米，并交法国档案局保管，称为"档案米"。这就是最早的米定义。

1889 年在第一次国际计量大会上，国际计量局从根据"档案米"的长度制造出的 31 只米原器中选出在 0 ℃时最接近档案米的长度的一只选作国际米原器，作为世界上最有权威的长度基准器保存在巴黎国际计量局的地下室中,其余的尺子作为副尺分发给与会各国。

1960 年第十一届国际计量大会对米的定义作了如下更改:"米的长度等于氪-86 原子的 2P10 和 5 dl 能级之间跃迁的辐射在真空中波长的 1 650 763.73 倍"。这时米由实物基准被自然基准所替代。米的定义更改后,国际米原器仍按原规定保存在国际计量局。1983 年第十七届国际计量大会上又通过了米的新定义:"米是 1/299792458 s 的时间间隔内光在真空中行程的长度"。这样,基于光谱线波长的米的定义被新的米定义所替代。

**2. 量值传递系统**

虽然使用波长作为长度基准可以达到足够的精确度,但因对复现的条件有很高的要求,在实际应用中不可能、也不便于直接进行测量,通常要利用工作基准——线纹尺和量块将长度基准的量值准确地、逐级地传递到实际所使用的测量仪器和零件上去,以保证量值的准确一致性。

量值传递就是将国家测量基准所复现的基准单位,通过检定(或其他方法)传递给下一等级的测量标准(器),并依次逐级传递到工作测量仪器上,以保证被测对象的量值准确一致的方式。我国长度量值传递系统如图 2.1 所示。从最高基准谱线向下传递时有两个平行的系统,即端面量具(量块)和刻线量具(线纹尺)系统,其中尤以量块传递系统应用最广。

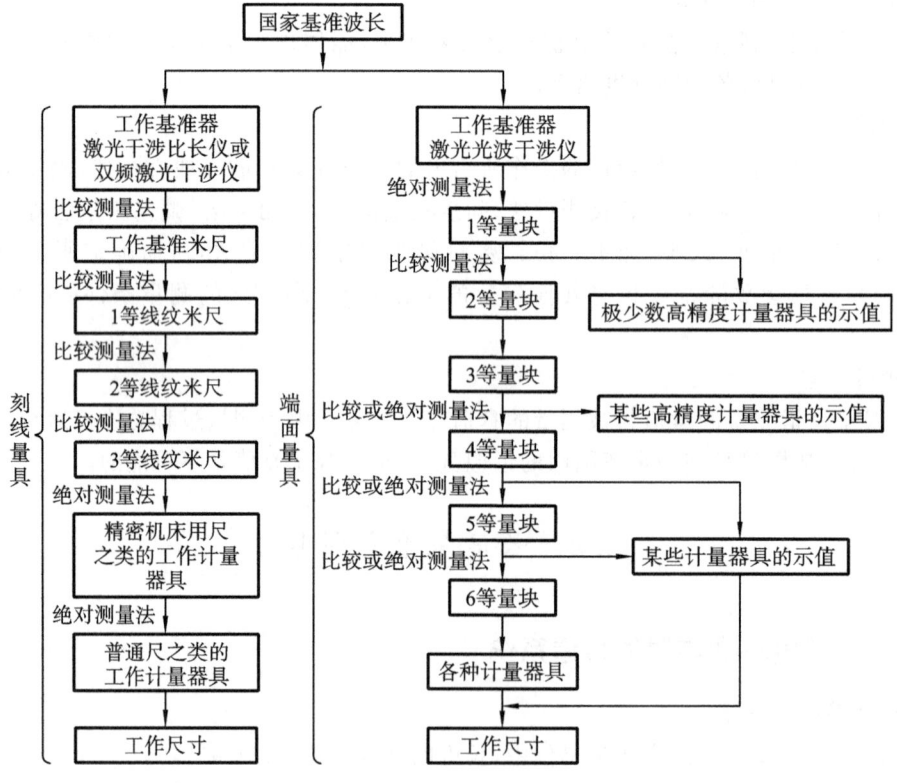

**图 2.1　长度量值传递系统**

## 2.2.2　量块

**1. 量块的材料、形状和尺寸**

量块是用铬锰钢等耐磨材料制成的,具有线膨胀系数小、性质稳定、耐磨性好、硬度高、工作表面粗糙度值小及研合性好等特点。量块是一种没有刻度的端面长度标准,横截面为矩形,并具有一对相互平行的测量面和 4 个非测量面,如图 2.2(a)所示。测量面极为光滑、平整,其表面粗糙度 $Ra \leqslant 0.012 \ \mu m$。

一个测量面上的任意点到与其相对的另一测量面相研合的辅助体表面之间的垂直距离称为量块长度 $l$;对应于量块未研合测量面中心点的量块长度称为量块中心长度 $l_c$,如图 2.2(b)所示;标记在量块上用以表明其与主单位之间关系的量值称为标称长度 $ln$。量块上标出的尺寸即为量块的标称长度 $ln$。标称长度 $ln < 5.5$ mm 的量块,其标称长度值刻印在上测量面上;标称长度 $ln > 5.5$ mm 的量块,其标称长度值刻印在上测量面左侧的非测量面上。

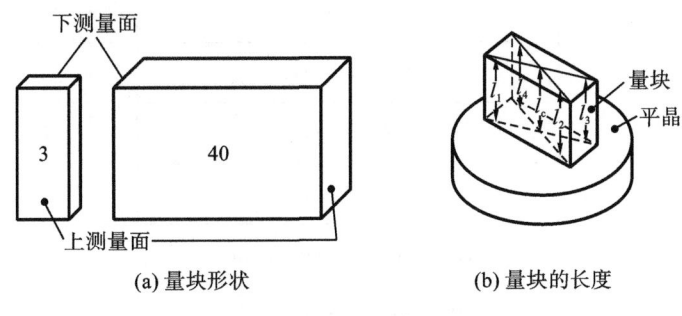

(a) 量块形状　　　　　　　　　　　　　(b) 量块的长度

图 2.2　量块

**2. 量块的使用**

量块除了作为长度传递的实物基准(中间标准量具)外,还被广泛应用于测量仪器的校准、鉴定、精密画线和精密工件的测量中。

由于量块是定尺寸量具,一个量块只有一个尺寸。为了满足一定范围的不同要求,可以利用量块高精度的测量面所具有的黏合性,将多个量块研合在一起,组合使用。国家标准 GB 6093—2001 规定,我国生产的量块共有 17 种成套的量块系列,每套块数不同,表 2.1 所列是标准中 91 块、83 块和 46 块 3 种规格量块的尺寸系列。

表 2.1　成套量块的尺寸(摘自 GB/T 6093—2001)

| 套别 | 总块数 | 级别 | 尺寸系列/mm | 间隔/mm | 块数 |
|---|---|---|---|---|---|
| 1 | 91 | 0,1 | 0.5 | — | 1 |
| | | | 1 | — | 1 |
| | | | 1.001,1.002,……,1.009 | 0.001 | 9 |
| | | | 1.01,1.02,……,1.49 | 0.01 | 49 |
| | | | 1.5,1.6,……,1.9 | 0.1 | 5 |
| | | | 2.0,2.5,……,9.5 | 0.5 | 16 |
| | | | 10,20,……,100 | 10 | 10 |

| 套别 | 总块数 | 级别 | 尺寸系列/mm | 间隔/mm | 块数 |
|---|---|---|---|---|---|
| 2 | 83 | 0,1,2 | 0.5 | — | 1 |
| | | | 1 | — | 1 |
| | | | 1.005 | — | 1 |
| | | | 1.01,1.02,……,1.49 | 0.01 | 49 |
| | | | 1.5,1.6,……,1.9 | 0.1 | 5 |
| | | | 2.0,2.5,……,9.5 | 0.5 | 16 |
| | | | 10,20,……,100 | 10 | 10 |
| 3 | 46 | 0,1,2 | 1 | — | 1 |
| | | | 1.001,1.002,……,1.009 | 0.001 | 9 |
| | | | 1.01,1.02,……,1.09 | 0.01 | 9 |
| | | | 1.1,1.2,……,1.9 | 0.1 | 9 |
| | | | 2,3,……,9 | 1 | 8 |
| | | | 10,20,……,100 | 10 | 10 |

在实际使用中,可根据被测量的需要进行量块组合。为获得较高尺寸精度,选用量块时应尽量减少量块数,一般不超过 4 块。应根据尺寸从最后一位数开始,每选一块至少应减去所需尺寸的一位尾数。例如,从 83 块一套的量块中测量尺寸 36.745 mm 时,量块组中各量块的尺寸分别为 1.005 mm、1.24 mm、4.5 mm、30 mm,选取方法如下:

$$
\begin{array}{ll}
\quad 36.745 & \cdots\cdots\cdots\cdots 被测量的数值 \\
-\quad 1.005 & \cdots\cdots\cdots\cdots 第一块量块尺寸 \\
\hline
\quad 35.740 & \\
-\quad 1.24 & \cdots\cdots\cdots\cdots 第二块量块尺寸 \\
\hline
\quad 34.500 & \\
-\quad 4.5 & \cdots\cdots\cdots\cdots 第三块量块尺寸 \\
\hline
\quad 30.000 & \cdots\cdots\cdots\cdots 第四块量块尺寸
\end{array}
$$

### 3. 量块的精度

1)精度按级分

国标 GB/T 6093—2001 将量块按制造精度分为 K、0、1、2、3 级共 5 级,其中 0 级精度最高,3 级最低,K 级为校准级。量块级别主要是根据量块标称长度 $ln$ 的极限偏差 $\pm t_e$(即任意点量块长度 $l$ 与标称长度 $ln$ 的代数极限值)、标称长度变动量的最大允许值 $t_v$(即量块测量面上任意点的最大长度 $l_{max}$ 与最小长度 $l_{min}$ 之差)、测量面的平面度、表面粗糙度及量块的研合性等指标来划分的。各级量块标称长度的极限偏差和最大允许值见表 2.2。

**表 2.2　各级量块的精度指标**(摘自 GB/T 6093—2001)

| 标称长度 ln/mm | K 级 | | 0 级 | | 1 级 | | 2 级 | | 3 级 | |
|---|---|---|---|---|---|---|---|---|---|---|
| | $\pm t_e$ | $t_v$ | $\pm t_e$ | $t_v$ | $\pm t_e$ | $t_v$ | $\pm t_e$ | $t_v$ | $\pm t_e$ | $t_v$ |
| | 最大允许值 | | | | | | | | | |
| $ln \leqslant 10$ | 0.20 | 0.05 | 0.12 | 0.10 | 0.20 | 0.16 | 0.45 | 0.30 | 1.00 | 0.50 |
| $10 < ln \leqslant 25$ | 0.30 | 0.05 | 0.14 | 0.10 | 0.30 | 0.16 | 0.60 | 0.30 | 1.20 | 0.50 |
| $25 < ln \leqslant 50$ | 0.40 | 0.06 | 0.20 | 0.10 | 0.40 | 0.18 | 0.80 | 0.30 | 1.60 | 0.55 |
| $50 < ln \leqslant 75$ | 0.50 | 0.06 | 0.25 | 0.12 | 0.50 | 0.18 | 1.00 | 0.35 | 2.00 | 0.55 |
| $75 < ln \leqslant 100$ | 0.60 | 0.07 | 0.30 | 0.12 | 0.60 | 0.20 | 1.20 | 0.35 | 2.50 | 0.60 |
| $100 < ln \leqslant 150$ | 0.80 | 0.08 | 0.40 | 0.14 | 0.80 | 0.20 | 1.60 | 0.40 | 3.00 | 0.65 |
| $150 < ln \leqslant 200$ | 1.00 | 0.09 | 0.50 | 0.16 | 1.00 | 0.25 | 2.00 | 0.40 | 4.00 | 0.70 |
| $200 < ln \leqslant 250$ | 1.20 | 0.10 | 0.60 | 0.16 | 1.20 | 0.25 | 2.40 | 0.45 | 5.00 | 0.75 |

量块长度极限偏差 $\pm t_e$ 用于控制一批相同规格量块的长度变动范围;量块长度变动量 $t_v$ 用于控制每一个量块两测量面间各对应点的长度变动范围。量块生产企业大都按级制作量块,用户可按量块的标称尺寸使用量块。显然,按级使用量块时必然会受到量块长度制造偏差的影响,将制造误差带入测量结果中。

**2) 精度按等分**

制造高精度的量块,其工艺要求高、成本也高,而且,即使再高精度的量块,在使用一段时间后也会磨损而使尺寸变小,造成原有的制造精度级别降低。因此,经过一段时间使用后,要定期将量块送专业部门,按照标准对其各项精度指标进行检定,确定其符合哪一"等",并在检定证书中给出标称尺寸的修正值。

根据 GB/T 6093—2001 规定,量块按其检定精度分为 5 等,分别为 1、2、3、4、5 等,其中 1 等精度最高,5 等精度最低。量块分等主要是依据量块测量的不确定度和量块长度变动量的允许值来划分的(见表 2.3)。

**表 2.3　各等量块的精度指标**(摘自 GB/T 6093—2001)

| 标称长度 ln/mm | 1 等 | | 2 等 | | 3 等 | | 4 等 | | 5 等 | |
|---|---|---|---|---|---|---|---|---|---|---|
| | 测量不确定度 | 长度变动量 | 测量不确定度 | 长度变动量 | 测量不确定度 | 长度变动量 | 测量不确定度 | 长度变动量 | 测量不确定度 | 长度变动量 |
| | 最大允许值/$\mu$m | | | | | | | | | |
| $ln \leqslant 10$ | 0.022 | 0.05 | 0.06 | 0.10 | 0.11 | 0.16 | 0.22 | 0.30 | 0.6 | 0.50 |
| $10 < ln \leqslant 25$ | 0.025 | 0.05 | 0.07 | 0.10 | 0.12 | 0.16 | 0.25 | 0.30 | 0.6 | 0.50 |
| $25 < ln \leqslant 50$ | 0.03 | 0.06 | 0.08 | 0.10 | 0.15 | 0.18 | 0.3 | 0.30 | 0.8 | 0.55 |
| $50 < ln \leqslant 75$ | 0.035 | 0.06 | 0.09 | 0.12 | 0.18 | 0.18 | 0.35 | 0.35 | 0.9 | 0.55 |
| $75 < ln \leqslant 100$ | 0.04 | 0.07 | 0.1 | 0.12 | 0.20 | 0.20 | 0.40 | 0.35 | 1.0 | 0.60 |
| $100 < ln \leqslant 150$ | 0.05 | 0.08 | 0.12 | 0.14 | 0.25 | 0.20 | 0.5 | 0.40 | 1.2 | 0.65 |
| $150 < ln \leqslant 200$ | 0.06 | 0.09 | 0.15 | 0.16 | 0.30 | 0.25 | 0.6 | 0.40 | 1.5 | 0.70 |
| $200 < ln \leqslant 250$ | 0.07 | 0.1 | 0.18 | 0.16 | 0.35 | 0.25 | 0.7 | 0.45 | 1.8 | 0.75 |

"级"和"等"是分别从成批制造和单个检定角度对量块进行精度划分的两种形式。按"级"使用时,以标记在量块上的标称尺寸作为工作尺寸,该尺寸包含其制造误差;按"等"使用时,必须以检定后的实际中心长度作为工作尺寸,该尺寸不包含制造误差,但包含了检定时的测量误差。

就同一量块而言,检定时的测量误差要比制造误差小得多。所以,量块按"等"使用比按"级"使用精度要高,且能在保持量块原有使用精度的基础上延长其使用寿命。例如,一块标称长度为 10 mm 的 2 级精度量块,按级使用其工作尺寸为 10 mm,真值在 10 mm±0.45 $\mu$m 之间(见表 2.2)。按 2 等检定后,其实际中心长度与标称长度之差为$-0.3$ $\mu$m,则工作尺寸为 9.999 7 mm,其真值在 9.9997 mm±0.06 $\mu$m 之间,见表 2.3。显然,量块按"等"使用能消除制造误差的影响,提高测量精度。

## 2.3　测量仪器和测量方法

### 2.3.1　测量仪器的特性

测量仪器是指单独或与一个或多个辅助设备组合,用以进行测量的装置,可以是指示式测量仪器,也可以是实物量具,其技术性能指标是合理选择和使用测量仪器、研究和判断测量方法正确性的重要依据。国家计量技术规范标准 JJF 1001—2011 中给出了这些指标的定义。

**1. 标尺间隔**

标尺间隔(又称分度值 $i$)是测量仪器能指示出被测量值的最小单位。数字显示仪器的分度值称为分辨率,它是最末一位数字间隔所代表的量值之差。例如,千分尺的分度值 $i=0.01$ mm。分度值反映了读数精度的高低,从一个侧面说明了该测量仪器的测量精度高低。一般来说,分度值越小,测量仪器的精度越高。分度值 $i$ 通常取 1、2、5 的倍数。

**2. 标尺间距**

标尺间距($a$)是指沿着标尺长度的同一条线测得的两相邻标尺标记间的距离,与被测量的单位和标在标尺上的单位无关,通常取 $a=1\sim1.25$ mm。例如,标尺间隔为 $i=0.02$ mm 的游标卡尺,其主尺 $a=1$ mm,游标 $a=0.98$ mm。

**3. 示值区间**

示值区间(也称示值范围 $b$)是指测量仪器所指示或显示的最低值到最高值的范围。

**4. 测量区间**

测量区间(也称工作区间、工作范围、测量范围 $B$)是指在允许误差限内,测量仪器所能测量零件的最低值到最高值的范围。例如,外径千分尺的测量范围有 $0\sim25$ mm、$25\sim50$ mm 等几种规格。

**5. 测量系统的灵敏度**

测量系统的灵敏度(简称灵敏度 $S$)是指测量系统的示值变化除以相应的被测量值变化所得的商。若用 $\Delta x$ 表示被测量的变化量,用 $\Delta L$ 表示引起测量仪器的示值变化量,则 $S=\Delta L/\Delta x$。当分子分母是同一类量时,灵敏度又称放大比 $K$(或放大倍数)。对于均匀刻度的量仪,放大比 $K=a/i$。此式说明,当刻度间距 $a$ 一定时,放大比 $K$ 越大,分度值 $i$ 越小,可以获得更精确的读数。

**6. 鉴别阈**

鉴别阈是指引起示值不可检测到变化的被测量值的最大变化量,鉴别阈可能与噪声(内部或外部的)、摩擦等有关,也可能与被测量的值及其变化是如何施加的有关。

**7. 示值误差**

示值误差是指测量仪器显示的数值与对应输入量的参考量值之差,是由测量仪器中的间隙、变形和摩擦等引起的。在仪器示值范围内的不同工作点,示值误差是不相同的。一般可用量块作为真值来检定测量仪器的示值误差。

**8. 测量仪器的稳定性**

测量仪器的稳定性(简称稳定性)是指测量仪器保持其计量特性随时间恒定的能力。稳定性可用几种方式量化,例如,用计量特性变化到某个规定的量所经过的时间间隔表示,或用特性在规定时间间隔内发生的变化表示。

**9. 仪器偏移**

仪器偏移是指重复测量示值的平均值减去参考量值。

**10. 仪器漂移**

仪器漂移是指由于测量仪器计量特性的变化引起的示值在一段时间内的连续或增量变化。仪器漂移既与被测量的变化无关,也与任何认识到的影响量的变化无关。

**11. 仪器的测量不确定度**

仪器的测量不确定度是指由所用的测量仪器或测量系统引起的测量不确定度的分量,是由于测量误差的存在,对测量值不能肯定的程度。仪器的测量不确定度是一项综合精度指标,它包括测量仪器的示值误差、示值变动性、回程误差、鉴别阈以及调整标准件误差等。

## 2.3.2 测量仪器及分类

对测量仪器进行分类的方法有多种。按结构特点,测量仪器可分为量具、量规、量仪和测量装置等四大类;按测量原理、结构特点及用途,测量仪器可分为基准量具、通用量具、专用量具、检验夹具等四类。这里仅就第二种分类方法作介绍。

**1. 基准量具**

基准量具是以固定形式复现量值的测量仪器,通常用来校对和调整其他测量仪器,或者作为标准量与被测量进行相对测量,例如量块、线纹尺等。

**2. 通用测量仪器**

通用量仪器通用性强,可用于测量某一范围内的几何量,并能获得具体数值。按其工作原理,有 8 种不同测量仪器。

(1) 固定刻线量具,如卷尺、钢直尺等。

(2) 游标类量具,如游标卡尺、游标高度尺等。

(3) 螺旋类量具,如千分尺、公法线千分尺等。

(4) 机械式量仪,如百分表、千分表、齿轮杠杆比较仪、扭簧比较仪等。

(5) 光学式量仪,如光学计、投影仪、干涉仪、测长仪等。

(6) 气动式量仪,如水柱式气动量仪、浮标式气动量仪等。

(7) 电动式量仪,如电动轮廓仪、电感式量仪、电接触式量仪等。

(8) 光电式量仪,如光电显微镜、激光准直仪、光纤传感器等。

我国习惯上将结构比较简单的测量仪器称为通用量具,如游标卡尺、外径千分尺、百分表等。

**3. 极限量规**

极限量规是指一种没有刻度的专用检验工具,如光滑极限量规、螺纹量规、功能量规等。

**4. 检验夹具**

检验夹具也是一种专用的检验工具,与相应的测量仪器配套使用来检测被测件的各项参数,如检测滚动轴承用的各种检测夹具,可同时测出滚动轴承套圈的尺寸、径向或轴向跳动等。

### 2.3.3　测量方法及分类

广义的测量方法是指测量时所采用的测量原理、测量仪器和测量条件的综合,但在实际工作中,测量方法往往单纯指获得测量结果的方式,它可按以下不同特征进行分类。

**1. 按实测量是否就是被测量分类**

(1) 直接测量　从测量仪器的读数装置上得到欲测之量的数值,或者是对标准值的偏差,例如,用游标卡尺测量零件外圆直径,其实际尺寸可由刻度尺直接读出。

(2) 间接测量　先测出与被测量之间有一定函数关系的相关量,然后按相应的函数关系式求出被测量,例如,对于测量大尺寸的外圆直径,可先测量弦长与弦高,用弦高法计算出直径。

**2. 按示值是否是被测量的量值分类**

(1) 绝对测量　从测量仪器上直接得到被测参数的整个量值的测量,例如,用游标卡尺测量零件轴径。

(2) 相对测量　在测量仪器的读数装置上只显示出被测量相对已知标准量的偏差值,例如,用量块调整比较仪的零位,然后再换上被测件,则比较仪显示的结果是被测件相对于标准件的偏差值。

**3. 按被测件表面与测量器具的测头是否有接触分类**

(1) 接触测量　测量仪器的测头与零件被测表面接触后有机械作用力的测量,例如,用游标卡尺测量零件尺寸。

(2) 非接触测量　测量仪器的感应元件与被测零件表面不直接接触,因而不存在机械作用力的测量,例如,使用干涉显微镜、气动量仪进行的测量。

**4. 按测量在工艺过程中所起作用分类**

(1) 主动测量　在加工过程中进行的测量,其测量结果直接用来控制零件的加工过程,决定是否继续加工或判断工艺过程是否正常、是否需要进行调整,故能及时防止废品的发生,所以又称积极测量。

(2) 被动测量　加工完成后进行的测量,其结果仅用于发现并剔除废品,所以被动测量又称消极测量。

**5. 按零件上同时被测参数的多少分类**

(1) 单项测量　单独地、彼此没有联系地测量零件的单项参数,例如,分别测量齿轮的齿厚、齿距等。

(2) 综合测量　检测零件几个相关参数的综合效应或综合参数,从而综合判断零件的合格性,例如,齿轮运动误差的综合测量、用光滑极限量规检验零件的合格性等。

**6. 按被测工件在测量时所处状态分类**

(1) 静态测量　测量时被测件表面与测量仪器处于静止状态,例如,用外径千分尺测量轴径等。

(2) 动态测量　测量时被测零件表面与测量仪器处于相对运动状态,或者测量过程是模拟零件在工作或加工时的运动状态,它能反映生产过程中被测参数的变化过程,例如,用电动轮廓仪测量表面粗糙度等。

### 7. 按测量中测量因素是否变化分类

(1) 等精度测量　在测量过程中,决定测量精度的全部因素或条件不变,例如,由同一人、用同一台仪器、在同样的环境中、以同样方法、同样仔细地测量同一个量。在一般情况下,为了简化测量结果的处理,大都采用等精度测量。实际上,绝对的等精度测量是做不到的。

(2) 不等精度测量　在测量过程中,决定测量精度的全部因素或条件可能完全改变或部分改变。由于不等精度测量的数据处理比较麻烦,因此一般用于重要的科研实验中的高精度测量。

## 2.3.4　测量原则

为了获得正确可靠的测量结果,在测量过程中,要注意应用并遵守有关测量原则,如阿贝原则、基准统一原则、最短测量链原则、最小变形原则和封闭原则等比较重要的原则。

(1) 阿贝原则要求在测量过程中被测长度与基准长度处在同一直线上。

(2) 基准统一原则要求测量基准与加工基准、使用基准统一,即工序测量应以工艺基准作为测量基准,终结测量应以设计基准作为测量基准。

(3) 最短测量链原则是指由测量信号从输入量到输出量通道的各个环节所构成的测量链越短越好,其环节越多测量误差越大。

(4) 最小变形原则是指测量仪器与被测零件都会因实际温度偏离标准温度和受力(重力和测量力)而发生变形,形成测量误差,要求变形越小越好。

(5) 封闭原则是指在闭合的圆周分度中,全部角度分量偏差的总和为零。在检测封闭圆周中各分量的角度(或弧长)时,根据封闭原则可不需高精度标准,用相对法进行检测。

在实施测量过程中,应该根据被测对象的特点(如材料硬度、外形尺寸、生产批量、制造精度、测量目的等)和被测参数的定义来拟定测量方案、选择测量仪器、测量方法和规定测量条件,合理地获得可靠的测量结果。

# 2.4　测量误差及数据处理

## 2.4.1　基本概念

误差包括加工误差和测量误差。测量误差(简称误差)是测得值与被测量的真值之间的差异。由于测量仪器本身的误差、测量方法及条件等原因,不可能得到被测量的真值,即使对同一零件、同一部位进行多次测量,其结果也会产生变动,这就是测量误差的表现形式。

测量误差可用绝对误差或相对误差来表示。

### 1. 绝对误差

绝对误差是指测量结果减去被测量的真值之差,其关系式为

$$\delta = L - L_0 \tag{2.3}$$

式中:$\delta$——绝对误差;$L$——测量值;$L_0$——被测量的真值。

由于测得值 $L$ 可能大于或小于真值 $L_0$,所以,测量误差可能是正值、也可能是负值。

测量误差 $\delta$ 绝对值越小,说明测得值离真值越近,测量精度也越高;反之,说明测量精度低。但这一结论只适用于说明被测量值相同的情况,例如,用第一种测量仪器测量长度真值为 $L_{01} = 20$ mm 的绝对误差 $\delta_1 = 0.002$ mm,用第二种测量仪器测长度真值为 $L_{02} = 200$ mm 的绝

对误差 $\delta_2 = 0.002$ mm。这里，$\delta_1 = \delta_2$，但不能说明两种不同测量仪器的测量精度相同。对于大小不同的被测值，需要用相对误差来评价其测量精度。

**2. 相对误差**

相对误差是指绝对误差 $\delta$ 的绝对值与被测量真值之比，即

$$\varepsilon = \frac{|L - L_0|}{L_0} \times 100\% = \frac{|\delta|}{L_0} \times 100\% \approx \frac{|\delta|}{L} \times 100\% \qquad (2.4)$$

在实际测量中，由于得不到被测量真值，而测量值接近真值，因此，可以用测量值 $L$ 代替真值 $L_0$ 来计算相对误差 $\varepsilon$。在上述例子中，相对误差分别为

$$\varepsilon_1 = \frac{0.002}{20} \times 100\% = 0.01\%, \quad \varepsilon_2 = \frac{0.002}{200} \times 100\% = 0.001\%$$

显然，第二种测量仪器的测量更精确。所以，相对误差比绝对误差更能说明测量精确程度。

### 2.4.2　测量误差的来源

在实际测量中导致测量误差产生的因素很多，归纳起来有以下五个。

**1. 测量仪器误差**

测量仪器误差是指测量仪器本身在设计、制造和使用过程中造成的各项误差。例如，在设计测量仪器时，为了简化结构而采用近似的设计方法，违背了阿贝原则。图 2.3 所示为使用游标卡尺测量轴外径示意图。游标卡尺的刻度尺（标准量）与被测轴的直径不在同一条直线上，两者相距 $S$，这违背了阿贝原则，由此产生测量误差。测量时，若游标相对铅锤线倾斜某一角度 $\phi$，如图 2.3 所示，此时产生的测量误差可由下式计算：

$$\delta = L - L_1 = S \times \tan\phi \approx S \times \phi \qquad (2.5)$$

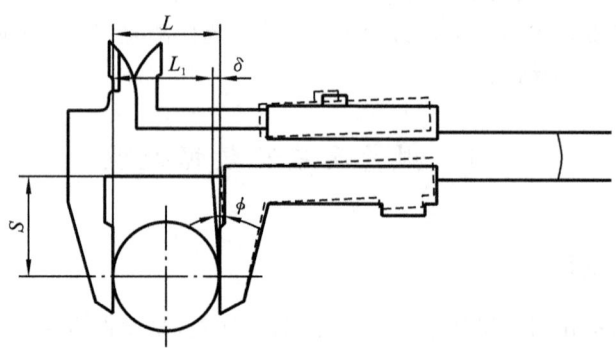

**图 2.3　用游标卡尺测量轴径**

由此可见，游标卡尺的测量精度低就是因为不符合阿贝原则造成的。

**2. 基准件误差**

基准件误差是指作为标准的基准件本身的制造误差和检定误差。例如，用量块作为标准件调整测量仪器零位时，量块的误差会直接影响测得值。因此，为了保证一定的测量精度，必须选择一定精度的量块。

**3. 测量方法误差**

测量方法误差是指由于测量方法不完善所引起的误差。例如，接触测量中测量力引起的测量仪器和零件表面变形、间接测量中计算公式不精确、测量过程中工件安装定位不准确等引起的误差。

**4. 测量环境误差**

测量环境误差是指测量时的环境条件不符合标准条件所引起的误差。测量环境条件包括温度、湿度、气压、振动及灰尘等。其中,温度对测量结果的影响最大,标准测量温度为 20 ℃。

**5. 人员误差**

人员误差是指由于测量人员的主观因素所引起的误差。例如,测量人员技术不熟练、视觉偏差、估读判断错误等引起的误差。

总之,产生误差的因素很多,有些误差可以避免,有些是不可以避免的。因此,测量者应对一些可能产生误差的原因进行分析,掌握其影响规律,设法消除或减小其对测量结果的影响,保证测量精度。

## 2.4.3　测量误差的分类

误差根据其性质、出现的规律和特点分为三类:随机误差、系统误差和粗大误差。

**1. 随机误差**

随机误差是指在重复测量中按不可预见方式变化的测量误差的分量。随机误差的数值通常不大。

随机误差是由测量过程中各种随机因素引起的。例如,测量过程中温度的波动、振动、测量力不稳等。虽然某一次测量的随机误差大小、符号不能预料,但是进行多次重复测量后,对测量结果进行统计、预算就可以看出随机误差符合一定的统计规律。

**2. 系统误差**

在相同条件下多次测量同一量值时,大小和符号保持不变(称为定值系统误差)、或者按一定规律变化的误差(称为变值系统误差)统称系统误差。例如:在比较仪上用相对法测量零件尺寸,以量块作为基准,量块的误差属于定值系统误差;测量过程中温度的均匀变化引起的测量误差属于变值系统误差。

系统误差主要是由于测量仪器本身性能不完善、测量方法不完善、测量者对仪器使用不当、环境条件的变化等原因造成的。系统误差对测量结果影响较大,要尽量减少或消除系统误差,提高测量精度。

**3. 粗大误差**

由某种反常原因造成的、歪曲测得值的测量误差称为粗大误差。粗大误差的出现具有突然性,它是由某些偶尔发生的反常因素造成的。这种显著歪曲测得值的粗大误差应尽量避免,且将其从一系列测得值中按一定的判别准则予以剔除。

## 2.4.4　测量精度及分类

测量精度是指测量结果与真值的接近程度,它与测量误差从两个不同角度说明同一问题,即测量误差越大,测量精度越低。

测量精度具体分测量精密度、测量正确度和测量准确度。

**1. 测量精密度**

测量精密度是指在规定条件下,对同一或类似被测对象重复测量所得示值或测得值间的一致程度,反映测量结果中随机误差的影响程度,随机误差小,则精密度高。测量精密度通常用不精密程度以数字形式表示,如在规定测量条件下的标准偏差、方差等。

**2. 测量正确度**

测量正确度是指无穷多次重复测量所得量值的平均值与一个参考量值间的一致程度,反映测量结果中系统误差的影响程度,系统误差小,则正确度高。测量不正确度不是一个量,不能用数值表示。

**3. 测量准确度**

测量准确度指被测量的测得值与其真值间的一致程度,反映测量结果中系统误差和随机误差的综合影响程度。系统误差和随机误差都小,则测量准确度高。

通过图 2.4 可进一步理解测量精密度、测量正确度和测量准确度的概念。图 2.4(a)反映系统误差小、正确度高,随机误差大、精密度低;图 2.4(b)反映系统误差大、正确度低,但随机误差小、精密度高;图 2.4(c)反映了系统误差和随机误差都大,准确度低;而图 2.4(d)反映的是系统误差和随机误差都小,准确度高。

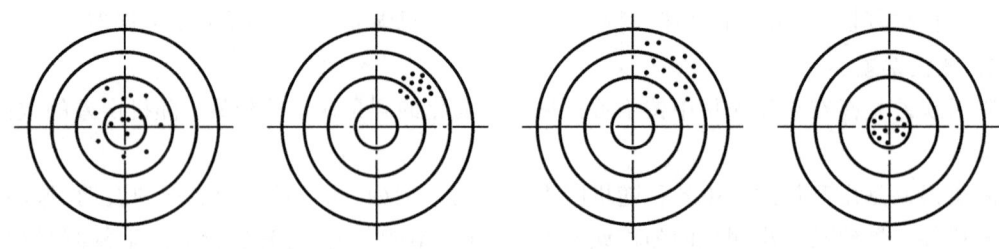

　(a)精密度低、正确度高　　(b)精密度高、正确度低　　(c)精密度低、正确度低　　(d)精密度高、正确度高

**图 2.4　测量精度示意图**

## 2.4.5　测量误差的处理

通过对某一被测量进行连续多次的重复测量,得到的一系列的测量数据(测得值)称为测量列。可以对测量列进行数据处理,以消除或者减少测量结果的影响,提高测量精度。

由于测量值 $L$ 可能大于、小于真值 $L_0$,因而绝对误差可能为正值或者负值,这样,被测量的真值可以写为

$$L_0 = L \pm |\delta| \tag{2.6}$$

在实际应用中,由于测量误差的存在,真值是不能确定的,往往通过分析或估算来获得真值的近似值。根据式(2.6)可知,真值必落在测得值 $L$ 附近,即 $\delta$ 绝对值越小,测量结果 $L$ 越接近于真值 $L_0$,因此,测量精度越高;反之,测量结果越低。

**1. 随机误差的处理**

1)随机误差的特性及分布规律

通过对大量实验数据进行统计后发现,随机误差通常服从正态分布规律,其正态分布曲线如图 2.5 所示。正态分布曲线的数学表达式为

$$y = \frac{1}{\sigma\sqrt{2\pi}} e^{-\frac{\delta^2}{2\sigma^2}} \tag{2.7}$$

式中:$y$——概率密度;$\sigma$——标准偏差;$\delta$——随机误差;e——自然对数的底,e≈2.718。

该曲线具有如下四个基本特征。

(1)单峰性　绝对值越小的随机误差出现的概率越大,反之则越小,即 $\delta$ 越大,$y$ 值越小。当 $\delta=0$ 时,概率密度 $y$ 值最大,$y_{max} = \frac{1}{\sigma\sqrt{2\pi}}$。

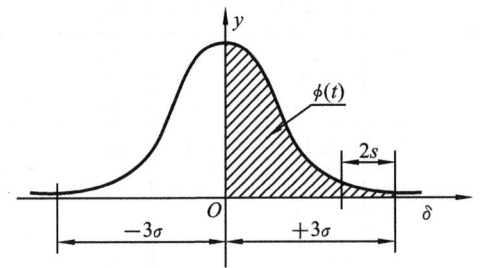

**图 2.5　正态分布曲线**

（2）对称性　绝对值相等的正、负随机误差出现的概率相等，即曲线以 $y$ 轴为对称轴。

（3）有界性　在一定测量条件下，随机误差的绝对值不会超过一定的界限，即随着 $\delta$ 的增大，$y$ 值趋向于零，迅速向 $\delta$ 轴收敛。

（4）抵偿性　随着测量次数的增加，各次随机误差的算术平均值趋于零，即各次随机误差的代数和趋于零。该特性是由对称性推导而来的，它是对称性的必然反映。

概率密度 $y$ 值的大小与随机误差 $\delta$、标准偏差 $\sigma$ 有关。概率密度 $y$ 的最大值 $y_{max}$ 随标准偏差 $\sigma$ 的不同而不同。当 $\sigma_1 < \sigma_2 < \sigma_3$ 时，$y_{1max} > y_{2max} > y_{3max}$，即 $\sigma$ 越小，曲线就越陡，随机误差的分布就越集中，测量精度就越高；反之，$\sigma$ 越大，则曲线就越平坦，随机误差的分布就越分散，测量精度就越低。

随机误差的标准偏差 $\sigma$ 可用下式计算得到：

$$\sigma = \sqrt{\dfrac{\delta_1^2 + \delta_2^2 + \cdots + \delta_N^2}{N}} \tag{2.8}$$

式中：$\delta_1$、$\delta_2$、$\delta_3$、$\cdots\cdots$、$\delta_N$——测量列中各测得值相应的随机误差；$N$——测量次数。

标准偏差 $\sigma$ 是反映测量列中测得值分散程度的一项指标，它是测量列中单次测量值（任意测得值）的标准偏差。

由于随机误差具有有界性，因此，它的大小不会超过一定的范围，随机误差的极限值就是测量极限误差。

由概率论可知，随机误差在区间 $(-\infty, +\infty)$ 内的概率为 1，即

$$P = \int_{-\infty}^{+\infty} y \mathrm{d}\delta = \int_{-\infty}^{+\infty} \frac{1}{\sigma\sqrt{2\pi}} \mathrm{e}^{-\frac{\delta^2}{2\sigma^2}} \mathrm{d}\delta = 1 \tag{2.9}$$

随机误差出现在 $(-|\delta|, +|\delta|)$ 区间的概率为

$$P = \int_{-|\delta|}^{+|\delta|} y \mathrm{d}\delta = \int_{-|\delta|}^{+|\delta|} \frac{1}{\sigma\sqrt{2\pi}} \mathrm{e}^{-\frac{\delta^2}{2\sigma^2}} \mathrm{d}\delta \tag{2.10}$$

为了变成标准正态分布，将式（2.10）进行变量置换，设 $t = \dfrac{\delta}{\sigma}$，则 $\mathrm{d}t = \dfrac{\mathrm{d}\delta}{\sigma}$，式（2.10）变为

$$P = \frac{1}{2\pi} \int_{-|t|}^{+|t|} \mathrm{e}^{-\frac{t^2}{2}} \mathrm{d}t = \frac{2}{\sqrt{2\pi}} \int_0^{|t|} \mathrm{e}^{-\frac{t^2}{2}} \mathrm{d}t = 2\phi(t) \tag{2.11}$$

函数 $\Phi(t)$ 称为拉普拉斯函数，也称正态分布概率积分。表 2.4 列出了不同 $t$ 值对应的 $\Phi(t)$ 值。

**表 2.4 正态分布概率积分 $\Phi(t)$**

| $t$ | $\Phi(t)$ | $t$ | $\Phi(t)$ | $t$ | $\Phi(t)$ | $t$ | $\Phi(t)$ | $t$ | $\Phi(t)$ |
|------|-----------|------|-----------|------|-----------|------|-----------|------|-----------|
| 0.00 | 0.0000 | 0.55 | 0.2088 | 1.10 | 0.3643 | 1.65 | 0.4505 | 2.40 | 0.4918 |
| 0.05 | 0.0199 | 0.60 | 0.2257 | 1.15 | 0.3749 | 1.70 | 0.4554 | 2.50 | 0.4938 |
| 0.10 | 0.0398 | 0.65 | 0.2422 | 1.20 | 0.3849 | 1.75 | 0.4599 | 2.60 | 0.4953 |
| 0.15 | 0.0596 | 0.70 | 0.2580 | 1.25 | 0.3944 | 1.80 | 0.4641 | 2.70 | 0.4965 |
| 0.20 | 0.0793 | 0.75 | 0.2734 | 1.30 | 0.4032 | 1.85 | 0.4678 | 2.80 | 0.4574 |
| 0.25 | 0.0987 | 0.80 | 0.2881 | 1.35 | 0.4115 | 1.90 | 0.4713 | 2.90 | 0.4981 |
| 0.30 | 0.1179 | 0.85 | 0.3023 | 1.40 | 0.4192 | 1.95 | 0.4744 | 3.00 | 0.49865 |
| 0.35 | 0.1368 | 0.90 | 0.3159 | 1.45 | 0.4265 | 2.00 | 0.4772 | 3.20 | 0.49931 |
| 0.40 | 0.1554 | 0.95 | 0.3289 | 1.50 | 0.4332 | 2.10 | 0.4821 | 3.42 | 0.49966 |
| 0.45 | 0.1736 | 1.00 | 0.3413 | 1.55 | 0.4394 | 2.20 | 0.4861 | 3.60 | 0.499841 |
| 0.50 | 0.1915 | 1.05 | 0.3531 | 1.60 | 0.4452 | 2.30 | 0.4893 | 3.80 | 0.499928 |

表 2.5 给出了 $t=1$、2、3、4 这 4 个特殊值所对应的 $2\Phi(t)$ 和 $[1-2\Phi(t)]$ 值。由表 2.5 可知,当 $t=3$ 时,随机误差在 $\delta=\pm3\sigma$ 范围内出现的概率为 99.73%,而超出该范围的概率仅为 0.27%,即连续进行 370 次的测量,随机误差超出 $\pm3\sigma$ 的只有一次。即在仅有符合正态分布规律的随机误差的前提下,如果用某仪器对被测工件只测量一次 $L$,或者虽然测量多次,但只任取其中一次的测量值作为测量结果,可认为该单次测量值 $L_i$ 与被测量真值 $L_0$(或算术平均值 $\overline{L}$)之差不会超过 $\pm3\sigma$ 的概率为 99.73%。

**表 2.5 4 个特殊 $t$ 值对应的概率**

| $t$ | $\delta=\pm t\sigma$ | 不超出 $\delta$ 的概率 $P=2\Phi(t)$ | 超出 $|\delta|$ 的概率 $\alpha=1-2\Phi(t)$ |
|------|----------------------|-------------------------------------|---------------------------------------------|
| 1 | $1\sigma$ | 0.6826 | 0.3174 |
| 2 | $2\sigma$ | 0.9544 | 0.0456 |
| 3 | $3\sigma$ | 0.9973 | 0.0027 |
| 4 | $4\sigma$ | 0.99936 | 0.00064 |

在实际测量中,测量次数一般不会太多。随机误差超出 $\pm3\sigma$ 的情况实际上很难出现,因此,可取 $\delta=\pm3\sigma$ 作为随机误差的极限值,记作

$$\delta_{\lim}=\pm3\sigma \tag{2.12}$$

显然,$\delta_{\lim}$ 也是测量列中单次测量值的测量极限误差。选择不同的 $t$ 值,就对应有不同的概率,测量极限误差的可信程度也就不一样。随机误差在 $\pm t\sigma$ 范围内出现的概率称为置信概率,$t$ 称为置信因子或置信系数。在几何量测量中,通常取置信因子 $t=3$,则置信概率为 99.73%。例如,某次测量的测得值为 40.002 mm,若已知标准偏差 $\sigma=0.0003$,置信概率取 99.73%,则测量结果为

$$(40.002\pm3\times0.0003)\text{ mm}=(40.002\pm0.0009)\text{ mm}$$

即被测量的真值有 99.73% 的可能性在 40.0011~40.0029 mm 范围内。

2)随机误差的处理步骤

对某一被测几何量在一定测量条件下重复测量 $N$ 次,得到测量列的数值分别为 $L_1,L_2,$

$L_3, \cdots\cdots, L_N$。设测量列的测得值中不包含系统误差和粗大误差，被测几何量的真值为 $L_0$，则可得出相应各次测得值的随机误差分别为

$$\delta_1 = L_1 - L_0, \delta_2 = L_2 - L_0, \delta_3 = L_3 - L_0, \cdots\cdots, \delta_N = L_N - L_0$$

　　接下来对随机误差作处理。首先应按式(2.8)计算单次测量值的标准偏差 $\sigma$，然后再由式 (2.12)计算随机误差的极限值 $\delta_{lim} = \pm 3\sigma$，则测量结果为 $L = L_0 \pm \delta_{lim} = L_0 \pm 3\sigma$。

　　但是，由于无法得知被测值的真值 $L_0$，所以不能按式(2.8)计算标准偏差 $\sigma$。在实际测量时，当测量次数 $N$ 充分大时，根据随机误差正态分布的对称性，随机误差的算术平均值趋于零，因此可以用测量列中各个测得值的算术平均值 $\overline{L}$ 代替真值 $L_0$，并用一定的方法估算出标准偏差 $\sigma$，进而确定测量结果。具体处理过程如下。

　　(1) 计算测量列中测得值的算术平均值 $\overline{L}$　设测量列的各个测得值分别为 $L_1, L_2, L_3,$ $\cdots\cdots, L_N$，则算术平均值 $\overline{L}$ 为

$$\overline{L} = \frac{\sum\limits_{i=1}^{N} L_i}{N} \tag{2.13}$$

式中：$N$——测量次数。

　　(2) 计算残差 $\nu_i$　用算术平均值 $\overline{L}$ 代替真值 $L_0$，计算各个测得值 $L_i$ 与算术平均值 $\overline{L}$ 之差，称残余误差(简称残差)，记为 $\nu_i$，即

$$\nu_i = L_i - \overline{L} \tag{2.14}$$

残差具有如下两个特性：

　　① 残差的代数和等于零，即 $\sum\limits_{i=1}^{N} \nu_i = 0$，这一特性可用来校核算术平均值及残差计算的准确性；

　　② 残差的平方和为最小，由此说明，用算术平均值作为测量结果是最可靠且最合理的。

　　(3) 估算测量列中单次测量值的标准偏差 $\sigma$　计算测得值的残差 $\nu_i$ 后，可按贝赛尔(Bessel)公式计算出单次测量值的标准偏差的估算值。贝赛尔公式为

$$\sigma = \sqrt{\frac{\sum\limits_{i=1}^{N} \nu_i^2}{N-1}} \tag{2.15}$$

　　该式根号内的分母为 $N-1$，不是 $N$，这是因为受"$N$ 个测得的残差代数和等于零"这个条件的约束，所以 $N$ 个残差只能等效于 $N-1$ 个独立的随机变量。

　　这时，单次测量值的极限偏差可表示为

$$\delta_{lim} = \pm 3\sigma \tag{2.16}$$

　　(4) 计算测量列算术平均值 $\overline{L}$ 的标准偏差 $\sigma_{\overline{L}}$　若在相同的测量条件下，对同一被测几何量进行多组测量(每组皆测量 $N$ 次)，则对应每组 $N$ 次测量都有一个算术平均值 $\overline{L}_i$，各组的算术平均值不相同。不过，它们的分散程度要比单次测量值的分散程度小得多。根据误差理论，多组测量列算术平均值 $\overline{L}$ 的标准偏差 $\sigma_{\overline{L}}$ 与单组测量列单次测量值的标准偏差 $\sigma$ 存在如下关系

$$\sigma_{\overline{L}} = \frac{\sigma}{\sqrt{N}} \tag{2.17}$$

图 2.6 所示为 $\sigma_{\overline{L}}/\sigma$ 与 $N$ 之间的关系。图 2.6 说明:测量次数越多,$\sigma_{\overline{L}}$ 越小,测量精密度越高。但根据 $\sigma_{\overline{L}}/\sigma$ 与 $N$ 之间的关系可知:当 $N$ 增加到一定值时,$\sigma_{\overline{L}}/\sigma$ 减小已很缓慢,故测量次数不必过多,一般情况下,取 $N=10\sim15$ 次即可。

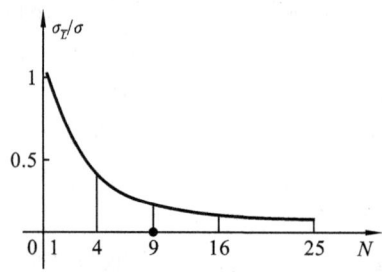

**图 2.6 $\sigma_{\overline{L}}/\sigma$ 与 $N$ 的关系图**

多次(组)测量所得算术平均值的测量结果可表示为

$$L = \overline{L} \pm \delta_{\lim(\overline{L})} = \overline{L} \pm 3\sigma_{\overline{L}} \tag{2.18}$$

**2. 测量列中系统误差的发现与处理**

系统误差值往往比较大,会对测量精度造成一定的影响,需要找出系统误差,并消除和减小系统误差。在实际测量中,系统误差很难完全发现和消除,这里介绍两种适于发现系统误差的常用方法和四种消除系统误差的方法。

*1) 发现系统误差的方法*

系统误差分为定值系统误差和变值系统误差,在测量过程中,当随机误差和系统误差同时存在时,定值系统误差仅改变随机误差的分布中心位置,不改变误差曲线的形状;变值系统误差不仅改变随机误差的分布中心位置,也改变误差曲线的形状。

(1) 实验对比法　实验对比法是改变产生系统误差的条件而进行不同条件下的测量以发现系统误差,这种方法适用于发现定值系统误差。例如,量块按标称尺寸使用时,在测量结果中就存在由于量块的尺寸偏差而产生的定值系统误差,重复测量也不能发现这一误差,只能用另一块等级更高的量块进行对比测量才能发现。

(2) 残差观察法　残差观察法是指根据测量列的各个残差大小和符号的变化规律,直接由残差数据或残差曲线来判断有无系统误差,这种方法主要适用于发现大小和符号按一定规律变化的变值系统误差。按测量先后次序,根据测量列的残差作图,如图 2.7 所示,观察残差的变化规律。若各残差大体上正、负相同,又没有显著变化,如图 2.7(a)所示,则不存在变值系统误差;若各残差按近似的线性规律递增或者递减,如图 2.7(b)所示,则可判断存在线性系统误差;若各残差的大小和符号有规律地周期变化,如图 2.7(c)所示,则可判断存在周期性系统误差;若各残差如图 2.7(d)所示,则可判断存在线性系统误差和周期性系统误差。

*2) 消除系统误差的方法*

系统误差的消除方法与具体的测量对象、测量方法、测量人员的经验有关。这里介绍最基本的四种方法。

(1) 从产生误差的根源上消除系统误差　这就要求测量人员对测量过程中可能产生系统误差的各个环节进行仔细的分析,并在测量前就将系统误差从产生根源上加以消除。例如,为了防止测量过程中仪器示值零位的变动,测量开始和结束时都需要检查示值零位。

(2) 用修正法消除系统误差　这种方法是预先将测量仪器的系统误差检定或计算出来,

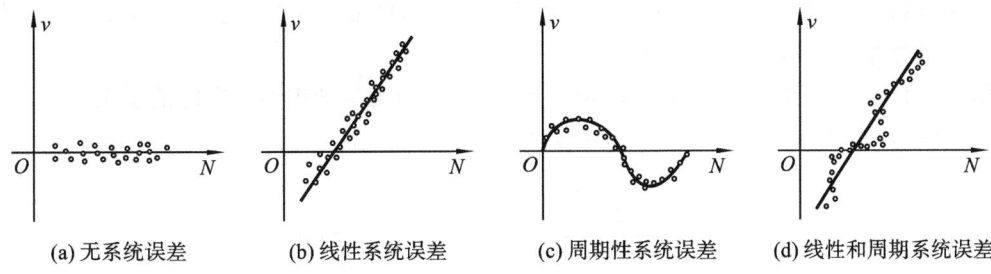

图 2.7　系统误差的发现

作出误差表或误差曲线,然后取与系统误差数值相同而符号相反的值作为修正值,将测得值加上相应的修正值,即可得到不含系统误差的测量结果。

(3) 用抵消法消除定值系统误差　这种方法要求在对称位置上分别测量一次,在两次测量中测得的数据出现的系统误差大小相等、符号相反,取这两次测量数据的平均值作为测得值,即可消除定值系统误差。例如,在工具显微镜上测量螺纹螺距时,为了消除螺纹轴线与测量仪器工作台移动方向倾斜而引起的系统误差,可分别测取螺纹左、右牙侧的螺距,然后取它们的平均值作为螺距测得值。

(4) 用半周期法消除周期性系统误差　对周期性系统误差,可以每相隔半个周期进行一次测量,以相邻两次测量的数据的平均值作为一个测得值,这样即可有效消除周期性系统误差。例如,仪器刻度盘安装偏心、测量表指针回转中心与刻度盘中心有偏心距等引起的周期性误差皆可用周期法予以消除。

消除和减小系统误差的关键是找出误差产生的根源和规律。实际上,系统误差不可能完全消除,但一般来说,若能将系统误差减小到使其影响相当于随机误差的程度,则可认为其已被消除。

**3. 测量列中粗大误差的发现与处理**

粗大误差的数值(绝对值)相当大,其明显歪曲了测量结果,在测量中应尽可能避免。如果粗大误差已经产生,则应根据判断粗大误差的准则予以剔除,粗大误差的判断准则有 $3\sigma$ 准则、狄克松准则、罗曼诺夫斯基准则和格罗布斯准则。这里只介绍常用的 $3\sigma$ 准则。

根据 $3\sigma$ 准则,当测量列服从正态分布时,残余误差落在 $\pm 3\sigma$ 外的概率仅有 $0.27\%$,即在连续测量 370 次中只有 1 次测量的残差超出 $\pm 3\sigma$,而实际上连续测量的次数不可能超出 370 次,测量列中残差超出 $\pm 3\sigma$ 的概率非常小。因此,当测量列中出现绝对值大于 $3\sigma$ 的残差,即

$$|v_i| > 3\sigma \qquad\qquad (2.19)$$

如果式(2.19)成立,则认为该残差对应的测得值含有粗大误差,应予以剔除。该准则是以测量次数充分大为前提的,如果测量次数 $N \leqslant 10$ 时,不能使用 $3\sigma$ 准则,可使用罗曼诺夫斯基准则,这里不再作介绍。

**4. 等精度测量结果的数据处理**

在一般情况下,为了简化对测量数据的处理,大多采用等精度测量。这里仅介绍等精度测量结果的数据处理。

1) 直接测量列的数据处理

对某量进行直接测量,为了得到正确的测量结果,应按前述误差理论对随机误差、系统误差和粗大误差进行分析处理。现以实例说明测量数据的处理方法和步骤。

**例 2.1** 在立式光学计上对某一轴径等精度测量 15 次,按测量顺序将各测得值依次列于表 2.6 中,试计算测量列的标准偏差 $\sigma$、算术平均值的标准偏差 $\sigma_{\overline{L}}$,分别给出以单次测量值作为结果和以算术平均值作为结果的精度。

**解** 假设测量仪器已检定,测量环境得到控制,认为测量列中不存在定值系统误差。

(1) 求测量列的算术平均值 $\overline{L}$。根据式(2.13)得

$$\overline{L} = \frac{\sum\limits_{i=1}^{N} L_i}{N} = \frac{\sum\limits_{i=1}^{15} L_i}{15} = 24.990 \text{ mm}$$

(2) 求测量列的残差 $\nu_i$。根据式(2.14)计算每次测量值的残差,并列于表 2.6 中。

**表 2.6 数据处理计算表**

| 测量序号 | 测得值 $x_i$/mm | 残差 $\nu_i = x_i - \overline{x}$/μm | 残差的平方 $\nu_i^2$/μm² |
|---|---|---|---|
| 1 | 24.990 | 0 | 0 |
| 2 | 24.987 | −3 | 9 |
| 3 | 24.989 | −1 | 1 |
| 4 | 24.990 | 0 | 0 |
| 5 | 24.992 | 2 | 4 |
| 6 | 24.994 | 4 | 16 |
| 7 | 24.990 | 0 | 0 |
| 8 | 24.993 | 3 | 9 |
| 9 | 24.990 | 0 | 0 |
| 10 | 24.988 | −2 | 4 |
| 11 | 24.989 | −1 | 1 |
| 12 | 24.986 | −4 | 16 |
| 13 | 24.987 | −3 | 9 |
| 14 | 24.997 | 7 | 49 |
| 15 | 24.988 | −2 | 4 |
| 算术平均值 | $\overline{L} = 24.99$ | $\sum\limits_{i=1}^{N} \nu_i = 0$ | $\sum\limits_{i=1}^{N} \nu_i^2 = 122$ |

(3) 判断系统误差。根据残差的计算结果,误差符号大体上正、负相同,且无显著变化规律,因此,可认为测量列中不存在变值系统误差。

(4) 计算测量列单次测量值的标准偏差 $\sigma$。根据式(2.15)得

$$\sigma = \sqrt{\frac{\sum\limits_{i=1}^{N-1} \nu_i^2}{N-1}} = \sqrt{\frac{\sum\limits_{1}^{14} \nu_i^2}{14}} \approx 2.95 \ \mu\text{m}$$

(5) 判断粗大误差。按照 $3\sigma$ 准则,$3 \times 2.95 \ \mu\text{m} = 8.85 \ \mu\text{m}$,见表 2.6,测量列中没有出现绝对值大于 $3\sigma$ 的残差 $\nu_i$,因此,判断测量列中不存在粗大误差。

(6) 计算测量列算术平均值的标准偏差 $\sigma_{\overline{L}}$。根据式(2.17)得

$$\sigma_{\overline{L}} = \frac{\sigma}{\sqrt{N}} = \frac{2.95}{\sqrt{15}} \ \mu\text{m} \approx 0.762 \ \mu\text{m}$$

(7) 计算测量列单次测得值的测量极限偏差,根据式(2.12)得

$$\delta_{\lim(L)} = \pm 3\sigma = \pm 3 \times 2.95 \ \mu m = \pm 8.85 \ \mu m$$

(8) 计算测量列算术平均值的测量极限偏差,根据式(2.12)得

$$\delta_{\lim(\overline{L})} = \pm 3\sigma_{\overline{L}} = \pm 3 \times 0.762 \ \mu m = \pm 2.286 \ \mu m$$

(9) 以单次测量值为测量结果,测量不确定度为

$$\pm 3\sigma = \pm 8.85 \ \mu m$$

(10) 以算术平均值为测量结果,测量不确定度为

$$\pm 3\sigma_{\overline{L}} = \pm 2.286 \ \mu m$$

所以,该零件的最终测量结果表示为

$$L = \overline{L} \pm \delta_{\lim(\overline{L})} = (24.99 \pm 0.0023) \ mm$$

这时的置信概率为 99.73%。

**2) 间接测量列的数据处理**

间接测量时直接测量的量与被测量之间有一定的函数关系,因此,直接测量的测量误差也按一定的函数关系传递到被测量的测量结果中,其数据处理的方法和步骤如下。

(1) 函数误差的基本计算公式  间接测量中,被测几何量通常是实测几何量的多元函数,它可表示为

$$y = F(x_1, x_2, \cdots\cdots, x_i, \cdots\cdots, x_m)$$

式中:$y$——被测几何量;$x_1, x_2, \cdots\cdots, x_i, \cdots\cdots, x_m$——各个实测几何量。该函数的增量可用函数的全微分来表示

$$\mathrm{d}y = \sum_{i=1}^{m} \frac{\partial F}{\partial x_i} \mathrm{d}x_i \tag{2.20}$$

式中:$\mathrm{d}y$——被测几何量的测量误差;$\mathrm{d}x_i$——各个实测几何量的测量误差;$\dfrac{\partial F}{\partial x_i}$——各个实测几何量的测量误差的传递系数。式(2.20)即为函数误差的基本计算公式。

(2) 函数系统误差的计算  如果各个实测几何量的测得值 $x_i$ 中存在系统误差 $\Delta x_i$,那么,被测几何量 $y$ 也存在着系统误差 $\Delta y$,以 $\Delta x_i$ 代替式(2.20)中的 $\mathrm{d}x_i$,则可近似得到函数系统误差的计算式

$$\Delta y = \sum_{i=1}^{m} \frac{\partial F}{\partial x_i} \Delta x_i \tag{2.21}$$

式(2.21)即为间接测量中系统误差的计算公式。

(3) 函数随机误差的计算  由于各个实测几何量的测量值 $x_i$ 中存在着随机误差,因此,被测几何量 $y$ 也存在着随机误差。根据误差理论,函数的标准偏差 $\sigma_y$ 与各个实测几何量的标准偏差 $\sigma_{xi}$ 的关系为

$$\sigma_y = \sqrt{\sum_{i=1}^{m} \left( \frac{\partial F}{\partial x_i} \right)^2 \sigma_{x_i}^2} \tag{2.22}$$

如果各个实测几何量的随机误差均服从正态分布,则由式(2.22)可推导出函数的测量极限误差的计算公式为

$$\delta_{\lim(y)} = \pm \sqrt{\sum_{i=1}^{m} \left( \frac{\partial F}{\partial x_i} \right)^2 \delta_{\lim(x_i)}^2} \tag{2.23}$$

式中:$\delta_{\lim(y)}$——被测几何量的测量极限误差;$\delta_{\lim(x_i)}$——各个实测几何量的测量极限偏差。

（4）测量结果的计算　　测量结果为

$$y^1 = (y - \Delta y) \pm \delta_{\lim(y)} \tag{2.24}$$

**例 2.2**　如图 2.8 所示，在万能工具显微镜上用弓高弦长法间接测量圆弧样板的半径 $R$。测得弓高 $h = 4$ mm，弦长 $b = 40$ mm，它们的系统误差和测量极限误差分别为 $\Delta h = +0.0012$ mm，$\delta_{\lim(h)} = \pm 0.0015$ mm，$\Delta b = -0.002$ mm，$\delta_{\lim(b)} = \pm 0.002$ mm，试确定圆弧半径 $R$ 的测量结果。

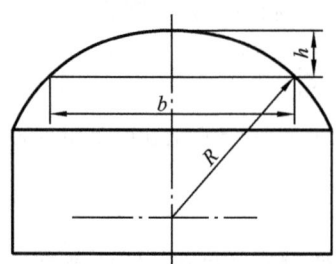

**图 2.8　间接测量圆弧半径**

**解**　（1）计算圆弧半径 $R$：

$$R = \frac{b^2}{8h} + \frac{h}{2} = \left( \frac{40^2}{8 \times 4} + \frac{4}{2} \right) \text{ mm} = 52 \text{ mm}$$

（2）按式（2.21）计算圆弧半径 $R$ 的系统误差 $\Delta R$：

$$\Delta R = \frac{\partial R}{\partial b} \Delta b + \frac{\partial R}{\partial h} \Delta h = \frac{b}{4h} \Delta b - \left( \frac{b^2}{8h^2} - \frac{1}{2} \right) \Delta h$$

$$= \frac{40 \text{ mm} \times (-0.002) \text{ mm}}{4 \times 4 \text{ mm}} - \left( \frac{40^2 \text{ mm}^2}{8 \times 4^2 \text{ mm}^2} - \frac{1}{2} \right) \times 0.0012 \text{ mm} = -0.0194 \text{ mm}$$

（3）按式（2.23）计算圆弧半径 $R$ 的测量极限误差 $\delta_{\lim(R)}$：

$$\delta_{\lim(R)} = \pm \sqrt{\left( \frac{b}{4h} \right)^2 \delta_{\lim(b)}^2 + \left( \frac{b^2}{8h^2} - \frac{1}{2} \right) \delta_{\lim(h)}^2}$$

$$= \pm \sqrt{\left( \frac{40 \text{ mm}}{4 \times 4 \text{ mm}} \right)^2 \times 0.002^2 \text{ mm}^2 + \left( \frac{40^2 \text{ mm}^2}{8 \times 4^2 \text{ mm}^2} - \frac{1}{2} \right)^2 \times 0.0015^2 \text{ mm}^2}$$

$$= \pm 0.0187 \text{ mm}$$

（4）按式（2.24）确定测量结果 $R'$

$$R' = (R - \Delta R) \pm \delta_{\lim(R)} = [52 - (-0.0194)] \text{ mm} \pm 0.0187 \text{ mm}$$

$$= (52.0194 \pm 0.0187) \text{ mm}$$

此时的置信概率为 99.73%。

# 习　　题

## 2.1　填空题

（1）一个完整的测量过程包括_____、_____、_____、_____四要素。

（2）长度基准有_____和_____两种。

（3）量块按级使用，其工作尺寸为标称尺寸，忽略其_____；按等使用，其工作尺寸为实测尺寸，忽略检定时的_____。

(4) 将被测量与标准量进行比较的过程称为_____,判断被测量是否合格的过程称为_____。

(5) 测量精度反映误差对测量结果的影响,分_____、 _____、_____三种。

**2.2　判断题**

(1) 直接测量必为绝对测量。　　　　　　　　　　　　　　　　　　　　　(　　)

(2) 为减少测量误差一般不采用间接测量。　　　　　　　　　　　　　　　(　　)

(3) 对一被测量进行大量重复测量时其产生的随机误差完全服从正态分布规律。(　　)

(4) 国际上通用的长度计量单位是"毫米"。　　　　　　　　　　　　　　　(　　)

(5) 若测得某轴局部尺寸为 10.005 mm,知系统误差为 +0.008 mm,则该尺寸的真值为 10.013 mm。　　　　　　　　　　　　　　　　　　　　　　　　　　　　　　(　　)

**2.3　选择题**

(1) 如果含有_____,其测得值应该按一定规则,从一系列测得值中予以剔除。

A. 测量误差　　　　B. 系统误差　　　　C. 随机误差　　　　D. 粗大误差

(2) 取多次重复测量的平均值来表示测量结果可以减少_____。

A. 系统误差　　　　B. 测量误差　　　　C. 随机误差　　　　D. 粗大误差

(3) 国家标准规定,根据_____将量块精度分为 5 级。

A. 测量不确定度和长度变动量

B. 标称长度的极限偏差和长度变动量最大允许值

C. 测量不确定度和长度的极限偏差

D. 标称长度的极限偏差

(4) 下列论述中正确的有_____。

A. 量块即为长度基准　　　　　　　B. 可以用量块作为长度尺寸传递的载体

C. 1 级量块与 3 等量块可相互使用　　D. 测量仪器的精度越高,测量精度越高

(5) 下列测量值中测量精度最高的是_____。

A. 真值为 40 mm,测得值为 40.05 mm　　B. 真值为 100 mm,测得值为 100.05 mm

C. 真值为 40 mm,测得值为 39.95 mm　　D. 真值为 100 mm,测得值为 99.5 mm

**2.4　简答题**

(1) 测量的实质是什么? 测量和检验有何区别?

(2) 试用 83 块一套的量块,选择组成尺寸 29.935 mm 的量块组。

(3) 量块是怎样分级、分等的? 使用时有何区别?

**2.5　计算题**

在相同条件下,对某轴同一部位的直径重复测量 14 次,各次测量值分别为:10.429 mm、10.435 mm、10.432 mm、10.427 mm、10.428 mm、10.430 mm、10.434 mm、10.428 mm、10.431 mm、10.430 mm、10.429 mm、10.432 mm、10.429 mm、10.429 mm,判断有无系统误差、粗大误差,试分别求出以单次测量值作结果和以算术平均值做结果的极限误差。

# 第 3 章　产品几何技术规范(GPS)——极限与配合

**教学提示**　光滑圆柱体结合是机械产品中采用最广泛的一种结合。为使加工后的光滑圆柱体满足互换性要求,必须在结构设计中统一其公称尺寸,在尺寸精度设计中采用极限与配合标准。圆柱体结合的极限与配合是机械工程的重要基础标准。本章主要介绍极限与配合国家标准,要求在理解基本术语及定义的基础上,掌握极限与配合国家标准的构成规律,初步学会极限与配合的选用。

在机械制造中,为使零件具有互换性,要求零件尺寸处在某一合理的变动范围之内。对于相互结合的零件,这个变动范围既要保证相互结合的尺寸之间形成一定的关系,以满足不同的使用要求,又要在制造上是经济合理的,这样就形成了极限与配合的概念。极限用于协调机器零件的使用要求与制造经济之间的矛盾,而配合则反映零件结合时相互之间的关系。

极限与配合标准不仅是机械工业各部门进行产品设计、工艺设计和制订其他标准的基础,而且是广泛组织协作和专业化生产的重要依据。

《极限与配合》国家标准的发布始于 1959 年,当时全面引用原苏联国家标准,制定了《公差与配合》国家标准。1996 年国际标准化组织成立了技术委员会 ISO/TC 213,开始制定以《产品几何技术规范(GPS)》为主标题的系列国际标准,我国也于 1999 年成立了《全国产品尺寸和几何技术规范标准化委员会》(SAC/TC 240),并按等同采用或等效采用的原则陆续制定、修订了一批国家标准。本章涉及的标准如下。

(1) GB/T 1800.1—2009《产品几何技术规范(GPS)　极限与配合　第 1 部分:公差、偏差和配合的基础》。

(2) GB/T 1800.2—2009《产品几何技术规范(GPS)　极限与配合　第 2 部分:标准公差等级和孔、轴极限偏差表》。

(3) GB/T 1801—2009《产品几何技术规范(GPS)　极限与配合　公差带和配合的选择》。

(4) GB/T 1803—2003《极限与配合　尺寸至 18 mm 孔、轴公差带》。

(5) GB/T 1804—2000《一般公差　未注公差的线性和角度尺寸的公差》。

## 3.1　基本术语及定义

### 3.1.1　孔和轴

**1. 孔**

孔通常是指工件的圆柱形内尺寸要素,也包括非圆柱形的内尺寸要素(由二平行平面或切面形成的包容面)。

**2. 轴**

轴通常是指工件的圆柱形外尺寸要素,也包括非圆柱形的外尺寸要素(由二平行平面或切面形成的被包容面)。

从装配关系看,孔是包容面,轴是被包容面;从加工过程看,随着材料的被切除,孔的尺寸由小变大,轴的尺寸由大变小。图3.1中由标注尺寸 $D_1$、$D_2$、$D_3$、$D_4$、$D_5$ 所确定的部分皆为孔,而由 $d_1$、$d_2$ 所确定的部分皆为轴。

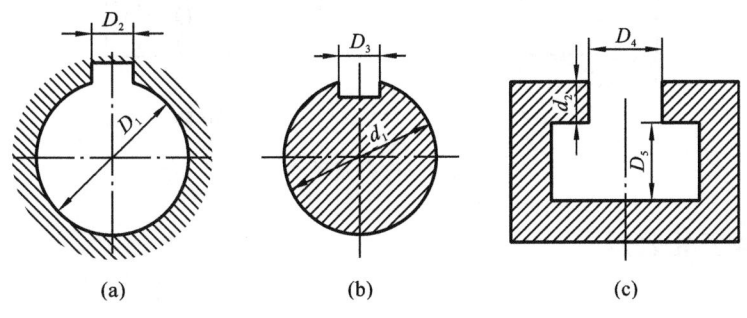

**图 3.1  孔与轴示意图**

孔、轴的定义明确了《极限与配合》国家标准的应用范围,它不仅适用于圆柱体内、外表面的结合,也适用于其他结合中由单一尺寸确定的部分,例如,键连接的配合表面为由单一尺寸形成的内、外表面,即键宽表面为轴,轮毂槽宽和轴槽宽表面皆为孔(见图3.1)。这样,《极限与配合》国家标准可直接应用于键连接的极限与配合中。

### 3.1.2  尺寸

用特定单位表示线性尺寸值的数值称为尺寸。表示长度、直径、宽度、高度、深度等的数值均为尺寸,例如,圆柱面的直径 $\phi45$ mm,两孔的中心距 60 mm 等都是由数字和长度单位两部分组成的数值,是尺寸。在技术图样上,尺寸通常以毫米(mm)为单位进行标注,且单位的符号(mm)可以省略不标注。

**1. 公称尺寸**

公称尺寸是指设计给定的、确定理想形状要素的尺寸。孔、轴的公称尺寸分别用符号 $D$、$d$ 表示。在机械设计中,公称尺寸是根据强度、刚度、运动等条件,结合工艺需要、结构合理性、外观等要求,经计算或直接选用确定的,并建议按标准 GB/T 2822—2005《标准尺寸》予以标准化。

**2. 局部尺寸**

一切提取组成要素上两对应点之间距离的总称为提取组成要素的局部尺寸(有关提取组成要素的概念见 5.1 节),简称局部尺寸(代替原局部实际尺寸)。孔、轴局部尺寸分别用 $D_a$、$d_a$ 表示。由于存在测量误差,局部尺寸并非是被测尺寸的真值。例如,孔局部尺寸 $D_a = 25.985$ mm,测量误差在 $\pm0.001$ mm 以内,则实测尺寸的真值将在 $\phi25.985\pm0.001$(mm)之间。真值是客观存在的,但不确定,即局部尺寸具有随机性。因此,只能以测得尺寸作为局部尺寸。

**3. 极限尺寸**

允许尺寸的两个极端,通常规定两个极限尺寸:上极限尺寸、下极限尺寸,局部尺寸应位于其中。允许孔、轴最大尺寸为上极限尺寸,分别用 $D_U$、$d_U$ 表示;允许孔、轴最小尺寸为下极限尺寸,分别用 $D_L$、$d_L$ 表示。合格的局部尺寸应位于其中,也可达到极限尺寸,即局部尺寸的合格条件为:$D_U \geqslant D_a \geqslant D_L$,$d_U \geqslant d_a \geqslant d_L$,如图3.2所示。

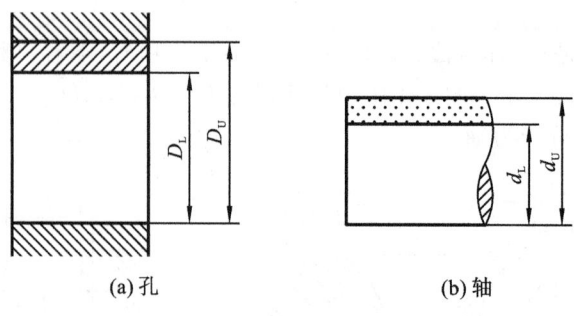

(a)孔          (b)轴

**图 3.2 极限尺寸**

### 3.1.3 偏差和公差

**1. 偏差**

某一尺寸减去公称尺寸所得的代数差即为偏差。偏差可以为正值、负值或零,在计算和标注时,除零外的偏差值必须带有正号或者负号。当"某一尺寸"分别为工件的极限尺寸、局部尺寸时,偏差分别称为极限偏差、局部偏差。

1)极限偏差

极限偏差包括上极限偏差和下极限偏差,其中,上极限尺寸减去公称尺寸所得代数差称上极限偏差,孔、轴上极限偏差分别用代号 ES、es 表示;下极限尺寸减去公称尺寸所得代数差称下极限偏差,孔、轴下极限偏差分别用 EI、ei 表示。孔、轴上偏差、下极限偏差计算公式为

上极限偏差: $\qquad ES = D_U - D, \quad es = d_U - d$      (3.1)

下极限偏差: $\qquad EI = D_L - D, \quad ei = d_L - d$      (3.2)

无论孔还是轴,总有上极限尺寸>下极限尺寸,即 $D_U > D_L$、$d_U > d_L$,所以,无论极限偏差值是正值、负值或者零,总有上极限偏差>下极限偏差,即 ES>EI、es>ei。

2)局部偏差

局部尺寸减去公称尺寸所得代数差称为局部偏差,孔、轴局部偏差分别用 $E_a$、$e_a$ 表示。孔、轴局部偏差计算公式为

$$E_a = D_a - D, \quad e_a = d_a - d \qquad (3.3)$$

合格零件的局部偏差应在规定的极限偏差范围内,即:ES≥$E_a$≥EI,es≥$e_a$≥ei。

**2. 尺寸公差(公差)**

上极限尺寸减下极限尺寸之差,或上极限偏差减下极限偏差之差称为尺寸公差,简称公差。孔、轴公差分别用 $T_D$、$T_d$ 表示。公差是允许尺寸的变动量,是一个没有符号的绝对值。

公差、极限尺寸及偏差有如下关系:

$$孔 \ T_D = |D_U - D_L| = |ES - EI| \qquad (3.4)$$

$$轴 \ T_d = |d_U - d_L| = |es - ei| \qquad (3.5)$$

极限尺寸、公差与偏差的关系如图 3.3 所示。

可以从以下五个方面来进一步理解公差、偏差的概念。

(1)偏差是代数值,可正、可负或者为零;公差是绝对值,且不能为零。

(2)极限偏差用于限制局部偏差;公差用于限制尺寸误差。

(3)对于单个零件只能测出尺寸的局部偏差;而对一批零件可以统计出尺寸误差。

(4)偏差取决于加工机床的调整,如车削时进刀的位置,不反映加工难易;公差则表示制

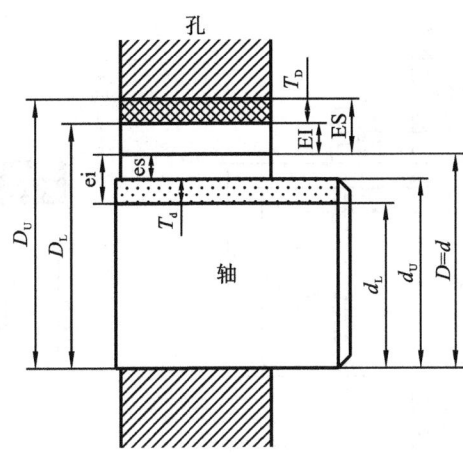

**图 3.3　尺寸、偏差及公差之间关系示意图**

造精度,反映加工难易程度。

(5) 极限偏差反映公差带位置,影响配合松紧程度;而公差反映公差带大小,影响配合精度。有关这一点,可以通过理解公差带图来进一步了解。

**例 3.1** 已知 $D=d=40$ mm,其中,$D_U=40.025$ mm,$D_L=40$ mm,$d_U=39.991$ mm,$d_L=39.975$ mm,求孔、轴的极限偏差与公差。

**解**　对于孔,上极限偏差　$ES=D_U-D=(40.025-40)$ mm $=+0.025$ mm

下极限偏差　$EI=D_L-D=40-40=0$

公差　$T_D=|D_U-D_L|=|40.025-40|$ mm $=0.025$ mm

或者 $T_D=|ES-EI|=|+0.025-0|$ mm $=0.025$ mm

对于轴,上极限偏差　$es=d_U-d=(39.991-40)$ mm $=-0.009$ mm

下极限偏差:$ei=d_L-d=(39.975-40)$ mm $=-0.025$ mm

公差　$T_d=|d_U-d_L|=|39.991-39.975|$ mm $=0.016$ mm

或者 $T_d=|es-ei|=|-0.009-(-0.025)|$ mm $=0.016$ mm

**3. 公差带图**

公差、偏差值与尺寸数值相比差别很大,不便用相同比例表示在同一图样中,即使全部画出也很烦琐,如图 3.3 所示。为简化起见,不必画出完整的零件,只需画出与尺寸变化相关的部分,即图 3.4(a)中虚线圆所限定的范围,如图 3.4(b)所示,这就是极限与配合图解,称为尺寸公差带,简称公差带图。

**1) 零线**

在公差带图中,表示公称尺寸的一条水平线称为零线,如图 3.4(b)所示。零线是用于确定极限偏差的基准线,沿水平方向绘制,正偏差位于零线上方,负偏差位于零线下方。

**2) 公差带**

在公差带图中,由代表上极限偏差、下极限偏差的两条水平线所限定的区域,称为公差带。公差带宽度由 $T_D$、$T_d$ 决定(见图 3.4(b))。

画公差带图需要注意以下四点。

(1) 公称尺寸可标(见图 3.5(a)、(b)),也可不标(见图 3.5(c)、(d))。

(2) 标注公称尺寸时,其单位用 mm,而无论是否标注公称尺寸,上、下极限偏差的单位均

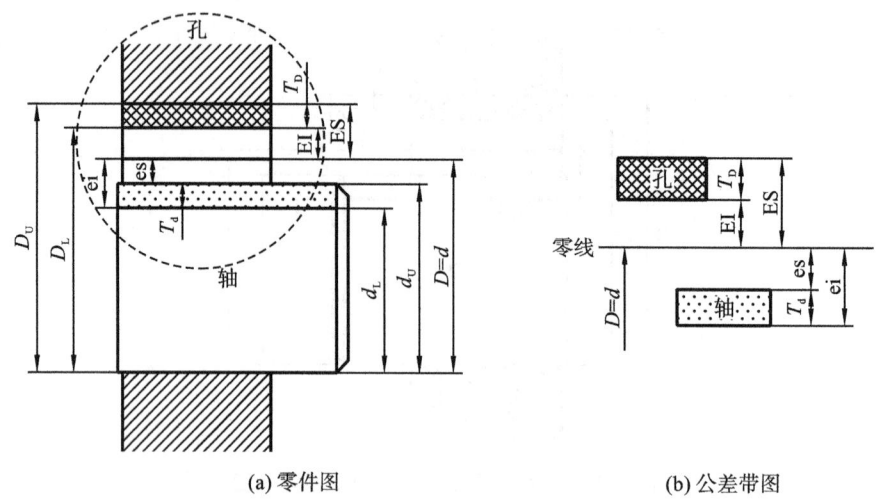

(a) 零件图　　　　　　　　　　　　　(b) 公差带图

**图 3.4　零件图与尺寸公差带图**

可用 mm(见图 3.5(a)、(c))或者用 μm(见图 3.5(b)、(d)),并且单位可省略不写。

(3) 如果上、下极限偏差数值标注单位用 mm,公称尺寸单位可不标注(见图 3.5(a))。

(4) 公称尺寸不同的孔、轴,其公差带不能画在同一公差带图中。在同一个公差带图中,孔、轴公差带的位置、大小应采用相同的比例。

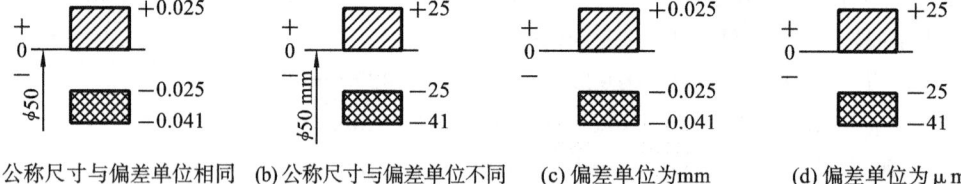

(a) 公称尺寸与偏差单位相同　(b) 公称尺寸与偏差单位不同　(c) 偏差单位为mm　(d) 偏差单位为μm

**图 3.5　公差带图的画法**

3) 基本偏差

在公差带图中,确定公差带相对零线位置的那个极限偏差称为基本偏差,它可能是上极限偏差,也可能是下极限偏差,一般以靠近零线的那个偏差作为基本偏差,具体由国家标准 GB/T 1800.2—2009 来确定。

### 3.1.4　配合

**1. 间隙与过盈**

对于一对实际孔和轴,若孔的局部尺寸 $D_a$ 大于轴的局部尺寸 $d_a$,即 $D_a > d_a$,那么,用孔的尺寸减去轴的尺寸所得之差为正值($D_a - d_a \geqslant 0$),称此差值为间隙,用 $X$ 表示,如图 3.6(a)所示;若孔的局部尺寸 $D_a$ 小于轴的局部尺寸 $d_a$,即 $D_a < d_a$,那么,用孔的尺寸减去轴的尺寸所得之差为负值($D_a - d_a \leqslant 0$),称此差值为过盈,用 $Y$ 表示,如图 3.6(b)所示。

**2. 配合**

公称尺寸相同($D = d$)、相互结合的孔、轴公差带之间的关系称为配合。配合不是由一对具体孔、轴构成的,是由设计给定的相配孔、轴公差带之间的相对位置关系确定的。

**3. 配合类型**

根据相配孔、轴公差带之间的不同位置关系,配合分为间隙配合、过盈配合和过渡配合

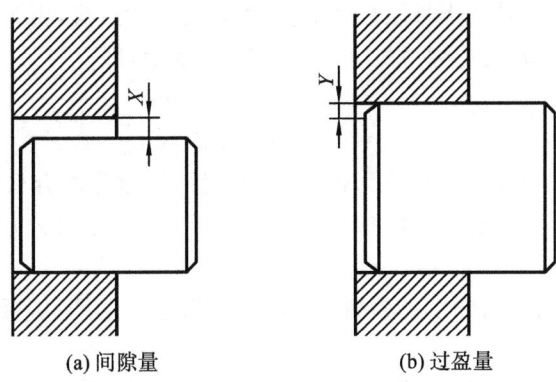

(a) 间隙量                              (b) 过盈量

**图 3.6   间隙与过盈**

三类。

1) 间隙配合

具有间隙(包括最小间隙等于零)的配合称为间隙配合,即 $X \geqslant 0$。在公差带图中,孔的公差带一定在轴的公差带之上,如图 3.7 所示。

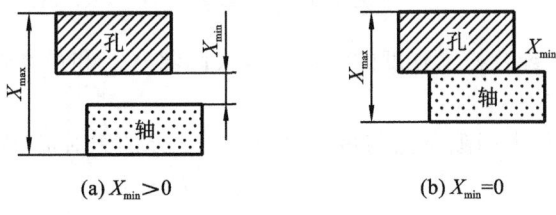

(a) $X_{min} > 0$                              (b) $X_{min} = 0$

**图 3.7   间隙配合**

孔的上极限尺寸 $D_U$ 减轴的下极限尺寸 $d_L$ 之差称为最大间隙,用 $X_{max}$ 表示;孔的下极限尺小 $D_L$ 减轴的上极限尺寸 $d_U$ 之差称为最小间隙,用 $X_{min}$ 表示,即

$$X_{max} = D_U - d_L = ES - ei \tag{3.6}$$

$$X_{min} = D_L - d_U = EI - es \tag{3.7}$$

最大间隙 $X_{max}$、最小间隙 $X_{min}$ 统称为极限间隙,是表示间隙配合松紧程度的参数,即极限间隙越大,间隙配合越松。两参数之差的绝对值称为间隙公差,用 $T_f$ 表示,即

$$T_f = |X_{max} - X_{min}| = T_D + T_d \tag{3.8}$$

间隙公差是表示间隙配合精度的参数,间隙公差值 $T_f$ 越大,表明间隙配合精度越低。

2) 过盈配合

具有过盈(包括最小过盈等于零)的配合称为过盈配合,即 $Y \leqslant 0$。在公差带图中,孔的公差带一定在轴的公差带之下,如图 3.8 所示。

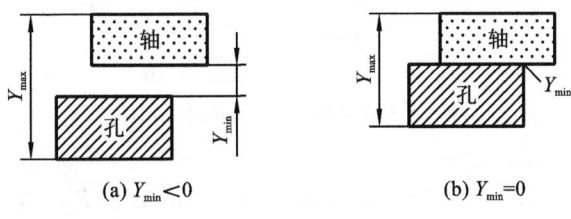

(a) $Y_{min} < 0$                              (b) $Y_{min} = 0$

**图 3.8   过盈配合**

孔的下极限尺寸 $D_L$ 减轴的上极限尺寸 $d_U$ 之差称为最大过盈,用 $Y_{max}$ 表示;孔的上极限尺寸 $D_U$ 减轴的下极限尺寸 $d_L$ 之差称为最小过盈,用 $Y_{min}$ 表示,即

$$Y_{max} = D_L - d_U = EI - es \qquad (3.9)$$

$$Y_{min} = D_U - d_L = ES - ei \qquad (3.10)$$

最大过盈 $Y_{max}$、最小过盈 $Y_{min}$ 统称为极限过盈,是表示过盈配合松紧程度的参数,即极限过盈数值越小,表明过盈配合越紧。两参数之差的绝对值称为过盈公差,用 $T_f$ 表示,即

$$T_f = |Y_{max} - Y_{min}| = T_D + T_d \qquad (3.11)$$

过盈公差是表示过盈配合精度的参数,过盈公差值越小,表明过盈配合精度越高。

3) 过渡配合

可能具有间隙或者过盈的配合称为过渡配合。在公差带图中,孔的公差带与轴的公差带相互交叠,如图 3.9 所示。

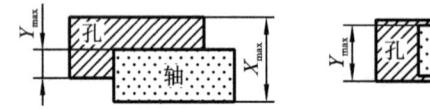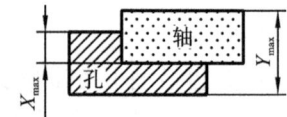

图 3.9　过渡配合

在过渡配合中,表示配合松紧程度的参数是最大间隙 $X_{max}$ 和最大过盈 $Y_{max}$。计算公式见式(3.6)和式(3.9)。

过渡配合精度可用最大间隙 $X_{max}$ 与最大过盈 $Y_{max}$ 之差的绝对值 $T_f$ 来表示,即

$$T_f = |X_{max} - Y_{max}| = T_D + T_d \qquad (3.12)$$

**4. 配合公差 $T_f$**

组成配合的孔、轴公差之和称为配合公差,用 $T_f$ 表示。它是允许间隙或过盈的变动量,也是间隙公差、过盈公差的统称。配合公差是绝对值,对于间隙配合、过盈配合、过渡配合,计算公式分别见式(3.8)、式(3.11)、式(3.12)。

**例 3.2**　已知相配合的孔 $\phi 50^{+0.039}_{0}$ mm、轴 $\phi 50^{-0.025}_{-0.050}$ mm,求 $X_{max}$、$X_{min}$、$T_f$,并画出公差带图。

**解**　$X_{max} = D_U - d_L = [50 + 0.039 - (50 - 0.050)]$ mm $= (50.039 - 49.950)$ mm $= +0.089$ mm

$X_{min} = D_L - d_U = [50 + 0 - (50 - 0.025)]$ mm $= (50 - 49.975)$ mm $= +0.025$ mm

$T_f = |X_{max} - X_{min}| = |0.089 - 0.025|$ mm $= 0.064$ mm

公差带图如图 3.10(a)所示。

**例 3.3**　已知相配合的孔 $\phi 50^{+0.039}_{0}$ mm、轴 $\phi 50^{+0.079}_{+0.054}$ mm,求 $Y_{max}$、$Y_{min}$ 及 $T_f$,并画出公差带图。

**解**　$Y_{max} = D_L - d_U = (50 - 50.079)$ mm $= -0.079$ mm

$Y_{min} = D_U - d_L = (50.039 - 50.054)$ mm $= -0.015$ mm

$T_f = |Y_{max} - Y_{min}| = |-0.079 - (-0.015)| = 0.064$ mm

公差带图如图 3.10(b)所示。

**例 3.4**　已知相配合的孔 $\phi 50^{+0.039}_{0}$ mm、轴 $\phi 50^{+0.034}_{+0.009}$ mm,求 $X_{max}$、$Y_{max}$ 及 $T_f$,并画出公差带图。

**解**　$X_{max} = D_U - d_L = (50.039 - 50.009)$ mm $= +0.030$ mm

$$Y_{\max}=D_{\text{L}}-d_{\text{U}}=(50-50.034)\ \text{mm}=-0.034\ \text{mm}$$

$$T_{\text{f}}=|X_{\max}-Y_{\max}|=|0.030-(-0.034)|\ \text{mm}=0.064\ \text{mm}$$

公差带图如图 3.10(c)所示。

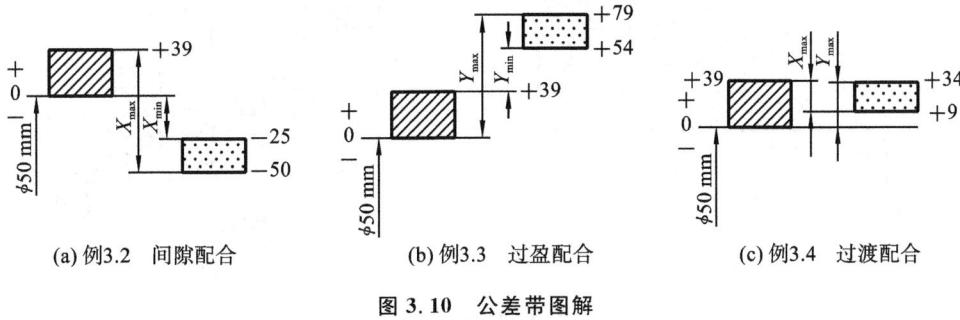

(a) 例3.2　间隙配合　　　　　(b) 例3.3　过盈配合　　　　　(c) 例3.4　过渡配合

图 3.10　公差带图解

比较上述三个例题时发现,当孔的公差带不变时,通过改变轴的公差带位置即可得到三种不同性质的配合。其中,孔、轴公差带的相对位置决定其配合的松紧程度,孔、轴公差数值的大小决定其配合精度的高低。若要提高装配精度,则必须提高零件的加工精度。

## 3.2　极限与配合国家标准的构成

在公差带图中有三个参数:上偏差、下偏差和公差,其中前两个为独立参量。为了实现互换性生产,极限与配合必须标准化。极限与配合国家标准是按标准公差系列和基本偏差系列的标准化原则制订的。其中,标准公差确定公差带大小,基本偏差确定公差带位置。下面介绍极限与配合国家标准 GB/T 1800.1—2009 构成规则及特征。

经标准化的公差与偏差制度称为极限制,同一极限的孔与轴组成配合的制度称为配合制。极限与配合国家标准主要由配合制(也称基准制)、标准公差系列、基本偏差系列三部分组成。

### 3.2.1　配合制

配合制是指以两个相配合的零件中的一个零件为基准件,确定其公差带位置,通过改变另一零件(非基准件)的公差带位置形成各种配合的一种制度。国家标准中规定有基孔制配合和基轴制配合。

**1. 基孔制配合**

基孔制配合是指基本偏差为一定的孔的公差带,与不同基本偏差的轴的公差带形成各种配合的一种制度。在极限与配合国家标准中规定孔的下极限尺寸与公称尺寸相等($D_{\text{L}}=D$),即孔的下极限偏差为零 $\text{EI}=0$,此时的孔称为基准孔,用 H 表示,如图 3.11(a)所示。

**2. 基轴制配合**

基轴制配合是指基本偏差为一定的轴的公差带,与不同基本偏差的孔的公差带形成各种配合的一种制度。在极限与配合国家标准中规定轴的上极限尺寸与公称尺寸相等($d_{\text{U}}=d$),即轴的上极限偏差为零 $\text{es}=0$,此时的轴称为基准轴,用 h 表示,如图 3.11(b)所示。

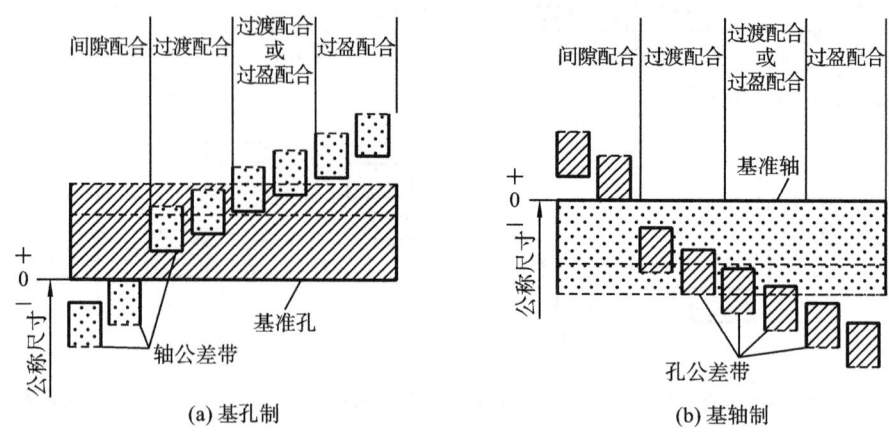

图 3.11　基准制

### 3.2.2　标准公差系列

标准公差是极限与配合国家标准规定的任一公差,用以确定公差带大小(如表 3.3 所列)。从表中可知,标准公差数值的大小取决于公差等级和公称尺寸两个因素。

**1. 公差等级**

确定尺寸精确程度的等级称为公差等级。国家标准将标准公差分 20 级,各级标准公差用代号 IT 及数字 01,0,1,2,……,17,18 表示,IT 是国际公差(ISO tolerance)的缩写。例如,IT8 称为标准公差 8 级,从 IT01～IT18 公差等级依次降低,相应的标准公差值依次增大。

公差等级 IT01、IT0 在工业中很少用到,在标准正文中没有给出这两个公差等级的标准公差数值。

**2. 公差单位**

公差单位(标准公差因子)是计算标准公差的基本单位,是制定标准公差系列的基础。生产实践表明,在相同加工条件下,公称尺寸不同的孔、轴,加工后产生的加工误差也不同。利用统计法发现:加工误差与公称尺寸有关,当公称尺寸较小时,加工误差与公称尺寸呈立方抛物线的关系;当公称尺寸较大时,两者接近线性关系,如图 3.12 所示。那么,如何比较零件加工精度的高低呢?

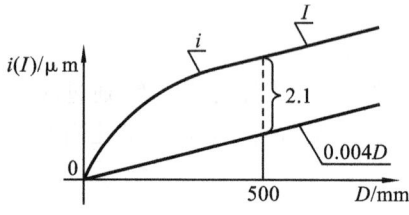

图 3.12　公差单位与零件公称尺寸的关系

当零件的公称尺寸相同时,可按公差大小评定其尺寸制造精度的高低;当零件的公称尺寸不同时,则不能根据公差数值确定其制造精度。为了评定零件精度等级的高低、合理规定公差数值,需要建立公差单位。

公差单位与公称尺寸之间的关系如图 3.12 所示。

(1) 当公称尺寸 $\leqslant 500$ mm 时,公差单位 $i(\mu\text{m})$ 的计算公式为

$$i = 0.45\sqrt[3]{D} + 0.001D \tag{3.13}$$

式中:$D$——公称尺寸段的几何平均值,mm。

公差单位公式(3.13)中包含两项:第一项主要反映加工误差;第二项用于补偿由于测量偏离标准温度以及量规变形等引起的测量误差。

当公称尺寸很小时,第一项所占比重很小;当公称尺寸较大时,公差单位随公称尺寸的增

加速度加快,公差值相应增大。

(2) 当公称尺寸>500～3150 mm 范围时,公差单位 $I(\mu m)$ 应按下式计算:

$$I = 0.004D + 2.1 \tag{3.14}$$

对大尺寸而言,与公称尺寸成正比关系的误差因素对公差单位的影响增长很快,特别是温度变化的影响,而温度变化引起的误差随直径的加大呈线性关系。所以,国标规定大尺寸公差单位采用线性关系。

**3. 标准公差的计算及规律**

根据不同公称尺寸段落,各公差等级的标准公差值确定是不同的。

(1) 公称尺寸≤500 mm 时的计算公式见表 3.1。

表 3.1　公称尺寸≤500 mm 的标准公差计算公式(摘自 GB/T 1800.1—2009)

| 公差等级 | 公 式 | 公差等级 | 公 式 | 公差等级 | 公 式 |
|---|---|---|---|---|---|
| IT01 | $0.3 + 0.008D$ | IT5 | $7i$ | IT12 | $160i$ |
| IT0 | $0.5 + 0.012D$ | IT6 | $10i$ | IT13 | $250i$ |
| IT1 | $0.8 + 0.02D$ | IT7 | $16i$ | IT14 | $400i$ |
| IT2 | $(IT1)\left(\dfrac{IT5}{IT1}\right)^{\frac{1}{4}}$ | IT8 | $25i$ | IT15 | $640i$ |
| IT3 | $(IT1)\left(\dfrac{IT5}{IT1}\right)^{\frac{2}{4}}$ | IT9 | $40i$ | IT16 | $1000i$ |
| IT4 | $(IT1)\left(\dfrac{IT5}{IT1}\right)^{\frac{3}{4}}$ | IT10 | $64i$ | IT17 | $1600i$ |
| | | IT11 | $100i$ | IT18 | $2500i$ |

当公差等级为 IT5 至 IT18 时,标准公差是由公差等级系数 $a$ 和公差单位的乘积值来计算的,即

$$IT = a \times i \tag{3.15}$$

式中:IT——标准公差;$a$——公差等级系数;$i$——公差单位。

自 IT6 开始,各级的公差等级系数按 R5 优先数系增加。对于 IT01、IT0 及 IT1 等更高的公差等级,主要考虑测量误差,公差单位宜采用线性关系式,且三个公差等级系数中的常数和系数均采用优先数系的派生系列 R10/2。对于 IT2、IT3 及 IT4 公差等级,其标准公差数值在 IT1 和 IT5 数值之间大致按几何级数递增,公比为 $(IT5/IT1)^{1/4}$。

(2) 当公称尺寸在 500～3150 mm 的大尺寸范围内时,各级标准公差的计算公式如表 3.2 所示。

在国家标准各个公差等级之间,公差分布的规律性较强,故便于向高、低等级方向延伸,必要时,还可插入中间等级。

表 3.2　公称尺寸在 500～3150 mm 的标准公差计算公式(摘自 GB/T 1800.1—2009)

| 公差等级 | 公式 | 公差等级 | 公式 | 公差等级 | 公式 | 公差等级 | 公式 | 公差等级 | 公式 | 公差等级 | 公式 |
|---|---|---|---|---|---|---|---|---|---|---|---|
| IT1 | $2I$ | IT4 | $5I$ | IT7 | $16I$ | IT10 | $64I$ | IT13 | $250I$ | IT16 | $1000I$ |
| IT2 | $2.7I$ | IT5 | $7I$ | IT8 | $25I$ | IT11 | $100I$ | IT14 | $400I$ | IT17 | $1600I$ |
| IT3 | $3.7I$ | IT6 | $10I$ | IT9 | $40I$ | IT12 | $160I$ | IT15 | $640I$ | IT18 | $2500I$ |

**4. 公称尺寸分段**

根据标准公差计算公式,每一个公称尺寸都对应一个公差值。在生产实践中,公称尺寸数

目繁多,这样,公差值将非常庞大,不利于公差值的标准化和系列化;另外,公差等级相同而公称尺寸相近的公差数值计算结果相差甚微。为了简化公差表格以便于生产实际应用,国家标准将公称尺寸分成了若干段。

标准中尺寸分段方法如下。

(1) 公称尺寸≤500 mm 常用尺寸范围分 13 个主段,其中,对公称尺寸≤180 mm 的尺寸分段,考虑到与国际公差(ISO)的一致,保留不均匀递增数系;对公称尺寸>180 mm 以上的尺寸分段,采用优先数系 R10 进行分段。

(2) 公称尺寸在 500～3150 mm 大尺寸范围内分 8 个主段落,按优先数系 R10 进行分段,见表 3.3 中的第一列所示。

标准公差数值表 3.3 及后面的基本偏差数值表 3.5、表 3.6 中的数值计算,其公称尺寸一律以所属尺寸分段内的首、尾几何平均值来计算,例如,公称尺寸段在 $D_1 \sim D_2$ 范围内的,几何平均值 $D = \sqrt{D_1 \times D_2}$,凡属于这一尺寸段的任一公称尺寸,其标准公差和基本偏差均以同一个 $D$ 进行计算。

按几何平均值 $D$ 计算出公差数值,再经尾数化整,即得出标准公差数值,由标准公差数值构成的表格为标准公差数值如表 3.3 所示。

**例 3.5** 公称尺寸为 45 mm,求公差等级为 IT6、IT8 的公差值。

**解** 公称尺寸为 45 mm,由表 3.3 中的第一列确定属于 30～50 mm 尺寸段,对于该尺寸段,

几何平均值　$D = \sqrt{30 \times 50} \ \text{mm} = 38.73 \ \text{mm}$

公差单位　$i = 0.45 \sqrt[3]{D} + 0.001D = (0.45 \sqrt[3]{38.73} + 0.001 \times 38.73) \ \mu\text{m} = 1.56 \ \mu\text{m}$

由表 3.1 查得　IT6=10$i$,IT8=25$i$

IT6 公差值　IT6=10$i$=10×1.56 $\mu$m=15.6 $\mu$m≈16 $\mu$m

IT8 公差值　IT8=25×$i$=25×1.56 $\mu$m=39 $\mu$m

**表 3.3　标准公差数值**(摘自 GB/T 1800.2—2009)

| 公称尺寸/mm | | 标准公差等级 | | | | | | | | | | | | | | | | | |
|---|---|---|---|---|---|---|---|---|---|---|---|---|---|---|---|---|---|---|---|
| | | IT1 | IT2 | IT3 | IT4 | IT5 | IT6 | IT7 | IT8 | IT9 | IT10 | IT11 | IT12 | IT13 | IT14 | IT15 | IT16 | IT17 | IT18 |
| 大于 | 至 | $\mu$m | | | | | | | | | | | mm | | | | | | |
| — | 3 | 0.8 | 1.2 | 2 | 3 | 4 | 6 | 10 | 14 | 25 | 40 | 60 | 0.1 | 0.14 | 0.25 | 0.4 | 0.6 | 1 | 1.4 |
| 3 | 6 | 1 | 1.5 | 2.5 | 4 | 5 | 8 | 12 | 18 | 30 | 48 | 75 | 0.12 | 0.18 | 0.3 | 0.48 | 0.75 | 1.2 | 1.8 |
| 6 | 10 | 1 | 1.5 | 2.5 | 4 | 6 | 9 | 15 | 22 | 36 | 58 | 90 | 0.15 | 0.22 | 0.36 | 0.58 | 0.9 | 1.5 | 2.2 |
| 10 | 18 | 1.2 | 2 | 3 | 5 | 8 | 11 | 18 | 27 | 43 | 70 | 110 | 0.18 | 0.27 | 0.43 | 0.7 | 1.1 | 1.8 | 2.7 |
| 18 | 30 | 1.5 | 2.5 | 4 | 6 | 9 | 13 | 21 | 33 | 52 | 84 | 130 | 0.21 | 0.33 | 0.52 | 0.84 | 1.3 | 2.1 | 3.3 |
| 30 | 50 | 1.5 | 2.5 | 4 | 7 | 11 | 16 | 25 | 39 | 62 | 100 | 160 | 0.25 | 0.39 | 0.62 | 1 | 1.6 | 2.5 | 3.9 |
| 50 | 80 | 2 | 3 | 5 | 8 | 13 | 19 | 30 | 46 | 74 | 120 | 190 | 0.3 | 0.46 | 0.74 | 1.2 | 1.9 | 3 | 4.6 |
| 80 | 120 | 2.5 | 4 | 6 | 10 | 15 | 22 | 35 | 54 | 87 | 140 | 220 | 0.35 | 0.54 | 0.87 | 1.4 | 2.2 | 3.5 | 5.4 |
| 120 | 180 | 3.5 | 5 | 8 | 12 | 18 | 25 | 40 | 63 | 100 | 160 | 250 | 0.4 | 0.63 | 1 | 1.6 | 2.5 | 4 | 6.3 |
| 180 | 250 | 4.5 | 7 | 10 | 14 | 20 | 29 | 46 | 72 | 115 | 185 | 290 | 0.46 | 0.72 | 1.15 | 1.85 | 2.9 | 4.6 | 7.2 |
| 250 | 315 | 6 | 8 | 12 | 16 | 23 | 32 | 52 | 81 | 130 | 210 | 320 | 0.52 | 0.81 | 1.3 | 2.1 | 3.2 | 5.2 | 8.1 |

| 公称尺寸 /mm | | 标准公差等级 | | | | | | | | | | | | | | | | | | |
|---|---|---|---|---|---|---|---|---|---|---|---|---|---|---|---|---|---|---|---|---|
| | | IT1 | IT2 | IT3 | IT4 | IT5 | IT6 | IT7 | IT8 | IT9 | IT10 | IT11 | IT12 | IT13 | IT14 | IT15 | IT16 | IT17 | IT18 |
| 315 | 400 | 7 | 9 | 13 | 18 | 25 | 36 | 57 | 89 | 140 | 230 | 360 | 0.57 | 0.89 | 1.4 | 2.3 | 3.6 | 5.7 | 8.9 |
| 400 | 500 | 8 | 10 | 15 | 20 | 27 | 40 | 63 | 97 | 155 | 250 | 400 | 0.63 | 0.97 | 1.55 | 2.5 | 4 | 6.3 | 9.7 |
| 500 | 630 | 9 | 11 | 16 | 22 | 32 | 44 | 70 | 110 | 175 | 280 | 440 | 0.7 | 1.1 | 1.75 | 2.8 | 4.4 | 7 | 11 |
| 630 | 800 | 10 | 13 | 18 | 25 | 36 | 50 | 80 | 125 | 200 | 320 | 500 | 0.8 | 1.25 | 2 | 3.2 | 5 | 8 | 12.5 |
| 800 | 1000 | 11 | 15 | 21 | 28 | 40 | 56 | 90 | 140 | 230 | 360 | 560 | 0.9 | 1.4 | 2.3 | 3.6 | 5.6 | 9 | 14 |
| 1000 | 1250 | 13 | 18 | 24 | 33 | 47 | 66 | 105 | 165 | 260 | 420 | 660 | 1.05 | 1.65 | 2.6 | 4.2 | 6.6 | 10.5 | 16.5 |
| 1250 | 1600 | 15 | 21 | 29 | 39 | 55 | 78 | 125 | 195 | 310 | 500 | 780 | 1.25 | 1.95 | 3.1 | 5 | 7.8 | 12.5 | 19.5 |
| 1600 | 2000 | 18 | 25 | 35 | 46 | 65 | 92 | 150 | 230 | 370 | 600 | 920 | 1.5 | 2.3 | 3.7 | 6 | 9.2 | 15 | 23 |
| 2000 | 2500 | 22 | 30 | 41 | 55 | 78 | 110 | 175 | 280 | 440 | 700 | 1100 | 1.75 | 2.8 | 4.4 | 7 | 11 | 17.5 | 28 |
| 2500 | 3150 | 26 | 36 | 50 | 68 | 96 | 135 | 210 | 330 | 540 | 860 | 1350 | 2.1 | 3.3 | 5.4 | 8.6 | 13.5 | 21 | 33 |

注:①公称尺寸大于 500 mm 的 IT1~IT5 的标准公差数值为试行的;

　　②公称尺寸小于或等于 1 mm 时,无 IT14~IT18。

### 3.2.3　基本偏差系列

标准公差系列保证了公差带宽度的标准化,而实现公差带图标准化还需要对其中一个极限偏差数值进行标准化,这个极限偏差就是基本偏差。不同的公差带位置与基准件将形成不同的配合,为了满足各种不同松紧程度的配合需要,国家标准对孔、轴分别规定了 28 种基本偏差,用字母表示。

**1. 基本偏差代号及规律**

1) 基本偏差

基本偏差是公差带位置标准化的唯一指标。除 JS 和 js 以外,均指靠近零线的偏差。当公差带位于零线上方时,其基本偏差为下偏差,孔为 EI、轴为 ei;当公差带位于零线下方时,其基本偏差为上偏差,孔为 ES、轴为 es,且它与公差等级无关;对于 JS 和 js,公差带相对零线对称分布,其基本偏差是上偏差或下偏差,它与公差等级有关,其数值取 $+T/2$ 或 $-T/2$。

2) 基本偏差代号

基本偏差系列如图 3.13 所示。

基本偏差代号用 21 个单写和 7 个双写拉丁字母表示,其中大写代表孔,小写代表轴。在 26 个拉丁字母中,除去易与其他混淆的五个字母 I、L、O、Q、W(i、l、o、q、w),再加上 7 个双写字母 CD、EF、FG、JS、ZA、ZB、ZC(cd、ef、fg、js、za、zb、zc),共有 28 个代号,即孔、轴各有 28 个基本偏差。其中 JS、js 在各个公差等级中相对零线是完全对称的。JS、js 将逐渐代替近似对称的基本偏差 J、j。

在图 3.13 中,基本偏差系列所有公差带只画出一端,另一端未画出,它取决于公差带的宽度(公差值)。

从图 3.13 可见,以 H 和 h 分界,基本偏差构成规律如下。

(1) 对于轴,a~h 的基本偏差为上偏差 es,其绝对值从 a 至 h 依次减小;j~zc 的基本偏差为下偏差 ei,其绝对值逐渐增大。

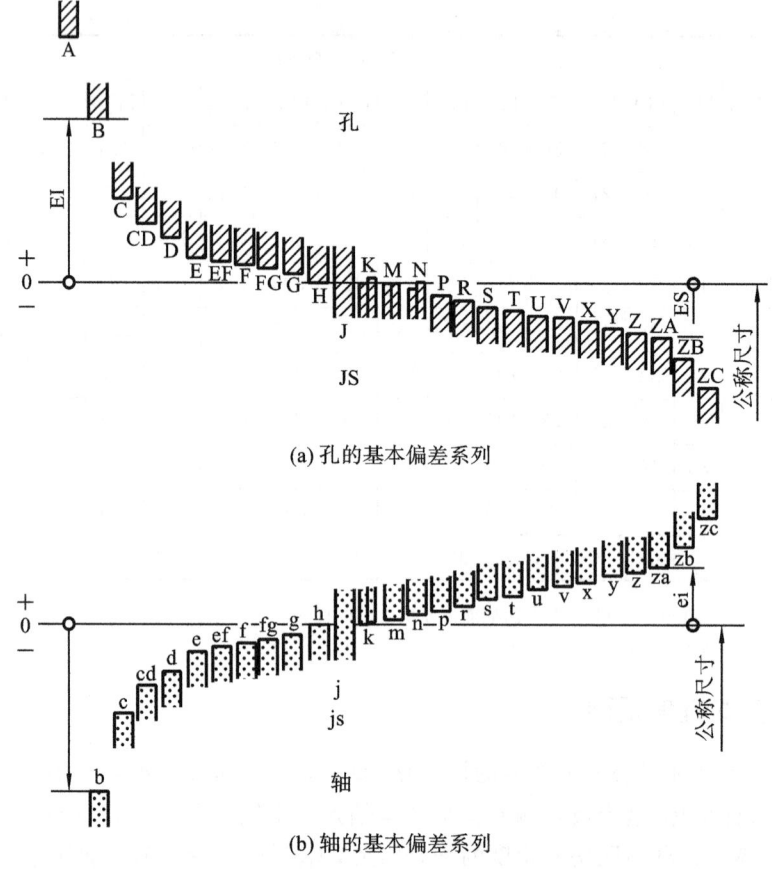

(a) 孔的基本偏差系列

(b) 轴的基本偏差系列

**图 3.13　基本偏差系列**

（2）对于孔,A～H 的基本偏差为下偏差 EI,其绝对值从 A 至 H 依次减小;J～ZC 的基本偏差为上偏差 ES,其绝对值依次增大。

无论孔还是轴,代号 H 和 h 的基本偏差为零。

在孔(轴)各种基本偏差中,A～H(a～h)与基准件相配时为间隙配合;J～N(j～n)与基准件相配时,通常为过渡配合;P～Z(p～z)与基准件相配时,基本上为过盈配合。因为,某些基本偏差(如 N、n、P、p)的非基准件的公差带与公差较大(即公差等级较低)的基准件的公差带可以形成过渡配合,而与公差较小(即公差等级较高)的基准件的公差带将形成过盈配合。

**2. 公差带代号与配合代号**

1）公差带代号

基本偏差代号与公差等级组成公差带代号,其中,标准公差确定公差带大小,基本偏差确定公差带相对零线位置,例如,$\phi30H7$、$\phi30M8$ 为孔的公差带代号,$\phi30f7$、$\phi30h7$ 为轴的公差带代号。在零件图上的标注如图 3.14 所示。

2）配合代号

国家标准规定,将孔和轴的公差带代号以分数形式组成配合代号,其中,分子为孔的公差带代号,分母为轴的公差带代号,例如,$\phi30\dfrac{H7}{g6}$表示基孔制的间隙配合,$\phi30\dfrac{M8}{h7}$表示基轴制的过渡配合。也可采用 $\phi30H7/g6$、$\phi30M8/h7$ 表示配合代号。配合代号在装配图上的标注如图 3.15 所示。

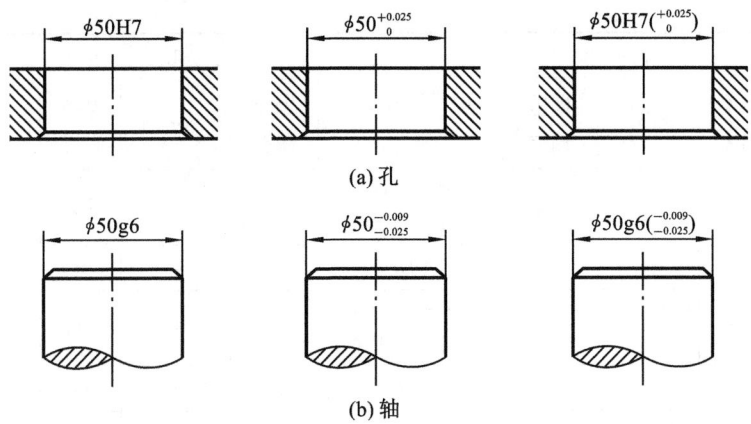

(a)孔

(b)轴

**图 3.14　零件图上公差标注**

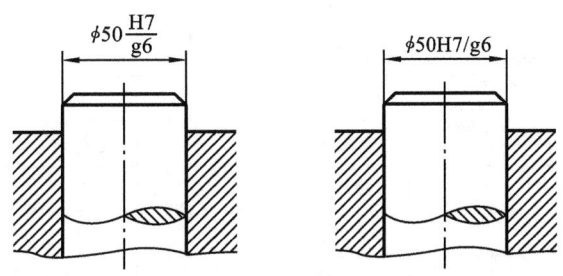

**图 3.15　装配图上配合代号的标注**

### 3. 轴的基本偏差数值

轴的基本偏差是以基孔制为基础,根据各种配合的要求,在生产实践和大量科学试验的基础上,依据统计分析的结果,整理出一系列公式而计算出来的。轴的各种基本偏差计算公式见表 3.4。

**表 3.4　轴和孔的基本偏差计算公式**(摘自 GB/T 1800.1—2009)

| 公称尺寸/mm | | 轴 | | | 计 算 公 式 | 孔 | | | 公称尺寸/mm | |
|---|---|---|---|---|---|---|---|---|---|---|
| 大于 | 至 | 基本偏差 | 符号 | 极限偏差 | | 极限偏差 | 符号 | 基本偏差 | 大于 | 至 |
| 1 | 120 | a | — | es | $265+1.3D$ | EI | ＋ | A | 1 | 120 |
| 120 | 500 | | | | $3.5D$ | | | | 120 | 500 |
| 1 | 160 | b | — | es | $\approx140+0.85D$ | EI | ＋ | B | 1 | 160 |
| 160 | 500 | | | | $\approx1.8D$ | | | | 160 | 500 |
| 0 | 40 | c | — | es | $52D^{0.2}$ | EI | ＋ | C | 0 | 40 |
| 40 | 500 | | | | $95+0.8D$ | | | | 40 | 500 |
| 0 | 10 | cd | — | es | C、c 和 D、d 值的几何平均值 | EI | ＋ | CD | 0 | 10 |
| 0 | 3150 | d | — | es | $16D^{0.44}$ | EI | ＋ | D | 0 | 3150 |
| 0 | 3150 | e | — | es | $11D^{0.41}$ | EI | ＋ | E | 0 | 3150 |

| 公称尺寸/mm | | 轴 | | | 计 算 公 式 | 孔 | | | 公称尺寸/mm | |
|---|---|---|---|---|---|---|---|---|---|---|
| 大于 | 至 | 基本偏差 | 符号 | 极限偏差 | | 极限偏差 | 符号 | 基本偏差 | 大于 | 至 |
| 0 | 10 | ef | — | es | E、e 和 F、f 值的几何平均值 | EI | + | EF | 0 | 10 |
| 0 | 3150 | f | — | es | $5.5D^{0.41}$ | EI | + | F | 0 | 3150 |
| 0 | 10 | fg | — | es | F、f 和 G、g 值的几何平均值 | EI | + | FG | 0 | 10 |
| 0 | 3150 | g | — | es | $2.5D^{0.34}$ | EI | + | G | 0 | 3150 |
| 0 | 3150 | h | 无符号 | es | 偏差＝0 | EI | 无符号 | H | 0 | 3150 |
| 0 | 500 | j | | | 无公式 | | | J | 0 | 500 |
| 0 | 3150 | js | +　— | es　ei | $0.5IT_n$ | ES | +　— | JS | 0 | 3150 |
| 0 | 500 | k | + | ei | $0.6\sqrt[3]{D}$ | ES | — | K | 0 | 500 |
| 500 | 3150 | | 无符号 | | 偏差＝0 | | 无符号 | | 500 | 3150 |
| 0 | 500 | m | + | ei | IT7－IT6 | ES | — | M | 0 | 500 |
| 500 | 3150 | | | | $0.024D+12.6$ | | | | 500 | 3150 |
| 0 | 500 | n | + | ei | $5D^{0.34}$ | ES | — | N | 0 | 500 |
| 500 | 3150 | | | | $0.04D+21$ | | | | 500 | 3150 |
| 0 | 500 | p | + | ei | IT7＋(0～5) | ES | — | P | 0 | 500 |
| 500 | 3150 | | | | $0.072D+37.8$ | | | | 500 | 3150 |
| 0 | 3150 | r | + | ei | P、p 和 S、s 值的几何平均值 | ES | — | R | 0 | 3150 |
| 0 | 50 | s | + | ei | IT8＋(1～4) | ES | — | S | 0 | 50 |
| 50 | 3150 | | | | $IT7+0.4D$ | | | | 50 | 3150 |
| 24 | 3150 | t | + | ei | $IT7+0.63D$ | ES | — | T | 24 | 3150 |
| 0 | 3150 | u | + | ei | $IT7+D$ | ES | — | U | 0 | 3150 |
| 14 | 500 | v | + | ei | $IT7+1.25D$ | ES | — | V | 14 | 500 |
| 0 | 500 | x | + | ei | $IT7+1.6D$ | ES | — | X | 0 | 500 |
| 18 | 500 | y | + | ei | $IT7+2D$ | ES | — | Y | 18 | 500 |
| 0 | 500 | z | + | ei | $IT7+2.5D$ | ES | — | Z | 0 | 500 |
| 0 | 500 | za | + | ei | $IT8+3.15D$ | ES | — | ZA | 0 | 500 |
| 0 | 500 | zb | + | ei | $IT9+4D$ | ES | — | ZB | 0 | 500 |
| 0 | 500 | zc | + | ei | $IT10+5D$ | ES | — | ZC | 0 | 500 |

注：①公式中 $D$ 是公称尺寸段的几何平均值，mm；基本偏差的计算结果以 $\mu$m 计；

②只在表 3.5、表 3.6 中给出 j、J 的值；

③公称尺寸至 500 mm 轴的基本偏差 k 的计算公式仅适用于标准公差等级 IT4～IT7 的情况，所有其他公称尺寸和所有其他 IT 等级的基本偏差 k＝0；孔的基本偏差 K 的计算公式仅适用于标准公差等级小于或等于 IT8 的情况，所有其他公称尺寸和所有其他等级 IT 的基本偏差 K＝0。

利用表 3.4 中轴的基本偏差计算公式,将尺寸段的几何平均值带入这些公式求出相应数值,经过尾数圆整后,得到轴的基本偏差数值,如表 3.5 所示。

轴的基本偏差确定后,轴的另一个偏差根据轴的基本偏差和标准公差,按下列公式计算:

$$ei = es - IT \quad 或 \quad es = ei + IT \tag{3.16}$$

**4. 孔的基本偏差数值**

当公称尺寸≤500 mm 时,孔的基本偏差是由轴的基本偏差换算得到的,其计算公式列在表 3.4 中。

换算的原则是:同名代号的孔、轴基本偏差(如 F 与 f、R 与 r),在孔、轴采用相同公差等级,或者孔比轴低一级的配合条件下,按基孔制形成的配合(如 $\phi30H9/f9$ 属于孔、轴同级配合,$\phi30H7/r6$ 属于孔、轴相差一级配合等),与按基轴制形成的配合(如 $\phi30F9/h9$、$\phi30R7/h6$ 等),其配合性质相同,例如,$\phi30H9/f9$ 与 $\phi30F9/h9$ 的配合性质相同,$\phi30H7/r6$ 与 $\phi30R7/h6$ 的配合性质相同。前面已经介绍过,配合性质相同是指配合的松紧程度相同、配合精度相同。而极限间隙或者极限过盈是反映配合松紧程度的参数,配合公差是反映配合精度的参数。所以有如下结论:

(1) 间隙配合的 $\phi30H9/f9$ 与 $\phi30F9/h9$,其 $X_{max} = +124 \ \mu m$,$X_{min} = +20 \ \mu m$,$T_f = 104 \ \mu m$;

(2) 过盈配合的 $\phi30H7/r6$ 与 $\phi30R7/h6$,其 $Y_{max} = -41 \ \mu m$,$Y_{min} = -7 \ \mu m$,$T_f = 34 \ \mu m$;

(3) 过渡配合的 $\phi30H7/js6$ 与 $\phi30JS7/h6$,其 $X_{max} = +27.5 \ \mu m$,$Y_{max} = -6.5 \ \mu m$,$T_f = 34 \ \mu m$。

据上所述,孔的基本偏差换算有两种规则。

1) 通用规则

相同字母表示的孔、轴基本偏差绝对值相等、符号相反,孔、轴基本偏差相对于零线是完全对称,即

对于 A~H,　　　　　　　　　　EI = -es

对于 K~ZC,　　　　　　　　　ES = -ei

2) 特殊规则

对于标准公差等级≤IT8 的 K、M、N 系列和标准公差等级≤IT7 的 P~ZC 系列,孔的基本偏差 ES 与相同字母轴的基本偏差 ei 符号相反,而绝对值相差一个 $\Delta$ 值,即

$$ES = -ei + \Delta, \quad \Delta = IT_n - IT_{(n-1)} \tag{3.17}$$

式中:$IT_n$——公差等级为 $n$ 级的孔的标准公差值,$IT_{(n-1)}$ 为比孔高一级的标准公差值。

按特殊规则计算孔的基本偏差值时出现一个 $\Delta$,这是由于对于高精度的孔、轴配合,通常经济地采用孔比轴低一级的配合,如图 3.16 所示。所以,依据轴计算孔的基本偏差时,只保证通常配合时基孔制与基轴制等效。

换算得到的孔的基本偏差数值列于表3.6 中,实际应用可直接查表确定。

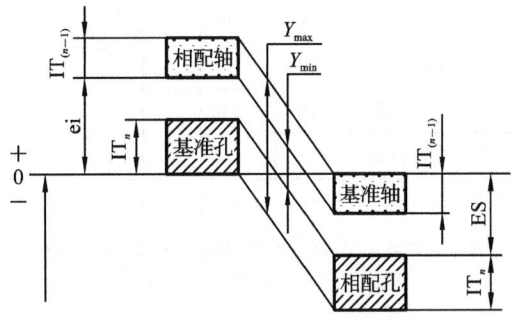

**图 3.16　特殊规则的图解**

表 3.5　公称尺寸≤500 mm 轴的基本偏

| 公称尺寸/mm | | 基本偏差数值 | | | | | | | | | | | | | | |
| --- | --- | --- | --- | --- | --- | --- | --- | --- | --- | --- | --- | --- | --- | --- | --- | --- |
| | | 上偏差 es | | | | | | | | | | | | 下偏差 ei | | |
| | | 所有标准公差等级 | | | | | | | | | | | | IT5、IT6 | IT7 | IT8 |
| 大于 | 至 | a | b | c | cd | d | e | ef | f | fg | g | h | js | j | | |
| — | 3 | −270 | −140 | −60 | −34 | −20 | −14 | −10 | −6 | −4 | −2 | 0 | 偏差＝±ITn/2，式中 ITn 是指公差等级 n 对应的标准公差数值 | −2 | −4 | −6 |
| 3 | 6 | −270 | −140 | −70 | −46 | −30 | −20 | −14 | −10 | −6 | −4 | 0 | | −2 | −4 | |
| 6 | 10 | −280 | −150 | −80 | −56 | −40 | −25 | −18 | −13 | −8 | −5 | 0 | | −2 | −5 | |
| 10 | 14 | −290 | −150 | −95 | | −50 | −32 | | −16 | | −6 | 0 | | −3 | −6 | |
| 14 | 18 | | | | | | | | | | | | | | | |
| 18 | 24 | −300 | −160 | −110 | | −65 | −40 | | −20 | | −7 | 0 | | −4 | −8 | |
| 24 | 30 | | | | | | | | | | | | | | | |
| 30 | 40 | −310 | −170 | −120 | | −80 | −50 | | −25 | | −9 | 0 | | −5 | −10 | |
| 40 | 50 | −320 | −180 | −130 | | | | | | | | | | | | |
| 50 | 65 | −340 | −190 | −140 | | −100 | −60 | | −30 | | −10 | 0 | | −7 | −12 | |
| 65 | 80 | −360 | −200 | −150 | | | | | | | | | | | | |
| 80 | 100 | −380 | −220 | −170 | | −120 | −72 | | −36 | | −12 | 0 | | −9 | −15 | |
| 100 | 120 | −410 | −240 | −180 | | | | | | | | | | | | |
| 120 | 140 | −460 | −260 | −200 | | −145 | −85 | | −43 | | −14 | 0 | | −11 | −18 | |
| 140 | 160 | −520 | −280 | −210 | | | | | | | | | | | | |
| 160 | 180 | −580 | −310 | −230 | | | | | | | | | | | | |
| 180 | 200 | −660 | −340 | −240 | | −170 | −100 | | −50 | | −15 | 0 | | −13 | −21 | |
| 200 | 225 | −740 | −380 | −260 | | | | | | | | | | | | |
| 225 | 250 | −820 | −420 | −280 | | | | | | | | | | | | |
| 250 | 280 | −920 | −480 | −300 | | −190 | −110 | | −56 | | −17 | | | −16 | −26 | |
| 280 | 315 | −1050 | −540 | −330 | | | | | | | | | | | | |
| 315 | 355 | −1200 | −600 | −360 | | −210 | −125 | | −62 | | −18 | 0 | | −18 | −28 | |
| 355 | 400 | −1350 | −680 | −400 | | | | | | | | | | | | |
| 400 | 450 | −1500 | −760 | −440 | | −230 | −135 | | −68 | | −20 | 0 | | −20 | −32 | |
| 450 | 500 | −1650 | −840 | −480 | | | | | | | | | | | | |

注：①公称尺寸小于或等于 1 mm 时，基本偏差 a 和 b 均不采用；

②对于公差带 js7～js11，若 ITn 数值是奇数，则取偏差＝±$\dfrac{IT_n-1}{2}$。

**差数值**(摘自 GB/T 1800.1—2009)　　　　　　　　　　　　　　　　　　　　　　　　单位:$\mu$m

### 基本偏差数值

#### 下偏差 ei

| IT4 至 IT7 | ≤IT3 >IT7 | 所有标准公差等级 | | | | | | | | | | | | | |
|---|---|---|---|---|---|---|---|---|---|---|---|---|---|---|---|
| k | | m | n | p | r | s | t | u | v | x | y | z | za | zb | zc |
| 0 | 0 | +2 | +4 | +6 | +10 | +14 | | +18 | | +20 | | +26 | +32 | +40 | +60 |
| +1 | 0 | +4 | +8 | +12 | +15 | +19 | | +23 | | +28 | | +35 | +42 | +50 | +80 |
| +1 | 0 | +6 | +10 | +15 | +19 | +23 | | +28 | | +34 | | +42 | +52 | +67 | +97 |
| +1 | 0 | +7 | +12 | +18 | +23 | +28 | | +33 | | +40 | | +50 | +64 | +90 | +130 |
| | | | | | | | | | +39 | +45 | | +60 | +77 | +108 | +150 |
| +2 | 0 | +8 | +15 | +22 | +28 | +35 | | +41 | +47 | +54 | +63 | +73 | +98 | +136 | +188 |
| | | | | | | | +41 | +48 | +55 | +64 | +75 | +88 | +118 | +160 | +218 |
| +2 | 0 | +9 | +17 | +26 | +34 | +43 | +48 | +60 | +68 | +80 | +94 | +112 | +148 | +200 | +274 |
| | | | | | | | +54 | +70 | +81 | +97 | +114 | +136 | +180 | +242 | +325 |
| +2 | 0 | +11 | +20 | +32 | +41 | +53 | +66 | +87 | +102 | +122 | +144 | +172 | +226 | +300 | +405 |
| | | | | | +43 | +59 | +75 | +102 | +120 | +146 | +174 | +210 | +274 | +360 | +480 |
| +3 | 0 | +13 | +23 | +37 | +51 | +71 | +91 | +124 | +146 | +178 | +214 | +258 | +335 | +445 | +585 |
| | | | | | +54 | +79 | +104 | +144 | +172 | +210 | +254 | +310 | +400 | +525 | +690 |
| +3 | 0 | +15 | +27 | +43 | +63 | +92 | +122 | +170 | +202 | +248 | +300 | +365 | +470 | +620 | +800 |
| | | | | | +65 | +100 | +134 | +190 | +228 | +280 | +340 | +415 | +535 | +700 | +900 |
| | | | | | +68 | +108 | +146 | +210 | +252 | +310 | +380 | +465 | +600 | +780 | +1000 |
| +4 | 0 | +17 | +31 | +50 | +77 | +122 | +166 | +236 | +284 | +350 | +425 | +520 | +670 | +880 | +1150 |
| | | | | | +80 | +130 | +180 | +258 | +310 | +385 | +470 | +575 | +740 | +960 | +1250 |
| | | | | | +84 | +140 | +196 | +284 | +340 | +425 | +520 | +640 | +820 | +1050 | +1350 |
| +4 | 0 | +20 | +34 | +56 | +94 | +158 | +218 | +315 | +385 | +475 | +580 | +710 | +920 | +1200 | +1550 |
| | | | | | +98 | +170 | +240 | +350 | +425 | +525 | +650 | +790 | +1000 | +1300 | +1700 |
| +4 | 0 | +21 | +37 | +62 | +108 | +190 | +268 | +390 | +475 | +590 | +730 | +900 | +1150 | +1500 | +1900 |
| | | | | | +114 | +208 | +294 | +435 | +530 | +660 | +820 | +1000 | +1300 | +1650 | +2100 |
| +5 | 0 | +23 | +40 | +68 | +126 | +232 | +330 | +490 | +595 | +740 | +920 | +1100 | +1450 | +1850 | +2400 |
| | | | | | +132 | +252 | +360 | +540 | +660 | +820 | +1000 | +1250 | +1600 | +2100 | +2600 |

**表 3.6　孔的基本偏差数值**

| 公称尺寸/mm | | 基本偏差数值 | | | | | | | | | | | | | | | | | | |
| --- | --- | --- | --- | --- | --- | --- | --- | --- | --- | --- | --- | --- | --- | --- | --- | --- | --- | --- | --- | --- |
| | | 下偏差 EI | | | | | | | | | | | | 上偏差 ES | | | | | | |
| | | 所有标准公差等级 | | | | | | | | | | | | IT6 | IT7 | IT8 | ≤IT8 | >IT8 | ≤IT8 | >IT8 |
| 大于 | 至 | A | B | C | CD | D | E | EF | F | FG | G | H | JS | J | | | K | | M | |
| — | 3 | +270 | +140 | +60 | +34 | +20 | +14 | +10 | +6 | +4 | +2 | 0 | | +2 | +4 | +6 | 0 | 0 | −2 | −2 |
| 3 | 6 | +270 | +140 | +70 | +46 | +30 | +20 | +14 | +10 | +6 | +4 | 0 | | +5 | +6 | +10 | −1+Δ | | −4+Δ | −4 |
| 6 | 10 | +280 | +150 | +80 | +56 | +40 | +25 | +18 | +13 | +8 | +5 | 0 | | +5 | +8 | +12 | −1+Δ | | −6+Δ | −6 |
| 10 | 14 | +290 | +150 | +95 | | +50 | +32 | | +16 | | +6 | 0 | | +6 | +10 | +15 | −1+Δ | | −7+Δ | −7 |
| 14 | 18 | | | | | | | | | | | | | | | | | | | |
| 18 | 24 | +300 | +160 | +110 | | +65 | +40 | | +20 | | +7 | 0 | 偏差＝±IT_n/2，式中 IT_n 是 n 级精度的标准公差数值 | +8 | +12 | +20 | −2+Δ | | −8+Δ | −8 |
| 24 | 30 | | | | | | | | | | | | | | | | | | | |
| 30 | 40 | +310 | +170 | +120 | | +80 | +50 | | +25 | | +9 | 0 | | +10 | +14 | +24 | −2+Δ | | −9+Δ | −9 |
| 40 | 50 | +320 | +180 | +130 | | | | | | | | | | | | | | | | |
| 50 | 65 | +340 | +190 | +140 | | +100 | +60 | | +30 | | +10 | 0 | | +13 | +18 | +28 | −2+Δ | | −11+Δ | −11 |
| 65 | 80 | +360 | +200 | +150 | | | | | | | | | | | | | | | | |
| 80 | 100 | +380 | +220 | +170 | | +120 | +72 | | +36 | | +12 | 0 | | +16 | +22 | +34 | −3+Δ | | −13+Δ | −13 |
| 100 | 120 | +410 | +240 | +180 | | | | | | | | | | | | | | | | |
| 120 | 140 | +460 | +260 | +200 | | +145 | +85 | | +43 | | +14 | 0 | | +18 | +26 | +41 | −3+Δ | | −15+Δ | −15 |
| 140 | 160 | +520 | +280 | +210 | | | | | | | | | | | | | | | | |
| 160 | 180 | +580 | +310 | +230 | | | | | | | | | | | | | | | | |
| 180 | 200 | +660 | +340 | +240 | | +170 | +100 | | +50 | | +15 | 0 | | +22 | +30 | +47 | −4+Δ | | −17+Δ | −17 |
| 200 | 225 | +740 | +380 | +260 | | | | | | | | | | | | | | | | |
| 225 | 250 | +820 | +420 | +280 | | | | | | | | | | | | | | | | |
| 250 | 280 | +920 | +480 | +300 | | +190 | +110 | | +56 | | +17 | 0 | | +25 | +36 | +55 | −4+Δ | | −20+Δ | −20 |
| 280 | 315 | +1050 | +540 | +330 | | | | | | | | | | | | | | | | |
| 315 | 355 | +1200 | +600 | +360 | | +210 | +125 | | +62 | | +18 | 0 | | +29 | +39 | +60 | −4+Δ | | −21+Δ | −21 |
| 355 | 400 | +1350 | +680 | +400 | | | | | | | | | | | | | | | | |
| 400 | 450 | +1500 | +760 | +440 | | +230 | +135 | | +68 | | +20 | 0 | | +33 | +43 | +66 | −5+Δ | | −23+Δ | −23 |
| 450 | 500 | +1650 | +840 | +480 | | | | | | | | | | | | | | | | |

（摘自 GB/T 1800.1—2009）　　　　　　　　　　　　　　　　　　　　　单位：μm

| 基本偏差数值 上偏差 ES | | | | | | | | | | | | | | Δ值 | | | | | |
|---|---|---|---|---|---|---|---|---|---|---|---|---|---|---|---|---|---|---|---|---|
| ≤IT8 | >IT8 | ≤IT7 | 所有标准公差等级大于IT7 | | | | | | | | | | | 标准公差等级 | | | | | |
| N | P至ZC | | P | R | S | T | U | V | X | Y | Z | ZA | ZB | ZC | IT3 | IT4 | IT5 | IT6 | IT7 | IT8 |
| −4 | −4 | | −6 | −10 | −14 | | −18 | | −20 | | −26 | −32 | −40 | −60 | 0 | 0 | 0 | 0 | 0 | 0 |
| −8+Δ | 0 | | −12 | −15 | −19 | | −23 | | −28 | | −35 | −42 | −50 | −80 | 1 | 1.5 | 1 | 3 | 4 | 6 |
| −10+Δ | 0 | | −15 | −19 | −23 | | −28 | | −34 | | −42 | −52 | −67 | −97 | 1 | 1.5 | 2 | 3 | 6 | 7 |
| −12+Δ | 0 | | −18 | −23 | −28 | | −33 | | −40 | | −50 | −64 | −90 | −130 | 1 | 2 | 3 | 3 | 7 | 9 |
| | | | | | | | | −39 | −45 | | −60 | −77 | −108 | −150 | | | | | | |
| −15+Δ | 0 | | −22 | −28 | −35 | | −41 | −47 | −54 | −63 | −73 | −98 | −136 | −188 | 1.5 | 2 | 3 | 4 | 8 | 12 |
| | | | | | | −41 | −48 | −55 | −64 | −75 | −88 | −118 | −160 | −218 | | | | | | |
| −17+Δ | 0 | | −26 | −34 | −43 | −48 | −60 | −68 | −80 | −94 | −112 | −148 | −200 | −274 | 1.5 | 3 | 4 | 5 | 9 | 14 |
| | | | | | | −54 | −70 | −81 | −97 | −114 | −136 | −180 | −242 | −325 | | | | | | |
| −20+Δ | 0 | 在大于IT7的相应数值上增加一个Δ值 | −32 | −41 | −53 | −66 | −87 | −102 | −122 | −144 | −172 | −226 | −300 | −405 | 2 | 3 | 5 | 6 | 11 | 16 |
| | | | | −43 | −59 | −75 | −102 | −120 | −146 | −174 | −210 | −274 | −360 | −480 | | | | | | |
| −23+Δ | 0 | | −37 | −51 | −71 | −91 | −124 | −146 | −178 | −214 | −258 | −335 | −445 | −585 | 2 | 4 | 5 | 7 | 13 | 19 |
| | | | | −54 | −79 | −104 | −144 | −172 | −210 | −254 | −310 | −400 | −525 | −690 | | | | | | |
| −27+Δ | 0 | | −43 | −63 | −92 | −122 | −170 | −202 | −248 | −300 | −365 | −470 | −620 | −800 | 3 | 4 | 6 | 7 | 15 | 23 |
| | | | | −65 | −100 | −134 | −190 | −228 | −280 | −340 | −415 | −535 | −700 | −900 | | | | | | |
| | | | | −68 | −108 | −146 | −210 | −252 | −310 | −380 | −465 | −600 | −780 | −1000 | | | | | | |
| −31+Δ | 0 | | −50 | −77 | −122 | −166 | −236 | −284 | −350 | −425 | −520 | −670 | −880 | −1150 | 2 | 4 | 6 | 9 | 17 | 26 |
| | | | | −80 | −130 | −180 | −258 | −310 | −385 | −470 | −575 | −740 | −960 | −1250 | | | | | | |
| | | | | −84 | −140 | −196 | −284 | −340 | −425 | −520 | −640 | −820 | −1050 | −1350 | | | | | | |
| −34+Δ | 0 | | −56 | −94 | −158 | −218 | −315 | −385 | −475 | −580 | −710 | −920 | −1200 | −1550 | 4 | 4 | 7 | 9 | 20 | 29 |
| | | | | −98 | −170 | −240 | −350 | −425 | −525 | −650 | −790 | −1000 | −1300 | −1700 | | | | | | |
| −37+Δ | 0 | | −62 | −108 | −190 | −268 | −390 | −475 | −590 | −730 | −900 | −1150 | −1500 | −1900 | 4 | 5 | 7 | 11 | 21 | 32 |
| | | | | −114 | −208 | −294 | −435 | −530 | −660 | −820 | −1000 | −1300 | −1650 | −2100 | | | | | | |
| −40+Δ | 0 | | −68 | −126 | −232 | −330 | −490 | −595 | −740 | −920 | −1100 | −1450 | −1850 | −2400 | 5 | 5 | 7 | 13 | 23 | 34 |
| | | | | −132 | −252 | −360 | −540 | −660 | −820 | −1000 | −1250 | −1600 | −2100 | −2600 | | | | | | |

**例 3.6** 采用查表法确定 $\phi 25\text{H}7/\text{p}6$、$\phi 25\text{P}7/\text{h}6$ 孔与轴的极限偏差,并画出公差带图。

**解** (1)由表 3.3 查得标准公差值 IT6＝13 $\mu$m,IT7＝21 $\mu$m。

(2)由表 3.5 查轴的基本偏差。

p 系列轴的基本偏差为下极限偏差 ei,ei＝＋22 $\mu$m

轴 $\phi 25\text{p}6$ 的上极限偏差为　　es＝ei＋IT6＝(＋22＋13) $\mu$m＝＋35 $\mu$m

基准孔 H 的基本偏差为下极限偏差 EI,EI＝0

孔 $\phi 25\text{H}7$ 上极限偏差为　　ES＝EI＋IT7＝(0＋21) $\mu$m＝＋21 $\mu$m

(3)由表 3.6 查孔的基本偏差。

P 系列孔的基本偏差为上极限偏差 ES,$\phi 25\text{P}7$ 属于 P～ZC 范围且 IT≤IT7,应按特殊规则计算 ES:

$$ES＝(-22＋\varDelta)\mu\text{m}＝(-22＋8)\ \mu\text{m}＝-14\ \mu\text{m}$$

孔 $\phi 25\text{P}7$ 的下极限偏差为　　EI＝ES－IT7＝(-14-21) $\mu$m＝-35 $\mu$m

基准轴 h 的基本偏差为上极限偏差 es,es＝0

轴 $\phi 25\text{h}6$ 下极限偏差为　　ei＝es－IT6＝(0-13) $\mu$m＝-13 $\mu$m

由此得　　　　$\phi 25\text{H}7＝\phi 25^{+0.021}_{0}$ mm,$\phi 25\text{p}6＝\phi 25^{+0.035}_{+0.022}$ mm

　　　　　　　$\phi 25\text{P}7＝\phi 25^{-0.014}_{-0.035}$ mm,$\phi 25\text{h}6＝\phi 25^{0}_{-0.013}$ mm

两对孔、轴的公差带如图 3.17 所示,其中,$\phi 25\text{H}7/\text{p}6$ 为基孔制的过盈配合,其极限过盈和配合公差分别为

$$Y_{\max}＝\text{EI}－\text{es}＝0-(+0.035)\ \text{mm}＝-0.035\ \text{mm}$$

$$Y_{\min}＝\text{ES}－\text{ei}＝+0.021-(+0.022)\ \text{mm}＝-0.001\ \text{mm}$$

$$T_{\text{f}}＝|\ Y_{\max}-Y_{\min}\ |＝|-0.035-(-0.001)\ |\ \text{mm}＝0.034\ \text{mm}$$

$\phi 25\text{P}7/\text{h}6$ 为基轴制的过盈配合,其极限过盈和配合公差分别为

$$Y_{\max}＝\text{EI}－\text{es}＝(-0.035-0)\ \text{mm}＝-0.035\ \text{mm}$$

$$Y_{\min}＝\text{ES}－\text{ei}＝[-0.014-(-0.013)]\ \text{mm}＝-0.001\ \text{mm}$$

$$T_{\text{f}}＝|\ Y_{\max}-Y_{\min}\ |＝|-0.035-(-0.001)\ |\ \text{mm}＝0.034\ \text{mm}$$

可见,同名代号基本偏差,基孔制与基轴制配合,其配合性质相同。

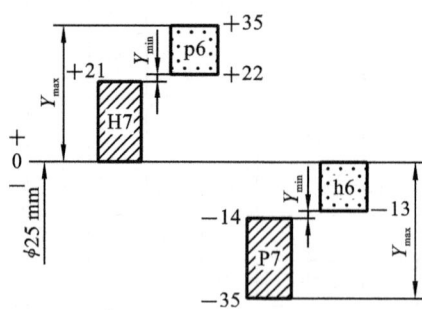

**图 3.17　公差带图**

**例 3.7** 已知配合的孔、轴公称尺寸为 $D＝d＝\phi 50$ mm,配合公差 $T_{\text{f}}＝41\ \mu$m,$X_{\max}＝+66$ $\mu$m,孔的公差 $T_{\text{D}}＝25\ \mu$m,轴的下极限偏差 ei＝＋41 $\mu$m,求孔、轴的其他极限偏差,并画出尺寸公差带图。

**解** 已知 $T_{\text{f}}＝41\ \mu$m,$X_{\max}＝+66\ \mu$m;$T_{\text{D}}＝25\ \mu$m,ei＝＋41 $\mu$m

按照配合公差、公差、偏差、间隙等有关计算公式进行计算。

因为 $T_f=T_D+T_d$，所以轴的公差 $T_d=T_f-T_D=(41-25)\ \mu m=16\ \mu m$

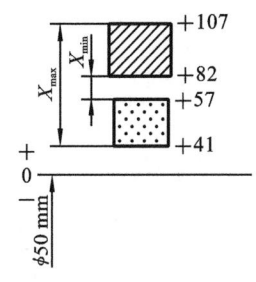

因为 $T_d=es-ei$，所以轴的上极限偏差 $es=T_d+ei=(16+41)\ \mu m=+57\ \mu m$

因为最大间隙 $X_{max}=ES-ei$，所以孔的上极限偏差 $ES=X_{max}+ei=(66+41)\ \mu m=+107\ \mu m$

因为孔的公差 $T_D=ES-EI$，所以孔的下极限偏差 $EI=ES-T_D=(+107-25)\ \mu m=+82\ \mu m$

**图 3.18　公差带图**

由此得到,孔的尺寸为 $\phi 50^{+0.107}_{+0.082}$ mm,轴的尺寸为 $\phi 50^{+0.057}_{+0.041}$ mm,公差带如图 3.18 所示。

### 3.2.4　孔、轴常用标准公差带与配合

根据国家标准规定的 20 个公差等级及 28 种基本偏差代号,其中基本偏差 J 仅限用于 3 个公差等级,即 J6、J7 和 J8,j 仅用于 4 个公差等级,即 j5、j6、j7 和 j8,由此可组成 $20\times27+3=543$ 个孔公差带、$20\times27+4=544$ 个轴公差带。数量如此之多,可以满足各种需要,但是,同时应用这么多的公差带是不经济的,因为这会导致定值刀具、量具规格繁杂。为了减少定值刀具、量具和工艺装备的品种及规格,同时避免与实际使用要求不相符的公差带(如 a2、h18 是不合理的公差带),需要对公差带加以限制。

根据生产实际情况,国家标准 GB/T 1801—2009 对尺寸至 500 mm 分别推荐了孔、轴的一般、常用和优先公差带。图 3.19、图 3.20 所示分别为国家标准推荐孔、轴公差带,其中,圆圈内为优先公差带,方框内为常用公差带,其余为一般用公差带。选择时,应优先选用圆圈中的公差带,其次选用方框中的公差带,最后选用其他公差带。这些公差带的上、下偏差均可从极限与配合制中直接查得(见表 3.3、表 3.5、表 3.6)。在特殊情况下,当一般公差带不能满足要求时,允许按规定的标准公差与基本偏差组成所需的公差带,也可以按公式用插入或延伸的方法,计算新的标准公差与基本偏差,然后组成所需公差带。

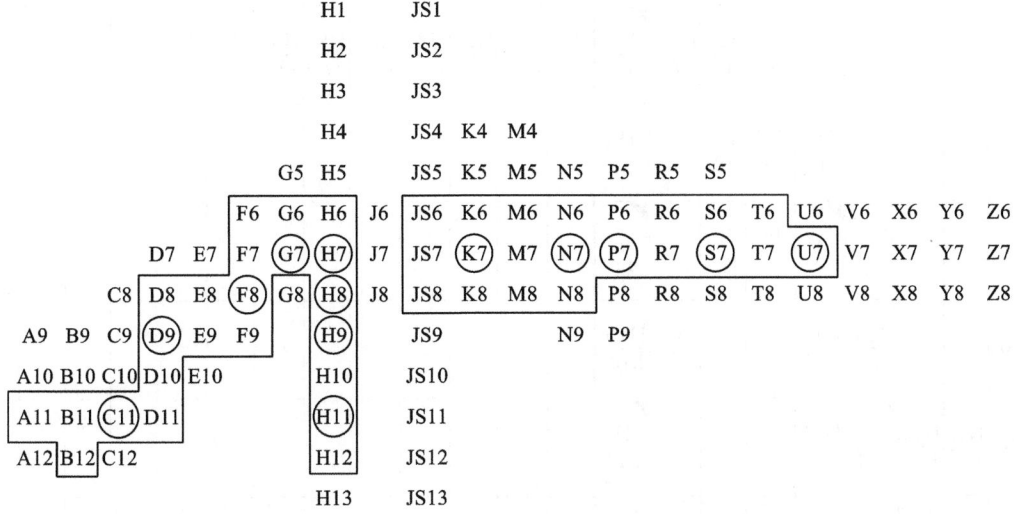

**图 3.19　尺寸≤500 mm 孔的一般、常用和优先公差带**

在上述推荐孔、轴公差带选用的基础上,还推荐了孔、轴公差带的组合。对基孔制配合规定了常用配合 59 个、优先配合 13 个,如表 3.7 所示,其中注有黑 ▶ 符号的 13 种为优先配合。对基轴制配合规定了常用配合 47 种,如表 3.8 所示,其中注有黑 ▶ 符号的 13 种为优先配合。

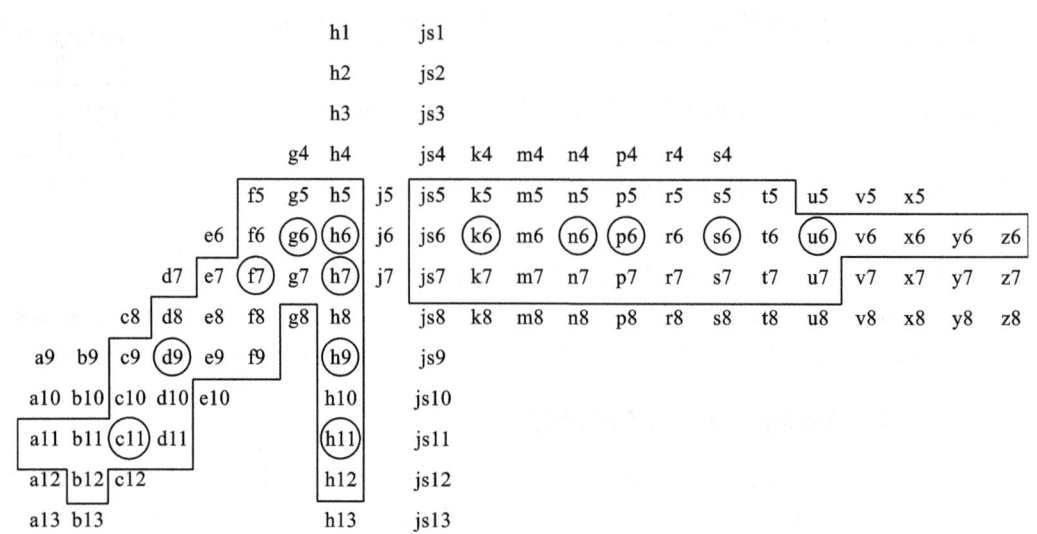

**图 3.20　尺寸≤500 mm 轴的一般、常用和优先公差带**

**表 3.7　尺寸≤500 mm 基孔制优先、常用配合**

| 基孔制 | 轴 | | | | | | | | | | | | | | | | | |
|---|---|---|---|---|---|---|---|---|---|---|---|---|---|---|---|---|---|---|
| | a | b | c | d | e | f | g | h | js | k | m | n | p | r | s | t | u | v | x | y | z |
| | 间隙配合 | | | | | | | | 过渡配合 | | | 过盈配合 | | | | | | | | | |
| H6 | | | | | | $\dfrac{H6}{f5}$ | $\dfrac{H6}{g5}$ | $\dfrac{H6}{h5}$ | $\dfrac{H6}{js5}$ | $\dfrac{H6}{k5}$ | $\dfrac{H6}{m5}$ | $\dfrac{H6}{n5}$ | $\dfrac{H6}{p5}$ | $\dfrac{H6}{r5}$ | $\dfrac{H6}{s5}$ | $\dfrac{H6}{t5}$ | | | | | |
| H7 | | | | | | $\dfrac{H7}{f6}$ | $\dfrac{H7}{g6}$ | $\dfrac{H7}{h6}$ | $\dfrac{H7}{js6}$ | $\dfrac{H7}{k6}$ | $\dfrac{H7}{m6}$ | $\dfrac{H7}{n7}$ | $\dfrac{H7}{p6}$ | $\dfrac{H7}{r6}$ | $\dfrac{H7}{s6}$ | $\dfrac{H7}{t6}$ | $\dfrac{H7}{u6}$ | $\dfrac{H7}{v6}$ | $\dfrac{H7}{x6}$ | $\dfrac{H7}{y6}$ | $\dfrac{H7}{z6}$ |
| H8 | | | | $\dfrac{H8}{e7}$ | | $\dfrac{H8}{f7}$ | $\dfrac{H8}{g7}$ | $\dfrac{H8}{h7}$ | $\dfrac{H8}{js7}$ | $\dfrac{H8}{k7}$ | $\dfrac{H8}{m7}$ | $\dfrac{H8}{n7}$ | $\dfrac{H8}{p7}$ | $\dfrac{H8}{r7}$ | $\dfrac{H8}{s7}$ | $\dfrac{H8}{t7}$ | $\dfrac{H8}{u7}$ | | | | |
| | | | | $\dfrac{H8}{d8}$ | $\dfrac{H8}{e8}$ | $\dfrac{H8}{f8}$ | | $\dfrac{H8}{h8}$ | | | | | | | | | | | | | |
| H9 | | | $\dfrac{H9}{c9}$ | $\dfrac{H9}{d9}$ | $\dfrac{H9}{e9}$ | $\dfrac{H9}{f9}$ | | $\dfrac{H9}{h9}$ | | | | | | | | | | | | | |
| H10 | | | $\dfrac{H10}{c10}$ | $\dfrac{H10}{d10}$ | | | | $\dfrac{H10}{h10}$ | | | | | | | | | | | | | |
| H11 | $\dfrac{H11}{a11}$ | $\dfrac{H11}{b11}$ | $\dfrac{H11}{c11}$ | $\dfrac{H11}{d11}$ | | | | $\dfrac{H11}{h11}$ | | | | | | | | | | | | | |
| H12 | | $\dfrac{H12}{b12}$ | | | | | | $\dfrac{H12}{h12}$ | | | | | | | | | | | | | |

注：H6/n5、H7/p6 在公称尺寸≤3 mm 和 H8/r7 在公称尺寸≤100 mm 时，为过渡配合。

在表 3.7 中,当轴的公差等级≤IT7 时,是与低一级的基准孔相配合,如 H7/g6、H7/r6;公差等级≥IT8 时,与同级基准孔配合,如 H9/f9、H8/r8。在表 3.8 中,当孔的公差等级高于 IT8 或少数等于 IT8 时可与高一级的基准轴配合如 G7/h6、H8/h7,其余的与同级基准轴配合,如 F8/h8、H8/h8。

表 3.8　尺寸≤500 mm 基轴制优先、常用配合

| 基轴制 | 孔 | | | | | | | | | | | | | | | | | | | |
|---|---|---|---|---|---|---|---|---|---|---|---|---|---|---|---|---|---|---|---|---|
| | A | B | C | D | E | F | G | H | JS | K | M | N | P | R | S | T | U | V | X | Y | Z |
| | 间隙配合 | | | | | | | | 过渡配合 | | | 过盈配合 | | | | | | | | | |
| h5 | | | | | | $\frac{F6}{h5}$ | $\frac{G6}{h5}$ | $\frac{H6}{h5}$ | $\frac{JS6}{h5}$ | $\frac{K6}{h5}$ | $\frac{M6}{h5}$ | $\frac{N6}{h5}$ | $\frac{P6}{h5}$ | $\frac{R6}{h5}$ | $\frac{S6}{h5}$ | $\frac{T6}{h5}$ | | | | | |
| h6 | | | | | | $\frac{F7}{h6}$ | $\frac{G7}{h6}$ | $\frac{H7}{h6}$ | $\frac{JS7}{h6}$ | $\frac{K7}{h6}$ | $\frac{M7}{h6}$ | $\frac{N7}{h6}$ | $\frac{P7}{h6}$ | $\frac{R7}{h6}$ | $\frac{S7}{h6}$ | $\frac{T7}{h6}$ | $\frac{U7}{h6}$ | | | | |
| h7 | | | | | $\frac{E8}{h7}$ | $\frac{F8}{h7}$ | | $\frac{H8}{h7}$ | $\frac{JS8}{h7}$ | $\frac{K8}{h7}$ | $\frac{M8}{h7}$ | $\frac{N8}{h7}$ | | | | | | | | | |
| h8 | | | | $\frac{D8}{h8}$ | $\frac{E8}{h8}$ | $\frac{F8}{h8}$ | | $\frac{H8}{h8}$ | | | | | | | | | | | | | |
| h9 | | | | $\frac{D9}{h9}$ | $\frac{E9}{h9}$ | $\frac{F9}{h9}$ | | $\frac{H9}{h9}$ | | | | | | | | | | | | | |
| h10 | | | | $\frac{D10}{h10}$ | | | | $\frac{H10}{h10}$ | | | | | | | | | | | | | |
| H11 | $\frac{A11}{h11}$ | $\frac{B11}{h11}$ | $\frac{C11}{h11}$ | $\frac{D11}{h11}$ | | | | $\frac{H11}{h11}$ | | | | | | | | | | | | | |
| H12 | | $\frac{B12}{h12}$ | | | | | | $\frac{H12}{h12}$ | | | | | | | | | | | | | |

## 3.3　极限与配合的选择原则

极限与配合的选择是机械设计与制造中至关重要的一环。极限与配合的选择是否恰当,对产品的性能、质量、互换性及经济性都有重要的影响。选择的原则是在保证产品使用要求及性能的前提下,兼顾制造与装配的经济性与可靠性,以达到最好的经济效益。

极限与配合的选择实质上是对尺寸进行精度设计,主要选择配合制(基准制)、公差等级及配合类型。

### 3.3.1　配合制的选择

配合制有基孔制和基轴制,这两种配合制是平行的配合制度,对各种使用要求来说,两种配合制是等价的。选择配合制主要应从零件的结构、工艺、经济等方面来综合分析,权衡利弊。

**1. 选择基孔制**

一般情况下,设计应优先选择基孔制。因为,孔通常使用定值刀具、定值量具来加工和检测,采用基孔制配合可减少孔公差带的数量,减少备用定值刀具、定值量具的规格和数量,有很好的经济性。例如,用钻头、铰刀、拉刀等工具加工孔,用极限量规检验孔。

**2. 选择基轴制**

在有些情况下采用基轴制配合比较合理。举例如下。

(1) 在农业机械、纺织机械、建筑机械的制造中,有时采用具有一定公差等级(通常公差等级为IT9～IT11级)的冷拉钢材,外径不需再加工直接做轴。此时应选择基轴制配合。

(2) 尺寸<1 mm 的精密轴比相同公差等级的孔加工更难,因此,在仪器制造、钟表生产和无线电工程中,常使用经过光轧成形的钢丝或有色金属棒料直接做轴,这时也应采用基轴制配合。

(3) 当同一公称尺寸的轴上有几个孔与之配合,并且各处配合性质不同时,可根据具体结构考虑采用基轴制配合。图 3.21(a)所示为活塞销连杆机构,中间活塞销公称尺寸为 $\phi30$ mm,是一个光轴,与孔的配合有三处:轴的两端与活塞配合和轴的中部与衬套配合。根据使用要求,工作时活塞销与连杆要相对摆动,即活塞销与衬套之间应留有间隙量,衬套随着连杆一起作摆动,所以活塞中间部位应采用间隙配合;活塞销与活塞要求准确定位,即活塞在活塞座孔中不动,活塞两端应采用紧的过渡配合。如果三处配合均选基孔制配合,则三处配合应分别选择 $\phi30H6/m5$(左端)、$\phi30H6/h5$(中部)、$\phi30H6/m5$(右端),公差带如图 3.21(b)所示。此时,加工后的轴要是台阶轴才能满足各部分配合要求,阶梯处容易产生应力集中,这样既不便于加工,又不利于装配。如果改用基轴制配合即可解决问题。采用基轴制配合时,销轴上三处的配合分别为 $\phi30$ M6/h5(左端)、$\phi30H6/h5$(中部)、$\phi30$ M6/h5(右端),其公差带如图 3.21(c)所示,此时的活塞销为光轴,加工和装配问题均得到了解决。

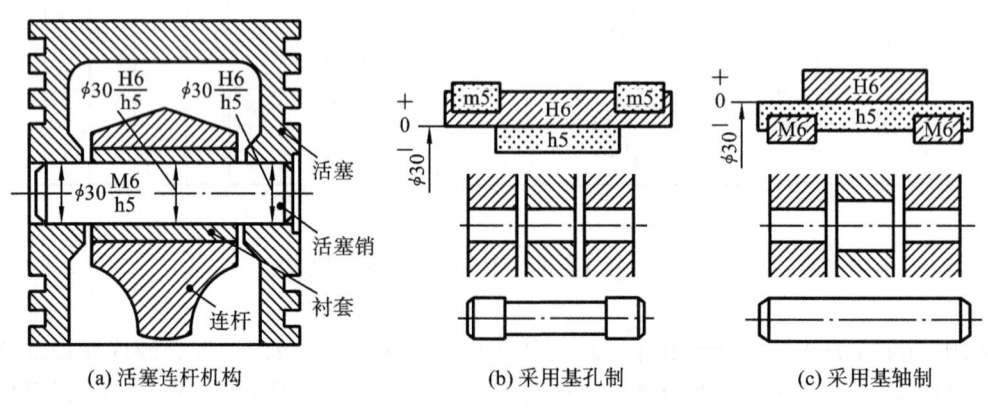

(a) 活塞连杆机构　　　　(b) 采用基孔制　　　　(c) 采用基轴制

**图 3.21　基轴制的选择**

(4) 与标准件相配合的孔或轴,应以标准件为准来确定配合制。例如,滚动轴承是标准件,与滚动轴承内圈配合的轴应选基孔制配合,与滚动轴承外圈配合的孔应选基轴制配合。

**3. 非基准制配合**

为了满足配合的特殊需要,允许采用任一孔、轴公差带组成的非基准制配合。如图 3.22 所示,轴承座孔同时与滚动轴承外圈、轴承端盖配合,两处配合性质不同,其中,轴承盖与孔的配合要有间隙以便拆装,应采用间隙配合;滚动轴承外圈与轴承座孔的配合要求准确定位,应采用过渡配合。由于滚动轴承为标准件,其外圈与轴承座孔的配合应选基轴制。根据滚动轴承外圈公差带位置及配合性质要求,选定轴承座孔的公差带为 M7 以保证滚动轴承外圈与轴承座孔的定位要求。为便于加工,轴承座孔应加工成光孔,即轴承座孔沿着深度方向都按 M7 加工。为保证轴承座孔与轴承端盖之间有 0.03～0.14 mm 的间隙,轴承端盖的公差带必须在 M7 的下方,如采用 M7/e9 的配合,这就是非基准制配合。

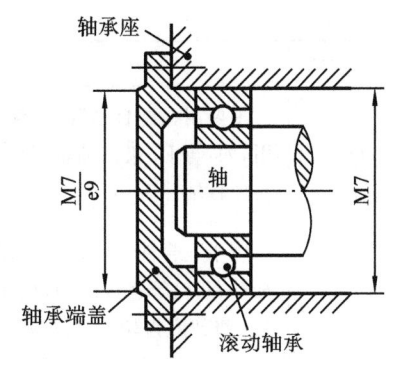

图 3.22 非基准制配合的选择

### 3.3.2 公差等级的选择

选择公差等级时要正确处理使用要求、制造工艺和成本之间的关系。等级选得太低,不能满足机器的工作性能;选得太高,将增加成本和使制造困难。因此,选择公差等级的基本原则是:在满足使用要求的前提下,尽量选用低的公差等级。

公差等级的选择方法有类比法和计算法,通常采用类比法。

**1. 类比法**

以经过验证的类似的机械、机构和零部件为依据,通过分析对比进行选择。具体选择时应考虑以下四个方面。

1) 工艺等价原则

考虑工艺等价原则,使孔、轴的加工难易程度基本相同。

(1) 若公称尺寸≤500 mm,对于间隙配合、过渡配合:当公差等级≤IT8 级时,一般采用孔比轴低一级的配合,例如 H8/f7、H8/n7;当公差等级>IT8 级时,采用孔、轴同级配合,例如 H9/e9、H9/js9。

(2) 若公称尺寸≤500 mm,对于过盈配合:当公差等级≤IT7 时,一般采用孔比轴低一级的配合,例如 H7/p6;当公差等级>IT7 级时,采用孔、轴同级配合,例如 H8/s8。

2) 各公差等级的应用范围

各公差等级的应用范围见表 3.9,常用公差等级的应用示例见表 3.10。

**表 3.9 公差等级的应用范围**

| 应用范围 | 公差等级(IT) | | | | | | | | | | | | | | | | | | |
|---|---|---|---|---|---|---|---|---|---|---|---|---|---|---|---|---|---|---|---|
| | 01 | 0 | 1 | 2 | 3 | 4 | 5 | 6 | 7 | 8 | 9 | 10 | 11 | 12 | 13 | 14 | 15 | 16 | 17 | 18 |
| 量块 | | | | | | | | | | | | | | | | | | | |
| 量规 | | | | | | | | | | | | | | | | | | | |
| 特别精密零件 | | | | | | | | | | | | | | | | | | | |
| 配合尺寸 | | | | | | | | | | | | | | | | | | | |
| 非配合尺寸 | | | | | | | | | | | | | | | | | | | |
| 原材料公差 | | | | | | | | | | | | | | | | | | | |

**表 3.10　常用公差等级的应用示例**

| 公差等级 | 应用 |
|---|---|
| IT5 | 主要用在配合精度、几何精度要求较高的地方，一般在机床、发动机、仪表等重要部位的应用，如：与 P4 级滚动轴承配合的箱体孔，机床尾架与套筒，精密机械及高速机械中的轴径，精密丝杆轴径等 |
| IT6 | 用于配合性质均匀性要求较高的地方，如：与 P5 级滚动轴承配合的孔、轴，与齿轮、蜗轮、联轴器、凸轮等连接的轴，机床丝杠，摇臂钻床立柱，机床夹具中导向杆，6 级精度齿轮的基准孔，7、8 级精度齿轮的基准轴 |
| IT7 | 在一般机械制造中应用较为普遍，如：联轴器、带轮、凸轮等内孔，机床夹盘座孔，夹具中的固定钻套，7 级、8 级齿轮基准孔，9 级、10 级齿轮基准轴 |
| IT8 | 在机械制造中属于中等精度，如：轴承座衬套沿宽度方向尺寸，低精度齿轮基准孔与基准轴，通用机械中与滑动轴承配合的轴，重型机械或农用机械中某些较重要的零件 |
| IT9、IT10 | 用于精度要求一般的场合，如：机械制造中轴套外径与孔，操作件与轴，键与键槽等零件 |
| IT11、IT12 | 精度较低，适用于基本上没有什么配合要求的场合，如：机床上法兰盘与止口，滑块与滑移齿轮，加工中工序间的尺寸，冲压加工的配合件 |

3）配合性质

选择公差等级还要考虑配合性质。对于过渡、过盈配合，因为定位精度及连接强度对间隙和过盈的变化很敏感，故应选择较高的公差等级；对于间隙配合则视具体情况而定，一般间隙小选择较高的公差等级，间隙大选择较低的公差等级。

4）工艺的可能性及经济性

国家标准中各公差等级与各种加工方法之间的大致关系如表 3.11 所示。

**表 3.11　各种加工方法可达到的公差等级**

| 加工方法 | 公差等级（IT） | | | | | | | | | | | | | | | | | | | |
|---|---|---|---|---|---|---|---|---|---|---|---|---|---|---|---|---|---|---|---|---|
| | 01 | 0 | 1 | 2 | 3 | 4 | 5 | 6 | 7 | 8 | 9 | 10 | 11 | 12 | 13 | 14 | 15 | 16 | 17 | 18 |
| 研磨 | ─ | ─ | ─ | ─ | ─ | ─ | ─ | | | | | | | | | | | | | |
| 珩磨 | | | | | | ─ | ─ | ─ | ─ | | | | | | | | | | | |
| 圆磨 | | | | | | | ─ | ─ | ─ | ─ | | | | | | | | | | |
| 平磨 | | | | | | | ─ | ─ | ─ | ─ | | | | | | | | | | |
| 金刚石车 | | | | | | | ─ | ─ | ─ | | | | | | | | | | | |
| 金刚石镗 | | | | | | | ─ | ─ | ─ | | | | | | | | | | | |
| 拉削 | | | | | | | ─ | ─ | ─ | ─ | | | | | | | | | | |
| 铰孔 | | | | | | | | ─ | ─ | ─ | ─ | ─ | | | | | | | | |
| 车 | | | | | | | | | ─ | ─ | ─ | ─ | ─ | | | | | | | |
| 镗 | | | | | | | | | ─ | ─ | ─ | ─ | ─ | | | | | | | |
| 铣 | | | | | | | | | | ─ | ─ | ─ | ─ | | | | | | | |
| 刨、插 | | | | | | | | | | | | ─ | ─ | | | | | | | |

续表

| 加工方法 | 公差等级(IT) | | | | | | | | | | | | | | | | | | | |
|---|---|---|---|---|---|---|---|---|---|---|---|---|---|---|---|---|---|---|---|---|
| | 01 | 0 | 1 | 2 | 3 | 4 | 5 | 6 | 7 | 8 | 9 | 10 | 11 | 12 | 13 | 14 | 15 | 16 | 17 | 18 |
| 钻 | | | | | | | | | | | | ─ | ─ | ─ | ─ | | | | | |
| 滚压、挤压 | | | | | | | | | | | | ─ | ─ | | | | | | | |
| 冲压 | | | | | | | | | | | | ─ | ─ | | | | | | | |
| 压铸 | | | | | | | | | | | | ─ | ─ | ─ | | | | | | |
| 粉末冶金成形 | | | | | | | | ─ | ─ | ─ | | | | | | | | | | |
| 粉末冶金烧结 | | | | | | | | | ─ | ─ | | | | | | | | | | |
| 砂型铸造、气割 | | | | | | | | | | | | | | | | | ─ | ─ | ─ | |
| 锻造 | | | | | | | | | | | | | | | | | ─ | ─ | ─ | ─ |

产品精度越高,加工工艺越复杂,生产成本越高。尤其对于高精度产品,加工精度稍有提高就将使生产成本急剧上升。对于低精度产品,公差等级提高使生产成本增加不显著,因此,在工艺条件许可的情况下适当提高公差等级是可以的。

**2. 计算法**

用计算法选择公差等级的依据是 $T_f = T_D + T_d$,至于如何将配合公差 $T_f$ 分配给孔 $T_D$ 和轴 $T_d$,则可按孔、轴工艺等价原则来考虑。用这种方法确定的公差等级往往与实际有所偏离,但只要提供的原始数据符合客观实际,这种方法还是科学的。

### 3.3.3　配合类型的选择

当配合制和公差等级确定后,配合的选择就是确定非基准件的基本偏差代号,即根据相结合的孔与轴在工作时的相互关系来确定配合件。

在设计中,根据使用要求应尽可能地选择优先配合和常用配合。如果优先配合与常用配合不能满足要求,可选标准推荐的一般用途的孔、轴公差带,按使用要求组成需要的配合。若仍不能满足使用要求,还可从国标推荐的孔、轴公差带中选取合适的公差带,组成所需要的配合。

一般选择配合的方法有三种:类比法、试验法和计算法。

**1. 类比法**

这种方法在生产实际中应用广泛。它是指考虑所设计机器的使用要求,同时参照同类型机器或机构已用配合的实用情况来确定配合。

要掌握这种方法,首先要了解各种配合的特性和应用情况,然后分析所设计的机器或机构的功用、工作条件及技术要求,进而研究结合件的工作条件及使用要求,根据实际情况适当调整间隙或者过盈量,最后做出合理的选择。

1) 了解各种配合的特性和应用场合

(1) 间隙配合的特性是一对孔、轴结合后一定有间隙。它主要用于结合件有相对运动的配合,包括旋转运动和轴向滑动,也可用于一般的定位配合。

a～h(或 A～H)系列与基准孔(或基准轴)将形成间隙配合,主要用于有相对运动的配合,或用于常拆卸而定心精度要求不高的定位配合。

(2) 过盈配合的特性是一对孔、轴结合后一定有过盈,它主要用于结合件没有相对运动的配合。过盈不大时，用键连接传递扭矩，零件可以拆卸；过盈大时，靠孔、轴结合力传递扭矩，零件不能拆卸。

p～zc(或 P～ZC)系列与基准孔(或基准轴)形成过盈配合。主要用于没有相对运动的配合，孔、轴结合为一整体传递扭矩，多用于公差等级≤IT7 级的范围。

(3) 过渡配合的特征是一对孔、轴结合后可能有间隙、也可能有过盈，但所得到的间隙和过盈量都比较小。它主要应用于要求精确定位并可拆卸的孔与轴相对静止的配合中。

js～n(或 JS～N)系列与基准孔(或基准轴)形成过渡配合，主要用于定心精度要求高、并需要拆装的配合中，多用于公差等级≤IT8 级的范围。从 js～n(或 JS～N)，出现间隙的概率由大到小，出现过盈的概率则由小到大。

表 3.12 所示为各种基本偏差的特性和应用。表 3.13 所示为优先配合的配合特性和应用，可供选择配合时参考。

表 3.12　各种基本偏差的特性和应用

| 配合 | 基本偏差 | 特性和应用 |
|---|---|---|
| 间隙配合 | a(A) b(B) | 可得到特别大的间隙，应用很少。主要用于零件工作时温度高、热变形大的配合，如：发动机中活塞与缸套的配合为 H9/a9 |
| | c(C) | 可得到很大的间隙，一般用于工作条件较差(如农业机械等)，工作时受力变形大及装配工艺性不好的零件的配合，也适用于高温工作的间隙配合，如：内燃机排气阀杆与导管的配合为 H8/c7 |
| | d(D) | 一般用于 IT7～IT11 级，适用于较松的间隙配合(如滑轮、空转皮带轮与轴的配合)，以及大尺寸滑动轴承与轴的配合(如涡轮机、球磨机等的滑动轴承与轴的配合)，如：活塞环与活塞槽的配合可用 H9/d9 |
| | e(E) | 多用于 IT7～IT9 级，具有明显的间隙，用于大跨距及多支点的转轴与轴承的配合，以及高速、重载的大尺寸轴与轴承的配合，如：大型电动机、内燃机的主要轴承处的配合为 H8/e7 |
| | f(F) | 多用于 IT6～IT8 级的一般转动的配合，受温度影响不大，采用普通润滑油的轴与滑动轴承的配合，如：齿轮箱、小电动机、泵的转轴与滑动轴承的配合为 H7/f6 |
| | g(G) | 多用于 IT5～IT7 级，形成的配合间隙较小，用于轻载精密装置中的转动配合，最适合用于不回转的精密滑动配合，也用于插销的定位配合，如：钻套与衬套间等的配合为 H7/g6 |
| | h(H) | 多用于 IT4～IT11 级，广泛用于无相对转动的配合，作为一般的定位配合。若没有温度、变形的影响，也可用于精密滑动轴承，如：车床尾座孔与滑动套筒的配合为 H6/h5 |

| 配合 | 基本偏差 | 特性和应用 |
|---|---|---|
| 过渡配合 | js(JS) | 多用于 IT4~IT7 级具有平均间隙并略有过盈的定位配合,如:联轴器、齿圈与轮毂的配合,滚动轴承外圈与外壳孔的配合多用 JS7 或 J7。一般用手或木槌装配 |
| | k(K) | 多用于 IT4~IT7 级具有平均间隙接近零并稍有过盈的定位配合,如:滚动轴承的内、外圈分别与轴颈、外壳孔的配合。用木槌装配 |
| | m(M) | 多用于 IT4~IT7 级具有平均过盈较小的精密定位配合,如:一般机械中齿轮与轴的配合为 H7/m6。一般用木槌装配 |
| | n(N) | 多用于 IT4~IT7 级具有平均过盈较大、不常拆卸的精密定位配合,很少形成间隙。如:冲床上齿轮与轴的配合。可用槌或压力机装配 |
| 过盈配合 | p(P) | 用于小过盈配合。与 H6 或 H7 的孔形成过盈配合,而与 H8 的孔形成过渡配合。对钢和铸铁零件形成的配合为标准压入配合,如:卷扬机的绳轮与齿圈的配合为 H7/p6。对弹性材料如轻合金,往往要求很小的过盈,故采用 p(或 P)与基准件形成配合 |
| | r(R) | 用于传递大扭矩或受冲击负荷时需加键的配合,如:蜗轮与轴的配合为 H7/r6。对铁类零件为中等打入配合,对非铁类零件为轻打入配合,当需要时可以拆卸,配合 H8/r7 在公称尺寸<100 mm 时为过渡配合 |
| | s(S) | 用于钢和铸铁零件的永久性和半永久性结合,可产生相当大的结合力,如:套环压在轴、阀座上用 H7/s6 配合。公称尺寸较大时,为避免损伤配合表面,需用热胀或冷缩法装配 |
| | t(T) | 过盈较大的配合,用于钢和铁零件的永久性结合,不用键可传递扭矩,需用热胀法或冷缩法装配,如:汽车变速箱中齿轮与中间轴的配合、联轴器与轴的配合均为 H7/t6 |
| | u(U) | 大过盈配合,最大过盈需验算材料的承受能力,用热胀冷缩法进行装配。如:火车轮毂和轴的配合为 H6/u5 |
| | v(V),x(X)y(Y),z(Z) | 特大过盈配合,目前使用的经验和资料很少,须经试验后才能运用。一般不推荐使用 |

表 3.13　公称尺寸至 500 mm 优先配合的配合特性和应用

| 优先配合 | | 说　　明 |
|---|---|---|
| 基孔制 | 基轴制 | |
| $\dfrac{H11}{c11}$ | $\dfrac{C11}{h11}$ | 间隙非常大,液体摩擦情况差,用于要求大公差和大间隙的外露组件,要求装配方便的、很松的配合,以及在高温工作下和很松的转动配合 |
| $\dfrac{H9}{d9}$ | $\dfrac{D9}{h9}$ | 间隙比较大,液体摩擦情况尚好,用于公差等级较低、温度变化大、高转速或径向压力较大的自由转动配合 |
| $\dfrac{H8}{f7}$ | $\dfrac{F8}{h7}$ | 液体摩擦情况良好,配合间隙适中,能保证旋转时有较好的润滑条件。用于中等转速的一般精度的转动,也可用于长轴或多支承的中等精度的定位配合 |

续表

| 优先配合 | | 说　　明 |
|---|---|---|
| 基孔制 | 基轴制 | |
| $\dfrac{H7}{g6}$ | $\dfrac{G7}{h6}$ | 间隙较小,用于不回转的精密滑动配合或用于缓慢间歇回转的精密配合,也可用于保证配合件间具有较好的同轴精度或定位精度,又需经常拆装的配合 |
| $\dfrac{H7}{h6}$ | $\dfrac{H7}{h6}$ | 均为间隙定位配合,其最小间隙为零,最大间隙等于孔、轴公差之和,用于具有缓慢的轴向移动或摆动的配合;有同轴度和导向精度要求的定位配合 |
| $\dfrac{H8}{h7}$ | $\dfrac{H8}{h7}$ | |
| $\dfrac{H9}{h9}$ | $\dfrac{H9}{h9}$ | |
| $\dfrac{H11}{h11}$ | $\dfrac{H11}{h11}$ | |
| $\dfrac{H7}{k6}$ | $\dfrac{K7}{h6}$ | 过渡配合,拆装尚方便,用于木槌打入或取出。用于要求稍有过盈的精密定位配合。当传递扭矩较大时,应加紧固件 |
| $\dfrac{H7}{n6}$ | $\dfrac{N7}{h6}$ | 过渡配合,拆装困难,需用钢锤打入,用于允许有较大过盈的精密定位配合;在加紧固件的情况下,可承受较大的扭矩、冲击和振动,用于装配后不需拆卸或大修理时才拆卸的场合 |
| $\dfrac{H7}{p6}$ | $\dfrac{P7}{h6}$ | 过盈量小,用于定位精度特别重要时,能以最好的定位精度达到部件的刚性及同轴度精度要求。一般不能靠过盈传递扭矩,要传递扭矩尚需加紧固件 |
| $\dfrac{H7}{s6}$ | $\dfrac{S7}{h6}$ | 过盈量属于中等,用于钢和铸铁零件的永久性和半永久性结合,不需加紧固件就可传递较小力矩和轴向力、加紧固件后可承受较大载荷或动载荷的配合 |
| $\dfrac{H7}{u6}$ | $\dfrac{U7}{h6}$ | 过盈量较大,用于传递大的扭矩或承受大的冲击负荷,不需加紧固件便能得到牢固结合的场合,要求零件材料有高强度 |

2) 分析零件的工作条件及使用要求

零件的工作条件是选择配合的重要依据,为了充分掌握零件的具体工作条件和使用要求,必须考虑下列问题:工作时结合件的相对位置状态(如运动方向、运动速度、运动精度、停歇时间等)、承受负荷情况、润滑条件、温度变化、配合的重要性、装卸条件及材料的力学性能等,根据具体条件,参考表 3.14 对结合件配合的间隙或过盈量的绝对值进行相应的修正。

表 3.14　不同工作条件影响配合间隙或过盈的趋势

| 具体情况 | 过盈量 | 间隙量 | 具体情况 | 过盈量 | 间隙量 |
|---|---|---|---|---|---|
| 材料强度低 | 减 | — | 装配时可能歪斜 | 减 | 增 |
| 经常拆卸 | 减 | 增 | 旋转速度增加 | 增 | 增 |
| 有冲击载荷 | 增 | 减 | 有轴向运动 | — | 增 |
| 工作时孔温高于轴温 | 增 | 减 | 润滑油黏度大 | — | 增 |
| 工作时孔温低于轴温 | 减 | 增 | 表面粗糙 | 增 | 减 |
| 配合长度增加 | 减 | 增 | 单件生产相对于成批生产 | 减 | 增 |
| 配合面形状、位置误差增大 | 减 | 增 | | | |

**2. 试验法**

对于产品性能关系很大的一些配合,往往用试验法来确定机器最佳工作性能的间隙或过盈。这种方法较为可靠,但成本较高,一般用于大量生产中的关键配合的选择。

**3. 计算法**

根据配合部位的使用要求和工作条件,按一定的理论和公式计算出所需的间隙或过盈。例如,对间隙配合中的滑动轴承,应根据流体润滑理论计算出保证滑动轴承处于液体摩擦状态所需的间隙,即计算出形成油膜润滑的最小间隙和确定不引起油膜破坏的最大间隙,并根据计算结果,选择合适的配合;又如,对过盈配合,如果是完全依靠过盈来传递负荷,可按弹塑性理论计算出保证传递扭矩的最小过盈和不引起材料破坏所允许的最大过盈,并根据计算结果选择合适的配合。然后按计算出的极限间隙或者极限过盈,选择相配孔、轴公差等级和配合代号。由于影响配合间隙量和过盈量的因素很多,理论计算结果也只是近似的,所以,在实际应用中还需经过试验来确定。

对间隙配合,由于基本偏差的绝对值等于最小间隙,故可按最小间隙确定基本偏差代号;对过盈配合,在确定基准件的公差等级后,可按最小过盈量确定配合件的基本偏差代号;对过渡配合,可按最大间隙量确定配合件的基本偏差代号。

**例 3.8**　有一公称尺寸为 $\phi 80$ 的孔、轴配合,经分析计算要求配合间隙为 $X = +(55 \sim 135)\ \mu m$,试选择合适的孔、轴极限与配合。

**解**　(1)选择基准制。

因无特殊要求,优先选用基孔制 H。

(2) 确定公差等级。

① 计算配合公差　$T_f = |X_{max} - X_{min}| = T_D + T_d$

已知　$[X_{max}] = +135\ \mu m, [X_{min}] = +55\ \mu m$

代入公式得　$T_f = |135 - 55|\ \mu m = 80\ \mu m$

② 分配孔、轴公差:按 $T_D = T_d$ 或者 $T_D > T_d$ 分配 $T_f$。

查表 3.3 可知,公称尺寸 $\geqslant 50 \sim 80$ mm 时 IT7 $= 30\ \mu m$,IT8 $= 46\ \mu m$

因为　　　　　$2IT8 = 46 \times 2\ \mu m = 92\ \mu m > T_f = 80\ \mu m$

所以,孔、轴的公差等级 $\leqslant$ IT8,应选孔比轴低一级精度的配合。

因为　　　　　　　　IT7 + IT8 $= (46 + 30)\ \mu m = 76\ \mu m < T_f = 80\ \mu m$

所以选择孔的公差等级为 IT8,轴的公差等级为 IT7。

(3) 选择配合种类。

选择基孔制,故孔的公差带为 $\phi 80H8$,则 $EI = 0, ES = +46\ \mu m$

由题得知,要求为间隙配合,可直接用最小间隙确定轴的基本偏差

即　　　　　　　　　　　$X_{min} = +55\ \mu m = EI - es$

$$es = (EI - 55)\ \mu m = 0 - 55\ \mu m = -55\ \mu m$$

由表 3.5 查得,e 系列的基本偏差 $es = -60\ \mu m$,故选轴的公差带为 $\phi 80e7$,IT7 $= 30\ \mu m$

$\phi 80e7$ 的下极限偏差为 $ei = es - IT7 = [(-60) - 30]\ \mu m = -90\ \mu m$

(4) 验算选择 $\phi 80H8/e7$ 是否合理。

$X_{max} = ES - ei = [(+46) - (-90)]\ \mu m = +136\ \mu m$

$X_{min} = EI - es = [0 - (-60)]\ \mu m = +60\ \mu m$

选择合理的条件为:$X_{max} \leqslant [X_{max}], X_{min} \geqslant [X_{min}]$

虽然选择 $\phi 80H8/e7$ 的 $X_{max}$ 超过设计要求的 $[X_{max}]$，根据经验，未超过设计要求配合公差的 5% 是可以的，即 $X_{max} - [X_{max}] < 80 \times 5\% = 4\ \mu m$，仍可用，所以 $\phi 80H8/e7$ 能满足使用要求。

# 3.4 线性尺寸的一般公差

对配合精度要求较低、或者非配合部位的精度，可按国家标准 GB/T 1804—2000 的规定，该标准应用于线性尺寸（如外尺寸、内尺寸、阶梯尺寸、直径、半径、距离、倒圆半径、倒角高度等）、角度尺寸（包括通常不注出角度值的角度尺寸，如直角 90°）和机加工组装件的线性和角度尺寸等三种未注公差的尺寸。

## 3.4.1 基本概念

线性尺寸的一般公差是在车间普通工艺条件下，机床设备一般加工能力可保证的公差。在正常维护和操作情况下，它代表车间的一般加工的经济加工精度。

应用一般公差的优点有：可简化制图，使图样清晰易读；节省图样设计时间，设计人员只要熟悉和应用一般公差的规定，就可不必逐一考虑其公差值；可突出图样上标注公差的尺寸，以利于在加工和检验时引起重视。

## 3.4.2 一般公差的公差等级和极限偏差

一般公差规定四个公差等级，其公差等级从高到低依次为：精密级（f）、中等级（m）、粗糙级（c）、最粗级（v），这四个公差等级相当于 IT12、IT14、TI16、IT17。公差等级越低，公差数值越大。对于一般公差的线性尺寸，其极限偏差的取值采用对称分布的公差带，其极限偏差数值见表 3.15，倒圆半径和倒角高度尺寸的极限偏差数值见表 3.16，角度尺寸的极限偏差数值见表 3.17。

**表 3.15 线性尺寸的极限偏差数值**（摘自 GB/T 1804—2000）

| 公差等级 | 公称尺寸分段/ mm | | | | | | | |
|---|---|---|---|---|---|---|---|---|
| | 0.5～3 | >3～6 | >6～30 | >30～120 | >120～400 | >400～1000 | >1000～2000 | >2000～4000 |
| 精密 f | ±0.05 | ±0.05 | ±0.1 | ±0.15 | ±0.2 | ±0.3 | ±0.5 | — |
| 中等 m | ±0.1 | ±0.1 | ±0.2 | ±0.3 | ±0.5 | ±0.8 | ±1.2 | ±2 |
| 粗糙 c | ±02 | ±0.3 | ±0.5 | ±0.8 | ±1.2 | ±2 | ±3 | ±4 |
| 最粗 v | — | ±0.5 | ±1 | ±1.5 | ±2.5 | ±4 | ±6 | ±8 |

**表 3.16 倒圆半径和倒角高度尺寸的极限偏差数值**（摘自 GB/T 1804—2000）

| 公差等级 | 公称尺寸分段/mm | | | |
|---|---|---|---|---|
| | 0.5～3 | >3～6 | >6～30 | >30 |
| 精密 f | ±0.2 | ±0.5 | ±1 | ±2 |
| 中等 m | ±0.2 | ±0.5 | ±1 | ±2 |
| 粗糙 c | ±0.4 | ±1 | ±2 | ±4 |
| 最粗 v | ±0.4 | ±1 | ±2 | ±4 |

注：倒圆半径和倒角高度的含义参见 GB/T 6403.4—2008。

表 3.17　角度尺寸的极限偏差数值(摘自 GB/T 1804—2000)

| 公差等级 | 公称尺寸分段/mm | | | | |
| --- | --- | --- | --- | --- | --- |
| | ～10 | >10～50 | >50～120 | >120～400 | >400 |
| 精密 f | ±1° | ±30′ | ±20′ | ±10′ | ±5′ |
| 中等 m | | | | | |
| 粗糙 c | ±1°30′ | ±1° | ±30′ | ±15′ | ±10′ |
| 最粗 v | ±3° | ±2° | ±1° | ±30′ | ±20′ |

### 3.4.3　一般公差的图样表示法

低精度的非配合尺寸和当功能上允许公差值等于或大于一般公差时,应采用一般公差,例如,装配时所钻的盲孔的深度。

采用一般公差的尺寸,在该尺寸后不需注出其极限偏差数值,而应在图样的技术要求、技术文件(如企业标准)中,用标准号及公差等级代号作出总的标识。例如,选取中等级时,标注为 GB/T 1804—m;选用粗糙级时,标注为 GB/T 1804—c。此时表明该图样上凡未直接注出公差的所有线性尺寸,包括倒角、倒圆和角度尺寸均按中等级或者粗糙级加工和检查。

## 习　　题

### 3.1　填空题

(1) 轴 $d=\phi 35^{+0.008}_{-0.008}$ 公差值为_____,基本偏差代号为_____。

(2) 轴 $\phi 120^{+0.013}_{0}$ 与孔 $\phi 120^{+0.021}_{0}$ 将形成_____配合,其极限间隙(或者极限过盈)分别为_____mm 和_____mm。

(3) 从加工过程看,随着材料的被切除,_____的尺寸由大逐渐减小。

(4) 对于过渡配合和过盈配合,因其间隙和过盈的变化对定位精度及连接强度很敏感,故应选择_____的公差等级。

(5) 孔 $\phi 50^{+0.050}_{0}$ mm 的基本偏差数值为_____mm,轴 $\phi 50^{-0.025}_{-0.050}$ mm 的基本偏差数值为_____mm。

(6) ES<ei 的孔、轴配合属于_____配合,EI>es 的孔、轴配合属于_____配合。

(7) 孔、轴配合的最大过盈为 $-60\ \mu m$,配合公差为 $40\ \mu m$,可以判断该配合属于_____配合。

(8) 钻孔加工的尺寸精度最高可达到_____。

(9) 在基准制的选择中,滚动轴承外圈与孔相配应选基_____制。

### 3.2　判断题

(1) 尺寸未注公差时即要求该尺寸绝对准确。　　　　　　　　　　　　　　(　　)

(2) 孔与轴的加工精度越高,则其配合精度也越高。　　　　　　　　　　　(　　)

(3) 公差带离零线越远越容易加工。　　　　　　　　　　　　　　　　　　(　　)

(4) 一般来说,零件的局部尺寸越接近公称尺寸越好。　　　　　　　　　　(　　)

(5) 配合精度越低,则相配零件尺寸精度也越低。　　　　　　　　　　　　(　　)

### 3.3 选择题

(1) 下列配合中,配合精度最高的是_____。

A. $\phi100F8/e7$　　　B. $\phi100R7/h6$　　　C. $\phi130H8/r7$　　　D. $\phi130M9/f9$

(2) 下列有关论述中错误的有_____。

A. 孔、轴公差等级决定公差带宽度　　　B. 标准尺寸公差分为 20 级

C. 基本偏差影响公差带位置　　　D. 孔、轴公差等级决定配合类型

(3) 若某配合的最大间隙为 11 $\mu$m,孔的下偏差为$-15$ $\mu$m,轴的下偏差为$-11$ $\mu$m,轴的公差为 11 $\mu$m,则其配合类型为_____。

A. 间隙配合　　　B. 过渡配合　　　C. 过盈配合　　　D. 无法确定

(4) 对于间隙配合,_____时应考虑选择大的间隙量。

A. 传递载荷　　　B. 旋转速度低　　　C. 旋转速度高　　　D. 有对中要求

(5) 比较孔 $D=\phi10$ mm 与轴 $d=\phi50$ mm 尺寸加工难易程度可通过比较_____来确定。

A. 配合类型　　　B. 公差值的大小　　　C. 精度等级　　　D. 基本偏差数值

### 3.4 简答题

(1) 极限与配合国家标准主要解决什么问题?

(2) 为什么要规定标准公差和基本偏差? 它们对公差带图有何影响?

(3) 国家标准规定了哪些标准公差等级和基本偏差代号? 为什么要规定标准公差和基本偏差?

(4) 配合有哪几类? 各类配合是如何定义的? 各用于什么场合?

(5) 分别列出车削、铣削、刨削、钻削、砂型铸造加工方法可达到的尺寸公差等级。

### 3.5 计算题

(1) 试根据表 3.18 中的已知数据填空,绘制各孔、轴公差带图。

表 3.18　题 3.5(1)的表

| 尺寸标注 | 公称尺寸 | 极 限 尺 寸 | | 极 限 偏 差 | | 公　　差 |
|---|---|---|---|---|---|---|
| | | 上 | 下 | 上偏差 | 下偏差 | |
| 孔 $\phi 50^{+0.025}_{0}$ | | | | | | |
| 轴 $\phi 50^{-0.025}_{-0.041}$ | | | | | | |
| 孔 | $\phi40$ | | | $+0.007$ | | 0.025 |
| 轴 | | $\phi40.009$ | | | | 0.016 |

(2) 设公称尺寸为 $\phi40$ mm 的孔、轴配合,要求装配后的间隙或过盈在$+0.025\sim-0.020$ mm 之内,采用基孔制配合,试选择相配孔、轴的极限与配合。

(3) 查表确定下列公差带的极限偏差,并画出公差带图:

① $\phi40d8$;　　　② $\phi50js7$;　　　③ $\phi85p8$;　　　④ $\phi100m6$;

⑤ $\phi50D7$;　　　⑥ $\phi40 M7$;　　　⑦ $\phi30Js6$;　　　⑧ $\phi50R6$

# 第4章 产品几何技术规范(GPS)——光滑工件尺寸的检验

**教学提示** 本章主要介绍检测光滑工件尺寸的相关国家标准。通过学习应能正确选择通用测量仪器,根据零件的极限与配合要求合理地设计量规。

为了保证零件的质量,除了按零件图上规定的尺寸、形状、位置和表面粗糙度要求进行制造外,还要按相应标准来检测完工零件。只有按规定方法确认合格的零件,才是满足设计要求的零件。本章主要介绍对光滑工件尺寸进行检测的相关标准,涉及的国家标准如下。

(1) GB/T 3177—2009《产品几何技术规范(GPS) 光滑工件尺寸的检验》。

(2) GB/T 10920—2008《螺纹量规和光滑极限量规 型式与尺寸》。

(3) GB/T 1957—2006《光滑极限量规 技术条件》。

## 4.1 通用测量仪器的选择

在生产现场,利用普通测量仪器测量工件时,对工件尺寸一般不进行多次重复测量,因此,不可能采用多次测量取平均值的办法减小随机误差的影响,且对温度、湿度等环境因素引起的误差一般不进行修正。因此,当以工件实际组成要素在极限尺寸范围内作为验收的依据时,由于测量误差的存在,有可能将本来处于零件公差带内的合格品判为废品,或将本来处于零件公差带以外的废品误判为合格品——前者称为误废,后者称为误收。误收会影响零件原定的配合性能,满足不了设计的功能要求;误废将提高加工精度,造成经济损失。

为了保证产品质量,GB/T 3177—2009 对验收原则、验收极限和测量仪器的选择等作了规定。该标准适用于车间使用的普通测量仪器,主要用以检测公称尺寸至 500 mm、公差等级为 IT6~IT18 的光滑工件尺寸,也适用于对一般公称尺寸的检验。

### 4.1.1 验收原则、安全裕度与验收极限

**1. 验收原则**

国家标准规定:所用验收方法应只验收位于规定的尺寸极限之内的工件。为了保证这个验收原则的实现,保证零件达到互换性要求,规定了验收极限。

**2. 验收极限与安全裕度**

验收极限是判断所检验工件尺寸合格与否的尺寸界限。

国家标准规定,验收极限可以按照下列两种方法之一确定。

方法 1(内缩方式):验收极限从图样上标定的上极限尺寸和下极限尺寸分别向工件公差带内移动一个安全裕度 $A$ 来确定,如图 4.1 所示。

即:上验收极限尺寸=上极限尺寸$-A$

下验收极限尺寸=下极限尺寸 $+A$

安全裕度 $A$ 由工件公差 $T$ 确定,$A$ 的数值一般取工件公差

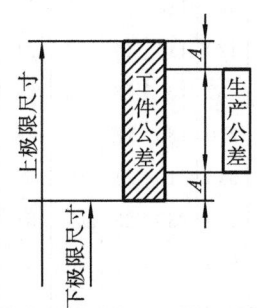

**图 4.1 验收极限与安全裕度**

的 1/10,其数值可由表 4.1 查得。

**表 4.1　安全裕度(A)与计量器具的测量不确定度允许值($u_1$)**　　　　　单位:$\mu$m

| 公差等级 | | IT6 | | | | | IT7 | | | | | IT8 | | | | | IT9 | | | | |
|---|---|---|---|---|---|---|---|---|---|---|---|---|---|---|---|---|---|---|---|---|---|
| 公称尺寸/mm | | $T$ | $A$ | $u_1$ | | | $T$ | $A$ | $u_1$ | | | $T$ | $A$ | $u_1$ | | | $T$ | $A$ | $u_1$ | | |
| 大于 | 至 | | | Ⅰ | Ⅱ | Ⅲ | | | Ⅰ | Ⅱ | Ⅲ | | | Ⅰ | Ⅱ | Ⅲ | | | Ⅰ | Ⅱ | Ⅲ |
| — | 3 | 6 | 0.6 | 0.54 | 0.9 | 1.4 | 10 | 1.0 | 0.9 | 1.5 | 2.3 | 14 | 1.4 | 1.3 | 2.1 | 3.2 | 25 | 2.5 | 2.3 | 3.8 | 5.6 |
| 3 | 6 | 8 | 0.8 | 0.72 | 1.2 | 1.8 | 12 | 1.2 | 1.1 | 1.8 | 2.7 | 18 | 1.8 | 1.6 | 2.7 | 4.1 | 30 | 3.0 | 2.7 | 4.5 | 6.8 |
| 6 | 10 | 9 | 0.9 | 0.81 | 1.4 | 2.0 | 15 | 1.5 | 1.4 | 2.3 | 3.4 | 22 | 2.2 | 2.0 | 3.3 | 5.0 | 36 | 3.6 | 3.3 | 5.4 | 8.1 |
| 10 | 18 | 11 | 1.1 | 1.0 | 1.7 | 2.5 | 18 | 1.8 | 1.7 | 2.7 | 4.1 | 27 | 2.7 | 2.4 | 4.1 | 6.1 | 43 | 4.3 | 3.9 | 6.5 | 9.7 |
| 18 | 30 | 13 | 1.3 | 1.2 | 2.0 | 2.9 | 21 | 2.1 | 1.9 | 3.2 | 4.7 | 33 | 3.3 | 3.0 | 5.0 | 7.4 | 52 | 5.2 | 4.7 | 7.8 | 12 |
| 30 | 50 | 16 | 1.6 | 1.4 | 2.4 | 3.6 | 25 | 2.5 | 2.3 | 3.8 | 5.6 | 39 | 3.9 | 3.5 | 5.9 | 8.8 | 62 | 6.2 | 5.6 | 9.3 | 14 |
| 50 | 80 | 19 | 1.9 | 1.7 | 2.9 | 4.3 | 30 | 3.0 | 2.7 | 4.5 | 6.8 | 46 | 4.6 | 4.1 | 6.9 | 10 | 74 | 7.4 | 6.7 | 11 | 17 |
| 80 | 120 | 22 | 2.2 | 2.0 | 3.3 | 5.0 | 35 | 3.5 | 3.2 | 5.3 | 7.9 | 54 | 5.4 | 4.9 | 8.1 | 12 | 87 | 8.7 | 7.8 | 13 | 20 |
| 120 | 180 | 25 | 2.5 | 2.3 | 3.8 | 5.6 | 40 | 4.0 | 3.6 | 6.0 | 9.0 | 63 | 6.3 | 5.7 | 9.5 | 14 | 100 | 10 | 9.0 | 15 | 23 |
| 180 | 250 | 29 | 2.9 | 2.6 | 4.4 | 6.5 | 46 | 4.6 | 4.1 | 6.9 | 10 | 72 | 7.2 | 6.5 | 11 | 16 | 115 | 12 | 10 | 17 | 26 |
| 250 | 315 | 32 | 3.2 | 2.9 | 4.8 | 7.2 | 52 | 5.2 | 4.7 | 7.8 | 12 | 81 | 8.1 | 7.3 | 12 | 18 | 130 | 13 | 12 | 19 | 29 |
| 315 | 400 | 36 | 3.6 | 3.2 | 5.4 | 8.1 | 57 | 5.7 | 5.1 | 8.4 | 13 | 89 | 8.9 | 8.0 | 13 | 20 | 140 | 14 | 13 | 21 | 32 |
| 400 | 500 | 40 | 4.0 | 3.6 | 6.0 | 9.0 | 63 | 6.3 | 5.7 | 9.5 | 14 | 97 | 9.7 | 8.7 | 15 | 22 | 155 | 16 | 14 | 23 | 35 |

| 公差等级 | | IT10 | | | | | IT11 | | | | | IT12 | | | | IT13 | | | |
|---|---|---|---|---|---|---|---|---|---|---|---|---|---|---|---|---|---|---|---|
| 公称尺寸/mm | | $T$ | $A$ | $u_1$ | | | $T$ | $A$ | $u_1$ | | | $T$ | $A$ | $u_1$ | | $T$ | $A$ | $u_1$ | |
| 大于 | 至 | | | Ⅰ | Ⅱ | Ⅲ | | | Ⅰ | Ⅱ | Ⅲ | | | Ⅰ | Ⅱ | | | Ⅰ | Ⅱ |
| — | 3 | 40 | 4.0 | 3.6 | 6.0 | 9.0 | 60 | 6.0 | 5.4 | 9.0 | 14 | 100 | 10 | 9.0 | 15 | 140 | 14 | 13 | 21 |
| 3 | 6 | 48 | 4.8 | 4.3 | 7.2 | 11 | 75 | 7.5 | 6.8 | 11 | 17 | 120 | 12 | 11 | 18 | 180 | 18 | 16 | 27 |
| 6 | 10 | 58 | 5.8 | 5.2 | 8.7 | 13 | 90 | 9.0 | 8.1 | 14 | 20 | 150 | 15 | 14 | 23 | 220 | 22 | 20 | 33 |
| 10 | 18 | 70 | 7.0 | 6.3 | 11 | 16 | 110 | 11 | 10 | 17 | 25 | 180 | 18 | 16 | 27 | 270 | 27 | 24 | 41 |
| 18 | 30 | 84 | 8.4 | 7.6 | 13 | 19 | 130 | 13 | 12 | 20 | 29 | 210 | 21 | 19 | 32 | 330 | 33 | 30 | 50 |
| 30 | 50 | 100 | 10 | 9.0 | 15 | 23 | 160 | 16 | 14 | 24 | 36 | 250 | 25 | 23 | 38 | 390 | 39 | 35 | 59 |
| 50 | 80 | 120 | 12 | 11 | 18 | 27 | 190 | 19 | 17 | 29 | 43 | 300 | 30 | 27 | 45 | 460 | 46 | 41 | 69 |
| 80 | 120 | 140 | 14 | 13 | 21 | 32 | 220 | 22 | 20 | 33 | 50 | 350 | 35 | 32 | 53 | 540 | 54 | 49 | 81 |
| 120 | 180 | 160 | 16 | 15 | 24 | 36 | 250 | 25 | 23 | 38 | 56 | 400 | 40 | 36 | 60 | 630 | 63 | 57 | 95 |
| 180 | 250 | 185 | 18 | 1 | 28 | 42 | 290 | 29 | 26 | 44 | 65 | 460 | 46 | 41 | 69 | 720 | 72 | 65 | 110 |
| 250 | 315 | 210 | 21 | 19 | 32 | 47 | 320 | 32 | 29 | 48 | 72 | 520 | 52 | 47 | 78 | 810 | 81 | 73 | 120 |
| 315 | 400 | 230 | 23 | 21 | 35 | 52 | 360 | 36 | 32 | 54 | 81 | 570 | 57 | 51 | 80 | 890 | 89 | 80 | 130 |
| 400 | 500 | 250 | 25 | 23 | 38 | 56 | 400 | 40 | 36 | 60 | 90 | 630 | 63 | 57 | 95 | 970 | 97 | 87 | 150 |

注:$u_1$ 分Ⅰ、Ⅱ、Ⅲ挡,一般情况下应优先选用Ⅰ挡,其次选用Ⅱ挡、Ⅲ挡。

由于验收极限向工件的公差带之内移动,为了保证验收时合格,在生产时不能按原有的极限尺寸加工,应按由验收极限所确定的范围生产,这个范围称为生产公差。

显然,采用这种方式可以减少误收,但会增加误废,从保证产品质量的角度考虑是必要的。

方法 2(不内缩方式):验收极限等于图样上标定的上极限尺寸和下极限尺寸,即安全裕度 $A=0$。

上述两种验收方式的选择要结合工件的尺寸、功能要求及其重要程度、尺寸公差等级、测量不确定度和工艺能力等因素综合考虑。具体原则如下。

(1) 对要求符合包容要求的尺寸、公差等级高的尺寸,验收极限按方法 1 确定。

(2) 当工艺能力指数 $C_p \geq 1$ 时,验收极限可以按方法 2 确定。但采用包容要求时,在最大实体尺寸一侧仍应按方法 1 确定验收极限。这里,工艺能力指数 $C_p = T/(C\sigma)$,其中 $T$ 是工件公差,$\sigma$ 是加工设备的标准偏差,$C$ 是常数(工件尺寸遵循正态分布时 $C=6$)。

(3) 当工件的实际尺寸服从偏态分布时,尺寸偏向的一侧应按方法 1 确定验收极限。

(4) 对非配合处和一般公差的尺寸,其验收极限按方法 2 确定。

### 4.1.2　测量仪器的选择

对测量仪器的选择应综合考虑以下几方面的因素。

(1) 测量精度　所选的测量仪器的精度指标必须满足被测对象的精度要求,这样才能保证测量的准确度。被测对象的精度要求主要由其公差值的大小来体现。公差值越大,对测量的精度要求越低;公差值越小,对测量的精度要求越高。一般情况下,所选测量仪器的测量不确定度只能占被测零件尺寸公差的 $1/10 \sim 1/3$,精度低时取 $1/10$,精度高时取 $1/3$。

(2) 测量成本　在保证测量准确度的前提下,应考虑测量仪器的价格、使用寿命、检测及修理时间、对操作人员技术熟练程度的要求等,应选用价格较低、操作方便、维护保养容易、操作培训费用少的测量仪器,尽量降低测量成本。

(3) 被测件的结构特点及检测数量　所选测量仪器的测量范围必须大于被测尺寸。对硬度低、材质软、刚度低的零件,一般选用非接触测量,如用基于光学投影放大、气动、光电等原理的测量仪器进行测量。当测量件数较多(大批量)时,应选用专用测量仪器或自动检验装置;对于单件或小批量零件的测量,可选用万能测量仪器。

安全裕度 $A$ 是测量中总不确定度 $u$ 的允许值,即 $A \geq u$,而测量总不确定度 $u$ 主要由测量仪器的不确定度允许值 $u_1$ 及测量条件引起的测量不确定度允许值 $u_2$ 这两部分组成,即 $u = \sqrt{u_1^2 + u_2^2}$。

$u_1$、$u_2$ 对 $u$ 的影响程度是不同的,其中,$u_1$ 的影响较大,$u_1 \approx 0.9u$,$u_2$ 的影响较小,$u_2 \approx 0.45u$。$u_1$ 是产生误收与误废的主要原因,所以选择测量仪器时主要根据 $u_1$ 来进行。

为了保证测量的可靠性和量值的统一,国家标准规定:按照测量仪器的测量不确定度允许值 $u_1$ 选择测量仪器,要求所选择的测量仪器的不确定度不得大于允许值 $u_1$。考虑到测量仪器的经济性,要求所选测量仪器的不确定度要尽可能地接近 $u_1$。$u_1$ 值见表 4.1,表中 $u_1$ 分为 Ⅰ、Ⅱ、Ⅲ 挡,一般情况下,优先选用 Ⅰ 挡,其次选用 Ⅱ 挡、Ⅲ 挡。表 4.2 至表 4.4 列出了各种普通测量仪器不确定度的允许值 $u'_1$。

**表 4.2　测量仪器的不确定度** 　　　　　　　　　　　　　　　单位：mm

| 尺寸范围 | | 所使用的测量仪器 | | | |
|---|---|---|---|---|---|
| | | 分度值为 0.001 的千分表（0 级在全程范围内，1 级在 0.2 mm 内）<br>分度值为 0.002 的千分表（在 1 转范围内） | 分度值为 0.001、0.002、0.005 的千分表（1 级在全程范围内）<br>分度值为 0.01 的百分表（0 级在任意 1 mm 内） | 分度值为 0.01 的百分表（0 级在全程范围内，1 级在任意 1 mm 内） | 分度值为 0.01 的百分表（1 级在全程范围内） |
| 大于 | 至 | 不确定度 $u'_1$ | | | |
| | 25 | 0.005 | 0.010 | 0.018 | 0.30 |
| 25 | 40 | 0.005 | 0.010 | 0.018 | 0.30 |
| 40 | 65 | 0.005 | 0.010 | 0.018 | 0.30 |
| 65 | 90 | 0.005 | 0.010 | 0.018 | 0.30 |
| 90 | 115 | 0.005 | 0.010 | 0.018 | 0.30 |
| 115 | 165 | 0.006 | 0.010 | 0.018 | 0.30 |
| 165 | 215 | 0.006 | 0.010 | 0.018 | 0.30 |
| 215 | 265 | 0.006 | 0.010 | 0.018 | 0.30 |
| 265 | 315 | 0.006 | 0.010 | 0.018 | 0.30 |

**表 4.3　千分尺和游标卡尺的不确定度** 　　　　　　　　　　　　单位：mm

| 尺寸范围 | | 测量仪器类型 | | | |
|---|---|---|---|---|---|
| | | 分度值为 0.01 外径千分尺 | 分度值为 0.01 内径千分尺 | 分度值为 0.02 游标卡尺 | 分度值为 0.05 游标卡尺 |
| 大于 | 至 | 不确定度 $u'_1$ | | | |
| 0 | 50 | 0.004 | 0.008 | 0.020 | 0.05 |
| 50 | 100 | 0.005 | 0.008 | 0.020 | 0.05 |
| 100 | 150 | 0.006 | 0.008 | 0.020 | 0.05 |
| 150 | 200 | 0.007 | 0.013 | 0.020 | 0.05 |
| 200 | 250 | 0.008 | 0.013 | 0.020 | 0.05 |
| 250 | 300 | 0.009 | 0.013 | 0.020 | 0.05 |
| 300 | 350 | 0.010 | 0.020 | 0.020 | 0.100 |
| 350 | 400 | 0.011 | 0.020 | 0.020 | 0.100 |
| 400 | 450 | 0.012 | 0.020 | 0.020 | 0.100 |
| 450 | 500 | 0.013 | 0.025 | 0.020 | 0.100 |

注：当采用比较测量时，千分尺的不确定度可小于本表规定的数值，一般可减小 40%。

**表 4.4　比较仪的不确定度**　　　　　　　　　　　　　　　　单位:mm

| 尺寸范围 | | 所使用的测量仪器 | | | |
|---|---|---|---|---|---|
| | | 分度值为 0.000 5（相当于放大倍数 2 000 倍）的比较仪 | 分度值为 0.001（相当于放大倍数 1000 倍）的比较仪 | 分度值为 0.002（相当于放大倍数 400 倍）的比较仪 | 分度值为 0.005（相当于放大倍数 250 倍）的比较仪 |
| 大于 | 至 | 不确定度 $u'_1$ | | | |
| | 25 | 0.000 6 | 0.001 0 | 0.001 7 | 0.003 0 |
| 25 | 40 | 0.000 7 | | | |
| 40 | 65 | 0.000 8 | 0.001 1 | 0.001 8 | |
| 65 | 90 | 0.000 8 | | | |
| 90 | 115 | 0.000 9 | 0.001 2 | 0.001 9 | |
| 115 | 165 | 0.001 0 | 0.001 3 | | |
| 165 | 215 | 0.001 2 | 0.001 4 | 0.002 0 | 0.003 5 |
| 215 | 265 | 0.001 4 | 0.001 6 | 0.002 1 | |
| 265 | 315 | 0.001 6 | 0.001 7 | 0.002 2 | |

注:测量时,使用的标准器具由 4 块 1 级(或 4 等)量块组成。

**例 4.1**　被检验零件为孔 $\phi140H11$ Ⓔ,工艺能力指数 $C_p=1.1$,试确定验收极限,并选择适当的测量仪器。

**解**　(1)由表 3.3 查得 IT11=0.25,$\phi140H11$ 的极限偏差为 $\phi140^{+0.25}_{0}$。

(2) 由表 4.1 查得安全裕度 $A=0.025$,因 $C_p=1.1>1$,其验收极限按方法 2 确定,$A=0$。但该零件尺寸遵循包容要求,其最大实体尺寸一侧的验收极限应按方法 1 确定,即

上验收极限尺寸=(140+0.25−A)=(140+0.25−0) mm=140.25 mm

下验收极限尺寸=(140+A)=(140+0.025) mm=140.025 mm

(3) 由表 4.1 选择测量不确定度允许值 $u_1$,优先选用 Ⅰ 挡,$u_1=0.023$

(4) 查表 4.2、表 4.3、表 4.4 选择测量仪器。根据测量不确定度允许值 $u_1=0.023$,结合测量仪器不确定度允许值 $u'_1$ 来确定。查表 4.3,尺寸在 $100\sim150$ mm 范围内、分度值 $i=0.02$ mm 的游标卡尺($u'_1=0.020<u_1=0.023$)即可满足使用要求。

## 4.2　光滑极限量规的设计

在机械制造中,一般使用通用测量仪器对工件进行测量,直接测取工件的实际组成要素以判定工件是否满足设计要求。但是,对成批大量生产的工件,为提高检测效率,常常使用专用量具进行检验,判断其是否合格。光滑极限量规就是用于检验某一孔、轴的专用量具,简称量规。

### 4.2.1　光滑极限量规的作用与分类

**1. 量规的作用**

光滑极限量规没有刻度,不可读数。用量规检验只能判断零件是否合格,不能得出零件的实际组成要素、几何误差的具体数值。其中,检验工件孔径的量规称为塞规,检验工件轴径的量规称为卡规。量规因其结构简单、使用方便、省时可靠,并能保证互换性,在成批大量生产中得到了广泛的应用。

1) 塞规

塞规有通规和止规两部分,应成对使用。通规按被测孔的 $D_{min}$(孔的下极限尺寸,也称最大实体尺寸,用 MMS 表示)制造,止规按被测孔的 $D_{max}$(孔的上极限尺寸,也称最小实体尺寸,用 LMS 表示)制造。使用量规检验孔径时,合格孔的判定条件是:通规能通过、止规通不过,如图 4.2(a)所示。

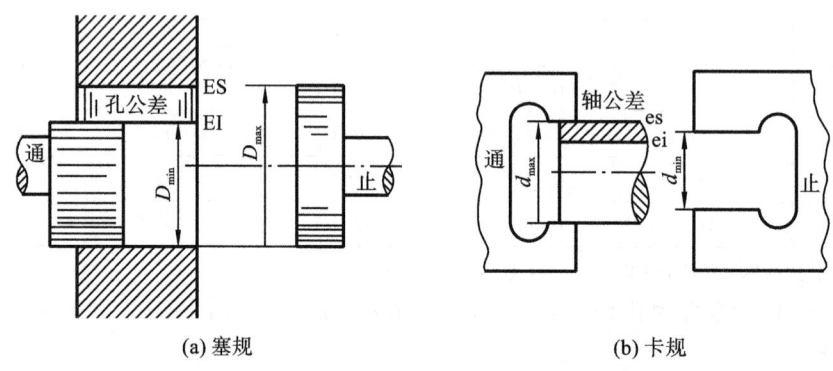

|(a) 塞规|(b) 卡规|

**图 4.2　光滑极限量规**

2) 卡规

同样,检验轴用的卡规也有通规和止规两部分。通规按被测轴的 $d_{max}$(轴的上极限尺寸,也称最大实体尺寸,用 MMS 表示)制造,止规按被测轴的 $d_{min}$(轴的下极限尺寸,也称最小实体尺寸,用 LMS 表示)制造。使用卡规检验轴径时,合格轴的判定条件是:通规能通过、止规通不过,如图 4.2(b)所示。

**2. 量规的种类**

量规按其用途不同分为工作量规、验收量规和校对量规三种。

1) 工作量规

工作量规是生产过程中操作者检验工件时所使用的量规。工作量规的通规用代号"T"表示,止规用代号"Z"表示。

2) 验收量规

验收量规是验收工件时,检验人员或用户代表所使用的量规。验收量规一般不需要专门制造,它是从通规磨损较多,但未超过磨损极限的工作量规中挑选出来的,验收量规的止规应接近工件的最小实体尺寸 LMS(轴是 $d_{min}$、孔是 $D_{max}$)。这样,操作者用工作量规检验合格的工件,检验人员用验收量规验收时也一定合格。

3) 校对量规

校对量规是检验轴用工作量规的量规。实际上,轴用工作量规就是孔,测量比较困难,使用过程中这种量规又易于磨损和变形,所以必须用校对量规对其进行检验和校对。孔用工作量规就是轴,便于用通用测量仪器进行检验,故国标未规定校对量规。

校对量规有三种,其名称、代号、功能等见表 4.5。

**表 4.5 校对量规**

| 量规形状 | 检验对象 | | 量规名称 | 量规代号 | 功 能 | 判断合格的标志 |
|---|---|---|---|---|---|---|
| 塞规 | 轴用工作量规 | 通规 | 校通-通 | TT | 防止通规制造时尺寸过小 | 通过 |
| | | 止规 | 校止-通 | ZT | 防止止规制造时尺寸过小 | 通过 |
| | | 通规 | 校通-损 | TS | 防止通规使用中磨损过大 | 通不过 |

## 4.2.2 量规的设计原则

对于有配合要求的零件,为保证配合性质,不仅实际组成要素要合格,而且零件的形状误差和实际组成要素综合作用形成的作用尺寸也必须合格。因此,设计量规时应遵循泰勒原则(也称极限尺寸判断原则)。泰勒原则是指遵守包容要求的单一要素(孔或轴)的体外作用尺寸不允许超越最大实体尺寸(有关作用尺寸概念、包容要求见 5.5 节),在孔或轴的任何位置上的实际组成要素都不允许超越最小实体尺寸。即

对于孔 $D_{\min} \leqslant D_{fe} \leqslant D_a \leqslant D_{\max}(D_{fe} = D_a - f)$

对于轴 $d_{\min} \leqslant d_a \leqslant d_{fe} \leqslant d_{\max}(d_{fe} = d_a + f)$

设计的量规要符合泰勒原则,必须符合以下两个要求。

**1. 量规的尺寸要求**

通规的设计尺寸应等于工件的最大实体尺寸 MMS(孔 MMS＝$D_{\min}$、轴 MMS＝$d_{\max}$);止规的设计尺寸应等于工件的最小实体尺寸 LMS(孔 MMS＝ $D_{\max}$、轴 MMS＝ $d_{\min}$)。

**2. 量规的形状要求**

*1) 符合量规设计原则的量规形状*

通规用来控制工件的体外作用尺寸,它的测量面应是与孔或轴形状相对应的完整表面(即全形量规),且测量长度等于配合长度。止规用来控制工件的实际组成要素,它的测量面应是非完整表面(即不全形量规),且测量长度应尽可能短。止规表面与工件是点接触。

符合泰勒原则的量规形状是:通规为全形、止规为不全形。这样量规检验工件时,工件合格的条件是通规能通过、止规通不过,否则为不合格。如果量规尺寸和形状背离了泰勒原则,将造成误判。如图 4.3(c)所示,该孔的实际轮廓已超出尺寸公差带,应判为不合格。如果使用两点状不全形通规(见图 4.3(b))、全形止规(见图 4.3(e))来检验该孔,得到的是"通规能通过、止规通不过"的结论,结果误判该孔合格。这是量规的测量面形状不符合泰勒原则导致的。

*2) 实际生产中量规的形状*

在实际应用中,由于量规制造和使用方面的原因,要求量规形状完全符合泰勒原则是有一定困难的。因此国家标准规定,在被检验工件的形状误差不影响配合性质的条件下,允许使用偏离泰勒原则的量规。例如,对于尺寸大于 100 mm 的孔,为了不让量规过于笨重,通规很少

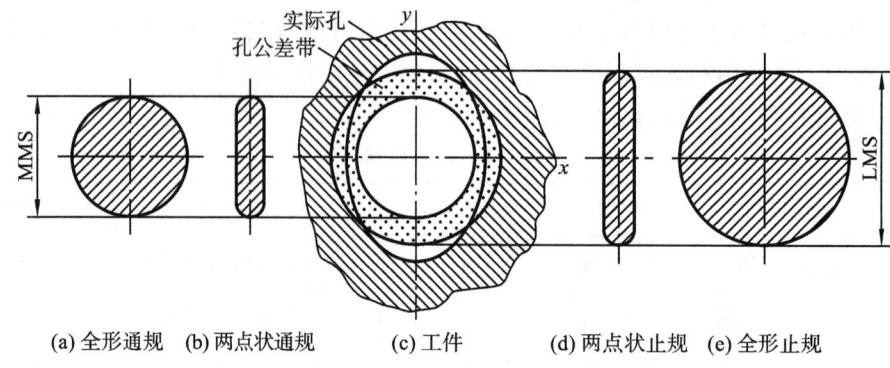

**图 4.3　量规形状对检验结果的影响**

制成全形环规。同样,为了提高检验效率,检验大尺寸轴的通规也很少制成全形环规。当采用不符合泰勒原则的量规检验工件时,为了尽量避免误判,操作时一定要注意。例如,使用非全形的通规时,检验孔时,应在被检孔的全长上沿圆周的几个位置上检验;检验轴时,应在被检轴的配合长度内的围绕被检轴的圆周的几个位置上检验。

### 4.2.3　量规公差带

虽然量规是一种精密的检验工具,量规的制造精度比被检验工件的精度要求更高,但在制造时也不可避免地会产生误差,不可能将量规的工作尺寸正好加工到某一规定值,因此对量规也必须规定制造公差。

为了保证验收质量,防止误收,量规的公差带采用了内缩方式,如图 4.4 所示。由于通规在使用过程中经常通过工件,因而会逐渐磨损。为了使通规具有一定的使用寿命,应当留出适当的磨损储备量,因此对通规应规定磨损极限,即将通规公差带从最大实体尺寸 MMS(轴是 $d_{max}$、孔是 $D_{min}$)向工件公差带内缩一个距离;而止规通常不通过工件,所以不需要留磨损储备量,故将止规公差带放在工件公差带内紧靠最小实体尺寸 LMS 处(轴是 $d_{min}$、孔是 $D_{max}$)。校对量规也不需要留磨损储备量。

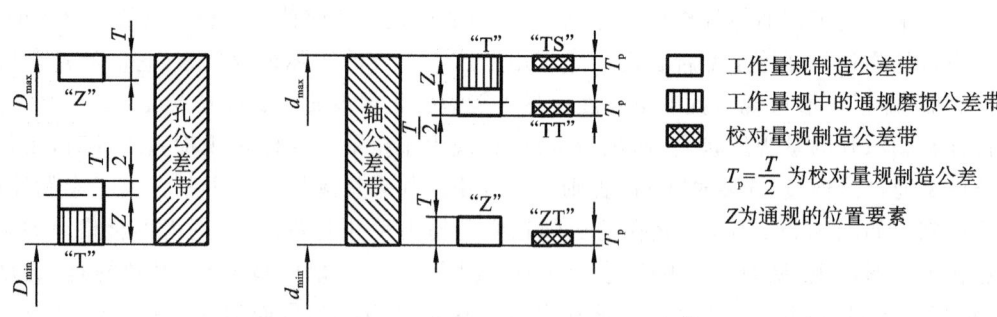

**图 4.4　量规的公差带图解**

国家标准按被检工件的公称尺寸和公差等级规定了工作量规的制造公差 $T$ 和通规公差带的位置要素 $Z$ 的数值,如表 4.6 所示。

**表4.6　量规制造公差 $T$ 值和位置要素 $Z$ 值**（摘自 GB 1957—2006）　　　　单位：μm

| 工件公称尺寸/mm | IT6 | $T_1$ | $Z_1$ | IT7 | $T_1$ | $Z_1$ | IT8 | $T_1$ | $Z_1$ | IT9 | $T_1$ | $Z_1$ | IT10 | $T_1$ | $Z_1$ | IT11 | $T_1$ | $Z_1$ | IT12 | $T_1$ | $Z_1$ |
|---|---|---|---|---|---|---|---|---|---|---|---|---|---|---|---|---|---|---|---|---|---|
| ≤3 | 6 | 1 | 1 | 10 | 1.2 | 1.6 | 14 | 1.6 | 2 | 25 | 2 | 3 | 40 | 2.4 | 4 | 60 | 3 | 6 | 100 | 4 | 9 |
| >3～6 | 8 | 1.2 | 1.4 | 12 | 1.4 | 2 | 18 | 2 | 2.6 | 30 | 2.4 | 4 | 48 | 3 | 5 | 75 | 4 | 8 | 120 | 5 | 11 |
| >6～10 | 9 | 1.4 | 1.6 | 15 | 1.8 | 2.4 | 22 | 2.4 | 3.2 | 36 | 2.8 | 5 | 58 | 3.6 | 6 | 90 | 5 | 9 | 150 | 6 | 13 |
| >10～18 | 11 | 1.6 | 2 | 18 | 2 | 2.8 | 27 | 2.8 | 4 | 43 | 3.4 | 6 | 70 | 4 | 8 | 110 | 6 | 11 | 180 | 7 | 15 |
| >18～30 | 13 | 2 | 2.4 | 21 | 2.4 | 3.4 | 33 | 3.4 | 5 | 52 | 4 | 7 | 84 | 5 | 9 | 130 | 7 | 13 | 210 | 8 | 18 |
| >30～50 | 16 | 2.4 | 2.8 | 25 | 3 | 4 | 39 | 4 | 6 | 62 | 5 | 8 | 100 | 6 | 11 | 160 | 8 | 16 | 250 | 10 | 22 |
| >50～80 | 19 | 2.8 | 3.4 | 30 | 3.6 | 4.6 | 46 | 4.6 | 7 | 74 | 6 | 9 | 120 | 7 | 13 | 190 | 9 | 19 | 300 | 12 | 26 |
| >80～120 | 22 | 3.2 | 3.8 | 35 | 4.2 | 5.4 | 54 | 5.4 | 8 | 87 | 7 | 10 | 140 | 8 | 15 | 220 | 10 | 22 | 350 | 14 | 30 |
| >120～180 | 25 | 3.8 | 4.4 | 40 | 4.8 | 6 | 63 | 6 | 9 | 100 | 8 | 12 | 160 | 9 | 18 | 250 | 12 | 25 | 400 | 16 | 35 |
| >180～250 | 29 | 4.4 | 5 | 46 | 5.4 | 7 | 72 | 7 | 10 | 115 | 9 | 14 | 185 | 10 | 20 | 290 | 14 | 29 | 460 | 18 | 40 |
| >250～315 | 32 | 4.8 | 5.6 | 52 | 6 | 8 | 81 | 8 | 11 | 130 | 10 | 16 | 210 | 12 | 22 | 320 | 16 | 32 | 520 | 20 | 45 |
| >315～400 | 36 | 5.4 | 6.2 | 57 | 7 | 9 | 89 | 9 | 12 | 140 | 11 | 18 | 230 | 14 | 25 | 360 | 18 | 36 | 570 | 22 | 50 |
| >400～500 | 40 | 6 | 7 | 63 | 8 | 10 | 97 | 10 | 14 | 155 | 12 | 20 | 250 | 16 | 28 | 400 | 20 | 40 | 630 | 24 | 55 |

## 4.2.4　工作量规的设计

**1. 工作量规的设计步骤**

（1）根据被检工件的尺寸大小和结构特点等因素选择量规的结构形式。

（2）根据被检工件的公称尺寸和公差等级，查出量规的制造公差 $T$ 值和位置要素 $Z$ 值，画出量规公差带图，计算量规工作尺寸的上、下极限偏差。

（3）确定量规结构尺寸，计算量规工作尺寸，绘制量规工作图，标注尺寸及技术要求。

**2. 量规形式的选择**

光滑极限量规的结构形式很多，量规的选择和使用对测量结果影响很大。国家标准推荐，检验孔用的塞规按图 4.5(a)选用，检验轴用的卡规按图 4.5(b)选用。它们的具体结构可参看国家标准 GB/T 10920—2008。

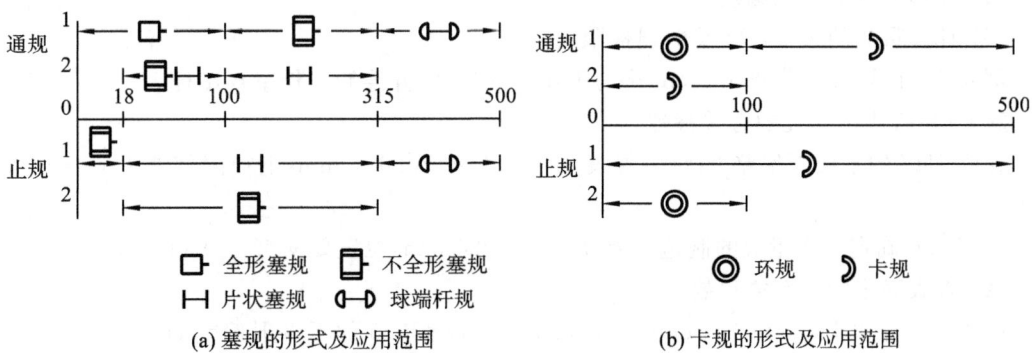

(a) 塞规的形式及应用范围　　　　(b) 卡规的形式及应用范围

**图 4.5　量规的形式及应用范围**

**3. 量规的技术要求**

1）量规材料

量规测量面的材料与硬度对量规的使用寿命有一定的影响。量规可用合金工具钢（如

CrMn、CrMnW、CrMoV 等)、碳素工具钢(如 T10A、T12A 等)、渗碳钢(如 15 钢、20 钢等)及其他耐磨材料(如硬质合金等)制造。对量规测量面通常进行淬硬处理,其测量面硬度为 58～65 HRC。也可在测量面上镀以厚度大于磨损量的镀铬层、氮化层等耐磨材料。手柄一般用 Q235 钢、LY11 铝等材料制造。

2)几何公差

国家标准规定工作量规的几何公差一般为量规制造公差的 50%。考虑到制造和测量的困难,当工作量规的制造公差小于或等于 0.002 mm 时,其几何公差仍取 0.001 mm。

3)表面粗糙度

量规测量面的表面粗糙度,取决于被检验零件的公称尺寸、公差等级以及量规的制造工艺水平。量规测量面的表面粗糙度值的大小,随上述因素和量规结构形式的变化而异,一般不低于光滑极限量规国标推荐的表面粗糙度数值。量规测量面的表面粗糙度 $Ra$ 值见表 4.7。

**表 4.7 量规测量面的表面粗糙度 $Ra$ 值(不大于)** 单位:$\mu m$

| 工作量规 | 量规的公称尺寸/mm | | |
|---|---|---|---|
| | ≤120 | >120～315 | >315～500 |
| IT6 级塞规 | 0.05 | 0.10 | 0.20 |
| IT6～IT9 级卡规<br>IT7～IT9 级塞规 | 0.10 | 0.20 | 0.40 |
| IT10～IT12 级量规 | 0.20 | 0.40 | 0.80 |
| IT13～IT16 级量规 | 0.40 | 0.80 | 0.80 |

注:校对量规测量面的表面粗糙度数值比被校对的轴用量规测量面的表面粗糙度数值略小一些。

**4. 量规工作尺寸的计算**

量规工作尺寸的计算步骤如下:

(1)查出被检验工件的极限偏差;

(2)查出工作量规的制造公差 $T$ 值和位置要素 $Z$ 值,并确定量规的几何公差;

(3)画出工件和量规的公差带图;

(4)计算量规的极限偏差;

(5)计算量规的极限尺寸及磨损极限尺寸。

**例 4.2** 计算检验孔 $\phi25H7/n6$ ⑩的工作量规尺寸,并绘制工作量规图样。

**解** (1)查表确定孔的有关参数。

孔 $\phi25H7$ 的下极限偏差 EI=0,查表 3.3 得 IT7=0.021 mm,上极限偏差 ES=EI+IT7=+0.021 mm。

查表 4.6 确定工作量规的制造公差 $T_1$=0.0024 mm,位置要素 $Z_1$=0.0034 mm。

(2)查表确定轴的有关参数。

由表 3.3 查出 IT6=0.013 mm,由表 3.4 查出轴 $\phi25n6$ 的下极限偏差 ei=+0.015 mm,上极限偏差 es= ei+IT6=0.028 mm。

查表 4.6 确定工作量规的制造公差 $T_1$=0.002 mm,位置要素 $Z_1$=0.0024 mm。校对量规的尺寸公差 $T_p$=$T_1/2$=0.001 mm。

(3)画出工件和量规的公差带图,如图 4.6、图 4.7 所示。

(4)计算检验孔 $\phi25H7$ 的工作量规尺寸。

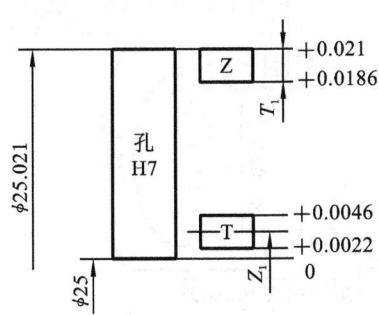

**图 4.6　孔 $\phi25\mathrm{H}7$ 工作量规公差带图**

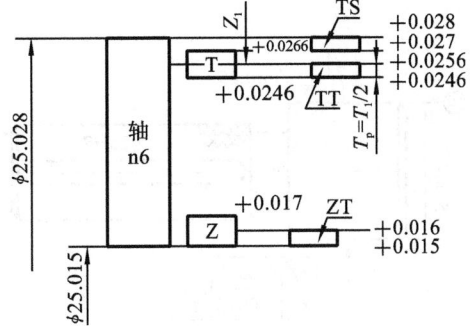

**图 4.7　轴 $\phi25\mathrm{n}6$ 工作量规和校对量规公差带图**

通规(T)：

上极限偏差 $=\mathrm{EI}+Z_1+T_1/2=(0+0.0034+0.0012)\ \mathrm{mm}=+0.004\ 6\ \mathrm{mm}$

下极限偏差 $=\mathrm{EI}+Z_1-T_1/2=(0+0.0034-0.0012)\ \mathrm{mm}=+0.002\ 2\ \mathrm{mm}$

磨损极限 $=\mathrm{EI}=0$

止规(Z)：

上极限偏差 $=\mathrm{ES}=+0.021\ \mathrm{mm}$

下极限偏差 $=\mathrm{ES}-T_1=(+0.021-0.002\ 4)\ \mathrm{mm}=+0.018\ 6\ \mathrm{mm}$

(5) 计算轴 $\phi25\mathrm{n}6$ 的工作量规尺寸。

通规(T)：

上极限偏差 $=\mathrm{es}-Z_1+T_1/2=(0.028-0.002\ 4+0.001)\ \mathrm{mm}=+0.026\ 6\ \mathrm{mm}$

下极限偏差 $=\mathrm{es}-Z_1-T_1/2=(0.028-0.002\ 4-0.001)\ \mathrm{mm}=+0.024\ 6\ \mathrm{mm}$

磨损极限 $=\mathrm{es}=+0.028\ \mathrm{mm}$

止规(Z)：

上极限偏差 $=\mathrm{ei}+T_1=(+0.015+0.002)\ \mathrm{mm}=+0.017\ \mathrm{mm}$

下极限偏差 $=\mathrm{ei}=+0.015\ \mathrm{mm}$

(6) 计算轴用工作量规的校对量规的尺寸。

"校通-通"量规(TT)：

上极限偏差 $=\mathrm{es}-Z_1-T_1/2+T_\mathrm{p}=(0.028-0.002\ 4-0.001+0.001)\ \mathrm{mm}=+0.0256\ \mathrm{mm}$

下极限偏差 $=\mathrm{es}-Z_1-T_1/2=(0.028-0.002\ 4-0.001)\ \mathrm{mm}=+0.0246\ \mathrm{mm}$

"校通-损"量规(TS)：

上极限偏差 $=\mathrm{es}=+0.028\ \mathrm{mm}$

下极限偏差 $=\mathrm{es}-T_\mathrm{p}=(+0.028-0.001)\ \mathrm{mm}=+0.027\ \mathrm{mm}$

"校止-通"量规(ZT)：

上极限偏差 $=\mathrm{ei}+T_\mathrm{p}=(+0.015+0.001)\ \mathrm{mm}=+0.016\ \mathrm{mm}$

下极限偏差 $=\mathrm{ei}=+0.015\ \mathrm{mm}$

工作量规工作尺寸的标注如图 4.8 所示。

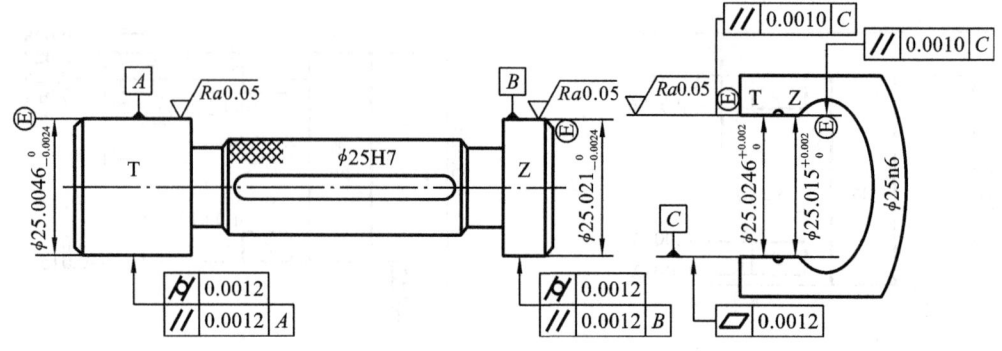

**图 4.8　工作量规工作尺寸的标注**

# 习　　题

**4.1　填空题**

(1) 光滑极限量规只能用于检验零件是否合格,属于_____量具。

(2) 用量规检验工件尺寸时,如果_____规能通过,_____规不能通过,则该工件尺寸合格。

(3) 检验工件最大实体尺寸的量规称为_____。检验工件最小实体尺寸的量规称为_____。

(4) 量规可分为_____、_____、_____三种。

**4.2　判断题**

(1) 孔用工作量规通端的磨损极限尺寸等于被检验孔的最大极限尺寸。　　　　(　　)

(2) 以被测零件的极限尺寸作为验收极限,可能产生误收,也可能产生误废。　(　　)

(3) 符合泰勒原则的通规应为不全形量规,止规应为全形量规。　　　　　　(　　)

(4) 为了保证产品质量,规定验收极限时应采用内缩方式。　　　　　　　　(　　)

(5) 塞规和卡规都必须定期检验,所以都应该设计校对量规。　　　　　　　(　　)

**4.3　选择题**

(1) 测量孔用通规的尺寸接近工件的_____。

A. 上极限尺寸　　　　B. 下极限尺寸　　　　C. 平均尺寸　　　　D. 公称尺寸

(2) 测量时规定安全裕度是为了防止检测时出现_____。

A. 误废　　　　　　　B. 误收　　　　　　　C. 系统误差　　　　D. 随机误差

(3) 为了延长量规的使用寿命,国标除规定量规的制造公差外,对_____还规定了磨损公差。

A. 工作量规　　　　　B. 校对量规　　　　　C. 止规　　　　　　D. 通规

(4) 光滑极限量规的制造公差和位置要素与被测工件的_____有关。

A. 基本偏差　　　　　B. 公差等级　　　　　C. 公称尺寸　　　　D. 公差等级和公称尺寸

**4.4　计算题**

(1) 被测工件为 $\phi35e8$ Ⓔ,工艺能力系数 $C_p = 1.2$,试确定验收极限,并选择适当的计量器具。

(2) 设计检验 $\phi65H8/f7$ 的工作量规的工作尺寸,并画出量规的公差带图。

# 第5章 产品几何技术规范(GPS)——几何公差

**教学提示** 对零件除需进行尺寸精度设计外,还需要进行几何精度设计。了解几何误差的概念及几何误差的检测方法是学习几何公差的基础,而准确地理解几何公差带特征是正确选择几何公差项目、合理进行几何精度设计的关键。

加工后的机械零件不仅会有尺寸误差,同时还会有形状和位置误差(简称几何误差)。几何误差的存在对零件的装配性、结构强度、接触刚度、配合性质、密封性、运动精度及啮合性等方面均有不同程度的影响,尤其对于在高温高压环境中工作的精密仪器和设备,其影响更加严重。

为保证零件的互换性生产,国际标准化组织制定了有关的标准,我国在此基础上也制定了国家标准。本章涉及的现行几何公差标准如下。

(1) GB/T 1182—2008《产品几何技术规范(GPS) 几何公差 形状、方向、位置和跳动公差标注》。

(2) GB/T 4249—2009《产品几何技术规范(GPS) 公差原则》。

(3) GB/T 16671—2009《产品几何技术规范(GPS) 几何公差 最大实体要求、最小实体要求和可逆要求》。

(4) GB/T 1958—2004《产品几何量技术规范(GPS) 形状和位置公差 检测规定》。

(5) GB/T 13319—2003《产品几何量技术规范(GPS) 几何公差 位置度公差注法》。

(6) GB/T 17851—2010《产品几何技术规范(GPS) 几何公差 基准和基准体系》。

(7) GB/T 1184—1996《形状和位置公差 未注公差值》。

## 5.1 概　述

### 5.1.1 零件要素及其分类

任何零件都是由点、线、面构成的,这些点、线、面统称为零件的几何要素,简称要素。实际上,构成零件的各要素均存在几何误差,如线不直、圆不圆、两平面不平行、应该同轴的两轴线不同轴等。几何公差所要研究的就是零件上实际要素的形状,以及要素相互间在方向或位置上的精度问题。具体在讨论形状公差、方向公差时,只涉及线和面,因为点不存在形状、方向误差,而在位置公差问题中将涉及点、线和面。本章研究的主要内容就是要素本身的形状以及要素之间的方位问题。

要素可以从以下四个方面进行分类。

**1. 按结构特征分类**

1) 组成要素

组成要素是指构成零件外形并能为人们所看到或触摸到的点、线、面,例如,圆柱面、球面等。

2）导出要素

导出要素是指由一个或几个组成要素形成的中心要素,例如,理想轴的中心线、实际圆柱的中心线等,都是由圆柱面得到的导出要素,球心是由球面得到的导出要素。

**2. 按存在状态分类**

1）公称要素(理想要素)

公称要素是指按设计要求确定的理论正确要素,这些要素具有几何意义,没有任何误差。公称要素分公称组成要素和公称导出要素。

2）实际要素

实际要素是指由接近实际要素所限定的工件实际表面的组成要素部分,这些要素不同程度上存在误差。

**3. 按功能分类**

1）被测要素

被测要素是指图样中标注几何公差要求的要素(用公差框格标注),加工后需要对工件上这些要素进行检测,以确定其误差是否在给定公差值内。被测要素分为单一被测要素和关联被测要素。图 5.1(a)中 $\phi20F7$ 孔的中心线、$\phi30h6$ 轴的中心线,图 5.1(b)中上表面都是被测要素。其中,图 5.1(a)中 $\phi30h6$ 是单一被测要素,图 5.1(a)中 $\phi20F7$ 孔的中心线是关联被测要素,图 5.1(b)中的上表面既是单一被测要素,也是关联被测要素。

2）方位要素

方位要素用以确定被测要素方向和/或位置的点、直线、平面或螺旋线类要素,分基准和基准要素。基准没有形状误差,是理想状态的;基准要素是零件上用来建立基准并实际起作用的实际(组成)要素(如一条边、一个表面或一个孔等),基准要素存在形状误差,在必要时应对其规定适当的形状公差。图 5.1(a)中轴 $\phi30h6$ 中心线是孔 $\phi20F7$ 中心线的基准,图 5.1(b)中的下底面是上表面的基准。

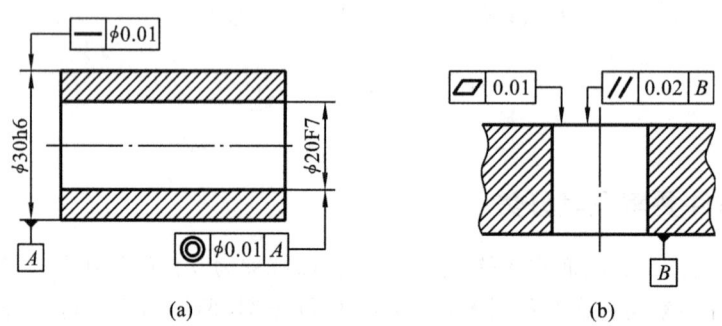

图 5.1　被测要素与基准要素

**4. 按对工件的替代方式分类**

1）提取要素

提取要素是指按规定方法由实际要素提取有限数目的点所形成的实际要素的近似替代要素,分提取组成要素和提取导出要素。

2）拟合要素

拟合要素是指按规定方法由提取要素形成的具有理想形状的要素,分拟合组成要素和拟合导出要素。

图 5.2(a)所示的要素都是公称要素,其中有公称组成要素和公称导出要素。图 5.2(b)所示为工件的实际要素,只有实际组成要素,没有实际导出要素。图 5.2(c)所示为提取要素,是对工件实际要素的替代,分提取组成要素和提取导出要素。图 5.2(d)所示为拟合要素,分拟合组成要素和拟合导出要素。

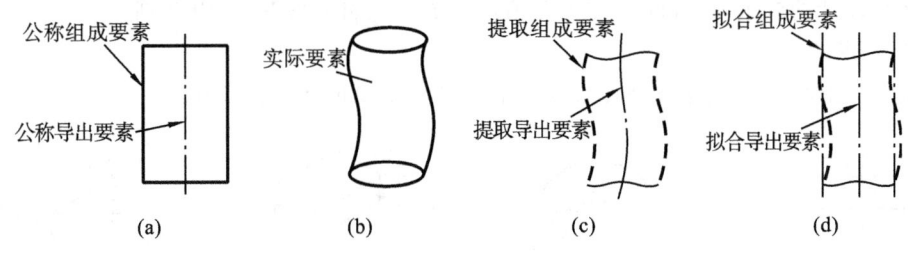

**图 5.2　要素的分类**

### 5.1.2　几何公差和几何公差带

为保证机械、仪器的正常工作,需要对零件上要素的几何误差加以限制,即对零件的要素提出几何公差要求,使工件的几何误差被控制在一定范围之内。允许工件实际要素变动的区域即为几何公差带。

与尺寸公差带相比,几何公差带的内涵更丰富、更复杂。因为,工件上要素的几何误差除了有大小之外,还在一定范围内有要素、形状、方向及位置的变动。

图 5-3(a)所示为用钻头钻孔的示意图,由于钻头的中心线与工作台不垂直,使得加工后孔的中心线与端面不垂直,这表明,孔的中心线相对于上、下表面有垂直度误差。此外,该孔中心线本身也有形状误差——直线度误差,如图 5.3(b)所示。这样,该孔中心线不再是一条理想的直线,而是一条在一定区域内变动的曲线。可以用圆柱来说明孔中心线有垂直度误差和直线度误差的变动区域性,用圆柱直径反映其直线度误差和垂直度误差的大小。其中,直线度误差是包容实际提取中心线的最小圆柱直径 $d_1$(见 5.2 节内容),而垂直度误差是包容实际提取中心线并且与底面垂直的最小圆柱的直径 $d_2$,这里 $d_2 > d_1$。

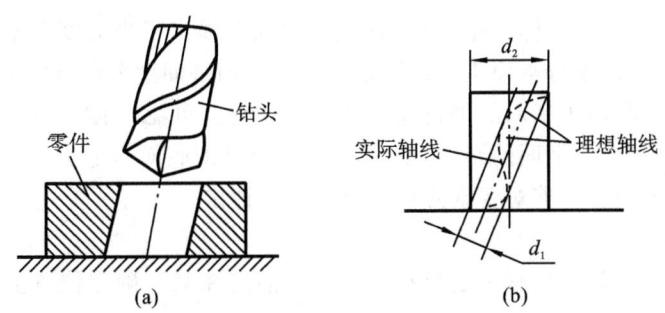

**图 5.3　钻孔及要素几何误差变动区域**

几何误差包括形状误差、方向误差和位置误差,上述直线度误差属于形状误差,垂直度误差属于方向误差。通过上述分析可知,几何误差是复杂的,要素变动有大小、区域、方向及位置,那么,限定几何误差的几何公差带也应有大小、形状、方向和位置,这是几何公差带的四个特征。

**1. 公差带的大小**

公差带的大小是设计时给定的公差数值,用 $t$ 表示,它是允许零件实际要素变动的全量。它的大小表明,对要素几何公差精度要求的高低,是确定零件几何精度的主要指标。该数值可以是公差带形状的宽度或直径(如上述直线度公差 $d_1$、垂直度公差 $d_2$),这取决于被测要素本身的形状及设计的要求,设计时可在公差值前加或不加符号"$\phi$"来予以区别。

**2. 公差带的形状**

公差带的形状是指允许被测要素变动的区域。主要形状见图 5.4。

 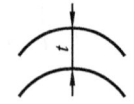 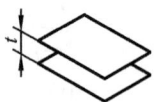 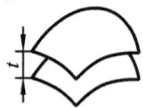

(a) 两平行直线之间的区域　(b) 两等距曲线之间的区域　(c) 两平行平面之间的区域　(d) 两等距曲面之间的区域

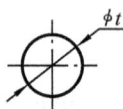 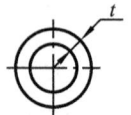 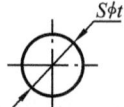  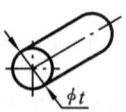

(e) 圆内的区域　(f) 同心圆之间的区域　(g) 球面内的区域　(h) 两同轴圆柱面之间的区域　(i) 圆柱面内的区域

**图 5.4　几何公差带主要形状**

公差带呈何种形状取决于被测要素的形状特征、公差项目和设计要求(通过零件图上的标注来表示)。在某些情况下,被测要素本身就决定了公差带形状,例如,被测要素为平面的公差带形状只能是两平行平面;被测要素为非圆曲面的公差带形状只能是两等距曲面。有时,几何公差项目本身就决定了公差带的形状,例如,在上述钻孔例子中,由于孔中心线是空间直线,孔中心线相对于端面的垂直度误差的公差带形状只能是圆柱面内的区域。此外,圆度公差带只能是同心圆,圆柱度公差带也只能是两同轴圆柱面之间的区域。

**3. 公差带的方向**

公差带的方向是指允许被测要素几何误差的变动方向。对于形状公差带,其方向由实际要素决定,并符合最小条件(见 5.2 节的内容)。对于方向公差和位置公差,其公差带方向由基准要素决定。在图 5.1(b)的标注中,对零件上表面同时提出了平面度和平行度要求,其公差带方向如图 5.5 所示,两平行平面Ⅰ′-Ⅱ′限定的是上表面平面度公差带的方向,两平行平面Ⅰ-Ⅱ限定的是上表面相对于底面的平行度公差带的方向。可见,两组平行平面的方向是不同的,Ⅰ′-Ⅱ′方向受被测提取平面的影响,Ⅰ-Ⅱ方向则由基准底面确定。

几何公差带的方向影响着对要素几何误差的正确评定。

**4. 公差带的位置**

几何公差带的位置是指具有一定形状的公差带固定在某一确定位置上,或在一定范围内浮动。

几何公差分形状公差、方向公差、位置公差和跳动公差四类。

其中,形状公差限制被测要素实际形状的变动范围,其公差带的位置随被测要素在尺寸公差范围内浮动。图 5.5 中上表面的平面度公差带(两平行平面Ⅰ′-Ⅱ′之间的区域)的方向和位置都随实际表面而在一定范围内浮动。

方向公差限定实际要素相对于基准在方向上的变动,其公差带的位置也是浮动的,浮动范围与被测要素相对于基准的尺寸公差有关。图 5.5 中的上表面相对于底面的平行度公差(两

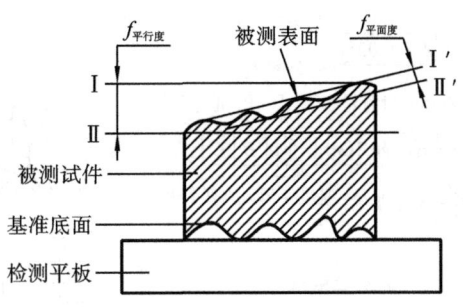

图 5.5　几何公差带的方向

平行平面Ⅰ-Ⅱ之间的区域）限定的是上表面相对底面的平行度，而上表面与底面的距离则由尺寸来确定，上表面只要在其尺寸公差范围内，且不超过给定的平行度公差即为合格。因此，方向公差带可以在尺寸公差带内浮动。

位置公差控制被测实际要素位置的变动，是相对于基准和理论正确尺寸确定的理想位置的变化量（其中包含方向），其公差带位置一定是固定的。

### 5.1.3　几何公差项目及符号

国家标准 GB/T 1182—2008 中规定几何公差共有 19 个项目，其中，形状公差 6 项、方向公差 5 项、位置公差 6 项及跳动公差 2 项。表 5.1 列出所有几何公差项目的名称、符号及公差带特征。

表 5.1　几何公差特征项目和符号

| 公差类型 | 几何特征 | 符号 | 有无基准要求 | 公差类型 | 几何特征 | 符号 | 有无基准要求 |
|---|---|---|---|---|---|---|---|
| 形状公差 | 直线度 | — | 无 | 位置公差 | 位置度 | ⊕ | 有或无 |
| | 平面度 | ▱ | 无 | | 同心度 | ◎ | 有 |
| | 圆度 | ○ | 无 | | 同轴度 | ◎ | 有 |
| | 圆柱度 | ⌀ | 无 | | 对称度 | ═ | 有 |
| | 线轮廓度 | ⌒ | 无 | | 线轮廓度 | ⌒ | 有 |
| | 面轮廓度 | ⌓ | 无 | | 面轮廓度 | ⌓ | 有 |
| 方向公差 | 平行度 | ∥ | 有 | 跳动公差 | 圆跳动 | ↗ | 有 |
| | 垂直度 | ⊥ | 有 | | | | |
| | 倾斜度 | ∠ | 有 | | | | |
| | 线轮廓度 | ⌒ | 有 | | 全跳动 | ⫽ | 有 |
| | 面轮廓度 | ⌓ | 有 | | | | |

### 5.1.4　几何公差标注方法

几何公差在图样上用框格的形式标注，如图 5.6 所示。

几何公差框格由二至五格组成，其中，形状公差一般为两格，方向、位置和跳动公差一般为三至五格，框格中的内容从左到右顺序填写：公差项目符号、几何公差值（以 mm 为单位）和相

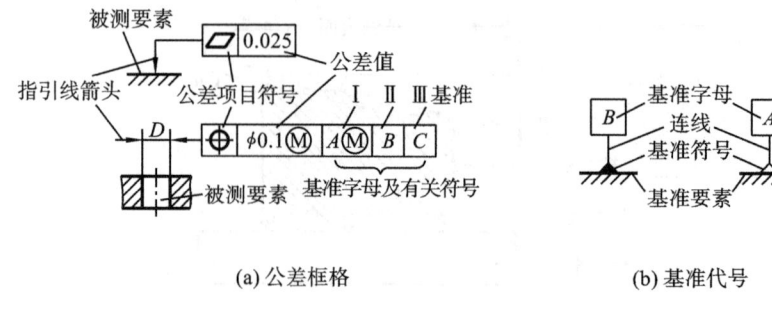

(a) 公差框格　　　　　　　　　　(b) 基准代号

图 5.6　几何公差标注内容

关符号、基准字母及相关符号。代表基准的字母(包括基准代号方框内的字母)用大写英文字母表示,其中 E、F、L、I、J、M、O、P、Q、R 不用。若几何公差值的数字前加注有 $\phi$,表示其公差带为圆形、圆柱形;加注有 $S\phi$,表示其公差带为球形。如果要求在几何公差带内进一步限定被测要素的形状,则应在公差值后或框格上、下加注相应的符号,见表 5.2。

表 5.2　对被测要素说明与限制符号

| 符　号 | 含　义 | 标　注 | 符　号 | 含　义 | 标　注 |
|---|---|---|---|---|---|
| CZ | 公共公差带 | ▭ t CZ | LE | 线要素 | // t A　LE |
| NC | 不凸起 | ▱ t | ACS | 任意横截面 | ACS　◎ φt A |

对被测要素的数量说明,应标注在几何公差框格的上方,如图 5.7(a)所示;其他说明要求标注在几何公差框格的下方,如图 5.7(b)所示;如对同一要素有两个及以上几何公差项目要求的,其标注方法又一致时,可将一个框格放在另一个框格的下方,如图 5.7(c)所示;当多个被测要素有相同的几何公差要求时,可以从框格引出的指引线上绘制多个指示箭头并分别与各被测要素相连,如图 5.7(d)所示。

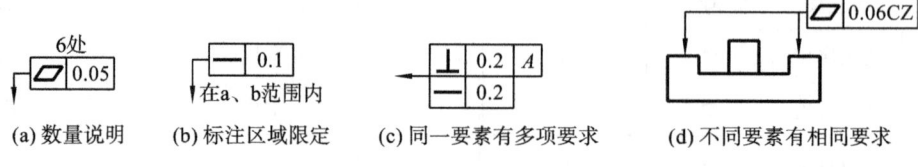

(a) 数量说明　　(b) 标注区域限定　　(c) 同一要素有多项要求　　(d) 不同要素有相同要求

图 5.7　几何公差的简化标注

**1. 被测要素标注**

设计给出的几何公差要求要用带箭头的指引线与公差框格相连。指引线一般与框格一端的中部相连,如图 5.6、图 5.7(c)和(d)所示。

(1)当被测要素为组成要素时,指引箭头应直接指向组成要素或其延长线,并与尺寸线明显错开,如图 5.8 所示。

(2)当被测要素为导出要素(即中心点、中心线、中心面)时,指引箭头应与被测要素相应的轮廓尺寸线对齐,如图 5.9 所示,指引箭头可代替一个尺寸线的箭头。

**2. 基准和基准体系的标注**

对关联被测要素有方向、位置和跳动公差要求的必须注明基准。基准代号如图 5.6(b)所示,其中基准符号是三角形,三角形内涂黑和空白的含义相同。方框内的字母应与公差框格中

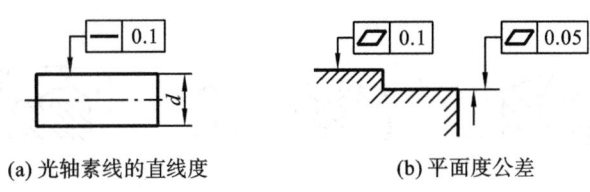

(a) 光轴素线的直线度　　　　　　(b) 平面度公差

**图 5.8　被测要素为组成要素的标注**

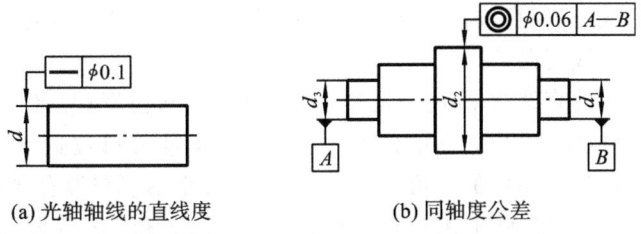

(a) 光轴轴线的直线度　　　　　　(b) 同轴度公差

**图 5.9　被测要素为导出要素的标注**

的基准字母对应,且不论基准代号在图样中的方向如何,方框内的字母均应水平书写。

(1) 当基准是组成要素时,基准符号在要素的轮廓线或其延长线上,且与轮廓的尺寸线明显错开,如图 5.10(a)所示。

(2) 当基准是导出要素(即中心点、中心线、中心面)时,与基准符号的连线应与相应的轮廓尺寸线对齐,如图 5.10(b)所示。

单一基准用一个字母表示,标注如图 5.10(a)、(b)所示;公共基准用两个字母表示,并用横线隔开,如图 5.9(b)所示;基准体系用两个或三个字母表示,如图 5.10(c)所示。

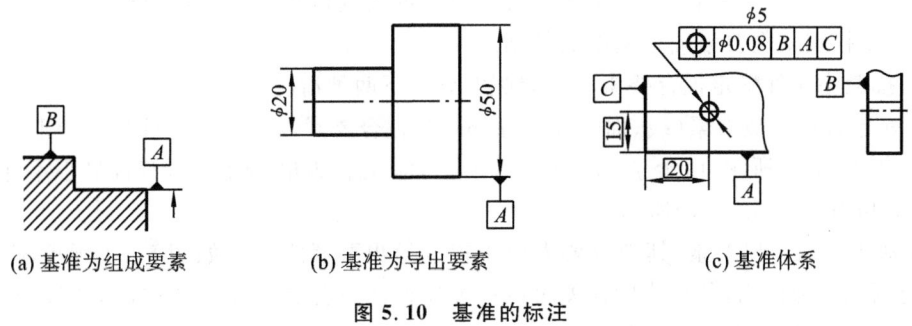

(a) 基准为组成要素　　　　　(b) 基准为导出要素　　　　　(c) 基准体系

**图 5.10　基准的标注**

## 5.2　形状误差的评定与形状公差

### 5.2.1　形状误差的评定

**1. 形状误差的概念**

形状误差是指被测提取要素对其拟合要素的变动量,即将提取要素与其拟合要素进行比较,如果两者完全重合,则提取要素形状误差是零,如果提取要素对其拟合要素有偏差,则最大偏差量就是其形状误差。

图 5.11 所示的为一实际零件截面放大示意图,截面轮廓线(提取直线)显示的是曲线,而设计要求是一条直线,显然有直线度误差。直线度误差是多少? 根据形状误差的概念,用刀口

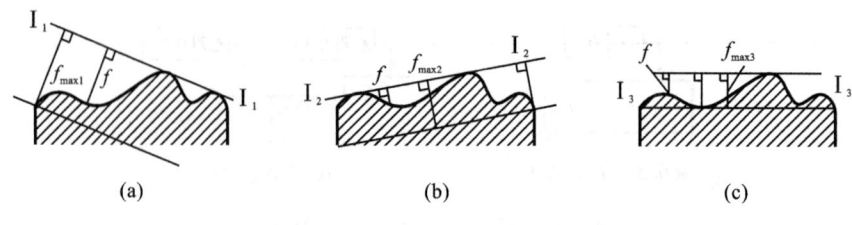

图 5.11　形状误差的概念

尺的刀口模拟理想直线（拟合直线），从截面轮廓外侧靠近截面轮廓线，通过比较截面轮廓线相对刀口的偏差确定其直线度误差。

在确定该提取直线的直线度误差时发现，刀口放在不同位置（见图 5.11 中 $I_1$-$I_1$、$I_2$-$I_2$、$I_3$-$I_3$），截面轮廓线与刀口之间的偏差是不同的。即使刀口位置不动，截面轮廓线上各点与刀口之间的距离也是不一样的。可见，形状误差的大小不仅与拟合要素的位置有关，与提取要素本身也有关。图 5.11 显示，将刀口放在三个不同方位，其最大偏移量分别为 $f_{max1}$、$f_{max2}$、$f_{max3}$（这里最大偏移量指截面轮廓线上各点，到拟合直线的距离为最大，即形状误差），有 $f_{max1} > f_{max2} > f_{max3}$。如果没有规定，刀口可以放在任何位置，这样，可得到许多不同的最大偏移量 $f_{max}$，其中，$I_3$-$I_3$ 位置是该实线直线的拟合直线。

为了正确并统一评定形状误差，使误差值唯一，拟合要素的位置必须具有唯一性，即规定形状误差的评定准则。

**2. 形状误差评定准则**

国家标准规定，拟合要素位置的确定应符合最小条件，所谓最小条件是指提取要素相对拟合要素的最大变动量为最小，例如，按最小条件确定图 5.11 拟合要素的位置就是图 5.11(c) 中显示的 $I_3$-$I_3$ 的位置，所以，$f_{max3}$ 即为该提取直线的直线度误差。最小条件是形状误差的评定准则，也是根据基准要素确定基准的准则。

如何按最小条件确定拟合要素的位置呢？分以下两种情况。

（1）对于提取组成要素（线、面轮廓度除外），其拟合要素位于实体之外且与提取组成要素相接触。如图 5.11 所示，由于 $f_{max3} < f_{max2} < f_{max1}$，即 $f_{max3}$ 为最小，所以，符合最小条件的拟合直线 $I_3$-$I_3$ 位置如图 5.11(c) 所示。

（2）对于提取导出要素，其拟合要素位于提取导出要素之中。如图 5.12 所示，提取中心线变动范围在一圆柱内，其直线度误差可以用圆柱直径来表示。由于 $d_1 < d_2$，所以，符合最小条件的拟合轴线是圆柱 $d_1$ 的轴线 $L_1$。

按最小条件评定形状误差可用最小包容区域的宽度或直径来表示。所谓最小包容区域是指包容提取要素时具有最小宽度或直径的包容区。图 5.11(c) 所示平面直线的最小包容区域是两平行直线，其宽度 $f_{max3}$ 即为直线度误差，图 5.12 所示轴线直线度的最小包容区域为一圆柱，其圆柱直径 $d_1$ 为直线度误差。

在实际中，如何根据被测要素寻找最小包容区域呢？最小包容区域判别准则如下。

（1）三点相间准则　由两条平行直线包容提取直线时，提取直线上至少有高、低相间三点分别与这两条直线接触（见图 5.13(a)）。该准则适用于确定平面

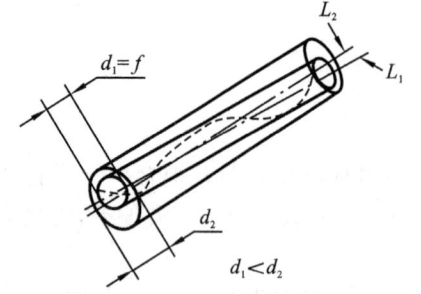

图 5.12　拟合导出要素的确定

直线的最小包容区域。

　　(2) 三角形准则　当两平行平面包容提取平面时,其中一个平面(第一平面)至少有三个高(或者低)极点与提取平面接触,另一平面(第二平面)有一个低(或者高)极点与提取平面接触,并且第二平面上的极点在第一平面上的投影落在第一平面三个极点连成的三角形内(见图 5.13(b))。

　　(3) 四点相间准则　由两个同心圆包容提取圆时,提取圆上至少有四个极点内、外相间地与这两个同心圆接触(见图 5.13(c))。

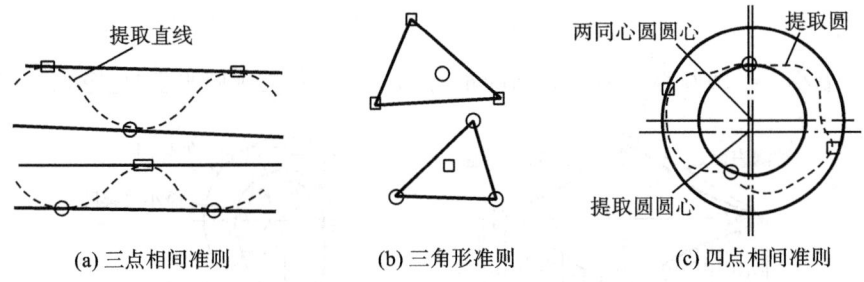

　　　(a) 三点相间准则　　　　　　(b) 三角形准则　　　　　　(c) 四点相间准则

**图 5.13　形状误差评定准则**

　　显然,用最小条件评定形状误差是一种与公差带概念完全吻合的评定方法。按最小条件评定形状误差最为理想,可以最大限度地保证产品作为合格件通过。在很多情况下,找寻和判断符合最小条件的拟合要素的方位是很麻烦的,检测成本较高。所以,在实际应用中可以采用一些近似方法来评定形状误差,这样,尽管获得的误差数值均偏大,但对产品质量不会构成影响,只是对产品的合格率会有影响。

　　**3. 形状误差近似评定方法**

　　**1) 两端点连线法**

　　用此方法可近似评定平面直线度误差,即以提取直线上首尾两点的连线作为拟合直线,将提取直线与拟合直线进行比较,其中最大变动量就是提取直线的直线度误差。如图 5.14(a)所示,$f$ 即为按两端点连线法确定的该提取直线的直线度误差。用这种方法评定直线度误差简便易行,误差值也是唯一的,但在很多情况下该误差值大于按最小条件评定的数值。只有在提取直线位于两端点连线的一侧的情况下,用这两种方法得到的直线度误差值才相等,如图 5.14(b)所示。

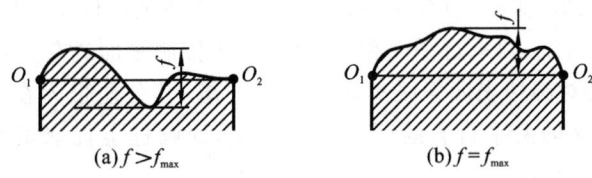

　　　　　(a) $f > f_{max}$　　　　　　　　　　(b) $f = f_{max}$

**图 5.14　两端点连线法的应用**

　　**2) 对角线法**

　　此法适于评定平面度误差。如图 5.15(a)所示,在提取表面的四个角分别选择点 $O_1$、$O_2$、$O_3$ 和 $O_4$,将对角点连成交叉直线 $O_1O_3$ 和 $O_2O_4$,通过对角线 $O_1O_3$ 作一平面,并且该平面平行于另一对角线 $O_2O_4$。以该平面作为提取表面的拟合平面。那么,提取表面上最高点、最低点到拟合平面的距离之和就是提取表面的平面度误差。用这种方法评定的误差值是唯一的,但一般大于按最小条件得到的平面度误差。

　　3）最小二乘法

　　最小二乘法的中心思想是首先按最小二乘法确定拟合要素,然后考虑提取要素相对拟合要素的最大变动量,此值即为形状误差。这里以确定圆度误差为例介绍最小二乘的具体应用。先确定最小二乘圆,再以最小二乘圆的圆心为圆心作包容提取圆的两包容面,两包容面之间的距离就是圆度误差。

　　最小二乘圆的半径 $R$ 可按下式计算得到

$$h_{\min} = \sum_{i=1}^{n} (r_i - R)^2$$

式中:$r_i$——最小二乘圆圆心 $O$ 到提取圆的距离;$R$——最小二乘圆半径(见图 5.15(b))。

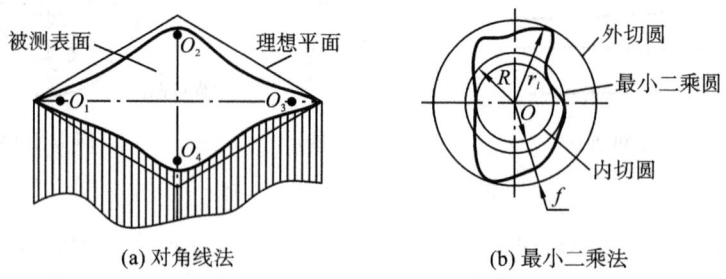

(a) 对角线法　　　　　　　(b) 最小二乘法

**图 5.15　近似方法评定形状误差的应用**

　　以最小二乘圆的圆心 $O$ 为圆心,作包容提取圆的内、外两包容面(内接圆、外接圆),此两包容圆的半径差 $f$ 即为圆度误差。

　　与最小条件相比,按近似评定方法得到的形状误差值偏大,因其评定方法简单,在保证零件功能前提下可以应用。但在有争议的重要检测中仍按最小条件原则作仲裁性的评定。

## 5.2.2　形状公差

　　形状公差是设计给定的允许实际单一要素形状的最大变动量,即允许实际线、实际面的最大变动量。国家标准规定形状公差有六项,包括直线度、平面度、圆度、圆柱度、线轮廓度和面轮廓度。

### 1. 直线度(一)

　　直线度用于限制提取(实际)直线相对拟合直线的变动量。根据不同要求,其公差带有三种不同形状,即两平行直线、两平行平面和圆柱面,用于控制平面或空间直线的形状误差。

　　图 5.16(a)所示是对圆柱表面素线提出直线度要求,其公差带为在给定平面内和给定方向上,间距等于公差值 $t$ 的两平行直线所限定的区域,即圆柱上提取素线应限定在间距等于0.02 mm的两平行直线之间。

　　图 5.16(b)所示是对三棱柱体的棱边(空间直线)在某一方向提出直线度要求,公差带为间距等于公差值 $t$ 的两平行平面所限定的区域,即提取(实际)棱边应限定在间距等于0.1 mm的两平行平面之间。

　　图 5.16(c)所示是对中心线提出直线度要求,由于公差值前加注了符号 $\phi$,公差带为直径等于公差值 $t$ 的圆柱面所限定的区域,即外圆柱面的提取(实际)中心线应限定在直径等于0.04 mm的圆柱面内。

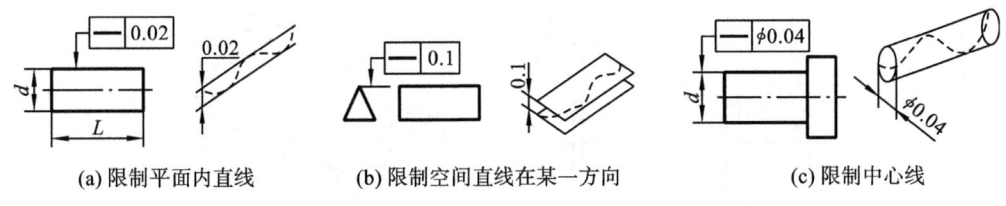

（a）限制平面内直线　　　　（b）限制空间直线在某一方向　　　　（c）限制中心线

**图 5.16　直线度的标注及公差带**

**2. 平面度($\square$)**

平面度是限制提取平面相对拟合平面的变动量。公差带为间距等于公差值 $t$ 的两平行平面所限定的区域。如图 5.17 所示，提取(实际)表面应限定在间距等于 0.1 mm 的两平行平面之间。

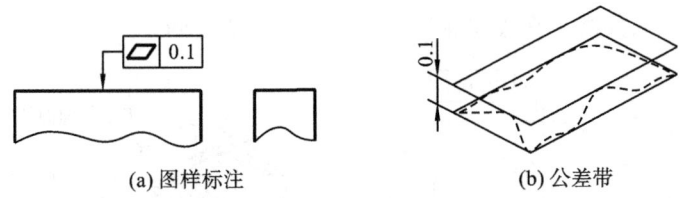

（a）图样标注　　　　　　　　　　（b）公差带

**图 5.17　平面度的标注及公差带**

**3. 圆度($\bigcirc$)**

圆度是在任意给定的横截面内，提取(实际)圆周对其拟合圆的变动量。圆度公差带为在给定横截面内、半径差等于公差值 $t$ 的两同心圆所限定的区域。它用于控制圆柱(或锥)体的任意横截面或球体上通过球心的任一截面的圆度误差。如图 5.18 所示，在任意截面内，提取(实际)圆周应限定在半径差等于 0.02 mm 的两同心圆之间。注意，公差带的两同心圆的圆心与实际截面圆的圆心无关。

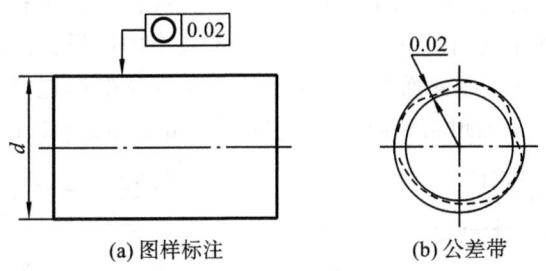

（a）图样标注　　　　　　　　　　（b）公差带

**图 5.18　圆度的标注及公差带**

**4. 圆柱度($\cancel{\bigcirc}$)**

圆柱度是限制提取圆柱面对其拟合圆柱面的变动量，公差带为半径差等于公差值 $t$ 的两同轴圆柱面所限定的区域。如图 5.19 所示，提取(实际)圆柱面应限定在半径差等于 0.05 mm 的两同轴圆柱面之间。注意，公差带的两同轴圆柱的轴线与实际圆柱的中心线无关。

**5. 线轮廓度($\frown$)**

线轮廓度是限制实际曲线对理想曲线的变动量，该项目用于控制平面曲线或曲面上截面轮廓的形状误差。线轮廓度的公差带是包络一系列直径为公差值 $t$ 的圆的两包络线之间的区域，诸圆的圆心应位于理想轮廓线上，而理想轮廓线的位置由图样给出的理论正确尺寸确定。

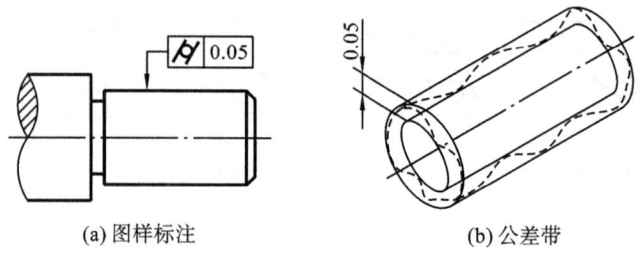

(a) 图样标注　　　　　　　(b) 公差带

**图 5.19　圆柱度的标注及公差带**

理论正确尺寸是指没有公差的尺寸,为区别于其他尺寸,在图样上,规定理论正确尺寸用尺寸外加边框来表示。图 5.20(a)所示是对零件提出线轮廓公差要求的图样标注,图 5.20(b)表示允许实际曲线变动区域,即实际轮廓线必须位于平行于正投影面的任一截面上、包络一系列直径为公差值 0.04 mm、其圆心在理想轮廓线上的两包络线之间。

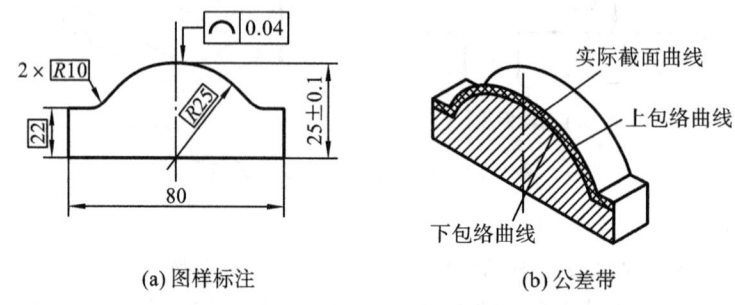

(a) 图样标注　　　　　　　(b) 公差带

**图 5.20　线轮廓度的标注及公差带**

#### 6. 面轮廓度 (⌓)

面轮廓度是限制实际曲面对理想曲面的变动量,是控制空间曲面的形状误差。面轮廓度的公差带位于包络一系列直径为公差值 $t$ 的球的两包络面之间,所有球的球心均应位于理想轮廓面上。图 5.21(a)所示为对零件提出面轮廓公差要求的图样标注,图 5.21(b)所示为允许实际轮廓面的变动区域,即实际曲面必须位于包络一系列球的两包络面之间,其中,球的直径为公差值 0.02 mm、球心在理想轮廓面上,理想轮廓面由图样上给出的理论正确尺寸确定。

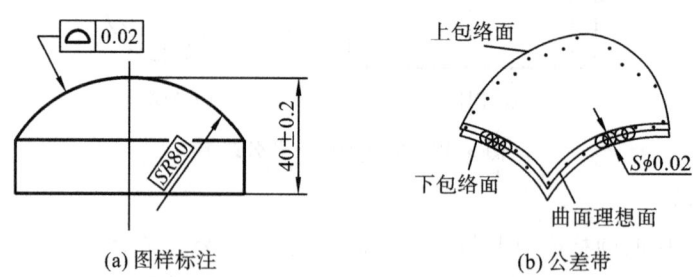

(a) 图样标注　　　　　　　(b) 公差带

**图 5.21　面轮廓度的标注及公差带**

在实际应用中,线轮廓度和面轮廓度可以无基准,也可以有基准。如果有基准,此时所获得的曲线和曲面的理想要素是由基准所确定的。

## 5.3　方向、位置误差的评定与方向、位置公差

在方向和位置误差的评定中均涉及基准问题,所以首先要了解有关方位要素的概念。

### 5.3.1　方位要素

**1. 方位要素的概念**

方位要素是指用以确定被测要素方向和/或位置的点、直线、平面或螺旋线类要素,分基准和基准要素。零件上用来建立基准并实际起基准作用的实际要素(如一条边、一个表面或一个孔)称为基准要素,用以确定被测要素方向或者位置关系的公称要素称为基准。基准可以是组成要素(轮廓要素),也可以是导出要素(中心要素)。

由于基准要素有形状误差,因此在必要时应对其规定形状公差。

**2. 基准类型**

1) 单一基准

仅有的一个作为确定被测要素方向或位置的依据的要素,例如,一个平面、不连续的同一平面、一个圆柱的轴线等。图 5.22 中的底面即为单一基准 $A$。

2) 组合基准

将两个或两个以上的基准要素的公共导出要素作为基准,称为组合基准或公共基准,例如,公共轴线、公共中心平面等。图 5.23 的标注含义是以两端小轴的轴线 $A$ 和 $B$ 作为一个基准,以此限定大轴中心线的同轴度误差,表示为基准"$A$—$B$"。

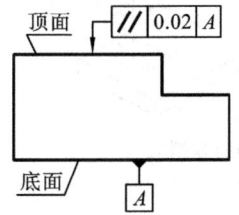

**图 5.22　单一基准标注**

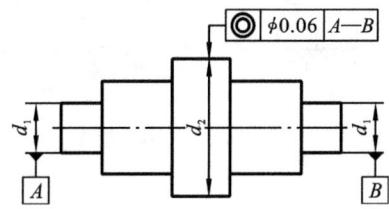

**图 5.23　组合基准标注**

3) 基准体系

基准体系是由两个或三个单独的基准构成的组合,用于确定被测要素的几何位置关系。在确定被测要素方向或位置时常常需要若干个基准,为了与直角坐标系相一致,规定以两个或三个互相垂直的平面构成一个基准体系。图 5.24(a)所示为三基面体系的关系图,图 5.24(b)所示为对 $\phi5$ mm 孔中心线提出位置度公差要求的图样标注,$\phi5$ mm 孔中心线垂直于正投影视图 $B$ 面,距离底面 $A$、左侧面 $C$ 的理论正确尺寸分别为 15 mm、20 mm。三个相互垂直平面 $A$、$B$ 和 $C$ 组成一个三基面体系,参见图 5.24(c)。

**3. 基准的建立和体现**

基准要素有形状误差,一般不能直接用做确定其他要素方向、位置的基准,需要排除其形状误差的影响。基准是基准要素的拟合要素。国家标准规定,基准要素的拟合要素应符合最小条件,这里最小条件的概念与 5.2 节中介绍评定形状误差中最小条件的概念是相同的,即按照评定形状误差确定拟合要素的方法来确定基准要素的拟合要素。

在实际应用中,考虑到零件的结构特点、被测要素几何公差要求以及加工、检测、经济性等

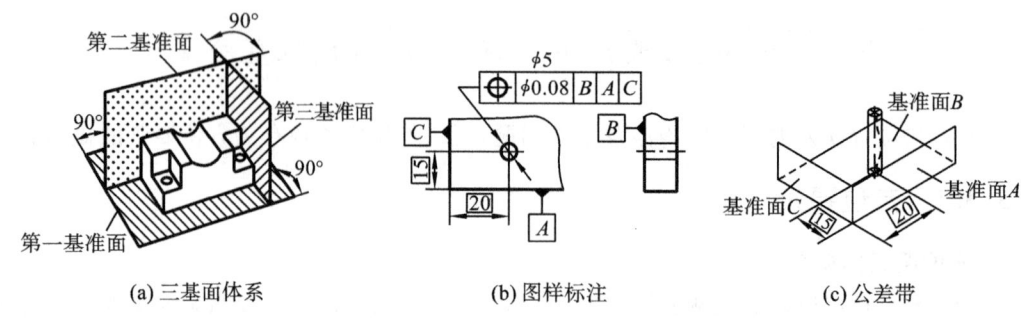

图 5.24　三基面体系

多种因素,常常可用其他方法来体现基准,例如直接法、模拟法、目标法等。

　　当基准要素具有足够的形状精度时,可直接作为基准,如图 5.25(a)所示。模拟法是使用形状精度足够高的表面来体现基准平面、基准中心线、基准点等,例如,在实际测量中,可以用检验平板、精密量仪表面、工作台表面、导轨表面等来体现基准平面,用心轴体现孔的轴线等。图 5.25(b)所示是用模拟法体现基准,来测量顶面相对于底面的平行度误差示意图。即将作为基准的底面放到检验平板上,使底面与检验平板稳定接触,以精度比较高的检验平板表面作为基准代替精度比较低的工件底面,这样,上表面相对检验平板的平行度误差可近似看成零件顶面相对于底面的平行度误差。

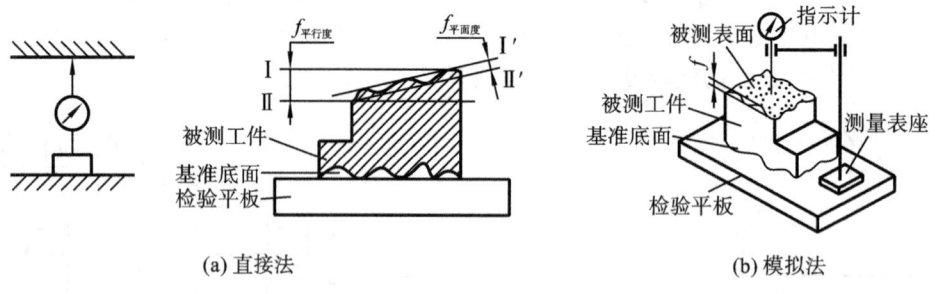

图 5.25　基准体现

　　基准目标是在实际表面上指定固定的点、线、面作为基准,以此来建立基准平面,构成基面体系。对于大型零件表面,为了降低加工成本,可以用基准目标代替基准要素;对于直接采用铸、锻等毛坯表面作为基准要素,或者一些大型零件表面本身形状误差较大、但仍需作为基准要素使用的,为了排除整个基准要素的形状误差,可采用基准目标来定位。

### 5.3.2　方向、位置误差的评定

#### 1. 方向误差的评定准则

　　方向误差是指被测提取要素对一具有确定方向的拟合要素的变动量,拟合要素的方向由基准确定,方向误差值用定向最小包容区域(简称定向最小区域)的宽度或直径来表示。定向最小区域是指按拟合要素的方向包容被测提取要素时,具有最小宽度或直径的包容区域。图 5.25(b)中的两平行平面 Ⅰ-Ⅱ 就是面对面平行度误差的定向最小区域,其大小是包容提取表面且平行于检验平板、两平行平面之间的最小距离,即 $f$ 平行度。

　　方向误差表示方法有两种。若直接用偏离量表示,对于组成要素,方向误差是提取要素对拟合要素的最大偏离量,对于导出要素,方向误差是最大偏离量的两倍。

**2. 位置误差的评定准则**

位置误差是被测提取要素对一具有确定方向和位置的拟合要素的变动量,拟合要素的位置由基准和理论正确尺寸确定,位置误差用定位最小包容区域(简称定位最小区域)来确定。位置误差用定位最小区域的宽度或直径表示。图 5.24(b)所示为对 $\phi$5 mm 孔轴线提出位置度要求,其误差评定见图 5.24(c),即提取中心线位置度误差是直径等于 $\phi$0.08 mm 的圆柱面内,该圆柱轴线在由基准面 $A$、$B$ 和 $C$ 确定的理论正确位置上。

## 5.3.3　方向公差

方向公差是允许被测要素相对基准在规定方向上的变动全量。方向公差带具有综合控制被测要素方向和形状的职能。

**1. 平行度(∥)**

根据要求不同,公差带有以下三种形状。

(1) 公差带为间距等于公差值 $t$、平行于基准的两平行平面所限定的区域,如图 5.26、图 5.27 所示。图 5.26(a)表示对 $\phi$12 mm 孔中心线提出平行度公差要求,提取(实际)中心线必须位于间距等于公差值 0.02 mm、且沿箭头指向平行于 $\phi$15 mm 孔中心线 $B$ 的两平行平面之间(见图 5.26(b))。图 5.27(a)表示对顶面提出平行度要求,提取(实际)表面必须位于间距等于公差值 0.01 mm、且平行于底面 $B$ 的两平行平面之间(见图 5.27(b))。

(2) 公差带为平行于基准中心线、间距分别等于公差值 $t_1$ 和 $t_2$,且相互垂直的两组平行平

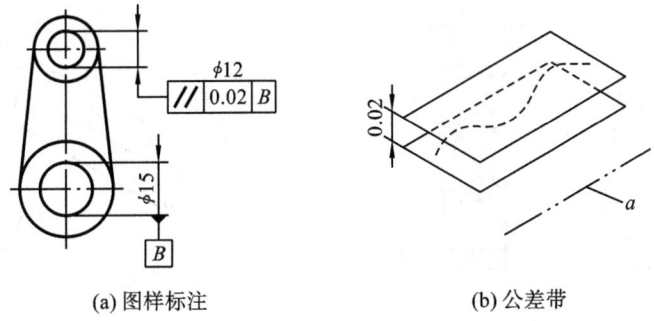

(a) 图样标注　　　　　　　　　　(b) 公差带

**图 5.26　线对基准线的平行度的标注及公差带**

$a$—基准轴线 $B$

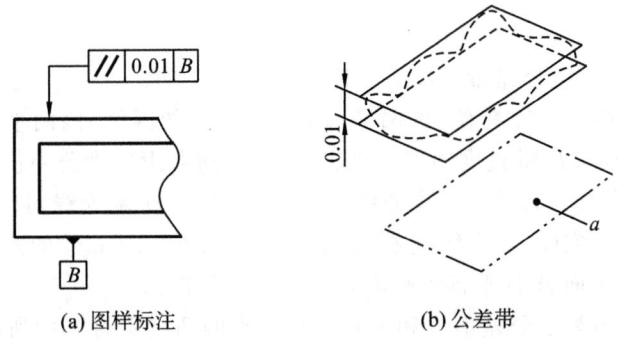

(a) 图样标注　　　　　　　　　　(b) 公差带

**图 5.27　面对基准面的平行度的标注及公差带**

$a$—基准平面 $B$

面所限定的区域。如图 5.28 所示，提取（实际）中心线必须位于距离分别为公差值 0.1 mm 和 0.2 mm 的两组平行平面之间，该两组平行平面相互垂直且平行于基准中心线 $A$，如图 5.28（b）所示。

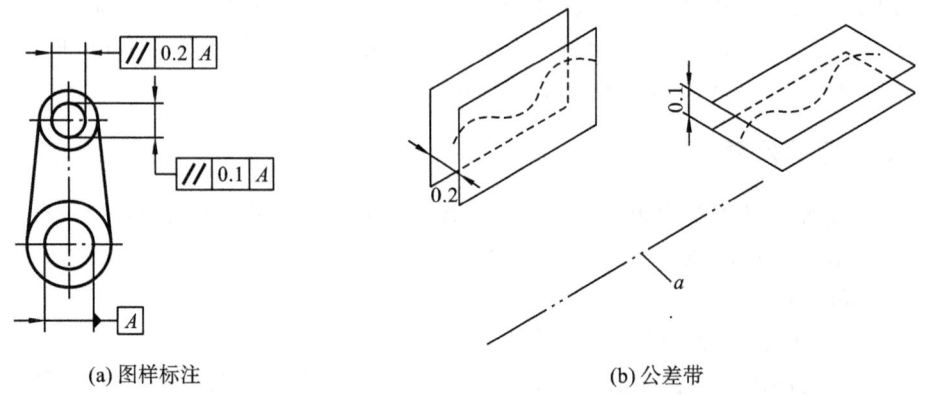

(a) 图样标注　　　　　　　　　　(b) 公差带

**图 5.28　线对基准线的平行度的标注及公差带**
$a$—基准轴线 $A$

（3）公差值前加注符号 $\phi$，公差带为平行于基准中心线、直径等于公差值 $t$ 的圆柱面所限定的区域。图 5.29(a) 表示尺寸为 $D_1$ 孔的提取（实际）中心线的变动区域为平行于孔 $D_2$ 中心线 $B$、直径等于 0.03 mm 的圆柱面，如图 5.29(b) 所示。

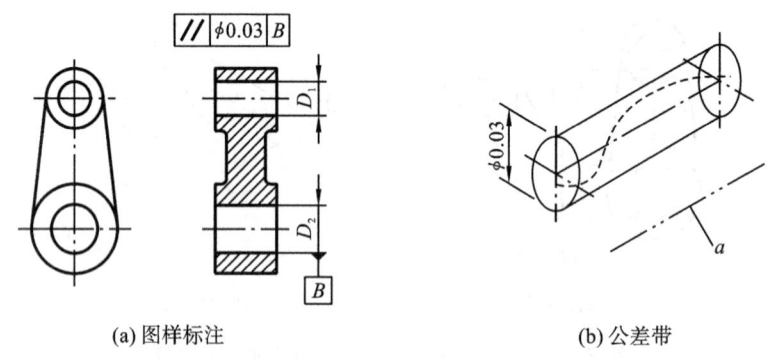

(a) 图样标注　　　　　　　　　　(b) 公差带

**图 5.29　线对基准线的平行度的标注及公差带**
$a$—基准轴线 $B$

### 2. 垂直度（⊥）

根据要求不同，垂直度公差带有以下三种形状。

（1）公差带为间距等于公差值 $t$ 的两平行平面所限定的区域，该两平行平面垂直于基准。图 5.30(a) 表示对端面提出垂直度要求，提取（实际）表面在距离为公差值 0.08 mm 的两平行平面之间变动，该两平行平面垂直于中心线 $A$。图 5.31(a) 所示为线对基准体系的垂直度公差要求，圆柱面的提取（实际）中心线应限定在距离为公差值 0.2 mm 的两平行平面之间，该两平行平面垂直于基准平面 $A$ 且平行于平面 $B$（见图 5.31(b)）。

（2）公差带为间距等于公差值 $t_1$ 和 $t_2$ 且互相垂直的两组平行平面所限定的区域，该两组平行平面都垂直于基准。图 5.32(a) 表示对中心线提出垂直度，提取（实际）中心线应限定在间距分别等于公差值 0.1 mm 和 0.2 mm（见图 5.32(b)）且相互垂直的两组平行平面内，该两组平行平面垂直于基准平面 $A$，且分别垂直、平行于基准平面 $B$。

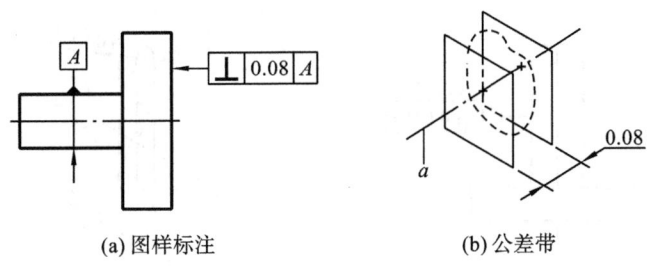

(a) 图样标注　　　　　　　(b) 公差带

**图 5.30　面对基准线的垂直度的标注及公差带**

a—基准轴线 A

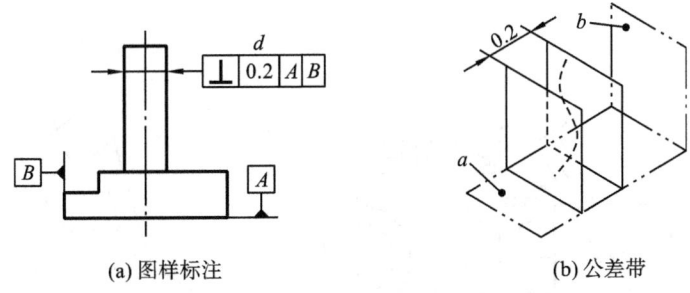

(a) 图样标注　　　　　　　(b) 公差带

**图 5.31　线对基准体系的垂直度的标注及公差带**

a—基准平面 A　b—基准平面 B

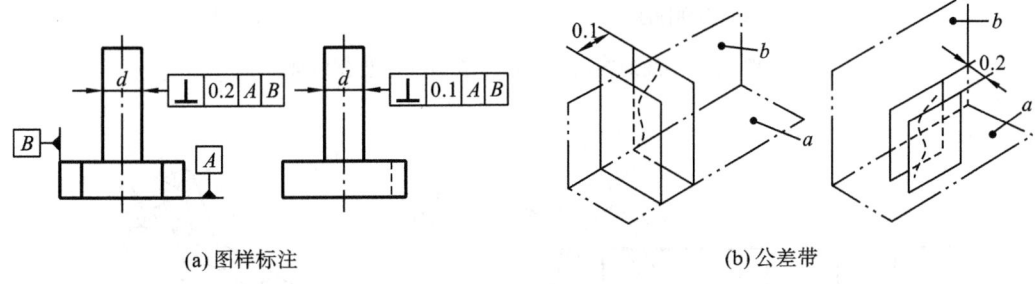

(a) 图样标注　　　　　　　(b) 公差带

**图 5.32　线对基准体系的垂直度的标注及公差带**

a—基准平面 A　b—基准平面 B

（3）公差值前加注符号 $\phi$，公差带为直径等于公差值 $t$、中心线垂直于基准平面的圆柱面所限定的区域。如图 5.33(b) 所示，提取中心线必须位于直径为公差值 0.01 mm 且垂直于基准面 $B$ 的圆柱面内。

**3. 倾斜度(∠)**

倾斜度是限定被测要素相对基准成一定角度的偏离，公差带有以下两种形状。

（1）公差带为间距等于公差值 $t$ 的两平行平面所限定的区域，该两平行平面按给定角度倾斜于基准。图 5.34(a) 表示 $\phi5$ mm 孔中心线相对于公共中心线有倾斜度要求，提取中心线应限定在间距等于公差值 0.08 mm 的两平行平面之间，该两平行平面按理论正确角度相对于公共基准中心线 $A$—$B$ 倾斜 $60°$（见图 5.34(b)）。

（2）公差值前加注符号 $\phi$，公差带为直径等于公差值 $t$ 的圆柱面所限定的区域，该圆柱面的中心线相对于基准成给定角度。如图 5.35(b) 所示，提取中心线必须位于直径为公差值 0.2 mm 的圆柱面内，该圆柱面的中心线相对于基准平面 $A$ 倾斜 $60°$，且平行于基准平面 $B$。

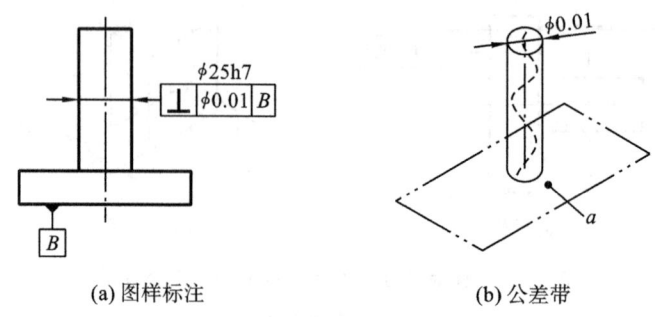

(a) 图样标注　　(b) 公差带

**图 5.33　线对基准面垂直度的标注及公差带**

*a*—基准平面 *B*

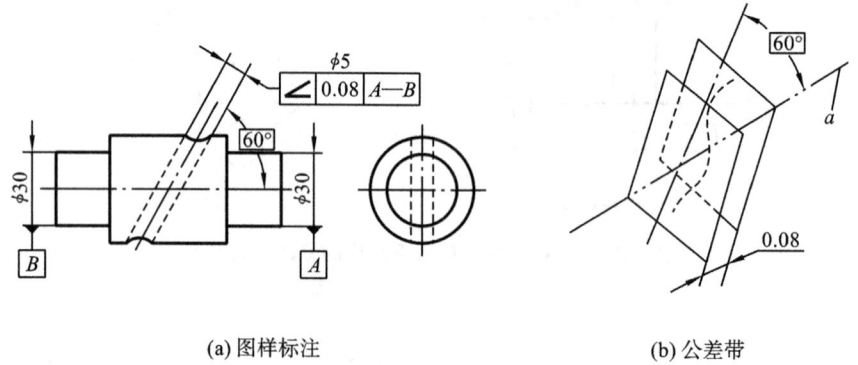

(a) 图样标注　　(b) 公差带

**图 5.34　线对基准线的倾斜度的标注及公差带**

*a*—公共基准 *A*—*B*

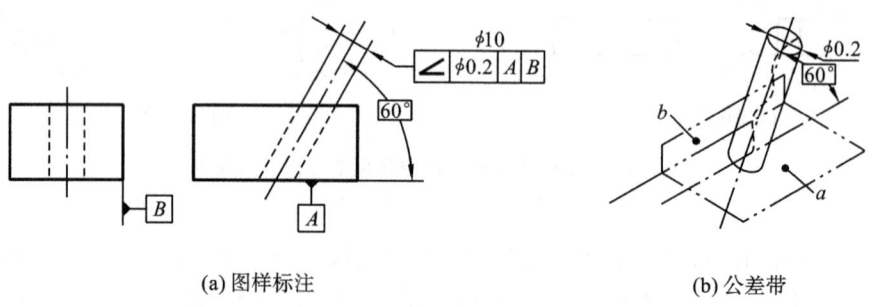

(a) 图样标注　　(b) 公差带

**图 5.35　线对基准面的倾斜度的标注及公差带**

*a*—基准平面 *A*；*b*—基准平面 *B*

### 5.3.4　位置公差

位置公差用于限定实际要素相对于基准在位置上的变动量。根据被测要素和基准之间的功能关系，位置公差有同心度、同轴度、对称度和位置度等。

**1. 同心度（◎）**

公差值前加注符号 $\phi$，公差带为直径等于公差值 *t* 的圆周所限定的区域，该圆的圆心与基准点重合。如图 5.36 所示，在任意横截面内，内圆的提取中心点应限定在以基准点 *A* 为圆心、直径等于 0.08 mm 的圆周内。

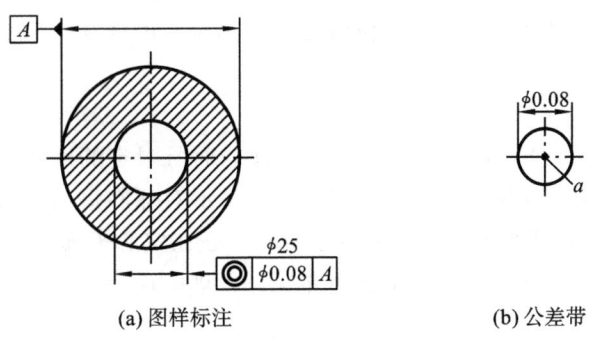

(a) 图样标注　　　　　　　　　(b) 公差带

**图 5.36　点的同心度的标注及公差带**

a—基准点 A

### 2. 同轴度 (◎)

公差值前加注符号 $\phi$,公差带为直径等于公差值 $t$ 的圆柱面所限定区域,该圆柱面的中心线与基准中心线重合。如图 5.37 所示,圆柱 $d_2$ 的提取中心线应限定在直径等于 0.08 mm、以公共基准中心线 $A—B$ 为中心线的圆柱面内,如图 5.37(b) 所示。

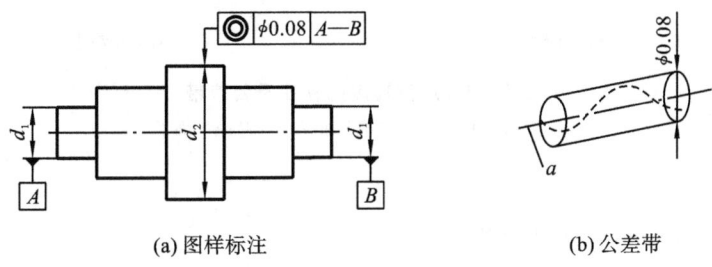

(a) 图样标注　　　　　　　　　(b) 公差带

**图 5.37　轴的同轴度的标注及公差带**

a—公共基准 $A—B$

### 3. 对称度 (⹀)

对称度公差带是指间距等于公差值 $t$,对称于基准中心平面的两平行平面所限定的区域。

图 5.38(a) 表示对右侧槽的中心平面提出对称度要求;图 5.38(b) 表示对中心部位槽的中心平面提出对称度要求,其公差带都在两平行平面之间,即提取中心面应限定在间距等于 0.08 mm、对称于中心平面 $A$、或者公共中心平面 $A—B$ 的两平行平面之间,公差带如图 5.38(c) 所示。

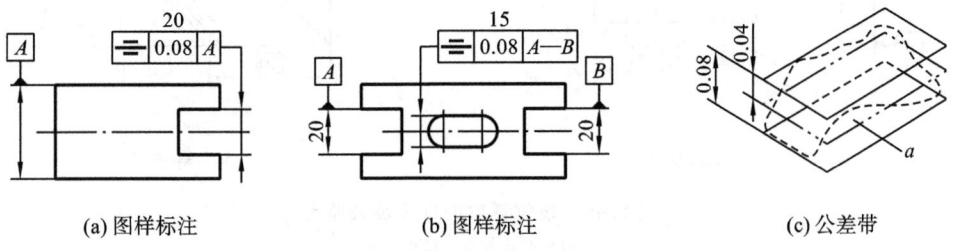

(a) 图样标注　　　　　　(b) 图样标注　　　　　　(c) 公差带

**图 5.38　中心平面的对称度的标注及公差带**

a—基准中心平面

#### 4. 位置度(⊕)

位置度公差用于限定点、线、面实际位置相对理想位置的偏移,理想位置由基准和理论正确尺寸确定。

1) 点位置度

在公差值前加注 $S\phi$,公差带为直径等于 $t$ 的圆球面所限定的区域,该圆球面中心的理论正确位置由基准和理论正确尺寸确定。图 5.39(a)表示对球心提出位置度要求,提取球心应限定在直径等于 0.3 mm 的圆球面内,该圆球面的中心在中心平面 $C$ 上,距离基准平面 $A$、$B$ 的理论正确尺寸分别为 30 mm、25 mm,公差带见图 5.39(b)。

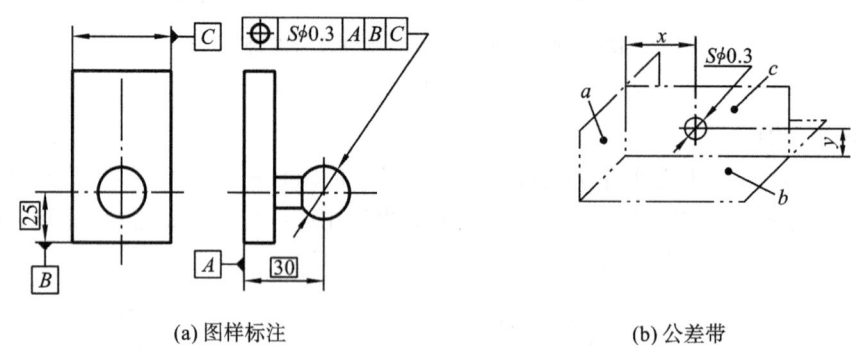

(a)图样标注　　　　　　　　　　　　(b)公差带

**图 5.39　点位置度的标注及公差带**

$a$—基准平面 $A$;$b$—基准平面 $B$;$c$—基准平面 $C$

2) 线位置度

线位置度公差带有以下四种形状。

(1) 给定一个方向的公差时,公差带为间距等于公差值 $t$、相对于线的理论正确位置对称分布的两平行平面所限定的区域,线的理论正确位置由基准和理论正确尺寸确定。图 5.40 (a)表示对各刻线提出位置度,提取各条刻线的中心线应限定在间距等于 0.05 mm、对称于基准平面 $A$、$B$ 和理论正确尺寸 20 mm、8 mm 确定的理论正确位置的两平行平面之间,公差带如图 5.40(b)所示。

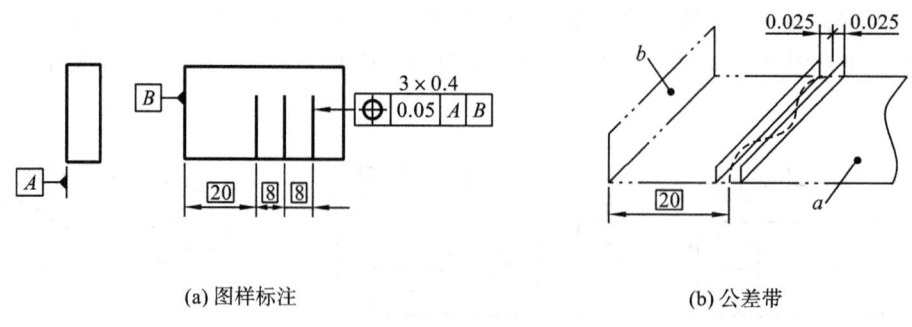

(a)图样标注　　　　　　　　　　　　(b)公差带

**图 5.40　线位置度的标注及公差带**

$a$—基准平面 $A$;$b$—基准平面 $B$

(2) 给定两个方向的公差时,公差带为间距分别等于公差值 $t_1$ 和 $t_2$、相对于理论正确位置的基准线对称分布的两对相互垂直的平行平面所限定的区域,线的理论正确位置由基准和理论正确尺寸确定。图 5.41(a)表示对 $8\times\phi10$ mm 孔的中心线在两个相互垂直方向提出位置度要求,各孔实际中心线在给定方向上应各自限定在间距分别等于 0.05 mm 和 0.2 mm 且相互垂直的两对平行平面内,每对平行平面对称于由基准平面 $C$、$B$、$A$ 和理论正确尺寸 20 mm 确定的各孔中心线的理论正确位置,如图 5.41(b)所示。

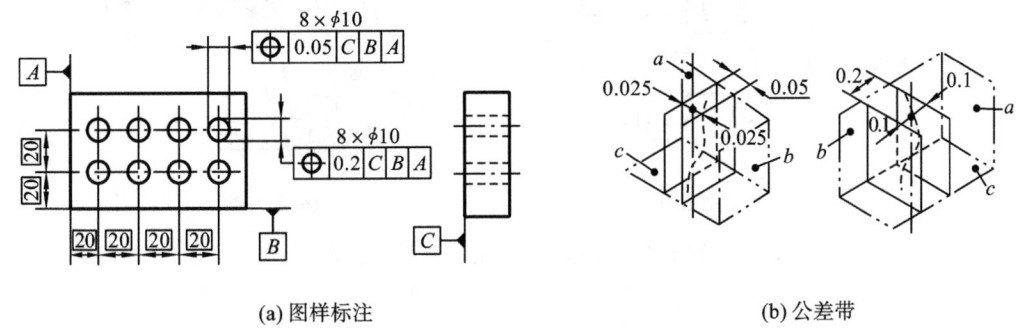

(a) 图样标注　　　　　　　　　　　　(b) 公差带

**图 5.41　线位置度的标注及公差带**

$a$—基准平面 $A$；$b$—基准平面 $B$；$c$—基准平面 $C$

(3) 公差值前加注符号 $\phi$,公差带为直径等于公差值 $t$ 的圆柱面所限定的区域,该圆柱面中心线的位置由基准和理论正确尺寸确定。图 5.42(a)表示对 $\phi6$ mm 孔中心线提出位置度要求,提取中心线应限定在直径等于 0.08 mm 的圆柱面内,该圆柱面中心线的位置应处于由基准平面 $B$、$C$、$A$ 和理论正确尺寸 15 mm、20 mm 确定的理论正确位置上,参见图 5.42(b)。

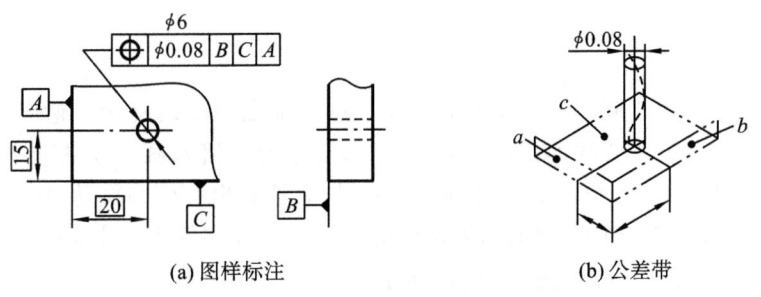

(a) 图样标注　　　　　　　　　　　　(b) 公差带

**图 5.42　线位置度的标注及公差带**

$a$—基准平面 $A$；$b$—基准平面 $B$；$c$—基准平面 $C$

3) 平面位置度

公差带为间距等于公差值 $t$,且对称于被测面的理想位置的两平行平面所限定的区域,平面的理想位置由基准和理论正确尺寸确定。图 5.43(a)表示对平面提出位置度要求,实际表面应限定在间距等于 0.05 mm 的两平行平面之间,该两平行平面对称于由基准平面 $A$、基准轴线 $B$ 和理论正确尺寸 15 mm、105°确定的被测面的理论正确位置上,如图 5.43(b)所示。

位置公差带具有综合控制被测要素位置、方向和形状误差的功能,也就是说,$f_{位置}>f_{方向}>f_{形状}$,所以,在对同一要素提出几何公差时,正确的公差数值关系是 $t_{位置}>t_{方向}>t_{形状}$。

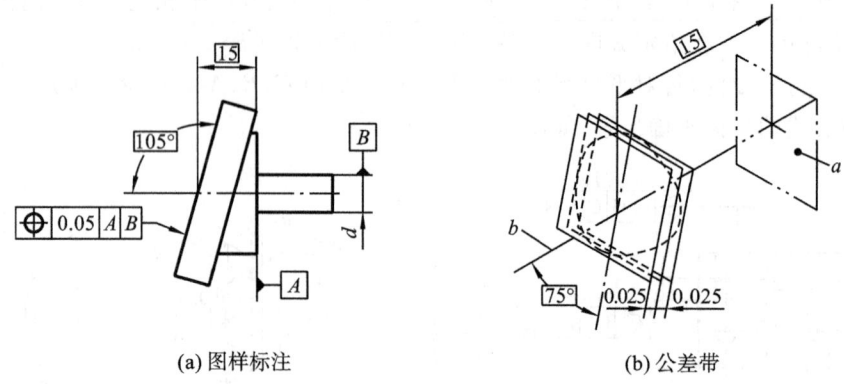

(a) 图样标注                          (b) 公差带

**图 5.43   面的位置度的标注及公差带**

a—基准平面 A; b—基准平面 B

## 5.4   跳动误差与跳动公差

跳动误差是指被测要素绕基准轴线旋转一周或若干周时的最大变动量。根据被测零件的旋转周数,跳动误差分为圆跳动和全跳动。跳动公差是限定跳动误差的。

**1. 圆跳动(↗)**

圆跳动公差用于限定被测要素上某一参考点绕基准中心线旋转一周时(零件和测量仪器之间无轴向运动)的变动量。根据限定的方向,圆跳动公差分为径向圆跳动、轴向圆跳动和斜向圆跳动。

1) 径向圆跳动

径向圆跳动公差用于限定回转体表面上某一点绕基准中心线旋转一整周的变动量,公差带为在任一垂直于基准中心线的横截面内、半径差等于公差值 $t$、圆心在基准中心线上的两同心圆所限定的区域。图 5.44(a)表示对直径为 $d_2$ 的大轴提出径向圆跳动,在任一垂直于公共基准中心线 A—B 的横截面内,提取圆周轮廓应限定在半径差等于 0.1 mm、圆心在基准中心线 A—B 上的两同心圆之间,如图 5.44(b)所示。

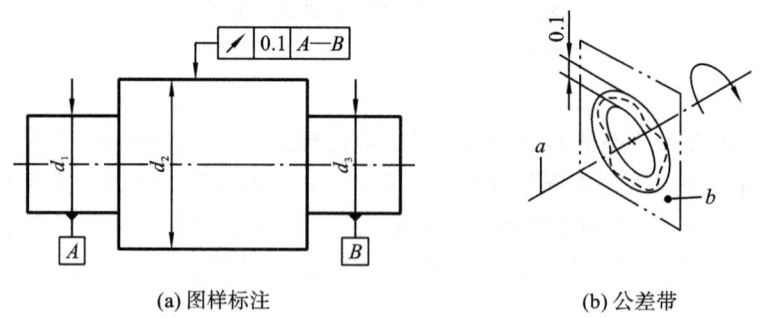

(a) 图样标注                          (b) 公差带

**图 5.44   径向圆跳动的标注及公差带**

a—公共基准 A—B; b—横截面

2) 轴向圆跳动

轴向圆跳动用于限定被测回转体绕基准中心线转一周时端面沿基准中心线方向的变动

量,公差带是在与基准中心线同轴的任一半径的圆柱截面上、间距等于公差值 $t$ 的两圆所限定的圆柱面上。图 5.45(a)表示对右端面提出轴向圆跳动,在与基准中心线 $D$ 同轴的任一圆柱形截面上,提取圆柱面应限定在轴向间距等于 0.1 mm 的圆柱面内,如图 5.45(b)所示。

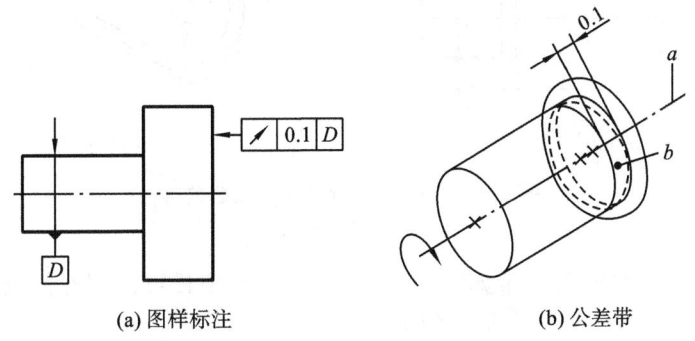

(a) 图样标注　　　　　　　　　　　　　(b) 公差带

**图 5.45　轴向圆跳动的标注及公差带**

*a—基准轴线 $D$;b—公差带*

3) 斜向圆跳动

斜向圆跳动的公差带是在与基准中心线同轴的某一圆锥截面上,间距等于公差值 $t$ 的两圆所限定的圆锥面上。图 5.46(a)表示在与基准中心线 $C$ 同轴的任一圆锥截面上,提取(实际)线应限定在素线方向间距等于公差值 0.1 mm 圆锥面内,如图 5.46(b)所示。

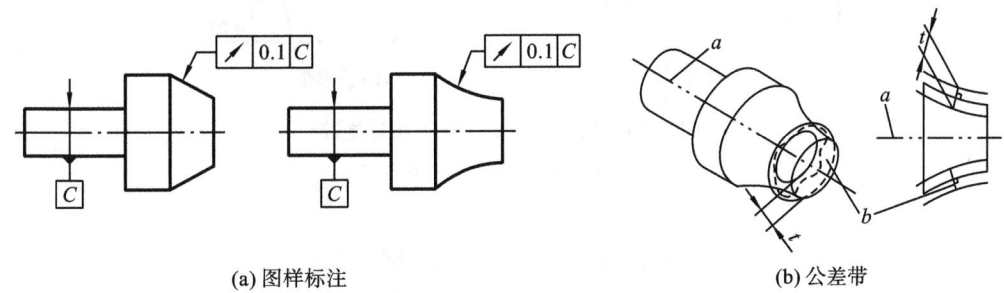

(a) 图样标注　　　　　　　　　　　　　(b) 公差带

**图 5.46　斜向圆跳动的标注及公差带**

*a—基准轴线;b—公差带*

**2. 全跳动(◢◢)**

与圆跳动不同,在全跳动误差测量中,被测要素一方面绕基准中心线连续旋转,同时工件和测量工具之间有相对运动。当相对运动为轴向移动时测量径向全跳动误差,当相对运动为径向移动时测量轴向全跳动误差。

1) 径向全跳动

公差带为半径差等于公差值 $t$ 且与基准中心线同轴的两圆柱面所限定的区域。图 5.47(a)表示对直径为 $d_2$ 的轴提出径向全跳动要求,提取表面应限定在以公共基准中心线 $A—B$ 为中心线、半径差等于 0.1 mm 的两圆柱面之间(见图 5.47(b))。径向全跳动可以同时控制圆柱度误差和同轴度误差。

2) 轴向全跳动

公差带为间距等于公差值 $t$ 且垂直于基准中心线的两平行平面所限定的区域。图 5.48(a)表示对左端面提出轴向全跳动要求,实际表面应限定在间距等于 0.1 mm、垂直于基准中

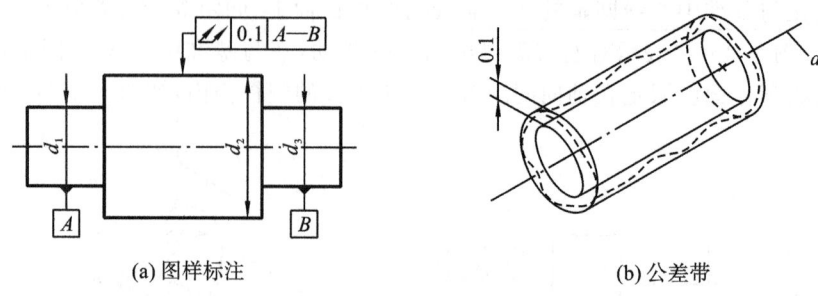

(a) 图样标注　　　　　　　　　　(b) 公差带

**图 5.47　径向全跳动的标注及公差带**

*a*—公共基准轴线 *A*—*B*

心线 *A* 的两平行平面之间,公差带如图 5.48(b)所示。该项目可以同时控制面对中心线的垂直度和平面度误差,可替代端面对轴线的垂直度。

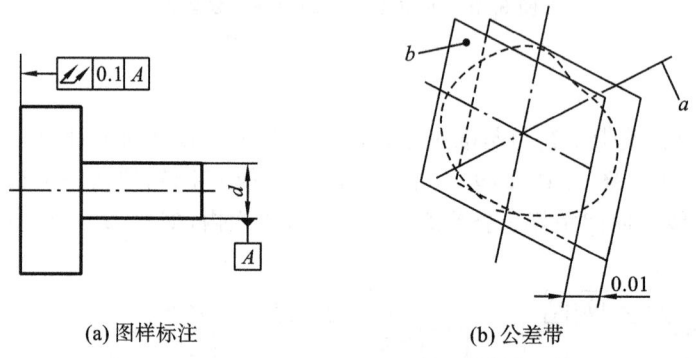

(a) 图样标注　　　　　　　　　　(b) 公差带

**图 5.48　轴向全跳动的标注及公差带**

*a*—基准轴线 *A*;*b*—提取表面

# 5.5　公　差　原　则

零件上几何特征的形成方式不同,对零件功能的影响也不同,所以,在设计时应分别给出尺寸公差和几何公差。根据生产的实际情况,绝大多数零件图样上标注的尺寸公差与几何公差相互独立、互不干涉,并且各自满足要求,即遵循独立原则。但在某些情况下,根据功能要求,需要在几何公差与尺寸公差之间建立某种关系,如用尺寸控制要素的几何误差,或者用尺寸补偿要素的几何误差,这样,将使几何公差或尺寸公差大于图样上给定的数值,形成双向补偿关系。这种尺寸公差与几何公差存在一定关系的要求称为相关要求。公差原则就是处理几何公差与尺寸公差关系的基本原则。

## 5.5.1　有关术语和定义

### 1. 局部尺寸($d_a$、$D_a$)

在实际要素的任意正截面上,两对应点之间的距离即为局部实际尺寸。外表面、内表面的局部实际尺寸分别用 $d_a$、$D_a$ 表示。由于形状误差的存在,局部实际尺寸具有不确定性,即使在同一正截面内,选择不同的两对应点,其局部实际尺寸也是不同的。

#### 2. 作用尺寸

作用尺寸是指零件装配时起作用的尺寸,它是由要素的局部实际尺寸与其几何误差综合形成的。根据装配时两表面包容关系的不同,作用尺寸分为体外作用尺寸和体内作用尺寸。

1)体外作用尺寸($d_{fe}$、$D_{fe}$)

在被测要素给定的全长上,与实际外表面体外相接的最小理想面或者与实际内表面体外相接的最大理想面的直径或宽度为体外作用尺寸。轴、孔的体外作用尺寸分别用 $d_{fe}$、$D_{fe}$ 表示(见图 5.49)。对于关联实际要素,要求体外相接理想面的中心要素必须与基准保持图样给定的方向或位置关系,如图 5.50 所示,与实际轴外接的最小理想孔的轴线应垂直于基准面 $A$。轴、孔体外作用尺寸可按下式计算:

对于孔　　　　　　　　　　　　　$D_{fe} = D_a - f$

对于轴　　　　　　　　　　　　　$d_{fe} = d_a + f$

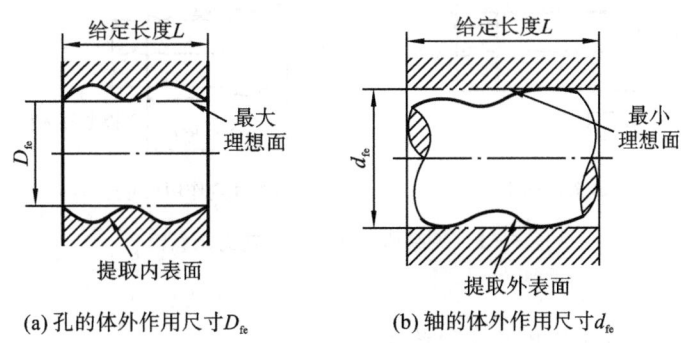

(a) 孔的体外作用尺寸$D_{fe}$　　　　(b) 轴的体外作用尺寸$d_{fe}$

**图 5.49　单一体外作用尺寸定义示意图**

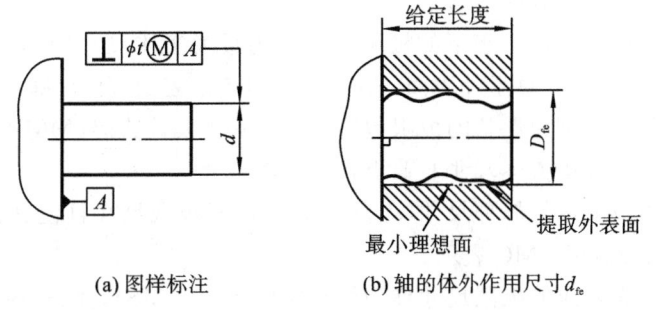

(a) 图样标注　　　　(b) 轴的体外作用尺寸$d_{fe}$

**图 5.50　关联体外作用尺寸定义示意图**

2)体内作用尺寸($d_{fi}$、$D_{fi}$)

在被测要素给定的全长上,与实际外表面体内相接的最大理想面或者与实际内表面体内相接的最小理想面的直径或宽度即为体内作用尺寸。轴、孔的体内作用尺寸分别用 $d_{fi}$、$D_{fi}$ 表示,如图 5.51 所示。对于关联实际要素,要求该体内相接的理想面的中心要素必须与基准保持图样给定的方向或者位置关系,如图 5.52 所示。轴、孔体内作用尺寸可按下式计算:

对于孔　　　　　　　　　　　　　$D_{fi} = D_a + f$

对于轴　　　　　　　　　　　　　$d_{fi} = d_a - f$

#### 3. 实体状态与实体尺寸

当实际要素在尺寸公差范围内时,尺寸不同,零件所含材料量不同,装配时(或配合中)的松紧程度也不同。零件材料含量处于极限状态时即为实体状态,有最大实体和最小实体两种

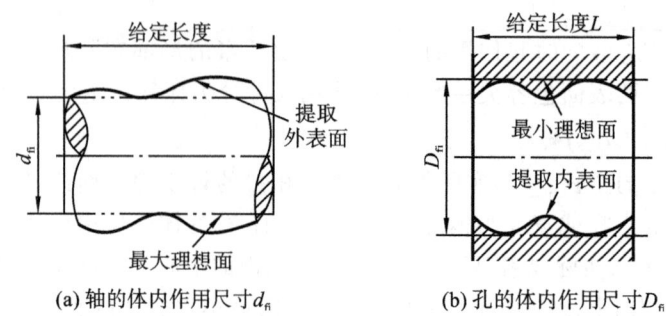

(a) 轴的体内作用尺寸$d_{fi}$　　　　　(b) 孔的体内作用尺寸$D_{fi}$

图 5.51　单一体内作用尺寸定义示意图

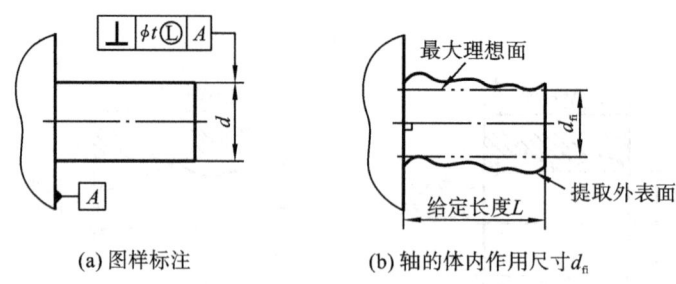

(a) 图样标注　　　　　(b) 轴的体内作用尺寸$d_{fi}$

图 5.52　关联体内作用尺寸定义示意图

状态。

1) 最大实体状态、最大实体尺寸和最大实体边界

(1) 假定提取组成要素的局部尺寸($d_a$、$D_a$)处处位于极限尺寸且使其具有材料最多时的状态称为最大实体状态,用 MMC 表示。

(2) 实际要素在最大实体状态下的极限尺寸称为最大实体尺寸(MMS),孔、轴的最大实体尺寸分别用 $D_M$、$d_M$ 表示。对于外表面,$d_M = d_{max}$;对于内表面,$D_M = D_{min}$。

(3) 最大实体状态下理想形状的极限包容面称为最大实体边界(MMB)。

2) 最小实体状态、最小实体尺寸和最小实体边界

(1) 假定提取组成要素的局部尺寸($d_a$、$D_a$)处处位于极限尺寸且使其具有材料最少时的状态称为最小实体状态,用 LMC 表示。

(2) 最小实体状态对应的极限尺寸称为最小实体尺寸(LMS),孔、轴的最小实体尺寸分别用 $D_L$、$d_L$ 表示。对于外表面,$d_L = d_{min}$;对于内表面,$D_L = D_{max}$。

(3) 最小实体状态下理想形状的极限包容面称为最小实体边界(LMB)。

**4. 实体实效状态、实体实效尺寸和边界**

实效状态是指在被测要素实体尺寸和该要素的几何公差综合作用下的极限状态。有最大实体实效和最小实体实效两种状态。边界是设计给定的具有理想形状的极限包容面。

1) 最大实体实效状态、最大实体实效尺寸和最大实体实效边界

(1) 在给定长度上,实际要素处于最大实体状态、其中心要素的几何误差等于给定公差的综合极限状态称为最大实体实效状态,用 MMVC 表示。

(2) 最大实体实效状态下的体外作用尺寸称为最大实体实效尺寸,用 MMVS 表示。内表面、外表面的最大实体实效尺寸分别用 $D_{MV}$、$d_{MV}$ 表示。

(3) 最大实体实效状态对应的极限理想包容面称为最大实体实效边界(MMVB)。

图 5.53 所示为内表面最大实体实效状态示意图,图 5.54 所示为外表面最大实体实效状态示意图。最大实体实效尺寸、最大实体尺寸、中心要素的几何公差三者之间存在以下关系:

对于内表面　　　　　　　　　$D_{MV} = D_M - t = D_{min} - t$

对于外表面　　　　　　　　　$d_{MV} = d_M + t = d_{max} + t$

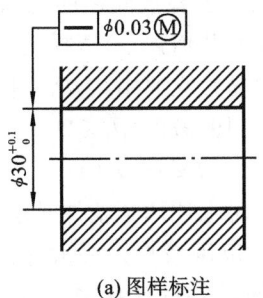　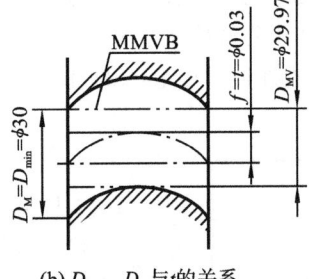

(a) 图样标注　　　　　　　(b) $D_{MV}$、$D_M$ 与 $t$ 的关系

**图 5.53　单一要素内表面最大实体实效状态示意图**

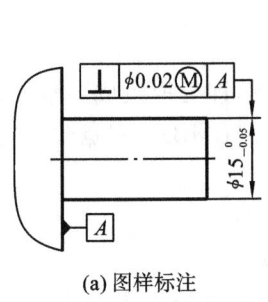　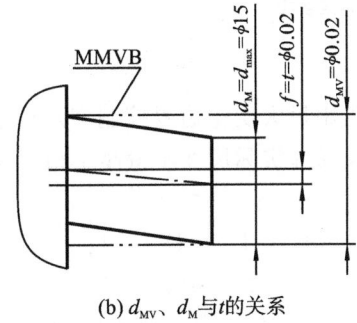

(a) 图样标注　　　　　　　(b) $d_{MV}$、$d_M$ 与 $t$ 的关系

**图 5.54　关联要素外表面最大实体实效状态示意图**

2) 最小实体实效状态、最小实体实效尺寸和最小实体实效边界

(1) 在给定长度上,实际要素处于最小实体状态、其中心要素的几何误差等于给定公差的综合极限状态称为最小实体实效状态,用 LMVC 表示。

(2) 最小实体实效状态对应的体内作用尺寸称为最小实体实效尺寸,用 LMVS 表示。内表面、外表面的最小实体实效尺寸分别用 $D_{LV}$、$d_{LV}$ 表示。

(3) 最小实体实效状态对应的极限理想包容面称为最小实体实效边界,用 LMVB 表示。

图 5.55 所示为内表面最小实体实效状态示意图。最小实体实效尺寸、最小实体尺寸、中心要素的几何公差三者之间存在以下关系:

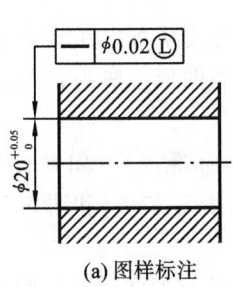　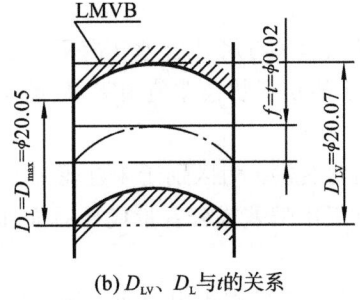

(a) 图样标注　　　　　　　(b) $D_{LV}$、$D_L$ 与 $t$ 的关系

**图 5.55　最小实体实效状态示意图**

对于内表面　　　　　　　$D_{LV}=D_L+t=D_{max}+t$

对于外表面　　　　　　　$d_{LV}=d_L-t=d_{min}-t$

### 5.5.2　独立原则

独立原则是指图样上给定的尺寸与形状、方向、位置公差彼此之间是独立的,应分别满足要求。这就是说,尺寸公差控制尺寸误差,几何公差控制几何误差,图样上不需任何附加标注。如图 5.56 所示,轴的外径与中心线的直线度要求应遵循独立原则,合格零件的判定条件是:

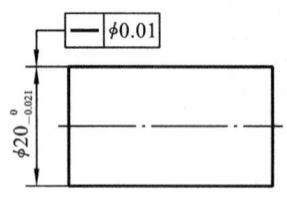

$$19.979 \leqslant d_a \leqslant 20$$
$$f \leqslant t \leqslant 0.01$$

工件只有同时满足上述两个条件时才是合格件。

独立原则的适用范围较广。一般非配合尺寸均采用独立原则。大约90％的零件设计均采用独立原则。采用独立原则时可分别用普通计量器具来检测尺寸误差和几何误差。

图 5.56　独立原则标注

### 5.5.3　包容要求

**1. 含义**

包容要求是指用最大实体边界控制实际要素的轮廓,即提取组成要素不得超出其最大实体边界(MMB),其局部实际尺寸不得超出最小实体边界(LMB)。根据包容要求,被测实际要素的合格条件是:

对于内表面　　　　$D_{fe} \geqslant D_M = D_{min}$　　且　　　　$D_a \leqslant D_L = D_{max}$

对于外表面　　　　$d_{fe} \leqslant d_M = d_{max}$　　且　　　　$d_a \geqslant d_L = d_{min}$

根据对包容要求的理解,中心要素的形状公差 $t$ 与尺寸公差 $T_D(T_d)$ 之间存在一定的关系。这就是说,在最大实体状态下,给定的形状公差为零,实际要素只能是理想形状,不允许有任何形状误差;否则,实际要素的轮廓将超出最大实体边界,此时,局部尺寸等于最大实体尺寸,也就是内表面 $D_a = D_M$,外表面 $d_a = d_M$。当组成要素偏离最大实体状态时,局部尺寸也偏离最大实体尺寸,即内表面 $D_a > D_M$,外表面 $d_a < d_M$,此时,允许中心要素有一定的形状误差。允许误差是多大? 只要组成要素的尺寸与中心要素形状误差的综合作用使被测要素的轮廓不超越最大实体边界即可。这样,中心要素的形状公差可以从尺寸公差中获得适当补偿,补偿量 $t_{补偿}$ 等于尺寸偏离最大实体尺寸的量,补偿量的一般计算公式为

$$t_{补偿} = \left| (D_M(d_M)) - D_a(d_a) \right|$$

当实际要素为最小实体状态时,中心要素的形状误差将获得最大的补偿量,即

$$t_{max补偿} = T_D(T_d)$$

中心要素形状公差 $t$ 与尺寸公差 $T_D(T_d)$ 之间的补偿关系可以用动态公差图表示,如图 5.55(b)所示。由于给定形状公差值为零,故动态公差图的图形一般为直角三角形。

**2. 图样标注**

包容要求的符号为Ⓔ。为区别于未注形状公差,国家标准规定,如果有包容要求,需在零件图样上相应尺寸极限偏差或公差带代号后面加写Ⓔ,如图 5.57(a)和图 5.58(a)所示。

**3. 实例分析**

**例 5.1**　以包容要求应用于内表面为例,分析尺寸公差与形状公差之间的关系,如图 5.58(a)所示。具体分析参见表 5.3。

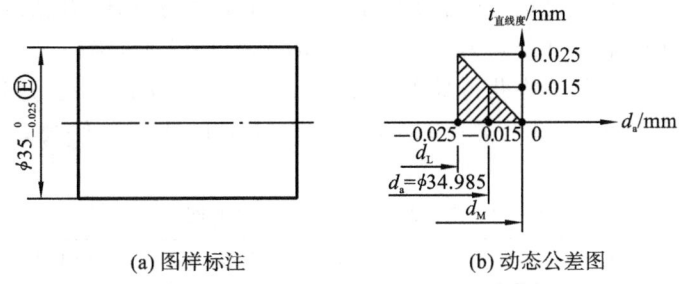

(a) 图样标注　　　　　　　　　　　(b) 动态公差图

**图 5.57　包容要求图样标注与动态公差图**

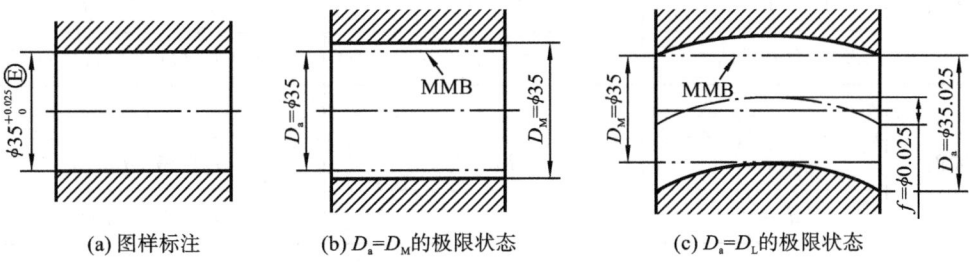

(a) 图样标注　　　　(b) $D_a=D_M$ 的极限状态　　　　(c) $D_a=D_L$ 的极限状态

**图 5.58　包容要求应用于内表面**

**表 5.3　包容要求应用于内表面的实例分析**　　　　　　单位:mm

| 公差原则 | 局部尺寸 $(D_a)$ | 作用尺寸 $(D_{fe})$ | 遵循的边界 /边界尺寸 | 直线度公差 | 给定的直线 度公差 | 允许最大的 直线度公差 |
|---|---|---|---|---|---|---|
| 包容要求 | $\phi35\sim\phi35.025$ | $\phi35\sim\phi35.025$ | MMB/$\phi35$ | $\phi0\sim\phi0.025$ | $\phi0$ | $\phi0.025$ |

包容要求是导出要素的形状公差与其相应的组成要素的尺寸公差之间相互有关联的公差要求,主要用在需要保证配合性质的孔、轴中心线的直线度公差的补偿中。生产中可以用光滑极限量规检验遵循包容要求的被测实际要素是否合格,其中,通规检验体外作用尺寸($D_{fe}$、$d_{fe}$)是否超越最大实体边界,止规检验局部实际尺寸($D_a$、$d_a$)是否超越最小实体尺寸。

### 5.5.4　最大实体要求(MMR)

**1. 含义**

最大实体要求是用最大实体实效边界控制被测要素的轮廓。该要求既可应用于被测要素,也可应用于基准要素。要素的几何公差值是在该要素处于最大实体状态时给出的,当提取组成要素偏离其最大实体状态,即拟合要素的尺寸偏离其最大实体尺寸时,几何误差值可以超出在最大实体状态下给出的几何公差值。

(1)当最大实体要求应用于被测要素时,被测要素的实际轮廓在给定的长度上处处不得超出最大实体实效边界,即其体外作用尺寸不应超出最大实体实效尺寸,且其局部实际尺寸不得超出最大实体尺寸和最小实体尺寸,即合格零件的判定条件为

对于内表面　　$D_{fe}\geqslant D_{MV}=D_{min}-t$　　　　且　　　　$D_{min}=D_M\leqslant D_a\leqslant D_L=D_{max}$

对于外表面　　$d_{fe}\leqslant d_{MV}=d_{max}+t$　　　　且　　　　$d_{min}=d_L\leqslant d_a\leqslant d_M=d_{max}$

当被测实际要素为最大实体尺寸时,其中心要素的几何公差即为图上给定的公差 $t$;当被

测组成要素偏离最大实体尺寸时,几何公差可以从尺寸中获得补偿,补偿量就是尺寸偏离最大实体尺寸的量,补偿量计算公式为 $t_{补偿}=|D_M(d_M)-D_a(d_a)|$;当被测组成要素的尺寸达到最小实体尺寸时,几何公差将获得最大的补偿,即 $t_{max补偿}=T_D(T_d)$。这种情况下,允许几何公差的最大值为 $t_{max}=t_{max补偿}+t=T_D(T_d)+t$。局部尺寸与几何公差之间的关系见表 5.4。

表 5.4　局部尺寸与几何公差之间的关系

| 被测要素 | 局 部 尺 寸 | 导出要素几何公差补偿值 | 导出要素允许的几何误差 |
|---|---|---|---|
| 内表面 | $D_a=D_M$ | 0 | $f=t$ |
|  | $D_M<D_a<D_L$ | $D_a-D_M$ | $f=t+(D_a-D_M)$ |
|  | $D_a=D_L$ | $T_D$ | $f=t+(D_L-D_M)=t+T_D$ |
| 外表面 | $d_a=d_M$ | 0 | $f=t$ |
|  | $d_L<d_a<d_M$ | $d_M-d_a$ | $f=t+(d_M-d_a)$ |
|  | $d_a=d_L$ | $T_d$ | $f=t+(d_M-d_L)=t+T_d$ |

图 5.59(b)所示为几何公差 $t$ 与尺寸公差 $T_D(T_d)$ 之间关系的动态公差图。由于给定几何公差值 $t$ 不为零,故动态公差图形为直角梯形。

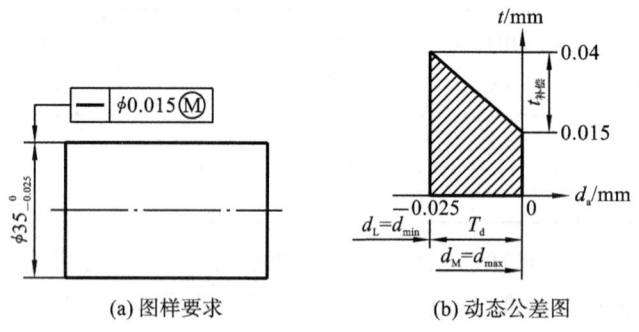

(a) 图样要求　　　　　　(b) 动态公差图

图 5.59　最大实体要求图样标注及动态公差图

（2）当最大实体要求应用于基准要素时,基准要素应遵守相应的边界。若基准要素的实际轮廓偏离其相应的边界,即其体外作用尺寸偏离其相应的边界尺寸,则允许基准要素在一定范围内浮动,其浮动范围等于基准要素的体外作用尺寸与其相应的边界尺寸之差。

**2. 图样标注**

当最大实体要求应用于被测要素时,应在被测要素几何公差框格中的公差值 $t$ 后标注符号⑩(见图 5.60(a));当最大实体要求应用于基准要素时,应在几何公差框格中的基准字母代号后标注符号⑩。

**3. 实例分析**

**例 5.2**　以最大实体要求应用于被测要素为例,分析尺寸公差与中心线垂直度公差之间的关系,见图 5.60 和表 5.5。

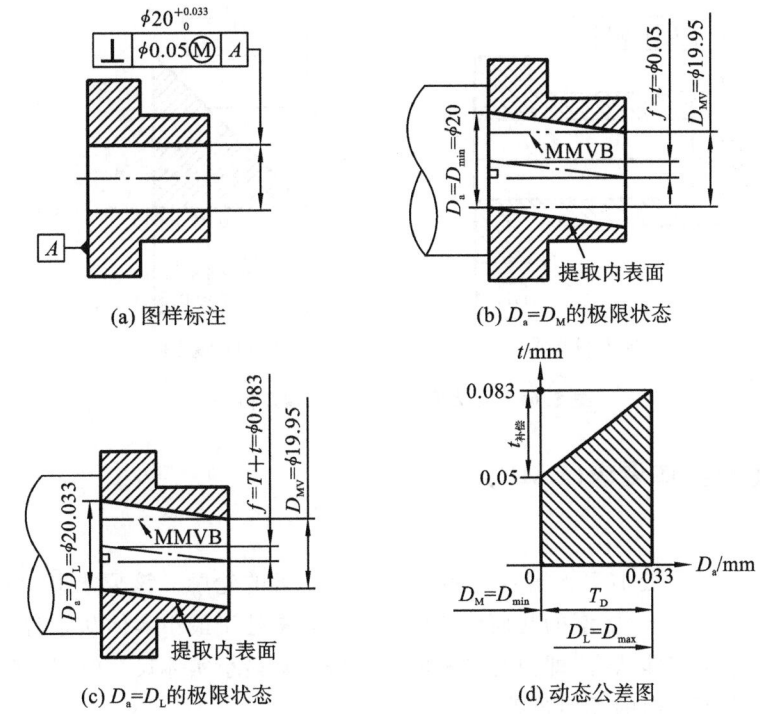

(a) 图样标注　　　　　　(b) $D_a=D_M$的极限状态

(c) $D_a=D_L$的极限状态　　　　(d) 动态公差图

**图 5.60　最大实体要求的应用示例**

**表 5.5　最大实体要求应用实例分析**　　　　　　　　　　　　　　　单位:mm

| 公差原则 | 局部尺寸 | 作用尺寸 | 遵循的边界/<br>边界尺寸 | 几何公差<br>变动范围 | 给定的<br>几何公差 | 允许最大的<br>几何公差 |
|---|---|---|---|---|---|---|
| 最大实体要求 | $\phi20\sim\phi20.033$ | $\phi19.95\sim\phi20.033$ | MMVB/$\phi19.95$ | $\phi0.05\sim\phi0.083$ | $\phi0.05$ | $\phi0.083$ |

　　最大实体要求主要用于需保证装配成功率的螺栓或螺钉连接处的中心要素,例如,法兰盘上的连接孔组、轴承端盖上的连接孔组等,通常,在孔组中心线的位置度、槽的对称度和同轴度等项目中需要提出最大实体要求。

　　对于有最大实体要求的被测要素实体,生产中采用位置量规进行检验。位置量规只有通规,是专为按最大实体实效尺寸判定孔、轴作用尺寸合格性而设计制造的定值量具。位置量规的测量一端模拟了最大实体实效边界,只能检验体外作用尺寸是否超越最大实体实效边界。测量时,如果被测要素实体能通过位置量规测量一端即为合格。被测实际要素的局部实际尺寸可以使用通用量具,按两点法测量以判定是否在最大实体尺寸和最小实体尺寸之间。

　　最大实体要求有一种特殊情况,即在零件图上,在公差框格的第二格内公差值为$\phi0$Ⓜ,如图 5.61(a)所示。在这种情况下,实际轮廓要素的最大实体实效边界变成了最大实体边界。由于几何公差为零,动态公差图的形状由直角梯形(最大实体要求)变为直角三角形,相当于裁掉了直角梯形中的矩形,与包容要求中的动态公差带图相同,如图 5.61(b)所示。

　　采用这种标注是为了明确被测要素与其他方位要素的相关性。如果几何公差项目为形状公差时,这种标注($\phi0$Ⓜ)与包容要求标注的含义相同。

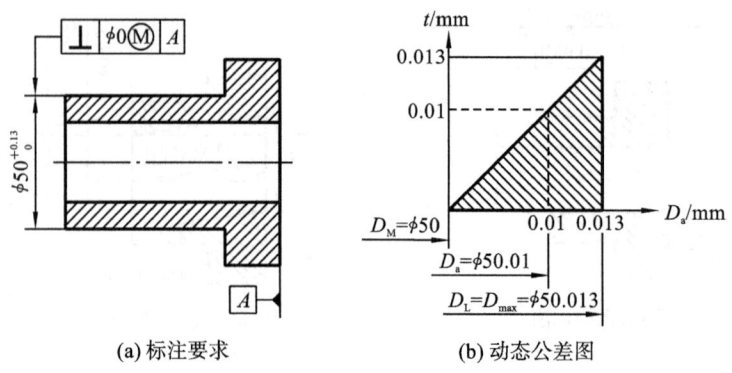

(a) 标注要求　　　　　　　　　(b) 动态公差图

图 5.61　最大实体要求中的零几何公差

## 5.5.5　最小实体要求(LMR)

### 1. 含义

最小实体要求是用最小实体实效边界控制实际要素的轮廓。该要求既可应用于被测要素，也可应用于基准要素。要素的几何公差值是在该要素处于最小实体状态时给出的，当提取组成要素偏离其最小实体状态，即拟合要素的尺寸偏离其最小实体尺寸时，几何误差值可以超出在最小实体状态下给出的几何公差值。

(1) 当最小实体要求应用于被测要素时，被测要素的实际轮廓在给定长度上处处不得超出最小实体实效边界，即其体内作用尺寸不能超出最小实体实效尺寸，且其局部实际尺寸在最大实体尺寸和最小实体尺寸之间。合格零件的判定条件为

对于内表面　　　$D_{fi} \leqslant D_{LV} = D_{max} + t$　　　且　　　$D_M = D_{min} \leqslant D_a \leqslant D_{max} = D_L$

对于外表面　　　$d_{fi} \geqslant d_{LV} = d_{min} - t$　　　且　　　$d_L = d_{min} \leqslant d_a \leqslant d_{max} = d_M$

根据对最小实体要求的理解，当实际要素处在最小实体状态时，其中心要素的几何公差为图样给定公差(多为位置公差)；当实际要素偏离最小实体状态时，其中心要素的几何公差可以获得补偿，补偿量取决于尺寸偏离最小实体尺寸的量，计算公式为 $t_{补偿} = |D_L(d_L) - D_a(d_a)|$。

当实际要素处处为最大实体状态时，其中心要素的几何公差将获得最大补偿量，即尺寸公差 $t_{max补偿} = T_D(T_d)$。这种情况下，允许几何公差的最大值为 $t_{max} = t_{max补偿} + t = T_D(T_d) + t$。

(2) 当最小实体要求应用于基准要素时，基准要素应遵守相应的边界。若基准要素的实际轮廓偏离其相应的边界，即其体内作用尺寸偏离其相应的边界尺寸，则允许基准要素在一定范围内浮动，其浮动范围等于基准要素的体内作用尺寸与其相应的边界尺寸之差。

### 2. 图样标注

最小实体要求的符号为Ⓛ，应标注在导出要素的几何公差值之后(见图 5.62(a))。

最小实体要求主要用于需要保证最小壁厚的中心要素，例如，空心的圆柱凸台、带孔的小垫圈等，一般是在中心轴线的位置度、同轴度等项目中应用。

### 3. 实例分析

例 5.3　最小实体要求应用如图 5.62 所示。图 5.62(a)所示是对 $2 \times \phi 10$ 孔中心线之间的位置度公差应用最小实体要求，目的是为了保证两孔之间的壁厚不小于 19.4 mm。当两孔直径为最小实体尺寸($D_a = D_L = \phi 10.5$)时，允许轴线位置度误差 $f$ 为给定公差 $t$，即 $f \leqslant t = \phi 0.1$ mm。这种情况下，两孔壁厚等于 $[30 - (10.5 + 0.1)]$ mm $= 19.4$ mm，如图 5.62(b)所

示。具体分析见图 5.62(c)和表 5.6。

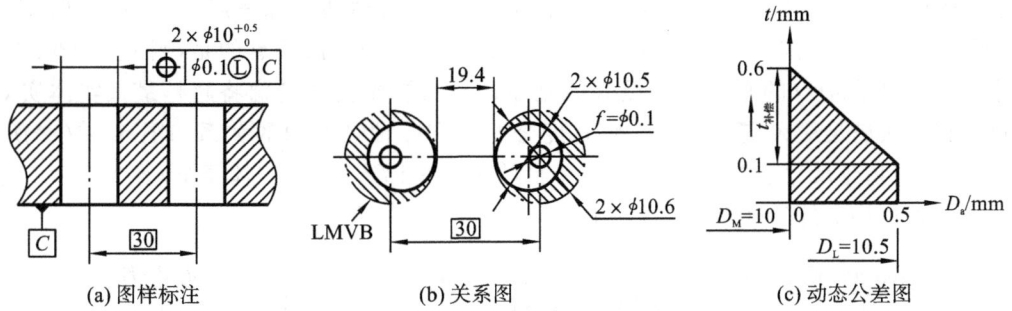

**图 5.62　最小实体要求应用示例**

**表 5.6　最小实体要求应用实例分析**　　　　　　　　　　　　单位:mm

| 公差原则 | 局部尺寸 | 作用尺寸 | 遵循的边界/边界尺寸 | 几何公差变动范围 | 给定的几何公差 | 允许最大的几何公差 |
| --- | --- | --- | --- | --- | --- | --- |
| 最小实体要求 | $\phi 10 \sim \phi 10.5$ | $\phi 10 \sim \phi 10.6$ | LMVB/$\phi 10.6$ | $\phi 0.6 \sim \phi 0.1$ | $\phi 0.1$ | $\phi 0.6$ |

对于符合最小实体要求的被测要素的测量,目前尚没有检验用量规,因为量规测头不可能进入被测要素的体内,刀具也不可以,因为检验过程不允许破坏工件。生产中一般采用通用量具检验被测实际要素的体内作用尺寸是否超越最小实体实效边界,通过测量足够多点的数值,采用绘图法求得被测要素的体内作用尺寸。当然,如果有条件,可以使用坐标机进行测量,并由计算机对测量数据进行处理,根据处理的数据判断其是否超越最小实体实效边界,不超越为合格件。被测实际要素的局部实际尺寸可以按两点法测量,局部实际尺寸在极限尺寸内即为合格。

### 5.5.6　可逆要求(RPR)

**1. 含义**

可逆要求是最大实体要求(MMR)或最小实体要求(LMR)的附加要求,是指在不影响零件功能的前提下,几何公差可以反过来补偿给尺寸公差,即在被测实际要素的几何误差小于给定几何公差的情况下,允许尺寸超越给定的尺寸公差,这在一定程度上会降低工件的废品率。可逆要求仅适用于中心要素,既可与最大实体要求合用,也可与最小实体要求合用。

**2. 可逆要求(RPR)用于最大实体要求(MMR)**

可逆要求用于最大实体要求时,规定要在几何公差框格第二格Ⓜ的后面加写Ⓡ,如图 5.63(a)所示。

根据最大实体要求,$\phi 20$ mm 轴实际轮廓不能超越最大实体实效边界,图 5.63(b)所示为该零件处于最大实体实效状态下的示意图。当轴实际轮廓直径等于最大实体尺寸时,即 $d_a = d_M = \phi 20$ mm,其中心线的垂直度误差为给定公差值 $f = t = 0.2$ mm;当轴的实际尺寸偏离最大实体尺寸时,即 $d_a < d_M$,如 $d_a = d_L = 19.9$ mm 时,其中心线的垂直度误差为最大值 $t_{max} = T_d + t = (20 - 19.9) + 0.2 = 0.3$ mm。图 5.63(c)为尺寸达到最小实体尺寸的示意图。

根据可逆要求和 20 mm 轴实际轮廓的控制边界是最大实体实效边界的条件,那么,当轴的实际轮廓尺寸等于最大实体尺寸,即 $d_a = d_M = 20$ mm、垂直度误差小于给定公差,即 $f < t = 0.2$ mm,例如,轴实际中心线垂直度误差为 $f = 0.1$ mm,此时允许轴的实际尺寸从垂直度公

差中得到补偿,补偿值为 $T_{补偿}=t-f=(\phi0.2-\phi0.1)$ mm$=\phi0.1$ mm。最大补偿值为垂直度公差 $t=\phi0.2$ mm,即 $T_{最大补偿}=t$,这样,实际轴尺寸最大可达到 $d_{a\,max}=\phi20.2$ mm,这里,$d_{max}=d_M+T_{max\,补偿}=(\phi20+\phi0.2)$ mm$=\phi20.2$ mm,见图 5-63(d)。需注意的是,当 $d_a=\phi20.2$ mm 时,中心要素对基准 $D$ 的垂直度误差只能是零;否则,被测要素轮廓将超越最大实体实效边界,这样将无法满足最大实体要求。垂直度公差与实际轴径之间的关系如图 5.63(e)所示。由于尺寸可以超越尺寸公差,其动态公差带形状由直角梯形(最大实体要求)转为直角三角形(相当于在直角梯形的基础上加一个三角形)。

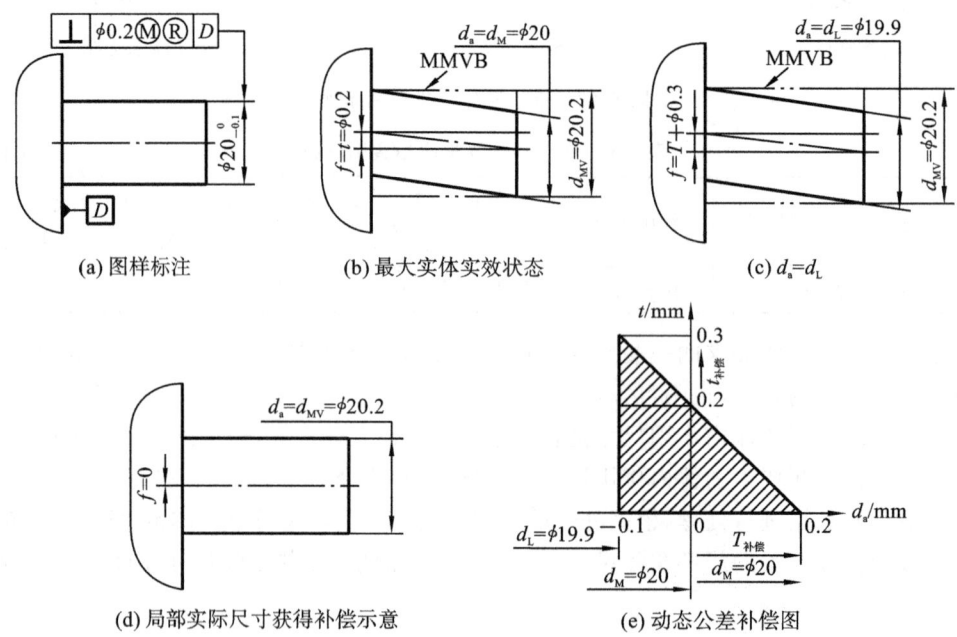

(a) 图样标注　　　　(b) 最大实体实效状态　　　　(c) $d_a=d_L$

(d) 局部实际尺寸获得补偿示意　　　　(e) 动态公差补偿图

**图 5.63　可逆要求应用于最大实体要求**

应用可逆要求时,垂直度公差补偿给尺寸公差 $\phi0.2$ mm,轴的实际尺寸在 $\phi19.9\sim\phi20.2$ mm 范围内。此时,轴的实际直径虽然超出了允许的尺寸极限,但是,只要实际轴的轮廓被控制在最大实体实效边界以内就是合格的。但是应注意,当 $d_a=20.2$ mm 时,轴线的垂直度误差等于零。

**3. 可逆要求(RPR)用于最小实体要求(LMR)**

可逆要求用于最小实体要求时,规定在公差框格的第二格中Ⓛ后面加写Ⓡ。图 5.64(a)表示孔 $\phi8$ mm 中心线同时满足最小实体要求和可逆要求,首先是保证最小实体要求。

根据最小实体要求,被测孔的轮廓不得超越最小实体实效边界,其边界尺寸等于 $\phi8.65$ mm[$D_{LV}=D_L+t=(\phi8.25+\phi0.4)$ mm]。即当孔的实际直径 $D_a=8.25$ mm 时,其中心线位置度公差 $t=0.4$ mm,如图 5.64(b)所示。当孔的实际直径偏离最小实体尺寸($D_a<D_L$)时,例如,当孔的实际尺寸等于最大实体尺寸($D_a=D_M=8$ mm)时,允许位置度获得最大补偿值,此时的位置度公差等于 $t_{max}=T_D+t=(0.25+0.4)$ mm$=0.65$ mm(见图 5.64(c))。

应用可逆要求,如果被测孔实际轮廓尺寸为最小实体尺寸($D_a=D_L=8.25$ mm),而中心要素位置度误差小于位置度给定公差($f<t=0.4$ mm)时,例如,$f=0.1$ mm,那么,允许位置度公差补偿给尺寸公差,此时,孔最大实际尺寸 $D_a$ 可达到 8.55 mm($D_a=D_L+(t-f)=[8.25+(0.4-0.1)]$ mm),即尺寸可以获得 0.3 mm 的补偿量,最大尺寸补偿量等于位置度公差,

即 $T_{\text{max补偿}}=t=0.4$ mm。值得注意的是,此时孔中心线的位置度误差只能等于零,因为,孔的轴线一旦有位置度误差,实际孔将超出最小实体实效边界(见图 5.64(d))。位置度公差与孔直径之间的关系如图 5.64(e)所示。

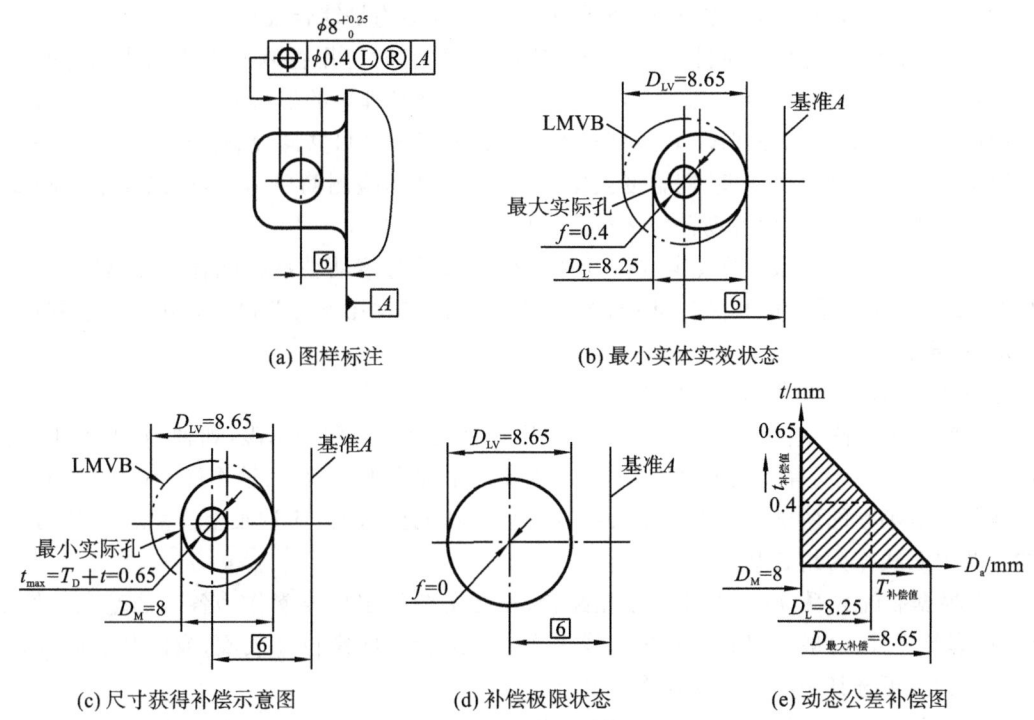

(a) 图样标注　　(b) 最小实体实效状态

(c) 尺寸获得补偿示意图　　(d) 补偿极限状态　　(e) 动态公差补偿图

**图 5.64　可逆要求应用于最小实体要求**

## 5.6　几何公差的选择

几何公差选择的主要内容有几何特征、基准、公差原则及公差值。

### 5.6.1　几何公差项目及基准的选择

**1. 几何项目的选择**

在进行几何特征选择前,应首先分析零件的结构特点及使用要求,确定是否需要标注几何公差。

如果使用常用设备和方法加工后的零件能满足其功能要求,则不必对其提出几何公差要求,可以按未注几何公差处理,或以适当的方式加以说明,通常不用检测。

根据功能需要,要求零件上某些要素的几何精度高于未注几何公差要求,或者当采用较大的几何公差值具有显著的经济效益时,应将这些几何公差标注在图样上。

在选择要素几何特征时可以参照以下四点进行。

(1) 根据零件上要素本身的几何特征及要素间的相互位置关系进行选择　其中,形状公差项目主要是按要素的几何形状特征来确定的。例如:为控制平面的形状误差可以选择平面度;控制圆柱面的形状误差应选择圆度或圆柱度;对中心线、平面可规定方向公差;对点只能规定位置度;对回转类零件才可以规定同轴度和跳动公差。

（2）应考虑选择综合项目以控制误差　如果对同一要素有若干几何公差项目要求,则应考虑选择综合项目以控制误差,这样,可减少图样上给出的几何公差项目及相应的几何误差检测项目。例如,在对圆柱体提出几何公差时,圆柱度公差既能控制圆度误差,也能控制素线的直线度误差。另外,位置度公差、径向圆跳动、径向全跳动均是综合性项目。

（3）应选择测量简便的项目　考虑到检测的方便,有时可用控制效果相同或相近的公差项目来代替所需的公差项目。例如,对于圆柱面,圆柱度是理想的形状公差项目,但是,由于圆柱度检测不方便,故可选用圆度、直线度和素线平行度三个项目共同控制圆柱面形状误差。径向圆跳动可综合控制圆度误差、同轴度误差,且径向圆跳动检测简单易行,所以在不影响设计要求的前提下,应尽量选用跳动公差来替代其他几何公差项目。

（4）参照有关专业标准的规定进行选择　如在选择与滚动轴承相配合的孔、轴几何公差项目时,要参照滚动轴承的相关标准;而键、齿轮等的标准对几何公差也都有相应要求和规定。

**2. 基准的选择**

在选择基准时一般考虑以下四点。

（1）根据零件各要素的功能要求,一般选择主要配合表面作为基准,如轴颈、轴承孔、安装定位面、重要的支承面等。例如,轴类零件常需要两个轴承来支承,当轴作旋转运动时,其运动中心线是安装轴承的两轴颈共有的中心线,因此,从功能要求看,应选轴上安装轴承的两处轴颈的公共中心线作为组合基准。

（2）根据装配关系,应选零件上相互配合、相互接触的定位要素作为各自的基准。例如,对于盘、套类零件,一般是以其内孔中心线作为基准进行径向定位和装配,或以其端面进行轴向定位,因此,可选其中心线或端面作为基准。

（3）根据加工定位的需要和零件结构,应选择宽大的平面、较长的中心线做基准,以使定位稳定。对结构复杂的零件,一般应选三个基准面,再根据对零件使用要求影响的程度来确定基准的顺序。

（4）根据检测的方便程度,应选择在检测中装夹定位的要素作为基准,并尽可能将装配基准、工艺基准与检测基准统一起来。

### 5.6.2　公差原则的选择

公差原则的选择主要根据被测要素的功能要求,综合考虑各种公差原则的应用场合和采用该种公差原则的可行性和经济性。表 5.7 列出了公差原则的应用场合和示例,供选择时参考。

**表 5.7　公差原则的应用示例**

| 公差原则 | 应　用　场　合 | 示　　　例 |
|---|---|---|
| 独立原则 | 尺寸精度与几何精度分别满足要求 | 齿轮箱体孔的尺寸精度与两孔中心线的平行度;滚动轴承内、外圈滚道的尺寸精度与形状精度;连杆活塞销孔的尺寸精度与圆柱度 |
| | 尺寸精度与几何精度要求相差较大 | 滚筒类零件尺寸精度要求很低,形状精度要求较高;平板的形状精度要求很高,尺寸精度要求较低;通油孔的尺寸有一定精度要求,形状精度无要求 |

续表

| 公差原则 | 应用场合 | 示　例 |
|---|---|---|
| 独立原则 | 尺寸精度与几何精度无联系 | 滚子链条的套筒或滚子内、外圆柱面中心线的同轴度与尺寸精度;发动机连杆上的尺寸精度与孔中心线间的位置精度 |
| | 保证运动精度 | 导轨的形状精度要求严格,尺寸精度一般 |
| | 保证密封性 | 气缸的形状精度要求严格,尺寸精度一般 |
| | 未注尺寸公差或未注几何公差 | 退刀槽、倒角、圆角等非功能要素 |
| 包容要求 | 用于单一要素,保证配合性质 | 保证最小间隙为零,例如孔 $\phi40H7$ 与轴 $\phi40h7$ 的配合 |
| | 尺寸公差与几何公差间无严格比例关系要求 | 一般的孔与轴配合,只要求作用尺寸不超越最大实体尺寸,局部实际尺寸不超越最小实体尺寸 |
| 最大实体要求 | 用于中心要素,保证零件的可装配性 | 轴承盖上用于穿过螺钉的通孔;法兰盘上用于穿过螺栓的通孔 |
| | 保证关联作用尺寸不超越最大实体尺寸 | 关联要素的孔与轴有配合要求,在公差框格的第二格标注"0 Ⓜ" |
| 最小实体要求 | 保证零件强度和最小壁厚 | 孔组中心线在任意方向的位置度公差采用最小实体要求可保证孔组间的最小壁厚 |
| 可逆要求 | 与最大(最小)实体要求联用 | 能充分利用公差带,扩大被测要求局部实际尺寸的变动范围,在不影响使用性能要求的前提下可以选用 |

　　公差原则的可行性与经济性是相对的,在实际选择时应具体问题具体分析。例如,如果孔或轴采用包容要求,形状误差可以从尺寸公差得到补偿,从而使整个尺寸公差带得以充分利用,技术经济效益较高。但另一方面,包容要求所允许的形状误差大小完全取决于实际尺寸偏离最大实体尺寸的数值,如果孔或轴的实际尺寸处处皆为最大实体尺寸,或者接近于最大实体尺寸,那么,它必须具有理想形状或者接近于理想形状才合格,而实际上很难加工出精度如此高的零件。

　　从零件尺寸的大小和检测的方便程度来看,对于中小型零件,按包容要求用最大实体边界控制形状误差便于使用量规检验,但是,对于大型零件,就难以使用笨重的量规检验,这种情况下,选择独立原则将使检测容易实现。

### 5.6.3　几何公差等极的选择

**1. 公差等级**

　　国家标准 GB/T 1184—1996 对一些几何公差项目进行了精度等级的划分,其中:直线度、平面度、平行度、垂直度、倾斜度、同轴度、对称度、圆跳动、全跳动等项目各分 12 级,1 级精度最高,12 级精度最低;圆度、圆柱度项目分 13 级,0 级最高,12 级最低。各项目精度等级及对应公差值见表 5.8 至表 5.11。

表 5.8　直线度和平面度公差值

| 主参数 L/ mm | 公差等级 | | | | | | | | | | | |
|---|---|---|---|---|---|---|---|---|---|---|---|---|
| | 1 | 2 | 3 | 4 | 5 | 6 | 7 | 8 | 9 | 10 | 11 | 12 |
| | 公差值/μm | | | | | | | | | | | |
| ≤10 | 0.2 | 0.4 | 0.8 | 1.2 | 2 | 3 | 5 | 8 | 12 | 20 | 30 | 60 |
| >10~16 | 0.25 | 0.5 | 1 | 1.5 | 2.5 | 4 | 6 | 10 | 15 | 25 | 40 | 80 |
| >16~25 | 0.3 | 0.6 | 1.2 | 2 | 3 | 5 | 8 | 12 | 20 | 30 | 50 | 100 |
| >25~40 | 0.4 | 0.8 | 1.5 | 2.5 | 4 | 6 | 10 | 15 | 25 | 40 | 60 | 120 |
| >40~63 | 0.5 | 1 | 2 | 3 | 5 | 8 | 12 | 20 | 30 | 50 | 80 | 150 |
| >63~100 | 0.6 | 1.2 | 2.5 | 4 | 6 | 10 | 15 | 25 | 40 | 60 | 100 | 200 |
| >100~160 | 0.8 | 1.5 | 3 | 5 | 8 | 12 | 20 | 30 | 50 | 80 | 120 | 250 |
| >160~250 | 1 | 2 | 4 | 6 | 10 | 15 | 25 | 40 | 60 | 100 | 150 | 300 |
| >250~400 | 1.2 | 2.5 | 5 | 8 | 12 | 20 | 30 | 50 | 80 | 120 | 200 | 400 |
| >400~630 | 1.5 | 3 | 6 | 10 | 15 | 25 | 40 | 60 | 100 | 150 | 250 | 500 |

主参数 L 图例

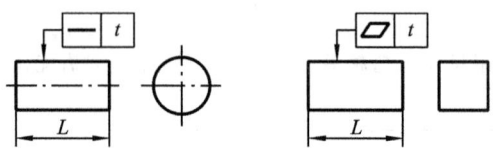

表 5.9　圆度、圆柱度公差值

| 主参数 d(D)/ mm | 公差等级 | | | | | | | | | | | | |
|---|---|---|---|---|---|---|---|---|---|---|---|---|---|
| | 0 | 1 | 2 | 3 | 4 | 5 | 6 | 7 | 8 | 9 | 10 | 11 | 12 |
| | 公差值/μm | | | | | | | | | | | | |
| ≤3 | 0.1 | 0.2 | 0.3 | 0.5 | 0.8 | 1.2 | 2 | 3 | 4 | 6 | 10 | 14 | 25 |
| >3~6 | 0.1 | 0.2 | 0.4 | 0.6 | 1 | 1.5 | 2.5 | 4 | 5 | 8 | 12 | 18 | 30 |
| >6~10 | 0.12 | 0.25 | 0.4 | 0.6 | 1 | 1.5 | 2.5 | 4 | 6 | 9 | 15 | 22 | 36 |
| >10~18 | 0.15 | 0.25 | 0.5 | 0.8 | 1.2 | 2 | 3 | 5 | 8 | 11 | 18 | 27 | 43 |
| >18~30 | 0.2 | 0.3 | 0.6 | 1 | 1.5 | 2.5 | 4 | 6 | 9 | 13 | 21 | 33 | 52 |
| >30~50 | 0.25 | 0.4 | 0.6 | 1 | 1.5 | 2.5 | 4 | 7 | 11 | 16 | 25 | 39 | 62 |
| >50~80 | 0.3 | 0.5 | 0.8 | 1.2 | 2 | 3 | 5 | 8 | 13 | 19 | 30 | 46 | 74 |
| >80~120 | 0.4 | 0.6 | 1 | 1.5 | 2.5 | 4 | 6 | 10 | 15 | 22 | 35 | 54 | 87 |
| >120~180 | 0.6 | 1 | 1.2 | 2 | 3.5 | 5 | 8 | 12 | 18 | 25 | 40 | 63 | 100 |
| >180~250 | 0.8 | 1.2 | 2 | 3 | 4.5 | 7 | 10 | 14 | 20 | 29 | 46 | 72 | 115 |
| >250~315 | 1 | 1.6 | 2.5 | 4 | 6 | 8 | 12 | 16 | 23 | 32 | 52 | 81 | 130 |
| >315~400 | 1.2 | 2 | 3 | 5 | 7 | 9 | 13 | 18 | 25 | 36 | 57 | 89 | 140 |
| >400~500 | 1.5 | 2.5 | 4 | 6 | 8 | 10 | 15 | 20 | 27 | 40 | 63 | 97 | 155 |

主参数 d(D) 图例

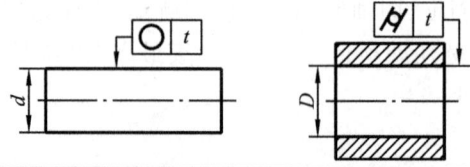

表 5.10　平行度、垂直度、倾斜度公差值

| 主参数<br>L、d(D)／mm | 公差等级 | | | | | | | | | | | |
|---|---|---|---|---|---|---|---|---|---|---|---|---|
| | 1 | 2 | 3 | 4 | 5 | 6 | 7 | 8 | 9 | 10 | 11 | 12 |
| | 公差值／μm | | | | | | | | | | | |
| ≤10 | 0.4 | 0.8 | 1.5 | 3 | 5 | 8 | 12 | 20 | 30 | 50 | 80 | 120 |
| >10~16 | 0.5 | 1 | 2 | 4 | 6 | 10 | 15 | 25 | 40 | 60 | 100 | 150 |
| >16~25 | 0.6 | 1.2 | 2.5 | 5 | 8 | 12 | 20 | 30 | 50 | 80 | 120 | 200 |
| >25~40 | 0.8 | 1.5 | 3 | 6 | 10 | 15 | 25 | 40 | 60 | 100 | 150 | 250 |
| >40~63 | 1 | 2 | 4 | 8 | 12 | 20 | 30 | 50 | 80 | 120 | 200 | 300 |
| >63~100 | 1.2 | 2.5 | 5 | 10 | 15 | 25 | 40 | 60 | 100 | 150 | 250 | 400 |
| >100~160 | 1.5 | 3 | 6 | 12 | 20 | 30 | 50 | 80 | 120 | 200 | 300 | 500 |
| >160~250 | 2 | 4 | 8 | 15 | 25 | 40 | 60 | 100 | 150 | 250 | 400 | 600 |
| >250~400 | 2.5 | 5 | 10 | 20 | 30 | 50 | 80 | 120 | 200 | 300 | 500 | 800 |
| >400~630 | 3 | 6 | 12 | 25 | 40 | 60 | 100 | 150 | 250 | 400 | 600 | 1000 |

主参数 L、d(D)图例

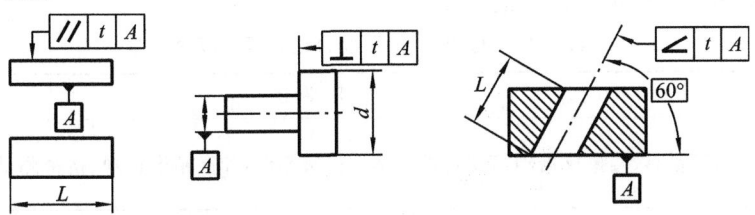

表 5.11　同轴度、对称度、圆跳动和全跳动公差值

| 主参数 B、<br>L、d(D)／mm | 公差等级 | | | | | | | | | | | |
|---|---|---|---|---|---|---|---|---|---|---|---|---|
| | 1 | 2 | 3 | 4 | 5 | 6 | 7 | 8 | 9 | 10 | 11 | 12 |
| | 公差值／μm | | | | | | | | | | | |
| ≤1 | 0.4 | 0.6 | 1 | 1.5 | 2.5 | 4 | 6 | 10 | 15 | 25 | 40 | 60 |
| >1~3 | 0.4 | 0.6 | 1 | 1.5 | 2.5 | 4 | 6 | 10 | 20 | 40 | 60 | 120 |
| >3~6 | 0.5 | 0.8 | 1.2 | 2 | 3 | 5 | 8 | 12 | 25 | 50 | 80 | 150 |
| >6~10 | 0.6 | 1 | 1.5 | 2.5 | 4 | 6 | 10 | 15 | 30 | 60 | 100 | 200 |
| >10~18 | 0.8 | 1.2 | 2 | 3 | 5 | 8 | 12 | 20 | 40 | 80 | 120 | 250 |
| >18~30 | 1 | 1.5 | 2.5 | 4 | 6 | 10 | 15 | 25 | 50 | 100 | 150 | 300 |
| >30~50 | 1.2 | 2 | 3 | 5 | 8 | 12 | 20 | 30 | 60 | 120 | 200 | 400 |
| >50~120 | 1.5 | 2.5 | 4 | 6 | 10 | 15 | 25 | 40 | 80 | 150 | 250 | 500 |
| >120~250 | 2 | 3 | 5 | 8 | 12 | 20 | 30 | 50 | 100 | 200 | 300 | 600 |
| >250~500 | 2.5 | 4 | 6 | 10 | 15 | 25 | 40 | 60 | 120 | 250 | 400 | 800 |
| >500~800 | 3 | 5 | 8 | 12 | 20 | 30 | 50 | 80 | 150 | 300 | 500 | 1000 |

主参数 B、L、d(D)图例

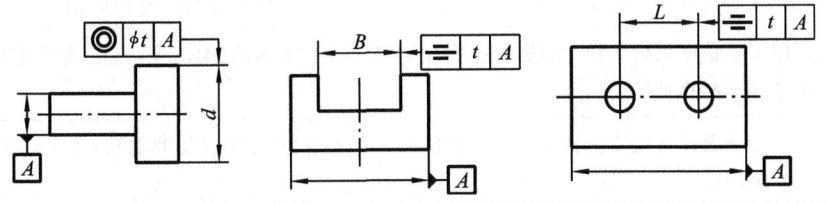

对于位置度,国家标准只规定了公差值数系,而未规定公差等级。

**2. 公差等级及数值的选择**

公差等级选择的原则是:在满足零件功能的前提下,考虑工艺经济性和检测条件,尽量选择较低的精度等级,即较大的几何公差值。

表 5.12 至表 5.15 列出了各种几何公差等级的应用场合。在选择公差等级时还需同时考虑以下四点。

(1) 对同一要素,形状公差值应小于方向公差值,方向公差值应小于位置公差值,即

$$t_{形状} < t_{方向} < t_{位置}$$

(2) 应考虑零件的结构特点和加工的难易程度,在满足零件功能要求的前提下,对于细长轴和孔、距离较大的轴和孔、平面的长度小于宽度的两倍的情况、线对线和线对面相对于面对面的平行度以及线对线、线对面相对于面对面的垂直度公差应适当降低 1～2 级精度。

(3) 对于圆柱形零件,除中心线直线度以外,其形状公差一般情况下应小于尺寸公差。

(4) 选用形状公差等级时应注意协调形状公差与表面粗糙度之间的关系。通常情况下,表面粗糙度的数值占表面形状误差值的 20%～25%。

**表 5.12　直线度、平面度公差等级的应用**

| 公差等级 | 应用举例 |
| --- | --- |
| 1、2 | 用于精密量具、测量仪器和精度要求极高的精密零件,如高精度量规、精密测量仪器的导轨面 |
| 3 | 1 级宽平尺工作面、1 级样板平尺的工作面,测量仪器圆弧导轨,测量仪器的测杆外圆柱面 |
| 4 | 用于量具、测量仪器和高精度机床的导轨,如高精度平面磨床的 V 形导轨、轴承磨床及平面磨床的床身导轨 |
| 5 | 用于 1 级平板,2 级宽平尺,平面磨床的纵导轨、垂直导轨及工作台,液压龙门刨床导轨 |
| 6 | 用于普通机床导轨面,如车床导轨面、铣床的工作台,机床主轴箱的导轨,柴油机机体结合面等 |
| 7 | 用于 2 级平板,机床床头箱体,摇臂钻床底座工作台,减速器壳体结合面,0.02 mm 规格的游标卡尺尺身等 |
| 8 | 用于机床传动箱体,连杆分离面,缸盖结合面,汽车发动机缸盖,减速器壳体等 |
| 9 | 用于 3 级平板,缸盖接合面,车床挂轮架等 |

**表 5.13　圆度、圆柱度公差等级的应用**

| 公差等级 | 应用举例 |
| --- | --- |
| 0、1 | 用于高精度量仪主轴,高精度机床主轴,滚动轴承的滚珠和滚柱 |
| 2 | 用于精密测量仪主轴,精密机床主轴轴颈,喷油泵柱塞及柱塞套 |
| 3 | 用于高精度外圆磨床轴承,磨床砂轮主轴套筒,喷油嘴针、阀体,高精度轴承内、外圈等 |
| 4 | 用于较精密机床主轴、主轴箱孔,高压阀门、活塞、活塞销、阀体孔,高压油泵柱塞,较高精度滚动轴承配合轴等 |
| 5 | 用于一般计量仪器主轴,测杆外圆柱面,一般机床主轴轴颈及轴承孔,与 P6 级滚动轴承配合的轴颈等 |

续表

| 公差等级 | 应用举例 |
|---|---|
| 6 | 用于一般机床主轴及前轴承孔,减速传动轴轴颈,拖拉机曲轴主轴颈,与 P6 级滚动轴承配合的外壳孔 |
| 7 | 用于高速柴油机箱体轴承孔,千斤顶或压力油缸活塞,机车传动轴,水泵及通用减速器转轴轴颈 |
| 8 | 用于低速发动机、大功率曲柄轴轴颈,内燃机曲轴轴颈,柴油机凸轮轴承孔 |
| 9 | 用于空气压缩机缸体,通用机械杠杆与拉杆用套筒销子,拖拉机活塞环、套筒孔 |

**表 5.14　平行度、垂直度、倾斜度、轴向圆跳动公差等级的应用**

| 公差等级 | 应用举例 |
|---|---|
| 1 | 用于高精度机床、测量仪器、量具等主要工作面和基准面 |
| 2、3 | 用于精密机床、测量仪器、量具、夹具的工作面和基准面,精密机床的导轨,普通机床的主要导轨 |
| 4、5 | 用于普通机床导轨,重要支承面,精密机床重要零件,量具工作面和基准面,床头箱体重要孔 |
| 6、7、8 | 用于一般机床的工作面和基准面,滚动轴承内、外圈端面对轴线的垂直度 |
| 9、10 | 用于低精度零件,柴油机、曲轴颈、花键轴和轴肩端面,带式运输机法兰盘等端面对轴线的垂直度 |

**表 5.15　同轴度、对称度、径向跳动公差等级的应用**

| 公差等级 | 应用举例 |
|---|---|
| 1、2 | 用于旋转精度要求很高、尺寸公差高于 1 级的零件,如精密测量仪器的主轴和顶尖,柴油机喷油嘴针阀 |
| 3、4 | 用于机床主轴轴颈,砂轮轴轴颈,汽轮机主轴,测量仪器的小齿轮轴,安装高精度齿轮的轴颈 |
| 5 | 用于机床主轴轴颈,机床主轴箱孔,计量仪器的测杆,涡轮机主轴,高精度滚动轴承外圈,一般精度轴承内圈 |
| 6、7 | 用于汽车后桥输出轴,安装一般精度齿轮的轴颈,普通滚动轴承内圈,印刷机传墨辊的轴颈,键槽 |
| 8、9 | 用于内燃机凸轮轴孔,水泵叶轮,离心泵体,气缸套外径配合面对工作面,运输机机械滚筒表面,自行车中轴 |

**3. 未注几何公差的规定**

GB/T 1184—1996 规定图样上标注的几何公差有两种形式:注出公差值和未注公差值。未注公差值是各类工厂中常用设备能保证的。零件上大部分要素的几何公差值均应遵循未注公差值的要求,不必注出,其几何精度应按下列规定执行。

(1) 对未注直线度、平面度、垂直度、对称度、圆跳动各规定了 H、K、L 三个公差等级,其公差值如表 5.16 至表 5.19 所示。采用规定的未注公差值时应在标题栏附近或技术要求中注出公差等级代号及标准编号,如 GB/T 1184—H。

(2) 未注圆度公差值等于直径公差值,但不能大于表 5.19 中的圆跳动值。

(3) 未注圆柱度公差由圆度、直线度和素线平行度的注出公差或未注公差控制。

(4) 未注平行度公差值等于尺寸公差值或直线度和平面度未注公差值中的较大者。

(5) 未注同轴度的公差值可以和表 5.19 中规定的圆跳动的未注公差值相等。

(6) 未注线、面轮廓度,倾斜度,位置度和全跳动的公差值均应由各要素的注出或未注线性尺寸公差或角度公差控制。

表 5.16　直线度和平面度未注公差值　　　　　　　　　　单位:mm

| 公差等级 | 公称长度范围 | | | | | |
|---|---|---|---|---|---|---|
| | ≤10 | >10~30 | >30~100 | >100~300 | >300~1 000 | >1 000~3 000 |
| H | 0.02 | 0.05 | 0.1 | 0.2 | 0.3 | 0.4 |
| K | 0.05 | 0.1 | 0.2 | 0.4 | 0.6 | 0.8 |
| L | 0.1 | 0.2 | 0.4 | 0.8 | 1.2 | 1.6 |

表 5.17　垂直度未注公差值　　　　　　　　　　单位:mm

| 公差等级 | 公称长度范围 | | | |
|---|---|---|---|---|
| | ≤100 | >30~100 | >300~1000 | >1 000~3 000 |
| H | 0.2 | 0.3 | 0.4 | 0.5 |
| K | 0.4 | 0.6 | 0.8 | 1 |
| L | 0.6 | 1 | 1.5 | 2 |

表 5.18　对称度未注公差值

| 公差等级 | 公称长度范围 | | | |
|---|---|---|---|---|
| | ≤100 | >30~100 | >300~1 000 | >1 000~3 000 |
| H | 0.5 | 0.3 | 0.5 | 0.5 |
| K | 0.6 | 0.6 | 0.8 | 1 |
| L | 0.6 | 1 | 1.5 | 2 |

表 5.19　圆跳动未注公差值

| 公差等级 | 公差值 |
|---|---|
| H | 0.1 |
| K | 0.2 |
| L | 0.3 |

# 5.7　几何误差的检测

## 5.7.1　实际要素的体现

### 1. 用测得要素代替实际要素

在几何误差测量中,可以用测得要素代替实际要素来评定被测要素的几何误差。

如果需要非常准确地得到被测要素的几何误差,必须对该要素作全面的了解,但在实际测量中很难得到完整的被测要素,例如,直线、圆、平面、圆柱面等都是连续的几何要素,对这些连续的几何要素进行全面测量是很难的。考虑到测量精度和检测方便,可以采用替代方式,用测得要素替代实际要素,即可以用测得的有限数据来表征被测要素的全貌。例如:在测量大型零件的直线度误差时,可以对被测要素进行分段测量;测量圆度误差、圆柱度误差时,可以对轮廓按规定均布采样点,然后测量采样点,将测得的采样点的组合看成被测要素。又如,直接测量中心要素的几何误差是很困难的,但是可以对其相应的轮廓进行测量,然后间接地确定实际中心要素的状态。

在实际测量中,采样点数量、采样点的分布方法等都需要根据被测要素的结构特征、精度要求、工艺方法、测量设备、测量条件,以及经济效果等诸因素综合考虑后决定。

**2. 用模拟法体现实际要素**

用测得要素代替实际要素适用于组成要素;对于导出要素,最简便的方法是用模拟法来体现。模拟导出要素是最常用的方法,例如,用心轴体现孔的中心线,用定位块体现槽的中心面,用平板体现平面等。

## 5.7.2 几何公差的检测原则

标准 GB/T 1958—2004 中规定了五种检测原则,具体内容如下。

**1. 与拟合要素比较原则**

该原则是将被测提取要素与其拟合要素相比较,量值由直接法或间接法获得。

在实际测量中,拟合要素可用模拟方法获得。例如:刀口尺的刃口、平尺的轮廓线、一条拉紧的弦线、一束光线等都可用于模拟直线;平台和平板的工作面、样板的轮廓面等可以模拟平面。该检测原则的具体应用示例如表 5.20 所示。

表 5.20  与拟合要素比较原则的检测方案

| 检测项目 | 检测示意图 | 量值获得 | 说　　明 |
|---|---|---|---|
| 直线度 | | 间接法 | 自准直仪发出的光束为拟合直线。测量时反射镜在被测直线上按顺序间歇地从一端移到另一端,光线反射到目镜中的变化即反映被测直线的直线度误差 |

用模拟法体现拟合要素时,模拟实物本身的误差将直接反映到测得结果中,是测量总误差的重要组成部分。因此,拟合要素必须具有足够的精度。

**2. 测量坐标值原则**

该原则是将被测提取要素置于某坐标系,如直角坐标系、极坐标系或圆柱坐标系等中,对被测提取要素进行布点采样,获取该被测提取要素上各采样点的坐标值,经过数据处理后获得几何误差。测量坐标值原则是几何误差中的重要测量原则,在轮廓度和位置度误差的测量中应用尤其广泛。表 5.21 所示为该测量原则的具体应用。

**表 5.21　测量坐标值原则应用示例**

| 检测项目 | 检测示意图 | 坐 标 系 | 说　　明 |
|---|---|---|---|
| 直线度 | 采样点 $M_i(x_i,y_i)$ 提取直线 | 平面坐标系 | 在坐标系中对提取直线等距布点、测量，根据各点坐标值（$x_i$，$y_i$）求直线度误差 |
| 平面度 | 采样点 $M_i(x_i,y_i,z_i)$ 提取平面 | 空间坐标系 | 在坐标系中对提取表面布点、测量，根据各点坐标值（$x_i$，$y_i$，$z_i$）求平面度误差 |

**3. 测量特征参数原则**

该原则是指测量提取要素上能直接反映几何误差的代表性参数（即特征参数）来表示几何误差值。例如，对于回转体，其直径就是圆度误差的特征参数，所以，在圆度误差测量时，可以用千分尺或游标卡尺测量回转体任一截面的直径，那么，两次测量直径之差的一半就是该截面内的圆度误差。为了使测量结果更合理，可以在同一截面内或者对不同截面进行多次测量，最后取其最大直径与最小直径差值的一半作为圆度误差。

值得注意的是，应用该原则得到的几何误差是一个近似值，因为，特征参数的变动量与几何误差之间一般没有确定的函数关系，但是，该检测原则可使测量设备简单，测量过程容易实现，并且有较好的经济效果，所以是一种应用较为普遍的检测原则。

**4. 测量跳动原则**

该原则是指在被测提取要素绕基准中心线回转过程中沿给定方向测量其对某参考点或线的变动量。图 5.65(a)所示为测量圆跳动示意图，被测工件绕基准中心线无轴向移动回转一周时，由位置固定的指示计在给定方向上测得的最大与最小示值之差即为圆跳动。根据测量方向的不同，圆跳动分径向圆跳动和轴向圆跳动。径向圆跳动测量方向垂直于基准中心线，轴向圆跳动测量方向平行于基准中心线。

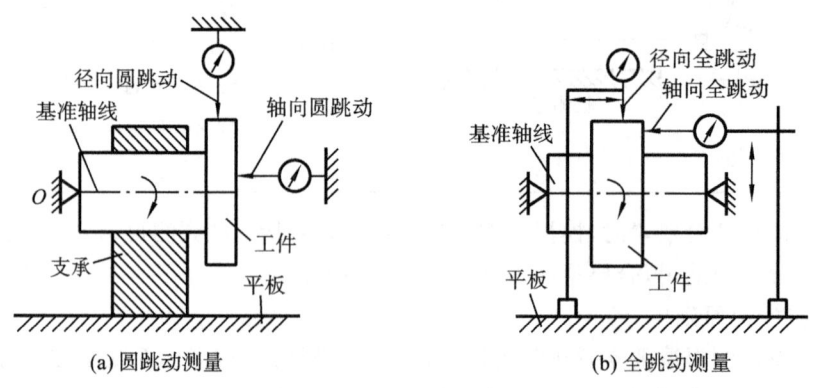

(a) 圆跳动测量　　　　　　　(b) 全跳动测量

**图 5.65　测量跳动原则**

图 5.65(b)所示为全跳动测量示意图。与测量圆跳动不同，在全跳动测量中，被测提取要素绕基准中心线无轴向移动回转，同时，指示计沿给定方向移动（或者是被测提取要素每回转

一周,指示计沿给定方向作间断移动),指示计在给定方向上测得的最大与最小示值之差即为全跳动。相对于圆跳动,全跳动更能全面地反映被测提取要素整个轮廓上的几何误差。

**5. 控制实效边界原则**

该原则用于检验被测提取要素是否超过实效边界,适用于采用包容要求、最大实体要求的场合。如果被测要素满足最大实体要求,那么,被测提取要素不得超越图样上给定的最大实体实效边界。判断被测提取要素是否超越最大实体实效边界的有效方法是用综合量规来检验,即用光滑极限量规或位置量规的工作表面来体现图样上给定的最大实体边界或最大实体实效边界。若被测要素的提取轮廓能通过量规,则表示合格,否则不合格。

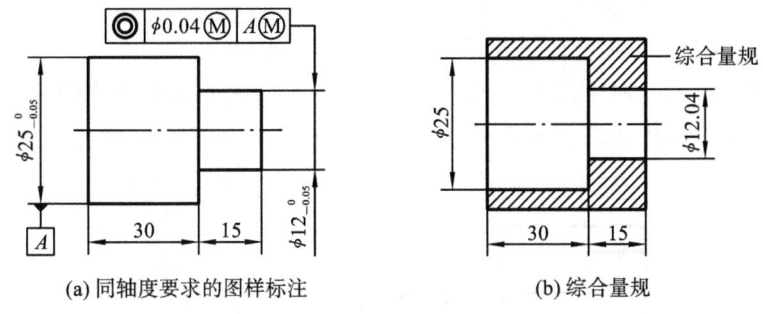

(a) 同轴度要求的图样标注　　　　　(b) 综合量规

**图 5.66　控制实效边界原则**

图 5.66(a)表示 $\phi 12$ mm 轴中心线对 $\phi 25$ mm 轴中心线有同轴度要求,并且 $\phi 12$ mm 轴圆柱轮廓不能超出其最大实体实效边界,边界尺寸为 $\phi 12.04$ mm。图 5.66(b)所示为测量该轴的综合量规。如果工件能通过综合量规表示其合格,否则不合格。

## 5.7.3　形状误差的检测

在形状误差测量中,普遍采用的方法是将被测要素与理想要素相比较,以两者之间的最大偏差量作为形状误差。理想要素可以用实物如刀口尺、平尺、光线、平板、回转中心线等来体现,通过使用不同测量工具来检测实际要素相对模拟理想要素的变动量。当被测要素尺寸较小时,可直接进行比较测量。图 5.67(a)是测量截面直线度误差示意图,用刀口尺作为理想要素。测量时将刀口尺的工作面与被测截面线直接接触,调整刀口尺使两者之间的最大间隙最小,此时的最大间隙就是被测要素的直线度误差,误差的大小可以根据光隙判定。当光隙较小时,可按标准光隙估读,标准光隙确定如图 5.67(b)所示;当光隙较大时,可用塞尺测量。

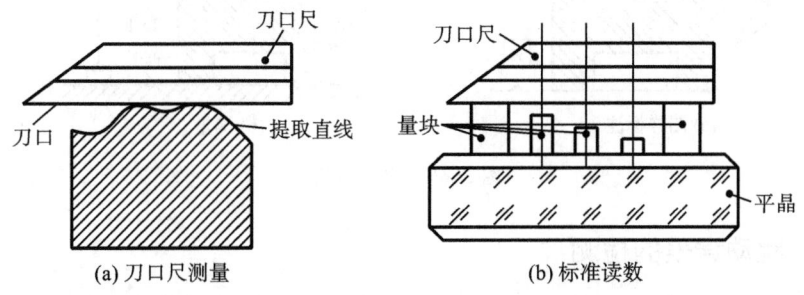

(a) 刀口尺测量　　　　　　　(b) 标准读数

**图 5.67　直线度误差的绝对测量**

对较大尺寸零件的测量,可以先在被测要素上均匀分布采样点,用测量工具如水平仪、自准直仪、指示计等测出每一采样点的相对读数,最后通过数据处理求出形状误差。

### 5.7.4 方向、位置误差的检测

方向、位置误差的测量涉及被测要素和基准要素。

**1. 基准要素的处理**

对基准要素的处理常用三种方法:第一,直接以基准要素作为基准测量被测要素,这种方法适用于基准要素表面形状误差较小的零件;第二,模拟基准,这种方法在实际测量中应用广泛;第三,先对基准要素的形状误差进行测量,经过数据处理后得到基准要素的理想方位从而确定基准,这种方法适用于精确测量。

**2. 关联被测要素的测量**

1) 直接以基准要素为基准的测量

如图 5.68 所示,测量时带指示计的测量架在基准要素表面上移动,测量整个被测表面,取指示计的最大与最小示值之差作为该零件的平行度误差。

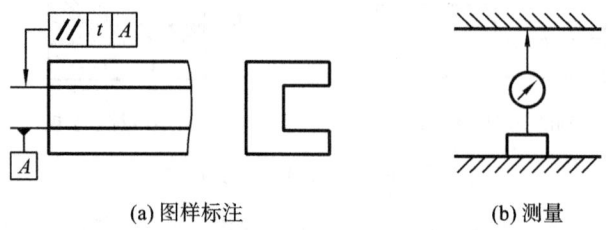

(a) 图样标注　　　　　　　(b) 测量

**图 5.68 以实际要素为基准的误差测量**

2) 模拟基准要素的测量

如图 5.69 所示,将被测零件直接放置在平板上,被测中心线用心轴模拟。在测量距离为 $L_1$ 的两个位置 $O_1$、$O_2$ 上测得的示值分别为 $M_1$、$M_2$,则平行度误差为

$$f = \frac{L_1}{L_2} \mid M_1 - M_2 \mid$$

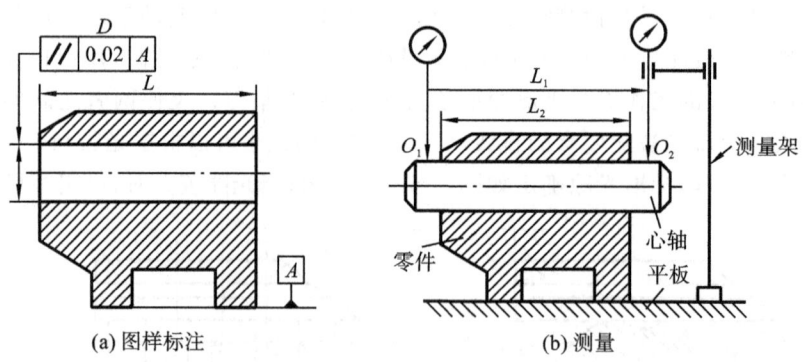

(a) 图样标注　　　　　　　(b) 测量

**图 5.69 模拟基准**

### 5.7.5 跳动误差的检测

**1. 圆跳动测量**

1) 径向圆跳动测量

径向圆跳动测量如图 5.70(a) 所示。将被测工件安装在与两中心线等高的孔内,一侧加

顶尖以防工件轴向移动。测量在垂直于基准中心线的任一测量平面内进行,当被测工件回转一周时,指示计示值的最大差值即为单个截面的径向圆跳动误差。如此测量若干个截面,取各截面径向圆跳动误差的最大值作为该零件的径向圆跳动误差。径向跳动公差的标注如图 5.70(b)所示。

2) 轴向圆跳动测量

轴向圆跳动测量如图 5.70(d)所示。将被测工件安放在体现基准中心线的孔内,测量在沿着基准中心线方向进行,当被测工件回转一周时,指示计的示值最大差值即为单个测量圆柱面上的轴向圆跳动误差。如此在若干个测量圆柱面上进行测量,取各个测量圆柱面上的轴向圆跳动误差的最大值作为该工件的轴向圆跳动误差。轴向跳动公差的标注如图 5.70(d)所示。

**2. 全跳动测量**

全跳动误差测量与圆跳动误差测量的安装方式相同,但测量中的运动不同。测量径向全跳动误差时,被测工件需要作绕基准中心线的无轴向移动的连续回转运动,同时指示计缓慢地沿基准中心线方向移动,最大读数差即为径向全跳动误差(见图 5.70(a));测量轴向全跳动误差时,被测工件作绕基准中心线的无轴向移动的连续回转运动,同时指示计沿与基准中心线垂直方向缓慢移动,最大读数差即为轴向全跳动误差(见图 5.70(c))。

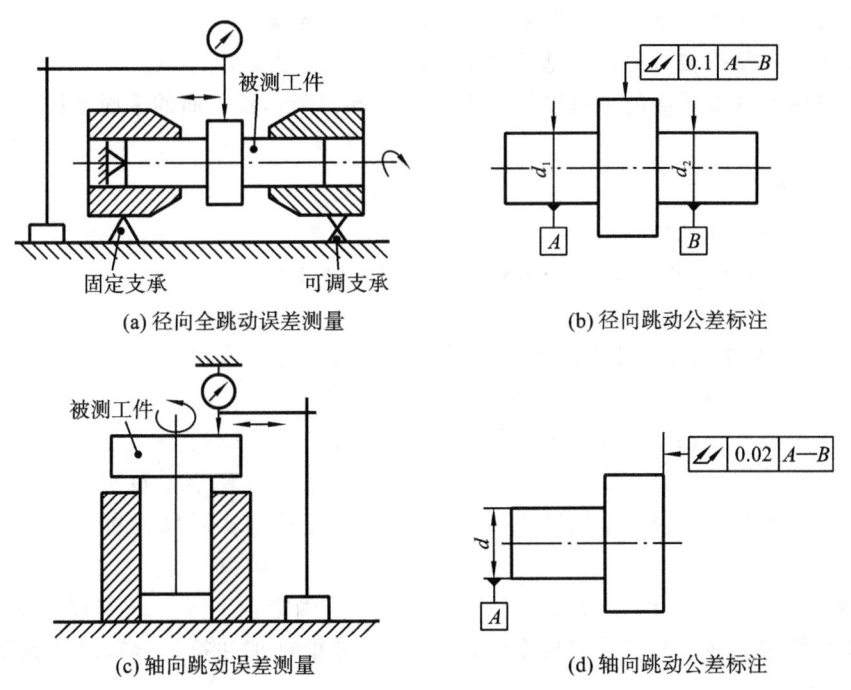

(a) 径向全跳动误差测量　　　　　　　(b) 径向跳动公差标注

(c) 轴向跳动误差测量　　　　　　　(d) 轴向跳动公差标注

**图 5.70　跳动误差的测量**

# 习　　题

**5.1　填空题**

(1) 与尺寸公差带相比,几何公差带的内涵更丰富,有四大特征,分别是_____、_____、_____和_____。

（2）在几何误差评定中，拟合要素的确定原则是_____。

（3）一般情况下，按近似评定方法得到的形状误差值_____按最小条件得到的值。

（4）轴向跳动误差中包含_____误差和_____误差。

（5）确定零件直线度和平面度公差值的主参数是_____。

（6）通常，涡轮机主轴径向跳动公差选_____级，空气压缩机缸体的圆柱度公差选_____级。

（7）以测量方法定义的几何公差项目是_____。

（8）实际要素的体现方法有两种，即_____法和_____法。

（9）包容要求适用于_____要素。

（10）公差带形状为一圆柱区域的被测要素一定是_____。

## 5.2　判断题

（1）只有对要素有较高的几何精度要求时才需要在图样上进行标注。　　　　　　（　　）

（2）最大实体要求和最小实体要求只适用于导出要素。　　　　　　　　　　　（　　）

（3）位置公差可同时控制方向误差和形状误差。　　　　　　　　　　　　　　（　　）

（4）轴向跳动公差项目与平面对轴线的垂直度公差项目可以互相替代。　　　　（　　）

（5）位置公差中的基准由理论正确尺寸确定。　　　　　　　　　　　　　　　（　　）

（6）对称度的被测要素和基准要素一定是同一中心要素。　　　　　　　　　　（　　）

（7）最小条件是指被测要素对基准要素的最大变动量为最小。　　　　　　　　（　　）

（8）某平面对基准平面的平行度误差为 0.05 mm，那么，该平面的平面度误差一定不大于 0.05 mm。　　　　　　　　　　　　　　　　　　　　　　　　　　　　　　　　（　　）

## 5.3　选择题

（1）最大实体边界是指_____。

A. 轮廓尺寸为最大极限尺寸，导出要素误差为给定公差

B. 轮廓尺寸为最大极限尺寸，导出要素误差等于零

C. 轮廓尺寸为最大实体尺寸，导出要素误差为给定公差

D. 轮廓尺寸为最大实体尺寸，导出要素误差等于零

（2）国家标准将同轴度公差等级划分为_____级。

A. 20　　　　　　　　B. 18　　　　　　　　C. 13　　　　　　　　D. 12

（3）尺寸公差与几何公差采用独立原则时，零件加工后的实际尺寸和几何误差中有一项超差，则该零件_____。

A. 合格　　　　　　B. 不合格　　　　　　C. 无法确定　　　　　D. 可以使用

（4）在零件图上标注几何公差要求时，若几何公差值前加注符号"$\phi$"，则被测要素的公差带形状一定为_____。

A. 两同心圆环　　　　B. 两同轴圆柱面　　　C. 圆柱　　　　　　　D. 球

（5）一被测实际轴线上各点相对于基准轴线的距离最大值为 $+5$ $\mu m$，最小值为 $-2$ $\mu m$，则该被测轴线同轴度误差为_____。

A. 5 $\mu m$　　　　　　B. 2 $\mu m$　　　　　　C. 10 $\mu m$　　　　　D. 7 $\mu m$

（6）为使测量方便，端面相对轴线的垂直度误差可以用_____项目来控制。

A. 垂直度　　　　　　B. 轴向跳动　　　　　C. 径向跳动　　　　　D. 同轴度

（7）为最大限度保证零件的可装配性，通常需对其导出要素提出_____。

A. 可逆要求　　　　　B. 包容要求　　　　　C. 最大实体要求　　　D. 最小实体要求

（8）最小实体尺寸是指_____。

A. 孔、轴的最大极限尺寸　　　　　　　　　　B. 孔的最小极限尺寸、轴的最大极限尺寸

C. 孔、轴的最小极限尺寸　　　　　　　　　　D. 孔的最大极限尺寸、轴的最小极限尺寸

### 5.4　简答题

（1）径向圆跳动测量和轴向圆跳动测量分别可以测量哪些几何误差？

（2）最大实体状态和最大实体实效状态的区别有哪些？

（3）当被测要素满足包容要求时，其合格性的判断条件是什么？

（4）基准形式有哪几种？什么是三基面体系？

（5）几何公差带有哪几种形式？

### 5.5　标注题

请将下列要求标注在图 5.71 上。

（1）直径为 $d_3$ 轴的圆度公差为 0.006 mm，端面 $A$ 的平面度公差为 0.01 mm。

（2）直径为 $d_2$ 轴的外圆尺寸要求为 $\phi100h7$，实行独立原则。直径为 $d_3$ 轴的尺寸为 $\phi40$ m7，实行包容要求。

（3）端面 $B$ 对端面 $A$ 平行度公差为 0.02 mm。

（4）直径为 $d_3$ 轴的轴线对端面 $A$ 的垂直度公差为 0.01 mm。

（5）两个直径为 $d_1$ 轴的轴线对其公共轴线的同轴度要求为 0.01 mm。

（6）直径为 $d_3$ 轴对两个直径为 $d_1$ 轴公共轴线的径向圆跳动公差为 0.015 mm。

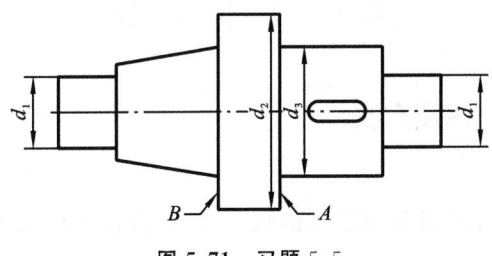

**图 5.71　习题** 5.5

# 第6章 产品几何技术规范(GPS)——表面结构

**教学提示** 表面粗糙度参数值对机械零件的使用性能和寿命有着直接的影响,是评定产品质量的重要指标。在保证零件尺寸精度、几何精度的同时,也要对表面粗糙度提出相应的要求,正确地选择表面粗糙度参数,并标注在零件图上,同时选择合理的参数评定方法。

实际零件的表面结构包括形状误差、粗糙度和波纹度等,其中粗糙度和波纹度属于微观几何形状误差,它们严重影响产品的质量和使用寿命。因此,在产品技术文件中必须对表面结构提出要求。本章重点介绍表面粗糙度,涉及的国家标准如下。

(1) GB/T 10610—2009《产品几何技术规范(GPS) 表面结构 轮廓法 评定表面结构的规则和方法》。

(2) GB/T 3505—2009《产品几何技术规范(GPS) 表面结构 轮廓法 术语、定义及表面结构参数》。

(3) GB/T 1031—2009《产品几何技术规范(GPS) 表面结构 轮廓法 表面粗糙度参数及其数值》。

## 6.1 基 本 概 念

### 6.1.1 表面结构术语及定义

**1. 表面结构**

表面结构是由实际表面的重复或偶然的偏差所形成的表面三维形貌,它包含表面粗糙度、表面波纹度、形状误差、纹理方向和表面缺陷,如图 6.1 所示,其中,图 6.1(a)所示为一实际零件(轴套),图 6.1(b)所示为对该零件沿径向、轴向剖面的表面结构示意图。

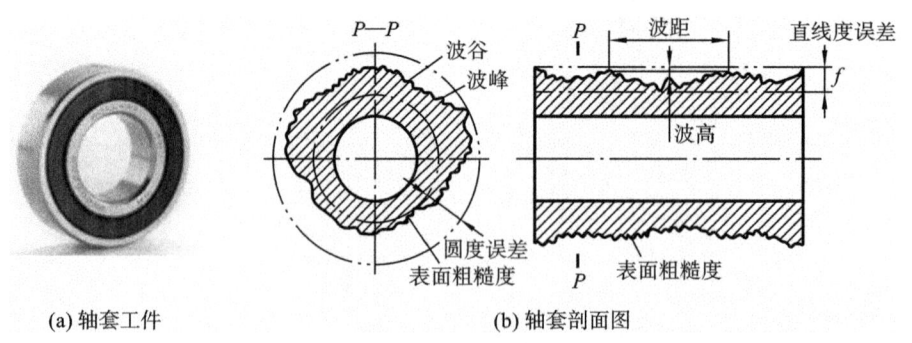

(a) 轴套工件　　　　　　　　　　　(b) 轴套剖面图

**图 6.1 表面结构**

**2. 表面轮廓**

对实际表面几何特征的研究通常是用轮廓法进行的。

一个指定平面与实际表面相交所得到的轮廓称为表面轮廓,如图 6.2(a)所示。表面轮廓由粗糙度轮廓、波纹度轮廓和形状轮廓叠加而成,图 6.2(b)所示为从表面轮廓中分离出来的粗糙度轮廓、波纹度轮廓、原始轮廓示意图。

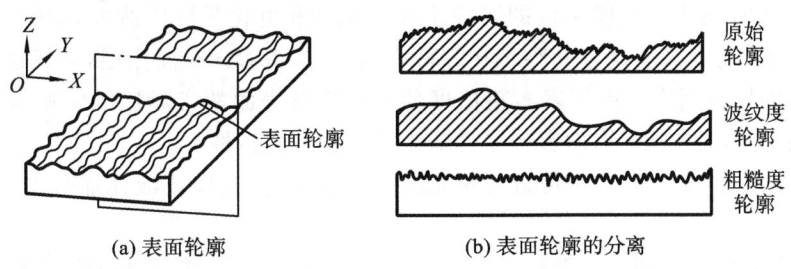

(a) 表面轮廓　　　　　　　　(b) 表面轮廓的分离

**图 6.2　表面几何特征**

### 3. 轮廓参数

国家标准以波长为基础,将表面轮廓划分为粗糙度轮廓、波纹度轮廓和原始轮廓三种轮廓,规定了三类参数,即 $R$ 参数、$W$ 参数和 $P$ 参数,在此基础上建立了一系列参数,用于定量地描述对表面结构的要求,对有关参数值用仪器进行检测以评定实际表面是否合格。

每种轮廓都定义了一定的波长范围,这个波长范围称为该轮廓的传输带。传输带用截止短波波长值和截止长波波长值表示,例如,0.0025~0.8 mm。

国标 GB/T 3505—2009 规定,在测量粗糙度、波纹度和原始轮廓的仪器中使用三种轮廓滤波器,其中,$\lambda s$ 轮廓滤波器用于确定存在于表面上粗糙度与比它更短的波形成的轮廓;$\lambda c$ 轮廓滤波器用于确定粗糙度与波纹度之间形成的轮廓;$\lambda f$ 轮廓滤波器用于确定存在于表面上的波纹度与比它更长的波形成的轮廓。

## 6.1.2　表面粗糙度产生原因

表面粗糙度是指加工表面具有的较小间距和峰谷所组成的微观几何形状特性,产生的主要原因如下。

(1) 刀具　由于刀具切削刃的几何形状、几何参数、进给运动及切削刃本身的粗糙度等原因,在已加工表面遗留下残留面积,残留面积的高度构成了表面粗糙度。

(2) 积屑瘤　在已加工表面上,积屑瘤能刻画出纵向的沟纹,且破碎脱落时黏附在已加工表面上。

(3) 鳞刺　用高速钢刀具低速切削时在已加工表面上常出现鳞片状的毛刺。

(4) 振动　切削过程中的振动使表面粗糙度有显著的变化。

此外,加工时的排屑状况、机床设备的精度和刚度等也会影响已加工表面的表面粗糙度。

## 6.1.3　表面粗糙度对零件使用性能的影响

零件表面粗糙度的大小对其使用性能有很大影响,主要表现在以下几方面。

(1) 零件表面的耐磨性　当两个零件接触时往往是一部分峰顶接触,实际接触面积比理论接触面积要小,单位面积上压力增大,凸峰部分容易产生塑性变形而被折断或剪切,导致磨损加快。

(2) 零件配合性质的稳定性　对有相对运动的间隙配合而言,因相对运动产生磨损,实际间隙会逐渐加大;对过盈配合而言,在装配压入过程中,会将凸峰挤平,减小实际有效过盈,降低连接强度。

（3）零件的抗疲劳强度　零件表面越粗糙，对应力集中越敏感。若零件受到交变应力作用，零件表面凹陷处容易产生应力集中而引起零件损坏。

（4）零件的耐蚀性　金属零件的腐蚀主要由化学和电化学反应造成，如钢铁的锈蚀。越粗糙的零件表面，腐蚀介质越容易存积在零件表面凹谷，再渗入金属内层，造成锈蚀。

（5）零件的接触刚度　由于表面粗糙度使两个接触表面的实际接触面积减少，受力后局部变形增大，降低接触刚度，因而影响零件的工作精度和抗振性。

（6）零件的密封性　粗糙的表面之间无法严密地贴合，气体或液体通过接触面间的缝隙发生渗漏。

此外，表面粗糙度对零件的镀涂层、导热性和接触电阻、反射能力和辐射性能、液体和气体流动的阻力、导体表面电流的流通、测量精度等都有不同程度的影响。

## 6.2　表面粗糙度的评定

### 6.2.1　基本术语

测量和评定表面粗糙度轮廓时，应规定取样长度、评定长度、轮廓中线和几何参数。当没有指定测量方向时，测量截面的方向与表面粗糙度轮廓幅度参数的最大值相一致，该方向垂直于被测表面的加工纹理，即垂直于表面主要加工痕迹的方向。

**1. 中线**

中线是指具有几何轮廓形状并划分轮廓的基准线。轮廓中线有以下两种。

1）轮廓的最小二乘中线

轮廓的最小二乘中线是根据实际轮廓用最小二乘法来确定的。如图6.3所示，在一个取样长度范围内，使轮廓上各点至该线距离的平方和为最小，即

$$\sum_{i=1}^{n} y_i^2 = \min \tag{6.1}$$

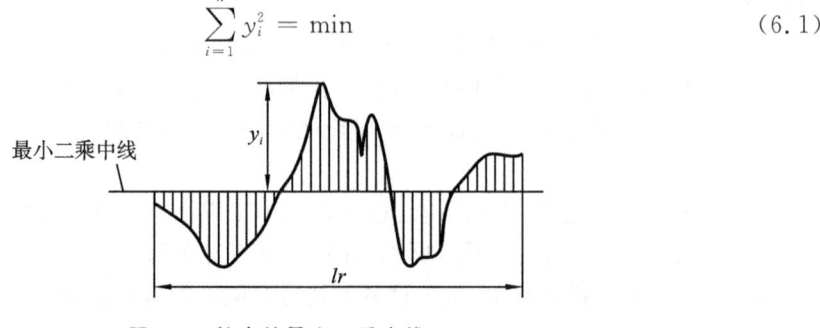

图6.3　轮廓的最小二乘中线

2）轮廓的算术平均中线

轮廓的算术平均中线是在取样长度范围内，将实际轮廓划分上、下两部分，且使上、下面积相等的直线，如图6.4所示，即

$$\sum_{i=1}^{n} F_i = \sum_{i=1}^{n} G_i \tag{6.2}$$

轮廓算术平均中线往往不是唯一的，在一簇算术平均中线中只有一条与最小二乘中线重合。在实际评定和测量表面粗糙度时，使用图解法时可用算术平均中线代替最小二乘中线。

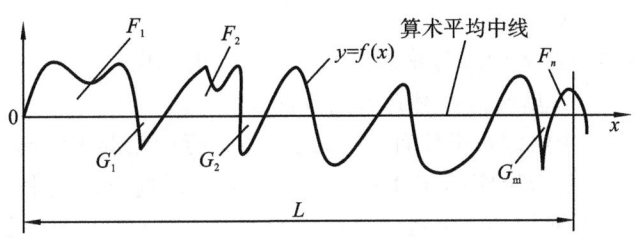

**图 6.4　轮廓的算术平均中线**

**2. 取样长度 $lr$**

取样长度 $lr$ 是评定表面粗糙度时所取的一段基准线长度。规定取样长度的目的在于限制和减弱其他几何形状误差,特别是表面波纹度对测量结果的影响。一般在一个取样长度 $lr$ 内应包含五个以上的波峰和波谷。

**3. 评定长度 $ln$**

评定长度 $ln$ 是评定表面轮廓所必需的一段长度。评定长度包括一个或几个取样长度,由于零件表面各部分的表面粗糙程度不一定很均匀,在一个取样长度上往往不能合理地反映某一表面粗糙度特征,故需在表面上取几个取样长度来评定表面粗糙度(如图 6.5 所示)。一般取 $ln=5lr$,如被测表面均匀性较好,测量时可选 $ln<5lr$,表面均匀性差,可选 $ln>5lr$。

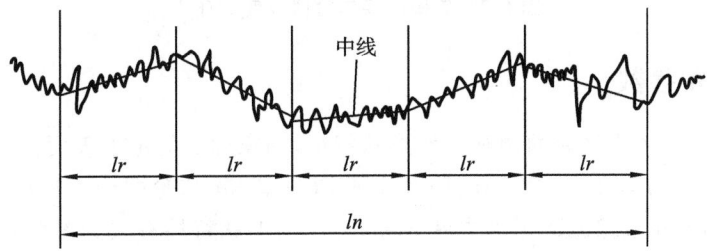

**图 6.5　取样长度和评定长度**

**4. 几何参数**

1) 轮廓单元

轮廓单元是指一个轮廓峰和其相邻的一个轮廓谷的组合,如图 6.6 所示。

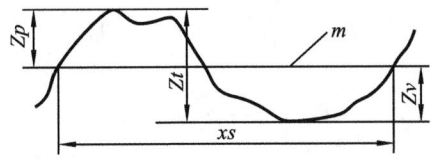

**图 6.6　轮廓单元**

2) 轮廓峰高 $Zp$

轮廓峰高是指轮廓与轮廓中线 $m$ 相交时,轮廓最高点到轮廓中线的距离。

3) 轮廓谷深 $Zv$

轮廓谷深是指轮廓与轮廓中线 $m$ 相交时,轮廓最低点到轮廓中线的距离。

4) 轮廓单元的高度 $Zt$

轮廓单元的高度是指轮廓单元的轮廓峰高与轮廓谷深之和。

5）轮廓单元的宽度 $Xs$

轮廓单元的宽度是指轮廓中线与轮廓单元相交线段的长度。

6）在水平位置 $c$ 上，轮廓的实体材料长度 $Ml(c)$

如图 6.7 所示，在一个给定水平位置 $c$ 上，用一条平行于轮廓中线与轮廓单元相截，所获得的各段截线长度之和，称为轮廓的实体材料长度 $Ml(c)$。这里，$c$ 为轮廓水平截距，即轮廓的峰顶线和平行于它并与轮廓相交的截线之间的距离。轮廓的实体材料长度 $Ml(c)$ 可用公式表示为

$$Ml(c) = \sum_{i=1}^{n} Ml_i \tag{6.3}$$

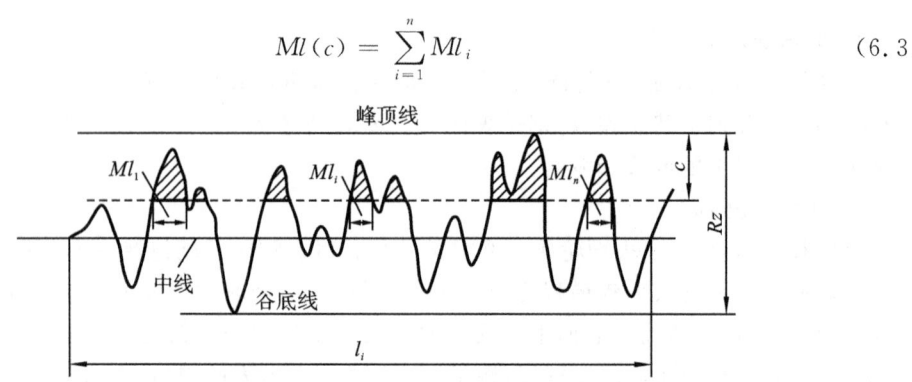

图 6.7　轮廓的实体材料长度 $Ml(c)$

## 6.2.2　评定参数

为了能够定量描述零件表面微观几何形状特征，国家标准规定了表面粗糙度评定参数，它包括两个与高度特性有关的参数，即轮廓算术平均偏差 $Ra$ 和轮廓最大高度 $Rz$；一个与间距特性有关的参数，即轮廓单元的平均宽度 $Rsm$；一个与形状特性有关的参数，即轮廓的支承长度率 $Rmr(c)$。

**1. 与高度特性有关的参数（幅度参数）**

1）轮廓算术平均偏差 $Ra$

如图 6.8 所示，轮廓算术平均偏差 $Ra$ 是指在取样长度 $lr$ 内，被测实际轮廓上各点至轮廓中线距离绝对值的算术平均值，即

$$Ra = \frac{1}{lr} \int_0^{lr} |y(x)| \, dx \tag{6.4}$$

或近似为
$$Ra = \frac{1}{n} \sum_{i=1}^{n} |y_i|$$

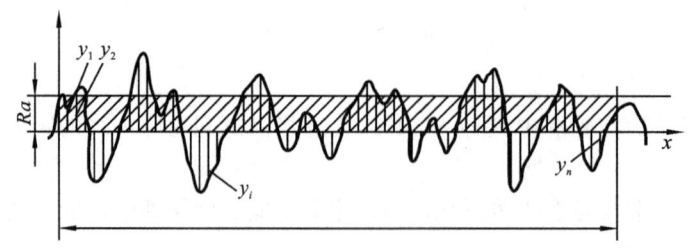

图 6.8　轮廓算术平均偏差

式中:$y$——轮廓偏距(轮廓上各点至基准线的距离);$y_i$——第 $i$ 点的轮廓偏距($i=1,2,\cdots,n$)。

$Ra$ 数值越大,则表面越粗糙。它能充分反映表面微观几何形状高度方面的特性,但因受计量器具功能的限制,不用做过于粗糙或太光滑表面的评定参数。

2)轮廓最大高度 $Rz$

如图 6.9 所示,轮廓最大高度 $Rz$ 是在一个取样长度范围内,最大轮廓峰高 $Zp$ 与最大轮廓谷深 $Zv$ 之和,用符号 $Rz$ 表示,即

$$Rz = Zp + Zv \tag{6.5}$$

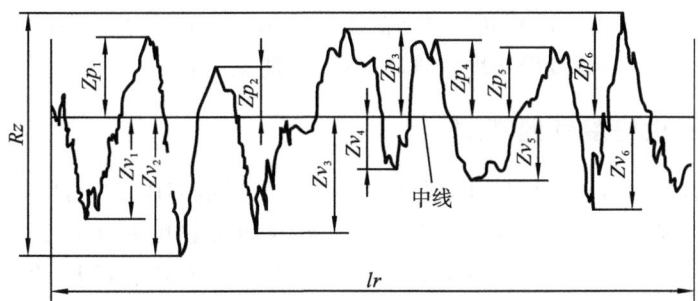

图 6.9　轮廓最大高度

**2. 与间距特性有关的参数(间距参数)——轮廓单元的平均宽度 $Rsm$**

如图 6.10 所示,轮廓单元的平均宽度 $Rsm$ 是指在一个取样长度 $lr$ 范围内所有轮廓单元的宽度 $Xsi$ 的平均值,轮廓单元的宽度 $Xsi$ 指在一个取样长度 $lr$ 范围内,中线与各个轮廓单元相交线段的长度,即

$$Rsm = \frac{1}{n}\sum_{i=1}^{n} x_{si} \tag{6.6}$$

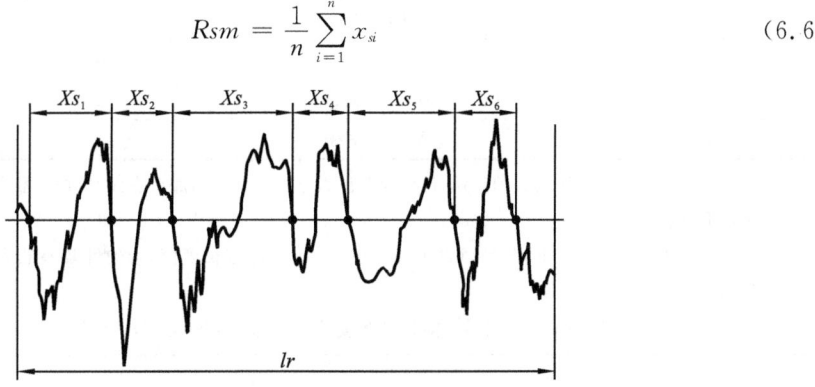

图 6.10　轮廓单元的平均宽度

**3. 与形状特性有关的参数(曲线参数)——轮廓的支承长度率 $Rmr(c)$**

如图 6.11 所示,轮廓单元的平均宽度 $RS_m$ 是指在给定位置 $c$ 上,轮廓的实体材料长度 $Ml(c)$ 与评定长度 $ln$ 的比率。即

$$Rmr(c) = \frac{Ml(c)}{ln} \tag{6.7}$$

轮廓的支承长度率 $Rmr(c)$ 与零件的实际轮廓形状有关,是反映零件表面耐磨性能的指标。轮廓的实体材料长度 $Ml(c)$ 与轮廓的水平截距 $c$ 有关。轮廓的支承长度率 $Rmr(c)$ 应该对应于水平截距 $c$ 给出。$c$ 值多采用轮廓最大高度 $Rz$ 的百分数表示。对于不同的实际轮廓

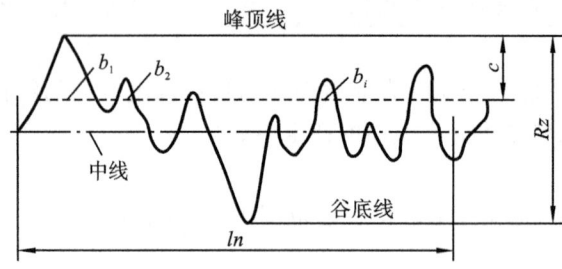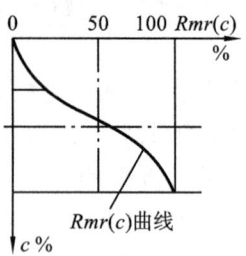

**图 6.11　轮廓的支承长度率**

形状,在相同的评定长度内给出相同的水平截距 $c$,$Rmr(c)$ 越大,表示零件表面凸起的实体部分越大,承载面积越大,因而接触刚度就越高,耐磨性能就越好。

### 6.2.3　表面粗糙度数值规定

表面粗糙度的参数值已经标准化,设计时应按国家标准 GB/T 1031—2009 规定,从参数系列中选取。国标规定采用中线制评定表面粗糙度,表面粗糙度的评定参数一般从 $Ra$、$Rz$ 中选取,在常用的参数值范围内,优先选用 $Ra$。如果零件表面有功能要求,除选用上述高度特征参数外,还可选用附加的评定参数如间距特征参数和形状特征参数等。取样长度 $lr$ 和评定长度 $ln$ 的数值列于表 6.1。$Ra$、$Rz$ 和 $Rsm$ 的规范数值分为主系列和补充系列,其主系列数值分别列于表 6.2 至表 6.4。轮廓支承长度率 $Rmr(c)$ 的数值列于表 6.5。

**表 6.1　$lr$ 和 $ln$ 的数值**(摘自 GB/T 1031—2009)

| $Ra/\mu m$ | $Rz/\mu m$ | $lr/mm$ | $ln/mm(ln=5lr)$ |
|---|---|---|---|
| $\geqslant 0.008 \sim 0.02$ | $> 0.025 \sim 0.10$ | 0.08 | 0.4 |
| $> 0.02 \sim 0.10$ | $> 0.10 \sim 0.50$ | 0.25 | 1.25 |
| $> 0.10 \sim 2.0$ | $> 0.50 \sim 10.0$ | 0.8 | 4.0 |
| $> 2.0 \sim 10.0$ | $> 10.0 \sim 50.0$ | 2.5 | 12.5 |
| $> 10.0 \sim 80.0$ | $> 50.0 \sim 320$ | 8.0 | 40.0 |

注:①对于微观不平度间距较大的端铣、滚铣及其他大进给走刀量的加工表面,应按标准中规定的取样长度系列选取较大的取样长度值;

②如被测表面均匀性较好,测量时也可选用小于 $5lr$ 的评定长度值,均匀性较差的表面可选用大于 $5lr$ 的评定长度值。

**表 6.2　轮廓算术平均偏差 $Ra$ 的数值**(摘自 GB/T 1031—2009)　　　　　(单位:$\mu m$)

| $Ra$ | 0.012 | 0.20 | 3.2 | 50 |
|---|---|---|---|---|
| | 0.025 | 0.40 | 6.3 | 100 |
| | 0.050 | 0.80 | 12.5 | |
| | 0.100 | 1.60 | 25 | |

**表 6.3　轮廓最大高度 $Rz$ 的数值**(摘自 GB/T 1031—2009)　　　　　(单位:$\mu m$)

| $Rz$ | 0.025 | 0.4 | 6.3 | 100 | 1600 |
|---|---|---|---|---|---|
| | 0.050 | 0.8 | 12.5 | 200 | |
| | 0.100 | 1.6 | 25 | 400 | |
| | 0.200 | 3.2 | 50 | 800 | |

表 6.4 轮廓单元的平均宽度 $Rsm$ 的数值(摘自 GB/T 1031—2009) (单位:$\mu m$)

| | 0.0060 | 0.1 | 1.6 |
|---|---|---|---|
| $RSm$ | 0.0125 | 0.2 | 3.2 |
| | 0.0250 | 0.4 | 6.3 |
| | 0.0500 | 0.8 | 12.5 |

表 6.5 轮廓的支承长度率 $Rmr(c)$ 的数值(摘自 GB/T 1031—2009) 单位:(%)

| $Rmr(c)$ | 10 | 15 | 20 | 25 | 30 | 40 | 50 | 60 | 70 | 80 | 90 |
|---|---|---|---|---|---|---|---|---|---|---|---|

注:选用 $Rmr(c)$ 时,必须同时给出轮廓水平截距 $c$ 的数值,$c$ 值多用 $Rz$ 的百分数表示,其系列为 5%,10%,15%,20%,25%,30%,40%,50%,60%,70%,80%,90%。

在一般情况下测量 $Rz$ 和 $Ra$ 时,推荐按表 6.1 选用对应的取样长度和评定长度值,此时在图样上可省略标注取样长度和评定长度。当有特殊要求不能选用表 6.1 中数值时,应在图样上标注出取样长度值以及评定长度所含取样长度个数。

# 6.3 表面粗糙度的标注

## 6.3.1 表面粗糙度的符号与代号

### 1. 表面粗糙度的图形符号

国标 GB/T 1031—2009 对表面粗糙度符号和代号都作了规定。表 6.6 对表面粗糙度符号和意义进行了说明。

表 6.6 表面结构的图形符号及其含义

| 符 号 | 意 义 及 说 明 |
|---|---|
| | 基本图形符号,用于未指定工艺方法的表面。基本图形符号仅适用于简化代号标注,当通过一个注释加以解释时,方可单独使用,在没有补充说明时不能单独使用 |
| | 扩展图形符号,用于采用去除材料方法获得的表面,如通过车、铣、钻、磨等机械加工获得的表面。仅当其含义是"被加工去除材料的表面"时方可单独使用 |
| | 扩展图形符号,用于不允许去除材料的表面,如铸、锻、冲压成形、热轧冷轧、粉末冶金件表面等。也用于保持原供应状况(包括保持上道工序形成的)表面 |
| | 完整图形符号。在上述三个符号的长边上加一横线,用于对表面结构有补充要求时标注有关参数和说明 |
| | 对工件轮廓各表面都有效的图形符号。在上述三个符号上均加一小圆,表示零件的所有表面具有相同的表面粗糙度要求 |

### 2. 表面粗糙度图形符号的画法

在完整符号中,对表面结构的单一要求和补充要求应注写在图中所示的指定位置。表面结构补充要求包括表面结构参数代号、数值，以及传输带/取样长度。表面粗糙度数值及其有关规定在符号中的注写位置如图 6.12 所示。

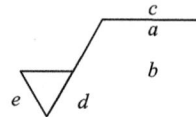

**图 6.12　表面粗糙度轮廓代号**

图中，$a$——注写表面结构的单一要求；当 $a$ 和 $b$ 同时存在时，$a$ 注写第一表面结构要求，$b$ 注写第二表面结构要求；$c$——注写加工方法，如车、铣、镀等；$d$——注写表面纹理方向，如"="、"×"、"M"等；$e$——注写加工余量。

**3. 极限值判断规则**

对完工零件表面按检验规范测得轮廓参数值后，需与图样上给定的极限比较，以判定其是否合格。极限值判断规则有以下两种。

1）16％规则

运用本规则时，当被检表面测得的全部参数值中，超过极限值的个数不多于总个数 16％时，该表面是合格的。超过极限值有两种含义：当给定上限值时，超过是指大于给定值；当给定下限值时，超过是指小于给定值。

2）最大规则

运用本规则时，被检的整个表面上测得的参数值一个也不应超过给定的极限值。

16％规则是所有表面结构要求标注的默认规则，即当参数代号后未标注写"max"字样时，均默认为应用 16％规则（例如 $Ra0.8$）；反之，则应用最大规则（例如 $Ramax0.8$）。

## 6.3.2　表面粗糙度的标注及实例

**1. 表面粗糙度参数标注**

1）加工纹理的标注

需控制加工纹理方向时，可在粗糙度基本符号右边 $d$ 处（见图 6.12）加注相应的符号。常见的加工纹理符号见表 6.7。

**表 6.7　表面纹理方向符号**

| 符　号 | 说　　　明 | 示　意　图 |
| --- | --- | --- |
| = | 纹理平行于视图所在的投影面 | 纹理方向 |
| ⊥ | 纹理垂直于视图所在的投影面 | 纹理方向 |

续表

| 符号 | 说　明 | 示　意　图 |
|---|---|---|
| X | 纹理呈两斜向交叉且与视图所在的投影面相交 | 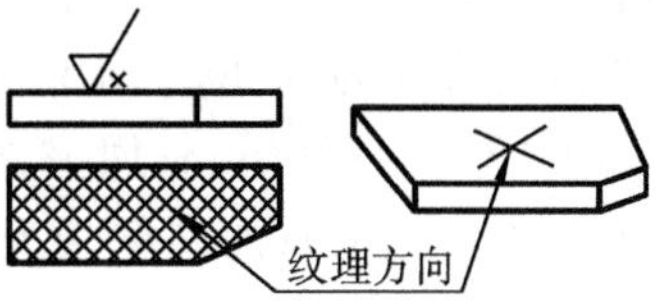 |
| M | 纹理呈多方向 | 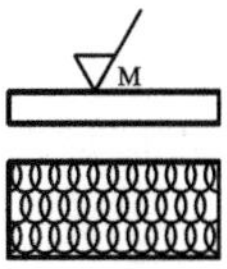 |
| C | 纹理呈近似同心圆且圆心与表面中心相关 | 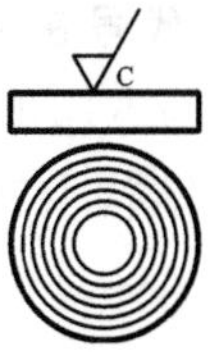 |
| R | 纹理呈近似放射状且与表面圆心相关 | 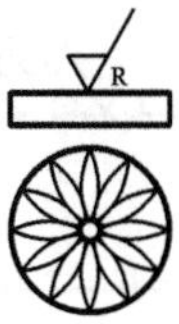 |
| P | 纹理呈微粒状、凸起,无方向 | 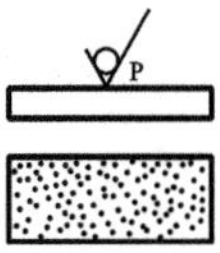 |

2) 表面粗糙度代号

表面粗糙度符号中注写了具体参数代号及数值等要求后即称为表面结构代号,在图样中一般采用图形法标注表面结构要求。新标准允许用文字的方式表达表面结构要求。新标准规定:在报告和合同的文本中可以用文字"APA"、"MRR"、"NMR"分别表示允许用任何工艺获得表面、允许用去除材料的方法获得表面以及允许用不去除材料的方法获得表面。例如:对允许用去除材料的方法获得表面,其评定轮廓的算术平均偏差为 $0.8\ \mu m$ 这一要求,在文本中可以表示为"MRR$Ra$0.8"。表面粗糙度代号标注如表 6.8 所示。

表 6.8　表面粗糙度代号标注

| 序　号 | 代　号 | 含　义 | 标注示例 |
|---|---|---|---|
| 1 | APA | 允许用任何工艺获得 | APA$Ra$0.8 |
| 2 | MRR | 允许用去除材料的方法获得 | MRR$Ra$0.8 |
| 3 | NMR | 允许用不去除材料的方法获得 | NMR$Ra$0.8 |

3）表面粗糙度代号标注举例

如图 6.13 所示的表面粗糙度标注，其含义为：上限值 $Ra=50~\mu m$，下限值 $Ra=6.3~\mu m$；$U$ 和 $L$ 分别表示上限值和下限值，当不会引起歧义时，也可不标注 $U$、$L$；极限值规则均为"16%规则"；两个传输带均为 $0.008\sim4~mm$（其中 4 mm 为取样长度）；评定长度中含有 5 个取样长度（默认），$5\times4~mm=20~mm$；加工方法为铣；表面纹理符号 $c$（表示表面纹理呈近似同心圆，且圆心与表面中心相关）；加工余量为 3 mm。

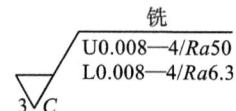

图 6.13　表面粗糙度标注示例

**2. 表面粗糙度代号在图样上的标注**

表面粗糙度注写方向如图 6.14(a)所示，表面结构的注写和读取方向与尺寸的注写和读取方向一致。表面结构要求可标注在轮廓线上，其符号应从材料外指向并接触表面，如图 6.14(b)所示。

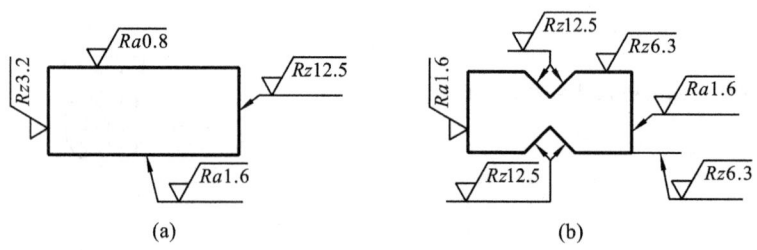

图 6.14　表面粗糙度标注

## 6.4　表面粗糙度参数的选择

### 6.4.1　表面粗糙度评定参数的选择

设计机械零件时，表面粗糙度评定参数应从四个参数中选取。大多数情况下可以只选高度特性评定参数 $Ra$ 和 $Rz$，其他参数只有当高度参数不能满足表面功能要求时才按需要选用，且不能单独使用。如 $Rmr(c)$ 评定参数是在表面承受重载、要求耐磨件强度时才采用的，因此，高度参数是基本参数。

轮廓算术平均偏差 $Ra$ 能较全面地反映表面微观几何形状特征及轮廓凸峰高度，且测量方便。因此，国标 GB/T 1031—2009 规定，在常用参数范围内（$Ra$ 为 $0.025\sim6.3~\mu m$，$Rz$ 为 $0.100\sim25~\mu m$），推荐优先选用 $Ra$ 参数，该参数适合应用触针扫描方法测量。使用一种称为"电动轮廓仪"或"表面粗糙度参数检测仪"的仪器进行测量。由于触针要求做到非常尖细，制造起来很困难，且使用过程中容易损坏，所以表面粗糙度要求特别高或特别低（$Ra<0.025~\mu m$，$Ra>6.3~\mu m$）时，都不适宜采用触针扫描方法，因此推荐使用 $Rz$ 参数评定，因为该参数测量适合人工数字处理，可用光切显微镜和光干涉显微镜测量。

当表面很小或为曲面时,取样长度可能不足 1 个或只有 2～3 个粗糙度轮廓峰谷,或表面粗糙度要求很低时可选用 $Rz$ 参数;对易产生应力集中而导致疲劳破坏的较敏感表面,可在选取 $Ra$ 或 $Rz$ 参数的基础上再选取 $Rsm$ 参数,对轮廓的最大高度也加以控制,但 $Ra$ 和 $Rz$ 不能同时选用。

当高度参数已不能满足控制表面功能要求时,根据需要可选用间距参数 $Rsm$ 和形状特性参数 $Rmr(c)$ 补充控制。$Rsm$ 和 $Rmr(c)$ 参数在评定表面粗糙度时不能单独使用,选用轮廓支承长度率 $Rmr(c)$ 参数时,必须同时给出轮廓水平截距 $c$ 值。取样长度值一般应按高度参数选取标准值。

### 6.4.2  表面粗糙度评定参数值的选择

零件表面粗糙度不仅对其使用性能的影响是多方面的,而且关系到产品质量和生产成本。因此在选择表面粗糙度数值时,应在满足零件使用功能要求的前提下,同时考虑零件的工艺性和经济性。在确定零件表面粗糙度时,除了有特殊要求的表面外,一般采用类比法选取。一般选择原则如下。

(1) 在满足表面功能要求的情况下,尽量选用较大的表面粗糙度参数值。

(2) 同一零件上,工作表面的粗糙度参数值小于非工作表面的粗糙度参数值。

(3) 摩擦表面比非摩擦表面的粗糙度参数值要小;滚动摩擦表面比滑动摩擦表面的粗糙度参数值要小;运动速度高、单位压力大的摩擦表面应比运动速度低、单位压力小的摩擦表面的粗糙度参数值要小。

(4) 受循环载荷的表面及易引起应力集中的部分(如圆角、沟槽等),表面粗糙度参数值要小。

(5) 配合性质要求高的结合表面、配合间隙小的配合表面以及要求连接可靠、受重载的过盈配合表面等,都应取较小的粗糙度参数值。

(6) 配合性质相同,零件尺寸越小则表面粗糙度参数值应越小;同一精度等级,小尺寸比大尺寸、轴比孔的表面粗糙度参数值要小。

通常尺寸公差、表面形状公差小时,表面粗糙度参数值也小。但表面粗糙度参数值和尺寸公差、表面形状公差之间并不存在确定的函数关系,如手轮、手柄的尺寸公差值较大,但表面粗糙度参数值却较小。一般情况下,它们之间有一定的对应关系。设表面形状公差值为 T,尺寸公差值为 IT,它们之间的对应关系如下:

$$\text{若}\quad T \cong 0.6IT, \qquad \text{则}\quad Ra \leqslant 0.05IT; \qquad Rz \leqslant 0.2IT$$
$$T \cong 0.4IT, \qquad Ra \leqslant 0.025IT; \qquad Rz \leqslant 0.1IT$$
$$T \cong 0.25IT, \qquad Ra \leqslant 0.012IT; \qquad Rz \leqslant 0.05IT$$
$$T < 0.25IT, \qquad Ra \leqslant 0.015IT; \qquad Rz \leqslant 0.6IT$$

目前,参数值大小的确定还缺乏理论计算方法,一般根据设计人员的实践经验确定,或查阅设计手册中前人经验的总结,再根据实际情况调整后确定。在此过程中需要考虑的因素有运动速度、工作温度、载荷、润滑状况、材料、结构、成本要求等。表 6.9 和表 6.10 列出了常用表面粗糙度的表面特征、经济加工方法、应用举例,以及不同表面粗糙度参数值所适用的零件表面应用场合,供选择时参考。

表 6.9 表面粗糙度参数值与所适应的零件表面

| 表面微观特性 | | $Ra$/$\mu$m | $Rz$/$\mu$m | 加工方法 | 适用零件表面 |
|---|---|---|---|---|---|
| 粗糙表面 | 可见刀痕 | 100<br>50 | 400<br>200 | 粗车、镗、刨、钻 | 粗加工后得到的表面,一般很少被直接使用 |
| | 微见刀痕 | 25 | 100 | 粗车、刨、钻、立铣、平铣 | 在粗加工表面中比较精的一级,应用较广,用于一般的非结合的加工面,如轴端面、倒角、钻孔、齿轮及带轮的侧面,键槽非工作表面,垫圈的接触面等 |
| 半光表面 | 可见加工痕迹 | 12.5 | 50 | 车、镗、刨、钻、立铣、平铣、锉、粗铰、磨、铣齿 | 半精加工表面。用于不重要零件的非配合件表面,如支柱、轴、支架、外壳、衬套、盖等的端面;螺钉、螺栓和螺母的自由表面;不要求作定心和配合的表面,如螺栓孔、螺钉孔、铆钉孔等;固定安装支承面,如螺钉头接触表面、飞轮、带轮、联轴器、凸轮、偏心轮的侧面;平键及键槽上、下面,斜键侧面,花键非定心表面,齿顶圆表面,所有轴和孔的退刀槽表面等 |
| | 微见加工痕迹 | 6.3 | 25 | 车、镗、刨、铣、铰、拉、磨、刮(1～2 点/cm²)、滚压、铣齿 | 半精加工表面和其他零件连接而不形成配合的表面,如外壳、箱体、支架、盖、凸耳、端面等;不重要的紧固螺纹表面,非传动用梯形螺纹、锯齿螺纹表面,轴与油毡圈摩擦表面。需要发蓝的表面;要求定心和配合的固定支承表面、如定心轴肩;键和键槽的工作面,张紧链轮、导向滚轮与轴的配合表面;滑块及导向面(速度为 20～50 m/min)、燕尾槽表面等 |
| | 看不清加工痕迹 | 3.2 | 12.5 | 车、镗、刨、铣、拉、刮(1～2 点/cm²)、铰、磨、滚压、铣齿 | 要求一般定心和配合的固定支承,如衬套、轴承和定位销安装孔表面;不要求定心和配合的活动支承面,如活动关节及花键结合面;8 级齿轮的齿面,齿条曲面;传动螺纹工作面;低速传动的轴颈;楔形键及其键槽上、下面;轴承盖凸肩(定心用),端盖内侧面,三角皮带轮槽表面,电镀前金属表面等 |
| 光表面 | 可辨加工痕迹方向 | 1.6 | 6.3 | 车、镗、拉、磨、立铣、刮(3～10 点/cm²)铰、磨、滚压 | 要求保证定心及配合的表面;锥销和圆柱销表面;与 0 和 6 级滚动轴承相配合的孔和轴颈表面;中速转动的轴颈;过盈配合的 IT7 孔;间隙配合的 IT8 孔;花键轴定心表面;滑动导轨面;不要求保证定心和配合特性的活动支承面,如高精度活动球状接头表面、支承垫圈表面、磨削的轮齿表面等 |

| 表面微观特性 | | $Ra$ /μm | $Rz$ /μm | 加工方法 | 适用零件表面 |
|---|---|---|---|---|---|
| 光表面 | 微辨加工痕迹方向 | 0.8 | 3.2 | 铰、磨、刮(3~10点/cm²)镗、拉、滚压 | 要求能长期保持配合特性和疲劳强度的表面;IT6、IT5孔,6级精度齿轮齿面;6~7级蜗杆齿面;与5级滚动轴承配合的孔和轴颈表面;要求保证定心及配合特性的活动支承面,如导杆表面;滚动轴承轴颈工作表面;分度盘表面;工作时受交变应力的重要零件表面;受力螺栓的圆柱表面;曲轴和凸轮轴工作表面;发动机气门圆锥面;与橡胶油封相配的轴表面等 |
| | 不可辨加工痕迹方向 | 0.4 | 1.6 | 研磨、超级加工 | 工作时受交变应力的重要零件表面;保证疲劳强度、耐蚀性及耐久性,并在工作时不破坏配合特性的表面,如轴颈表面、活塞和柱塞表面;精密机床主轴锥孔;发动机曲轴、凸轮工作表面;高精度齿轮齿面;保证精确定心的锥体表面;仪器中承受摩擦的表面,如导轨、槽面等 |
| 极光表面 | 暗光泽面 | 0.2 | 0.8 | 精磨、研磨、普通抛光 | 工作时受较大交变应力的重要零件表面;保证疲劳强度、耐蚀性及在活动接头工作中有耐久性要求的一些表面,如活塞销的表面;液压传动用孔的表面 |
| | 亮光泽面 | 0.1 | 0.4 | 超精磨、精抛光、镜面磨削 | 滚动轴承套圈滚道、滚珠及滚柱表面;汽缸内表面;摩擦离合器的摩擦表面;工作量规的测量表面;精密刻度盘表面;精密机床主轴套筒外圆表面等 |
| | 镜状光泽面 | 0.05 | 0.2 | | 精密的滚动轴承套圈滚道、滚珠及滚柱表面;量仪中较高精度间隙配合零件的工作表面;柴油机高压泵中柱塞副的配合表面;保证高度气密的接合表面等 |
| | 雾状镜面 | 0.025 | 0.1 | 镜面磨削、超精研 | 特别精密的滚动轴承套圈滚道、滚珠及滚柱表面;量仪中高精度间隙配合零件的工作表面等 |
| | 镜面 | 0.012 | 0.05 | | 高精度量仪、量块的测量面;精密光学仪器的金属镜面等 |

**表 6.10　表面粗糙度 $Ra$ 的推荐选用值**

| 应用场合 | 公差等级 | 公称尺寸/mm | | | | | |
|---|---|---|---|---|---|---|---|
| | | ≤50 | | >50~120 | | >120~500 | |
| | | 轴 | 孔 | 轴 | 孔 | 轴 | 孔 |
| 经常装拆零件的配合表面 | IT5 | ≤0.2 | ≤0.4 | ≤0.4 | ≤0.8 | ≤0.4 | ≤0.8 |
| | IT6 | ≤0.4 | ≤0.8 | ≤0.8 | ≤1.6 | ≤0.8 | ≤1.6 |
| | IT7 | ≤0.8 | | ≤1.6 | | ≤1.6 | |
| | IT8 | ≤0.8 | ≤1.6 | ≤1.6 | ≤3.2 | ≤1.6 | ≤3.2 |

续表

| 应用场合 | | 公差等级 | 公称尺寸/mm | | | | | |
|---|---|---|---|---|---|---|---|---|
| | | | ≤50 | | >50～120 | | >120～500 | |
| | | | 轴 | 孔 | 轴 | 孔 | 轴 | 孔 |
| 过盈配合 | 压入装配 | IT5 | ≤0.2 | ≤0.4 | ≤0.4 | ≤0.8 | ≤0.4 | ≤0.8 |
| | | IT6～IT7 | ≤0.4 | ≤0.8 | ≤0.8 | ≤1.6 | ≤1.6 | |
| | | IT8 | ≤0.8 | ≤1.6 | ≤1.6 | ≤3.2 | ≤3.2 | |
| | 热装 | — | ≤1.6 | ≤3.2 | ≤1.6 | ≤3.2 | ≤1.6 | ≤3.2 |
| 滑动轴承的配合表面 | | 公差等级 | 轴 | | | 孔 | | |
| | | IT6～IT9 | ≤0.8 | | | ≤1.6 | | |
| | | IT10～IT12 | ≤1.6 | | | ≤3.2 | | |
| | | 液体湿摩擦条件 | ≤0.4 | | | ≤0.8 | | |
| 圆锥结合的工作面 | | | 密封配合 | | 对中配合 | | 其他 | |
| | | | ≤0.4 | | ≤1.6 | | ≤6.3 | |

| 密封材料处的孔、轴表面 | 密封形式 | 速度(m/s) | | |
|---|---|---|---|---|
| | | ≤3 | 3～5 | ≥5 |
| | 橡胶圈密封 | 0.8～1.6(抛光) | 0.4～0.8(抛光) | 0.2～0.4(抛光) |
| | 毡圈密封 | 0.8～1.6(抛光) | | |
| | 迷宫式 | 3.2～6.3 | | |
| | 涂油槽式 | 3.2～6.3 | | |

| 精密定心零件的配合表面 | IT5～IT8 | 径向跳动 | 2.5 | 4 | 6 | 10 | 16 | 25 |
|---|---|---|---|---|---|---|---|---|
| | | 轴 | ≤0.05 | ≤0.1 | ≤0.1 | ≤0.2 | ≤0.4 | ≤0.8 |
| | | 孔 | ≤0.1 | ≤0.2 | ≤0.2 | ≤0.4 | ≤0.8 | ≤1.6 |

| V带和平带轮工作表面 | 带轮直径/mm | | |
|---|---|---|---|
| | ≤120 | >120～315 | >315 |
| | 1.6 | 3.2 | 6.3 |

| 箱体分界面（减速箱） | 类型 | 有垫片 | 无垫片 |
|---|---|---|---|
| | 需要密封 | 3.2～6.3 | 0.8～1.6 |
| | 不需要密封 | 6.3～12.5 | |

## 6.5　表面粗糙度的测量

　　表面粗糙度的检测方法主要有比较法、光切法、干涉法、针描法和印模法等五种，分别介绍如下。

### 6.5.1　比较法

比较法是将被测表面和表面粗糙度样板(见图 6.15)直接进行比较,两者的加工方法和材

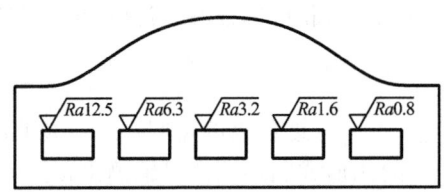

**图 6.15　表面粗糙度样板**

料应尽可能相同,否则将产生较大误差。可用肉眼或借助放大镜、显微镜比较,也可凭借手摸、指甲划动的感觉来判断被测表面的粗糙度。

### 6.5.2　光切法

光切法是利用光切原理来测量表面粗糙度的方法。这种方法可用图 6.16 来说明。图 6.16(a)表示被测表面是 $P_1$、$P_2$ 阶梯面,其阶梯高度为 $h$。$A$ 为一扁平光束,当它从 45°方向投射在阶梯表面上时,就被折成 $S_1$ 和 $S_2$ 两段,经 $B$ 方向反射后,就可在显微镜内看到 $S_1$ 和 $S_2$ 两段光带的放大像 $S''_1$ 和 $S''_2$(见图 6.16(a)右上角);同样,$S_1$ 与 $S_2$ 之间的距离 $h$,也被放大为 $S''_1$ 和 $S''_2$ 之间的距离 $h''$,只要用测微目镜测出 $h''$ 值,就可以根据放大关系算出 $h$ 值。

双管显微镜就是根据光切原理制成的,图 6.16(b)所示为它的光学系统。显微镜有照明管和观察管,二管轴线互成 90°。在照明管中,光源 1 通过聚光镜 2、窄缝 3 和透镜 5,以 45°角的方向投射在工件表面 4 上,形成一狭细光带。光带边缘的形状即为光束与工件表面相交的曲线,也就是工件在 45°截面上的表面形状,此轮廓曲线的波峰在 $S_1$ 点反射,波谷在 $S_2$ 点反射,通过观察管的透镜 5,分别成像在分划板 6 上的 $S''_1$ 点和 $S''_2$ 点,$h''$ 是峰、谷影像的高差。

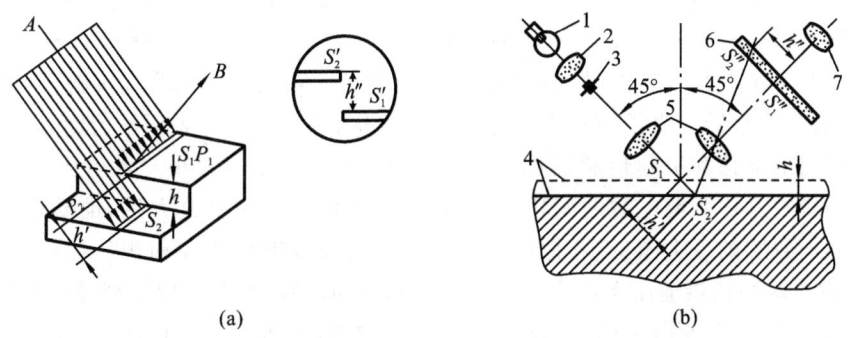

(a)　　　　　　　　　　　　　　　　(b)

**图 6.16　光切原理**

### 6.5.3　干涉法

干涉法是利用光波干涉原理来测量表面粗糙度的方法。被测表面直接参与光路,同一标准反射镜比较,以光波波长来度量干涉条纹弯曲程度,从而测得该表面的粗糙度。干涉法通常用于测定 $0.025 \sim 0.8\ \mu m$ 的 $Rz$ 值。图 6.17 所示为 6JA 型仪器的光学系统图。图中部件 1 为白炽灯光源,它发出的光通过聚光镜 2、4、8(部件 3 是滤色片),经分光镜 9 分成两束,一束经补偿板 10、物镜 11 至被测表面 18,再经原路返回至分光镜 9 并被反射至目镜 19。另一光束由分光镜 9 反射后通过物镜 12 射至参考镜 13 上(部件 20 是遮光板),由参考镜 13 反射再经物镜 12 并透过分光镜 9 射向目镜 19。两路光束相遇并叠加,产生干涉,通过目镜 19 可以看到定位在被测表面的干涉条纹。由于被测表面有微观的峰、谷存在,峰、谷处的光程就不一样,

造成干涉条纹的弯曲，弯曲量的大小与相应部位峰、谷高差值 $h$ 有确定的数量关系，即

$$h = \frac{a}{b} \frac{\lambda}{2} \tag{6.8}$$

式中：$a$——干涉条纹的弯曲量；$b$——干涉条纹的宽度；$\lambda$——光波波长（$\lambda_{白光} \approx 0.54\ \mu m$）。

因此，可凭目测估计出 $a/b$ 的比值或利用测微目镜测出 $a$、$b$ 的数值，然后算出 $h$ 值。

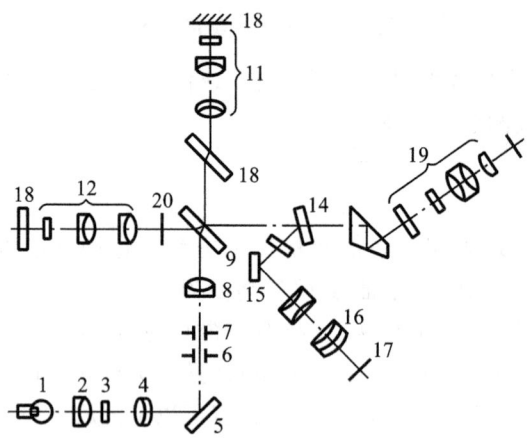

图 6.17　　6JA 型仪器的光学系统

### 6.5.4　针描法

针描法是利用触针直接在被测表面上轻轻划过，从而测出表面粗糙度 $Ra$ 值的方法。

电动轮廓仪（又称表面粗糙度检查仪或测面仪）就是利用针描法来测量表面粗糙度的仪器，它由传感器、驱动器、指示表、记录器和工作台等主要部件组成。传感器端部装有金刚石触针，触针尖端曲率半径很小。测量时将触针搭在工件上，与被测表面垂直接触，利用驱动器以一定的速度拖动传感器。由于被测表面轮廓峰谷起伏，触针在被测表面滑行时，将产生上下移动，这种机械的上下移动引起传感器内电量的变化，电量变化的大小与触针上下移动量成比例，经电子装置将这一微弱电量的变化放大，并经相敏检波和功率放大后，推动记录器进行记录，即得到截面轮廓的放大图；或者把信号通过适当的环节进行滤波和积分计算后，由电表直接读出 $Ra$ 值。这种仪器适用于测定 $0.025\sim5\ \mu m$ 的 $Ra$ 值，其中有少数型号的仪器还可测定更小的参数值。仪器配有各种附件，以适应平面、内外圆柱面、圆锥面、球面、曲面，以及小孔、沟槽等的表面测量。测量迅速方便，测值精度较高。

### 6.5.5　印模法

利用石蜡、低熔点合金或其他印模材料，压印在被测零件表面，取得被测表面的复印模型，放在显微镜上间接地测量被检验表面的粗糙度的方法称为印模法。由于印模材料不可能填充满谷底，其测值略有缩小，可查阅资料或自行实验得出修正系数，在计算中加以修正。印模法适用于对笨重零件及内表面，如孔、横梁等不便用仪器测量的面进行测量。

近年来，很多国家都在研究利用激光测量表面粗糙度，以适应自动化生产的需要。我国沈阳市机电工业研究设计院等几个单位共同研制成功了数字激光表面粗糙度检查仪。该仪器利用激光光斑法，采用光电转换电压比的原理来检查金属表面粗糙度。此外，根据随机过程理论，对表面粗糙度进行动态测量，也是正在探索的一个方向。

# 习　题

**6.1　填空题**

(1) 测量表面粗糙度轮廓时,应把测量限制在一段足够短的长度上,这段长度称为_____。

(2) 评定表面粗糙度高度特性参数包括_____和_____,其中_____是主要参数。

(3) 表面粗糙度检测方法有_____、_____、_____、_____、_____。

(4) 测量表面粗糙度时,规定取样长度的目的是为了限制和减弱_____对测量结果的影响。

(5) 提出评定长度的原因是由于加工表面的粗糙度存在_____性。

**6.2　判断题**

(1) 测量和评定表面粗糙度轮廓参数时,若被测表面的微观几何形状很均匀,则可以选取一个取样长度作为评定长度。　　　　　　　　　　　　　　　　　　　　　　　(　　)

(2) 零件尺寸公差等级越高,则该零件加工后表面粗糙度轮廓值越小,由此可知,表面粗糙度轮廓值要求很小的零件,其尺寸公差亦必定很小。　　　　　　　　　　　　(　　)

(3) 通常可在幅度特性参数中选取表面粗糙度参数。　　　　　　　　　　　　(　　)

(4) 评定表面轮廓粗糙度所必需的一段长度称为取样长度,它可以包含几个评定长度。　　　　　　　　　　　　　　　　　　　　　　　　　　　　　　　　　　(　　)

(5) 参数 $Rz$ 由于测量点不多,因此在反映微观几何形状高度特性方面不如参数 $Ra$ 充分。　　　　　　　　　　　　　　　　　　　　　　　　　　　　　　　　(　　)

(6) 选择表面粗糙度评定参数值应尽量小。　　　　　　　　　　　　　　　　(　　)

**6.3　多项选择题**

(1) 表面粗糙度值越小,则零件的_____。

A. 耐磨性越好　　　　　　　　　B. 配合精度越高　　　　　　　　　C. 抗疲劳强度越差

D. 传动灵敏性越差　　　　　　　E. 加工越容易

(2) 关于表面粗糙度评定参数值的选择,下列论述正确的有_____。

A. 同一零件上工作表面应比非工作表面参数值大

B. 摩擦表面应比非摩擦表面的参数值小

C. 配合质量要求高参数值应小

D. 尺寸精度要求高,参数值应小

E. 受交变载荷的表面,参数值应大

(3) 下列论述正确的有_____。

A. 表面粗糙度属于表面微观性质的形状误差

B. 表面粗糙度属于表面宏观性质的形状误差

C. 表面粗糙度属于表面波纹度误差

D. 经过磨削加工所得表面比车削加工所得表面的表面粗糙度值大

E. 介于表面宏观形状误差与微观形状误差之间的是波纹度误差

(4) 表面粗糙度代(符)号在图样上应标注在_____,且_____。

A. 可见轮廓线上　　　　　　　　B. 尺寸界线上　　　　　　　　　　C. 虚线上

D. 符号尖端从材料外指向被标注表面　　　E. 符号尖端从材料内指向被标注表面

(5) 表面粗糙度的基本评定参数是_____。

A. $Sm$　　　　　　　B. $Ra$　　　　　　　C. $tp$　　　　　　　D. $S$

(6) 电动轮廓仪是根据_____原理制成的。

A. 针描　　　　　　　B. 印模　　　　　　　C. 干涉　　　　　　　D. 光切

(7) 车间生产中评定表面粗糙度最常用的方法是_____。

A. 光切法　　　　　　B. 针描法　　　　　　C. 干涉法　　　　　　D. 比较法

(8) $Ra$ 值的常用范围是_____。

A. $0.1\sim25\ \mu m$　　　B. $0.012\sim100\ \mu m$　　C. $0.025\sim6.3\ \mu m$

**6.4　简答题**

(1) 表面结构中粗糙度轮廓的含义是什么？它对零件的使用性能有什么影响？

(2) 为什么在表面粗糙度轮廓标准中,除了规定取样长度外,还规定评定长度？

(3) 在机械加工过程中,被加工表面的粗糙度是什么原因引起的？

(4) 表面粗糙度对零件的使用性能有什么影响？

(5) 表面粗糙度高度参数允许值的选用原则是什么？

**6.5**　试将下列的表面粗糙度技术要求标注在零件图(见图 6.18)上。

(1) 用任何方法加工尺寸为 $d_3$ 的圆柱面,$Ra$ 最大允许值为 $3.2\ \mu m$。

(2) 用去除材料的方法获得尺寸为 $d_1$ 的孔,要求 $Ra$ 最大允许值为 $3.2\ \mu m$。

(3) 用去除材料的方法获得表面 $a$,要求 $Rz$ 最大允许值为 $3.2\ \mu m$。

(4) 其余表面用去除材料的方法获得表面,要求 $Ra$ 允许值均为 $25\ \mu m$。

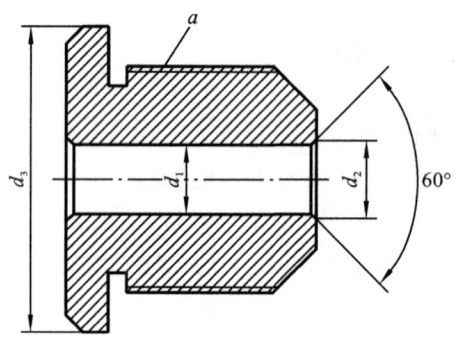

**图 6.18　题** 6.5 图

# 第7章 尺 寸 链

**教学提示** 解尺寸链是对零部件或机器进行精度设计、工艺规程设计的重要技术环节,是合理确定和验证尺寸、公差、偏差的重要技术手段。本章在介绍有关尺寸链基本概念的基础上,介绍解尺寸链的方法。

在设计机器或仪器的工作中,除了前面介绍的对零部件进行几何量分析与计算外,为了保证机器或仪器能顺利地进行装配,并达到预定的工作性能要求,还应从整体装配考虑,对设计图样上要素与要素之间、零件与零件之间提出相互尺寸、位置关系的要求,且能构成首尾衔接、形成封闭形式的尺寸组加以分析,为此提出了尺寸链问题。

本章涉及的国家标准有 GB/T 5847—2004《尺寸链 计算方法》。

## 7.1 概 述

### 7.1.1 尺寸链的基本概念

**1. 尺寸链**

尺寸链是指在机器装配或零件加工过程中,由相互连接尺寸所形成的封闭尺寸组。

图 7.1(a)所示为车床示意图,车床尾座顶尖的中心线与主轴轴线的高度差 $A_0$ 是车床的主要性能指标之一,尾座底板厚度 $A_1$、尾座顶尖中心线到底板的距离 $A_2$、主轴轴线高度 $A_3$ 这三个公称尺寸决定了 $A_0$、$A_1$、$A_2$、$A_3$、$A_0$ 相互联系,构成一条尺寸链,如图 7.1(b)所示,并且有

$$A_1 + A_2 - A_3 - A_0 = 0 \tag{7.1}$$

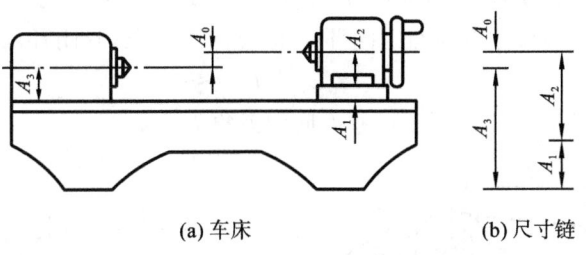

**(a) 车床**      **(b) 尺寸链**

**图 7.1 装配尺寸链**

一个零件在加工过程中,某些尺寸也是相互有联系的。图 7.2(a)所示为一轴套,依次加工尺寸 $A_1$、$A_2$,则尺寸 $A_0$ 随之确定。因此,这三个相互联系的尺寸 $A_1$、$A_2$、$A_0$ 也构成一条尺寸链,并且有

$$A_1 - A_2 - A_0 = 0 \tag{7.2}$$

**2. 环**

尺寸链中的每一个尺寸都称为环,图 7.1 中的 $A_1$、$A_2$、$A_3$、$A_0$ 和图 7.2 中的 $A_1$、$A_2$、$A_0$ 都是环。尺寸链中的环可用大写拉丁字母 $A$、$B$、$C$ 等再加下角标 $i=1,2,\cdots,m$ 表示。同一尺

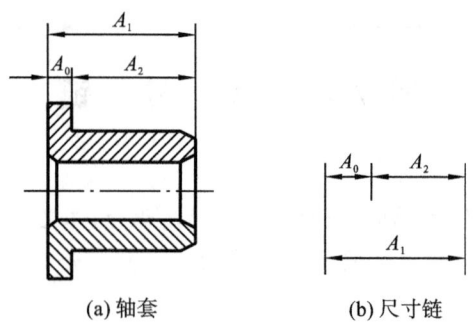

(a) 轴套　　　　　　　　　　(b) 尺寸链

图 7.2　零件尺寸链

链的各环一般用同一字母表示。环有封闭环和组成环两种。

1) 封闭环

封闭环是指加工或装配过程中最后自然形成的尺寸,用 $A_0$ 表示。如图 7.1、图 7.2 中的尺寸 $A_0$。封闭环是尺寸链中其他尺寸互相结合后获得的尺寸,所以封闭环的实际值受到尺寸链中其他尺寸的影响。

2) 组成环

尺寸链中对封闭环有影响的全部环,即尺寸链中除封闭环以外的其他环称为组成环。根据组成环对封闭环的影响不同分为增环和减环。

(1) 增环　在尺寸链中其他组成环不变的条件下,某一组成环的尺寸增大,封闭环的尺寸也随之增大,尺寸减小,封闭环的尺寸也随之减小,则该组成环称为增环,如图 7.1 中的 $A_1$、$A_2$ 为增环。

(2) 减环　在尺寸链中其他组成环不变的条件下,某一组成环的尺寸增大,封闭环的尺寸随之减小,尺寸减小,封闭环的尺寸随之增大,则该组成环称为减环,如图 7.1 中的 $A_3$ 为减环。

**3. 传递系数**

表示各组成环对封闭环影响大小的系数称为传递系数,用 $\xi$ 表示。如图 7.3 所示,图中尺寸链由组成环 $L_1$、$L_2$ 和封闭环 $L_0$ 组成,从图中可知,组成环 $L_1$ 的尺寸方向与封闭环 $L_0$ 的尺寸方向一致,而组成环 $L_2$ 的尺寸方向与封闭环 $L_0$ 的方向不一致,封闭环的尺寸由下式表示

$$L_0 = L_1 + L_2 \cos\alpha \tag{7.3}$$

式中:$\alpha$——组成环尺寸方向与封闭环尺寸方向的夹角。

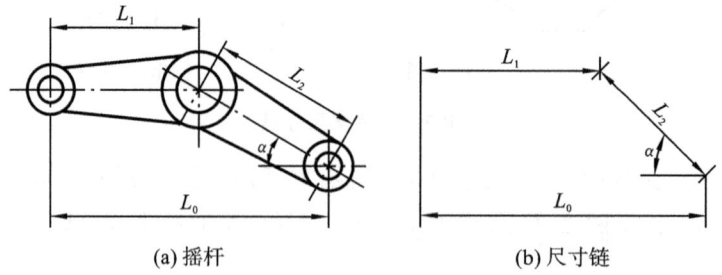

(a) 摇杆　　　　　　　　　　(b) 尺寸链

图 7.3　摇杆平面尺寸链

上式说明,$L_1$ 的传递系数 $\xi_1 = 1$,$L_2$ 的传递系数 $\xi_2 = \cos\alpha$。由误差理论可知,传递系数由 $\partial L_0/\partial L_i$ 表示,即传递系数等于封闭环的函数式对某一组成环求偏导数。若将式(7.3)中的 $L_0$ 分别对 $L_1$、$L_2$ 求偏导数,则可知 $\partial L_0/\partial L_1 = 1$,$\partial L_0/\partial L_2 = \cos\alpha$。

一般直线尺寸链 $\xi=1$，且对增环 $\xi$ 为正值，对减环 $\xi$ 为负值。

## 7.1.2　尺寸链的类型

### 1. 按应用范围分

（1）零件尺寸链　这种尺寸链用于确定同一零件上各尺寸间的联系，如图 7.2 所示。

（2）装配尺寸链　装配尺寸链的各组成环属于相互联系的不同零件或部件，用于确定组成机器的零部件有关尺寸的精度关系，如图 7.1 所示。

（3）工艺尺寸链　零件在机械加工过程中，同一零件上由各个工艺尺寸构成的相互有联系封闭的尺寸链称为工艺尺寸链。

### 2. 按各环在空间中的位置分

（1）线性尺寸链　线性尺寸链中各环都位于同一平面内且彼此平行，如图 7.1(b)、图 7.2 (b)所示。

（2）平面尺寸链　平面尺寸链中各环位于同一平面内，但其中有些环彼此不平行，如图 7.3(b)所示。

（3）空间尺寸链　空间尺寸链中各环位于不平行的平面上。

空间尺寸链和平面尺寸链可用投影法分解为线性尺寸链，然后按线性尺寸链分析计算。

### 3. 按尺寸链组成形式分

（1）并联尺寸链　两个尺寸链有一个或几个公共环即为并联尺寸链。如图 7.4 所示，由尺寸 $A_i$ 和 $B_i$ 组成的两个尺寸链中，尺寸 $A_2=B_2$、$A_3=B_1$ 为公共环。在并联尺寸链中，当公共环变化时，必将对有关尺寸链的封闭环 $A_0$ 和 $B_0$ 同时产生影响。

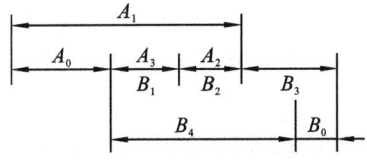

**图 7.4　并联尺寸链**

（2）串联尺寸链　两个尺寸链之间有一个公共基准面，如图 7.5 中的 $O$—$O$。

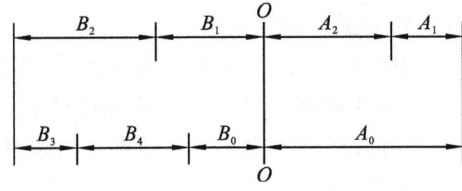

**图 7.5　串联尺寸链**

（3）混合尺寸链　由并联尺寸链和串联尺寸链混合组成的尺寸链称为混合尺寸链，如图 7.6 所示。其中：$A_2$ 和 $C_1$ 为尺寸链 $A$ 和 $C$ 的公共环，故 $A$ 和 $C$ 尺寸链为并联尺寸链；$O$—$O$ 为尺寸链 $A$ 和 $B$ 的公共基准面，故 $A$ 和 $B$ 尺寸链形成串联尺寸链。

### 4. 按几何特征分

（1）长度尺寸链　长度尺寸链中各环均为长度尺寸。

（2）角度尺寸链　角度尺寸链中包含有角度值的环。角度尺寸链常用于分析或计算机械

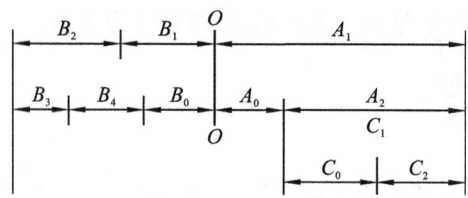

图 7.6　混合尺寸链

结构中有关零件要素的位置精度,如平行度、垂直度、同轴度等。如图 7.7 所示,要保证滑动轴承座孔端面与支承底面 $B$ 垂直,而公差标注要求孔中心线与孔端面垂直、孔轴线与支承底面 $B$ 平行,则构成角度尺寸链,如图 7.7(b)所示。

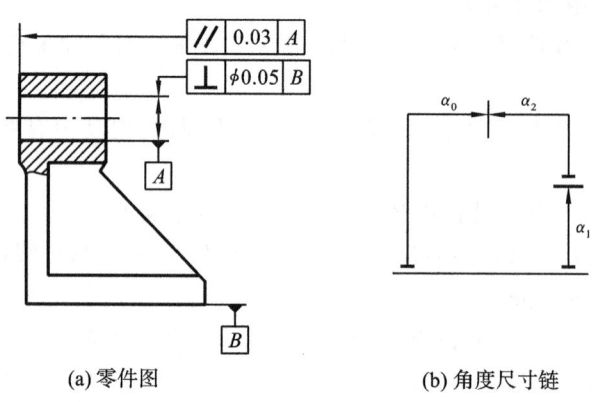

(a) 零件图　　　　　　　　　　(b) 角度尺寸链

图 7.7　滑动轴承座及尺寸链

## 7.2　尺寸链的计算

为了对尺寸链进行分析和计算,通常需要绘制尺寸链图。绘制尺寸链图时不需画出零部件的具体结构,也不必严格按尺寸比例进行绘制,只需将组成尺寸链的各环尺寸依次排列即可,如图 7.1(b)、图 7.2(b)所示。

进行尺寸链的计算是为了正确、合理地确定尺寸链中各环尺寸的公差和极限偏差。根据不同要求,尺寸链的计算习惯上分为正计算和反计算。

(1) 正计算　即根据已给定的组成环的尺寸和极限偏差,计算封闭环的公差和极限偏差,验证其是否符合技术要求。这方面的计算主要是用来验证设计的正确性。

(2) 反计算　即已知封闭环的尺寸和极限偏差,计算各组成环的公差和极限偏差。反计算用于产品设计、加工和装配工艺等方面。

### 7.2.1　极值法

极值法也称完全互换法,它是从尺寸链中各环的极值尺寸出发进行的尺寸链计算。以按这种方法计算的尺寸来加工工件各组成环的尺寸时,无须进行挑选或修配就能将工件装到机器上,且能达到封闭环的精度要求。

#### 1. 基本公式

1) 封闭环的公称尺寸

封闭环的公称尺寸 $A_0$ 等于所有增环的公称尺寸之和减去所有减环的公称尺寸之和(见图

7.1、图 7.2），即

$$A_0 = \sum_{i=1}^{m} \vec{A}_i - \sum_{i=m+1}^{n-1} \overleftarrow{A}_i \qquad (7.4)$$

式中：$\vec{A}_i$——增环第 $i$ 环的公称尺寸；$\overleftarrow{A}_i$——减环第 $i$ 环的公称尺寸；$m$——增环环数；$n$——尺寸链总环数。

如果不是线性尺寸链，则表达式应考虑传递系数 $\xi$（增环 $\xi$ 取正值，减环 $\xi$ 取负值），则

$$A_0 = \sum_{i=1}^{n-1} \xi_i A_i \qquad (7.5)$$

2）封闭环的公差

由式（7.4）可知，当所有增环均取上极限尺寸，所有减环均取下极限尺寸时，封闭环的上极限尺寸 $A_{0max}$ 为

$$A_{0max} = \sum_{i=1}^{m} \vec{A}_{imax} - \sum_{i=m+1}^{n-1} \overleftarrow{A}_{imin} \qquad (7.6)$$

当所有增环均取下极限尺寸，所有减环均取上极限尺寸时，封闭环的下极限尺寸 $A_{0min}$ 为

$$A_{0max} = \sum_{i=1}^{m} \vec{A}_{imin} - \sum_{i=m+1}^{n-1} \overleftarrow{A}_{imax} \qquad (7.7)$$

封闭环的公差 $T_0$ 为

$$T_0 = \sum_{i=1}^{n-1} T_i \qquad (7.8)$$

如果不是线性尺寸链，则更一般的表达式应考虑传递系数 $\xi$，则

$$T_0 = \sum_{i=1}^{n-1} |\xi_i| T_i \qquad (7.9)$$

3）用公称尺寸、偏差表示极限尺寸

公称尺寸与上偏差之和为上极限尺寸，公称尺寸与下偏差之和为下极限尺寸。

组成环的极限尺寸为

$$A_{imax} = A_i + ES_i, \quad A_{imin} = A_i + EI_i \qquad (7.10)$$

封闭环的极限尺寸为

$$A_{0max} = A_0 + ES_0, \quad A_{0min} = A_0 + EI_0 \qquad (7.11)$$

**2. 正计算**

正计算也称校核计算，是已知各组成环公称尺寸和极限偏差，求封闭环的公称尺寸和极限偏差。

**例 7.1** 如图 7.8 所示，在曲轴轴向装配尺寸链中，零件的尺寸和极限偏差为：$A_1 = 43.5^{+0.10}_{+0.05}$ mm，$A_2 = 2.5^{0}_{-0.04}$ mm，$A_3 = 38.5^{0}_{-0.07}$ mm，$A_4 = 2.5^{0}_{-0.04}$ mm，试验算轴向间隙 $A_0$ 是否在所要求的 $0.05 \sim 0.25$ mm 范围内。

**解** （1）绘制尺寸链图，如图 7.8(b)所示，其中 $A_1$ 为增环，$A_2$、$A_3$、$A_4$ 为减环。

（2）求封闭环的公称尺寸。根据式（7.4）可得

$$A_0 = \sum_{i=1}^{m} \vec{A}_i - \sum_{i=m+1}^{n-1} \overleftarrow{A}_i = \vec{A}_1 - (\overleftarrow{A}_2 + \overleftarrow{A}_3 + \overleftarrow{A}_4) = [43.5 - (2.5 + 38.5 + 2.5)] \text{ mm} = 0 \text{ mm}$$

（3）求封闭环的上、下偏差，根据式（7.6）、式（7.7）可得

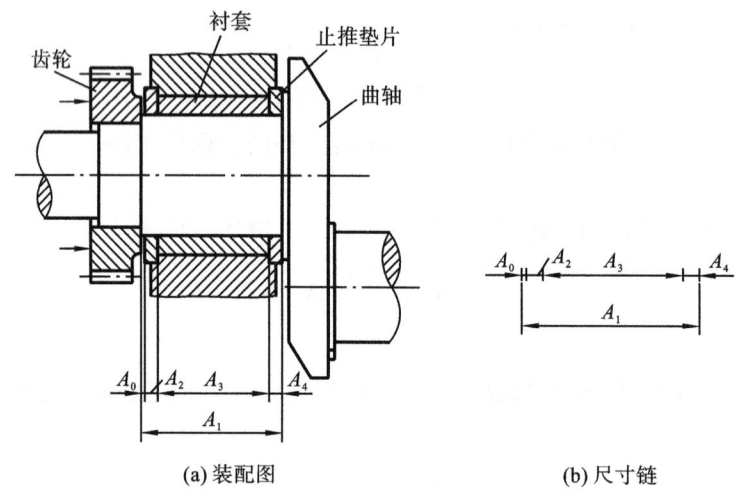

(a) 装配图　　　　　　　　　(b) 尺寸链

图 7.8　曲轴轴向间隙装配示意图

$$A_{0\max} = \overrightarrow{A}_{1\max} - (\overleftarrow{A}_{2\min} + \overleftarrow{A}_{3\min} + \overleftarrow{A}_{4\min})$$
$$= \{(43.5+0.1) - [(2.5-0.04)+(38.5-0.07)+(2.5-0.04)]\} \text{ mm}$$
$$= 0.25 \text{ mm}$$

$$A_{0\min} = \overrightarrow{A}_{1\min} - (\overleftarrow{A}_{2\max} + \overleftarrow{A}_{3\max} + \overleftarrow{A}_{4\max})$$
$$= \{(43.5+0.05) - [(2.5+0)+(38.5+0)+(2.5+0)]\} \text{ mm}$$
$$= +0.05 \text{ mm}$$

于是得　　$A_0 = 0^{+0.25}_{+0.05}$ mm

根据计算,轴向间隙恰好在 0.05～0.25 mm 之间,所以此间隙符合要求。

(4) 验算,按式(7.8)可得

$$T_0 = T_1 + T_2 + T_3 + T_4 = (0.05+0.04+0.07+0.04) \text{ mm} = 0.2 \text{ mm}$$

### 3. 反计算

反计算就是已知封闭环的公差和极限偏差,计算各组成环的公差和极限偏差。常用的解法为等公差法和等精度法。

#### 1) 等公差法

采用等公差法是先假定各组成环的公差相等,在满足式(7.8)的条件下,求出各组成环的平均公差 $T_v$,再根据各环尺寸大小和加工难易程度适当调整,最后决定各环的公差 $T_i$。等公差法的特点是所有组成环的公差值相同。

由式(7.9)可知　　　　　　　$$T_0 = \sum_{i=1}^{n-1} |\xi_i| T_i$$

故平均公差为　　　　　　　　$$T_v = \frac{T_0}{\sum_{i=1}^{n-1} |\xi_i|}$$

对于线性尺寸链,$|\xi_i| = 1$,所以有

$$T_v = \frac{T_0}{n-1} \tag{7.12}$$

**例 7.2**　图 7.9 所示为对开式齿轮箱的一部分。根据使用要求,间隙 $A_0$ 应在 1～1.75

mm 范围内。已知各零件的公称尺寸分别为 $A_1=101$ mm，$A_2=50$ mm，$A_3=A_5=5$ mm，$A_4=140$ mm，求各环的公差及上、下偏差。

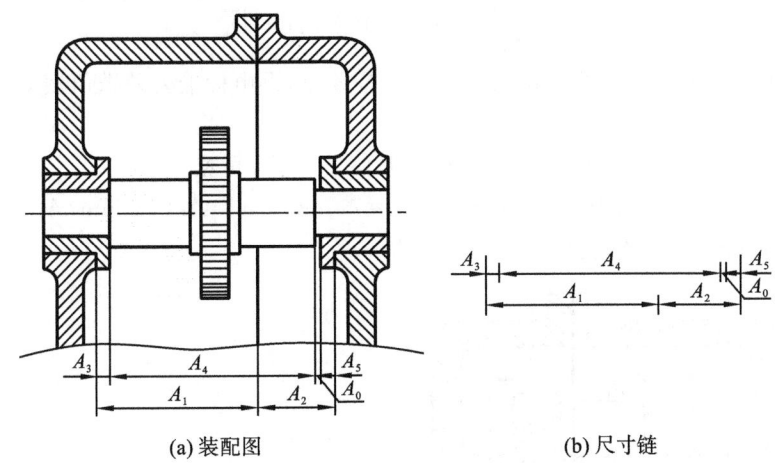

(a) 装配图　　　　　　　　　　　　　　　　　(b) 尺寸链

**图 7.9　对开式齿轮箱**

**解**　（1）绘制尺寸链图，判断增、减环。

尺寸链如图 7.9(b) 所示，其中 $A_1$、$A_2$ 为增环，$A_3$、$A_4$、$A_5$ 为减环，间隙 $A_0$ 为封闭环，那么 $A_{0\,\max}=1.75$ mm，$A_{0\,\min}=1$ mm，按式(7.4)可得

$$A_0 = \sum_{i=1}^{m} \overrightarrow{A_i} - \sum_{i=m+1}^{n-1} \overleftarrow{A_i} = A_1 + A_2 - A_3 - A_4 - A_5$$
$$= (101 + 50 - 5 - 140 - 5)\ \text{mm} = 1\ \text{mm}$$
$$T_0 = A_{0\max} - A_{0\min} = (1.75 - 1)\ \text{mm} = 0.75\ \text{mm}$$

（2）求各组成环的平均公差。

$$T_v = \frac{T_0}{n-1} = \frac{0.75}{6-1}\ \text{mm} = 0.15\ \text{mm}$$

如果将各零件的公差都定为 0.15 mm，显然是不合理的，应根据尺寸大小、加工难易程度等因素进行调整。尺寸 $A_1$、$A_2$ 为大尺寸，且为箱体件，不易加工，可将公差放大为 $T_1=0.3$ mm，$T_2=0.25$ mm；尺寸 $A_3$、$A_5$ 为小尺寸，易于加工，可将公差减小为 $T_3=T_5=0.05$ mm，则计算 $T_4$ 应满足式(7.8)，即

$$T_4 = T_0 - (T_1 + T_2 + T_3 + T_5) = [0.75 - (0.3 + 0.25 + 0.05 + 0.05)]\ \text{mm} = 0.1\ \text{mm}$$

（3）确定各组成环的极限偏差。

通常，各组成环的极限偏差按"入体原则"确定，即孔按 H 确定，轴按 h 确定，一般长度尺寸按"对称原则"确定。

$A_1$、$A_2$ 为孔尺寸，取下偏差为零，得 $A_1 = 101^{+0.30}_{0}$ mm，$A_2 = 50^{+0.25}_{0}$ mm

$A_3$、$A_4$、$A_5$ 为轴尺寸，取上偏差为零，得 $A_3 = A_5 = 5^{0}_{-0.05}$ mm，$A_4 = 140^{0}_{-0.10}$ mm

**2）等精度法**

等精度法也称等公差等级法，其特点是各组成环的公差等级系数 $a$ 相同。

由式(7.9)，当公称尺寸≤500 mm 时，有

$$T_0 = \sum_{i=1}^{n-1} |\xi_i|\, T_i = \sum_{i=1}^{n-1} |\xi_i|\, a(0.45 \sqrt[3]{D_i} + 0.001 D_i)$$

对于线性尺寸链 $|\xi_i|=1$，则平均公差等级系数为

$$a = \frac{T_0}{\sum\limits_{i=1}^{n-1}(0.45\sqrt[3]{D_i}+0.001D_i)} \tag{7.13}$$

根据式(7.13)计算出的 $a$ 值，可查表 3.1 确定公差等级，再由标准公差数值表 3.3 查出相应各组成环的尺寸公差值。

**例 7.3**　图 7.10 所示为对开式齿轮箱，根据使用要求，间隙 $A_0$ 应在 1～1.6 mm 范围内。已知各零件的公称尺寸分别为 $A_1=80$ mm，$A_2=71$ mm，$A_3=A_7=5$ mm，$A_4=50$ mm，$A_5=30$ mm，$A_6=60$ mm，求各环的公差及上、下偏差。

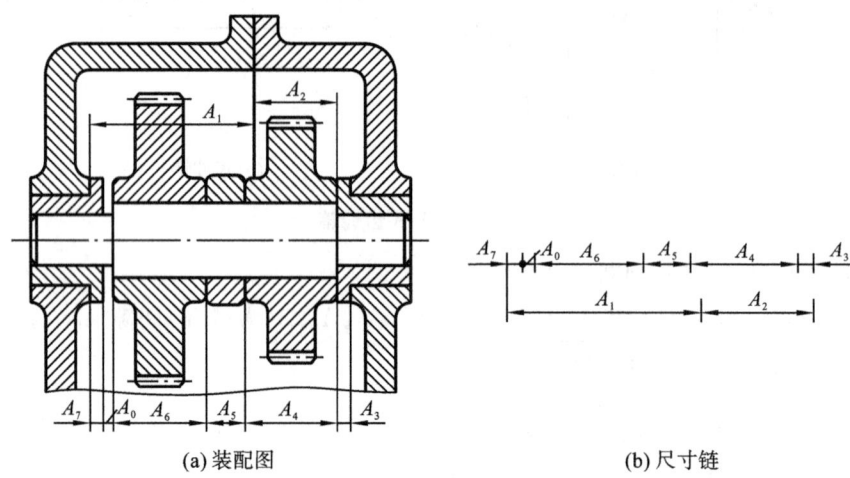

(a) 装配图　　　　　　　　　　(b) 尺寸链

**图 7.10　对开式齿轮箱**

**解**　(1)绘制尺寸链图，判断增、减环。

尺寸链如图 7.10(b)所示，其中 $A_1$、$A_2$ 为增环，$A_3$、$A_4$、$A_5$、$A_6$、$A_7$ 为减环，间隙 $A_0$ 为封闭环。已知 $A_{0\,\text{max}}=1.6$ mm，$A_{0\,\text{min}}=1$ mm，所以

$$A_0 = \sum_{i=1}^{m}\vec{A}_i - \sum_{i=m+1}^{n-1}\overleftarrow{A}_i = A_1 + A_2 - (A_3 + A_4 + A_5 + A_6 + A_7)$$
$$= (80 + 71 - 5 - 50 - 30 - 60 - 5)\ \text{mm} = 1\ \text{mm}$$
$$T_0 = A_{0\text{max}} - A_{0\text{min}} = (1.6-1)\ \text{mm} = 0.6\ \text{mm} = 600\ \mu\text{m}$$

(2) 计算每个尺寸的公差单位 $i$。

尺寸 $A_1=80$ mm 所属尺寸段为 >50～80 mm，几何平均数为 $D_1=\sqrt{50\times80}\approx63$，则

$$i_1 = 0.45\sqrt[3]{D_1} + 0.001D_1 = 0.45\sqrt[3]{63} + 0.001\times63 \approx 1.86$$

其他公差单位略去，则 $i_1=i_2=i_6=1.86$，$i_3=i_7=0.73$，$i_4=1.56$，$i_5=1.31$。

(3) 计算各组成环的平均公差等级系数。根据式(7.13)可得

$$a = \frac{T_0}{\sum\limits_{i=1}^{n-1}(0.45\sqrt[3]{D_i}+0.001D_i)} = \frac{600}{1.86+1.86+2\times0.73+1.56+1.31+1.86} \approx 61$$

由表 3.1 查得 $a=61$ 时接近 IT10 级，标准公差 $T=64i$。

由标准公差数值表 3.3 查得各组成环的公差值：$T_1=T_2=T_6=120\ \mu\text{m}$，$T_3=T_7=48\ \mu\text{m}$，$T_4=100\ \mu\text{m}$，$T_5=84\ \mu\text{m}$。

组成环公差之和为

$[T] = T_1 + T_2 + T_3 + T_4 + T_5 + T_6 + T_7 = (3 \times 120 + 2 \times 48 + 100 + 84)\mu m = 640 \ \mu m > T_0$

为了满足式(7.8)，要调整容易加工的组成环 $A_5$ 的尺寸公差，使 $T_5 = (84 - 40)\mu m = 44 \ \mu m$。

(3) 按"入体原则"确定各组成环的极限偏差。

$A_1$、$A_2$ 为孔尺寸，取下偏差为零，得

$A_1 = 80^{+0.12}_{0} \ mm$，　$A_2 = 71^{+0.12}_{0} \ mm$

$A_3$、$A_4$、$A_5$、$A_6$、$A_7$ 为轴尺寸，取上偏差为零，得

$A_3 = A_7 = 5^{0}_{-0.048} \ mm, A_4 = 50^{0}_{-0.10} \ mm, A_5 = 30^{0}_{-0.044} \ mm, A_6 = 60^{0}_{-0.12} \ mm$

## 7.2.2　统计法

统计法又称概率法，是从尺寸链中各环分布的实际可能性出发进行尺寸链计算。在成批生产和大量生产中，零件实际局部尺寸的分布是随机的，多数情况下可考虑是正态分布或偏态分布。如果加工中工艺调整中心接近公差带中心，大多数零件的尺寸将分布在公差带中心附近，靠近极限尺寸的零件极少。因此，利用这一规律将组成环公差放大，这样不但使零件易于加工，同时又能满足封闭环的技术要求，从而给生产带来明显的经济效益。当然，此时封闭环超出技术要求的情况是存在的，但其概率很小，所以这种方法又称大数互换法。

根据概率论和数理统计理论，统计法解尺寸链的基本公式如下。

1. 封闭环公差

根据式(7.5)可知，封闭环 $A_0$ 为各组成环 $A_i$ 的函数，通常在加工和装配过程中，各组成环的获得彼此间并无关系，因此，可将各组成环视为彼此独立的随机变量，则封闭环的标准偏差可按随机函数的标准偏差求法进行计算：

$$\sigma_0 = \sqrt{\left(\frac{\partial A_0}{\partial A_1}\right)^2 \sigma_1^2 + \left(\frac{\partial A_0}{\partial A_2}\right)^2 \sigma_2^2 + \cdots + \left(\frac{\partial A_0}{\partial A_{n-1}}\right)^2 \sigma_{n-1}^2} \tag{7.14}$$

式中：$\sigma_0$、$\sigma_1$、$\sigma_2$、$\cdots$、$\sigma_{n-1}$——封闭环、各组成环的标准偏差；$\dfrac{\partial A_0}{\partial A_1}$、$\dfrac{\partial A_0}{\partial A_2}$、$\cdots$、$\dfrac{\partial A_0}{\partial A_{n-1}}$——传递系数。

则式(7.14)可写成

$$\sigma_0 = \sqrt{\sum_{i=1}^{n-1} \xi_i^2 \sigma_i^2} \tag{7.15}$$

若组成环和封闭环尺寸偏差均服从正态分布，且分布范围与公差带宽度一致，且 $T_i = 6\sigma_i$，此时，封闭环公差与组成环公差有如下关系：

$$T_0 = \sqrt{\sum_{i=1}^{n-1} \xi_i^2 T_i^2} \tag{7.16}$$

如果考虑到各环的分布不是正态分布，对式(7.16)应引入相对分布系数 $k_0$ 和 $k_i$，前者为封闭环相对分布系数，后者为各组成环相对分布系数。对不同的分布，$k_i$ 值的大小可由表 7.1 中查取，则式(7.16)变为

$$T_0 = \frac{1}{k_0} \sqrt{\sum_{i=1}^{n-1} \xi_i^2 k_i^2 T_i^2} \tag{7.17}$$

表 7.1　典型分布曲线与相对分布系数 $k_i$

| 分布特征 | 正态分布 | 三角分布 | 均匀分布 | 瑞利分布 | 偏态分布 | |
|---|---|---|---|---|---|---|
| | | | | | 外尺寸 | 内尺寸 |
| 分布曲线 | $-3\sigma$　$3\sigma$ | | | $e \times \dfrac{T}{2}$ | $e \times \dfrac{T}{2}$ | $e \times \dfrac{T}{2}$ |
| $e$ | 0 | 0 | 0 | $-0.28$ | 0.26 | $-0.26$ |
| $k_i$ | 1 | 1.22 | 1.73 | 1.14 | 1.17 | 1.17 |

**2. 封闭环中间偏差**

上偏差与下偏差的平均值为中间偏差,用 $\Delta$ 表示,即

$$\Delta = \frac{\mathrm{ES} + \mathrm{EI}}{2} \tag{7.18}$$

当各组成环的偏差对称分布时,则封闭环的中间偏差 $\Delta_0$ 可按下式计算:

$$\Delta_0 = \sum_{i=1}^{n-1} \xi_i \Delta_i \tag{7.19}$$

式中:$\Delta_i$——各组成环的中间偏差。

当各组成环的偏差不对称分布时,各环的平均偏差 $\overline{x}$ 相对于中间偏差 $\Delta_i$ 将产生一个偏差量 $e \cdot \dfrac{T_i}{2}$,如图 7.11 所示,则式(7.19)变为

$$\Delta_0 = \sum_{i=1}^{n-1} \xi_i \overline{x}_i = \sum_{i=1}^{n-1} \xi_i \left( \Delta_i + e_i \frac{T_i}{2} \right) \tag{7.20}$$

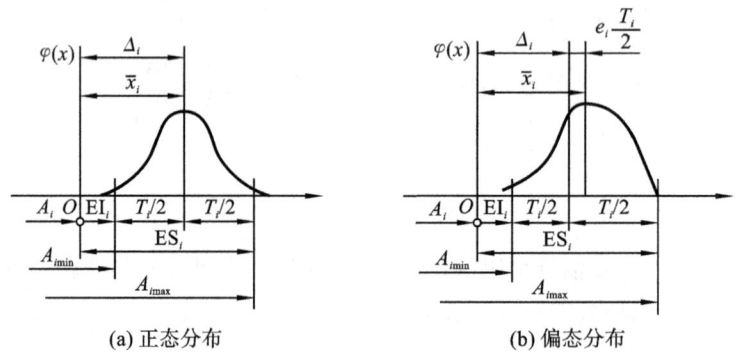

(a) 正态分布　　　　　　(b) 偏态分布

图 7.11　平均偏差 $\overline{x}$

**3. 封闭环极限偏差**

中间偏差与公差的二分之一之和为上偏差 ES,中间偏差与公差的二分之一之差为下偏差 EI。其公式如下:

组成环的极限偏差

$$\mathrm{ES} = \Delta_i + \frac{T_i}{2}, \quad \mathrm{EI} = \Delta_i - \frac{T_i}{2} \tag{7.21}$$

封闭环的极限偏差

$$\text{ES}_0 = \Delta_0 + \frac{T_0}{2}, \quad \text{EI}_0 = \Delta_0 - \frac{T_0}{2} \tag{7.22}$$

**例 7.4**　如图 7.12 所示的部件,端盖螺母应保证转盘与轴套之间的间隙为 $0.1 \sim 0.3$ mm,要求用概率法确定有关零件尺寸的极限偏差。

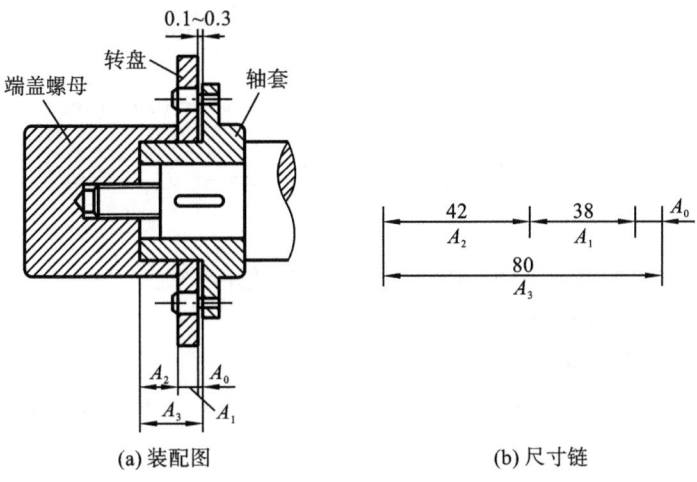

(a) 装配图　　　　　　　　　　　(b) 尺寸链

**图 7.12　例 7.4 图**

**解**　设各组成环尺寸的偏差均服从正态分布,分布中心与公差带中心重合,按等精度法计算公差。

(1) 画尺寸链图,判断增、减环。

$A_3$ 是增环,$A_1$、$A_2$ 是减环。

(2) 计算公差等级系数 $a$,确定各组成环的公差值。

因组成环尺寸偏差服从正态分布,则 $k_0 = k_i = 1$,又因该尺寸链为线性尺寸链,故 $|\xi_i| = 1$,则可由式(7.13)计算 $a$。

先计算尺寸 $A_1$、$A_2$、$A_3$ 的几何平均值,有 $D_1 = D_2 \approx 38.7$、$D_3 \approx 63$。

封闭环极限尺寸 $A_{0max} = 0.3$ mm,$A_{0min} = 0.1$ mm

封闭环公差　$T_0 = A_{0max} - A_{0min} = (0.3 - 0.1)$ mm $= 0.2$ mm $= 200$ $\mu$m

封闭环尺寸为　$A_0 = 0^{+0.3}_{+0.1}$ mm

将上述相关数值代入式(7.13),有

$$a = \frac{T_0}{\sum\limits_{i=1}^{n-1}(0.45\sqrt[3]{D_i} + 0.001D_i)} = \frac{200}{\sqrt{1.56^2 + 1.56^2 + 1.86^2}} \approx 69$$

由标准公差计算表 3.1 查得 $a = 69$ 接近于 IT10 级,IT10 的 $T = 64i$。

由标准公差数值表 3.3 查得各组成环尺寸的公差值:$T_1 = T_2 = 0.10$ mm,$T_3 = 0.12$ mm,则封闭环公差的计算值为

$$T = \sqrt{T_1^2 + T_2^2 + T_3^2} = \sqrt{0.1^2 + 0.1^2 + 0.12^2} \approx 0.185 \text{ mm} < T_0 = 0.2 \text{ mm}$$

由于封闭环公差的计算值 $T$ 小于技术条件给定值 $T_0$,可见所确定组成环的公差是正确的。

(3) 确定组成环极限尺寸。

根据各环公差入体原则,$A_2$、$A_3$ 为一般尺寸,可按对称分布确定极限偏差,即 $A_2 = 42^{+0.05}_{-0.05}$

mm，$A_3 = 80^{+0.06}_{-0.06}$ mm。计算 $A_1$ 的中间偏差，并按式(7.21)确定 $A_1$ 的极限偏差。

由式(7.19)知

$$\Delta_0 = \sum_{i=1}^{n-1} \xi_i \Delta_i = \Delta_3 - \Delta_1 - \Delta_2$$

$$\Delta_1 = \Delta_3 - \Delta_2 - \Delta_0 = \left(0 - 0 - \frac{0.3 + 0.1}{2}\right) \text{mm} = -0.2 \text{ mm}$$

组成环 $A_1$ 的上偏差　　$\text{ES}_1 = \Delta_1 + \dfrac{T_1}{2} = \left(-0.2 + \dfrac{0.1}{2}\right) \text{mm} = -0.15 \text{ mm}$

组成环 $A_1$ 的下偏差　　$\text{EI}_1 = \Delta_1 - \dfrac{T_1}{2} = \left(-0.2 - \dfrac{0.1}{2}\right) \text{mm} = -0.25 \text{ mm}$

即　　　　　　　　　　　　　　　　$A_1 = 38^{-0.15}_{-0.25}$ mm

（4）校核所确定的各组成环的极限偏差能否满足使用要求。

可采用正计算的方法进行校核计算。

① 计算封闭环的中间偏差

$$[\Delta_0] = \Delta_3 - \Delta_1 - \Delta_2 = [0 - (-0.2) - 0] \text{mm} = 0.2 \text{ mm}$$

② 计算封闭环的极限偏差

$$\text{ES}'_0 = [\Delta_0] + \frac{T}{2} = \left(0.2 + \frac{0.185}{2}\right) \text{mm} = 0.293 \text{ mm}$$

$$\text{EI}'_0 = [\Delta_0] - \frac{T}{2} = \left(0.2 - \frac{0.185}{2}\right) \text{mm} = 0.108 \text{ mm}$$

$\text{ES}'_0 = 0.293$ mm $< 0.3$ mm $= \text{ES}_0$，$\text{EI}'_0 = 0.108$ mm $> 0.1$ mm $= \text{EI}_0$

以上计算所说明确定组成环的极限偏差是符合技术要求的。

通过实例可以看出，用统计法计算确定的组成环公差值比用完全互换法确定的要大，可以在不改变技术要求所规定的封闭环公差的情况下，将组成环公差放大 60%，而实际上出现不合格的可能性却很小，因而可带来较好的经济效益。

# 习　　题

7.1　有一孔、轴配合，装配前轴需镀铬，镀铬层厚度为 $8 \sim 12 \ \mu\text{m}$，镀铬后应满足 $\phi80\text{H8}/\text{f7}$，问轴在镀铬前的尺寸及其极限偏差是多少？

7.2　图 7.13 所示为尺寸链简图，已知 $A_0 = 20^{\ 0}_{-0.2}$ mm，$A_2 = 40^{+0.1}_{\ 0}$ mm，且 $A_0$ 是封闭环。试计算组成环 $A_1$ 的公称尺寸及上、下偏差。

7.3　有一尺寸链如图 7.14 所示，求组成环 $A_3$ 的公称尺寸及其上、下偏差。已知 $A_1 = 62^{+0.10}_{\ 0}$ mm，$A_2 = 44^{+0.15}_{-0.10}$ mm，$A_4 = 18^{\ 0}_{-0.1}$ mm，$A_0 = 78^{+0.40}_{-0.35}$ mm。

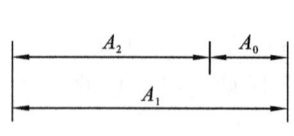

**图 7.13　题 7.2 图**

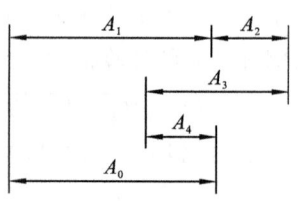

**图 7.14　题 7.3 图**

# 第8章 常用结合件的精度设计

## 8.1 滚动轴承与孔、轴配合的精度设计

**教学提示** 轴承、螺纹、键等常用结合件是机械传动的重要零件。本章重点介绍滚动轴承与孔、轴配合、普通螺纹配合、圆锥配合,以及键配合的精度设计。

滚动轴承是一种标准部件,由专业工厂生产,被广泛应用于各种机械的传动支承中。滚动轴承是具有两种互换性的部件:第一,滚动轴承本身制造时各组成零件的互换性,为不完全互换性;第二,滚动轴承作为部件与其他相配合件结合时的互换性,为完全互换性。

由于滚动轴承为高精度部件,若按照完全互换性原则生产,成本高、制造困难,故其自身制造时各组成零件采用不完全互换性方式。对于和其他轴、孔的配合,则采用完全互换性。

本节涉及的标准如下。

(1) GB/T 307.3—2005《滚动轴承 通用技术规则》。

(2) GB/T 4199—2003《滚动轴承 公差 定义》。

(3) GB/T 307.1—2005《滚动轴承 向心轴承 公差》。

(4) GB/T 275—1993《滚动轴承与轴和外壳的配合》。

### 8.1.1 滚动轴承的组成和形式

滚动轴承一般由外圈、保持架(又称隔离圈)、内圈和滚动体(钢球或滚珠)四部分组成(见图8.1)。外圈与轴承座配合,内圈与轴颈配合。配合类型通常是内圈随轴颈回转,外圈固定;也可外圈回转,内圈固定;或内、外圈同时回转。当内、外圈相对转动时,滚动体即在内、外圈的滚道间滚动。

滚动轴承的形式很多。按滚动体的形状,可分为球轴承、滚子轴承、滚针轴承;按承受负荷的方向分为向心轴承、推力轴承、向心推力轴承(见图8.2)。

滚动轴承的工作性能取决于滚动轴承本身的制造精度、滚动轴承与轴和壳体孔的配合性质,以及轴和壳体孔的尺寸精度、几何公差和表面粗糙度等因素。设计时,应根据上述因素合理地选用滚动轴承。

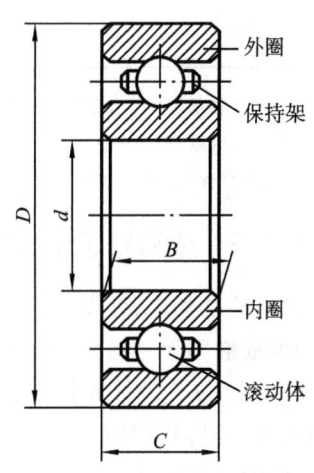

图8.1 滚动轴承的组成

(a) 深沟球轴承    (b) 滚子轴承    (c) 滚针轴承    (d) 向心推力轴承    (e) 推力球轴承

图 8.2　滚动轴承形式

## 8.1.2　滚动轴承的精度等级及其应用

国家标准 GB/T 307.3—2005 规定,滚动轴承按其公称尺寸精度和旋转精度将滚动轴承分为 0、6(或 6X)、5、4、2 共 5 个等级,从 0 级到 2 级,精度依次增高,其中,仅向心轴承有 2 级,圆锥滚子轴承有 6X 级,没有 6 级。各等级及应用见表 8.1。

表 8.1　滚动轴承的公差等级及应用

| 级　别 | 产品现有级别 | | | 应　用 | 说　明 |
|---|---|---|---|---|---|
| | 向心轴承 | 圆锥滚子轴承 | 推力球、推力滚子轴承 | | |
| 0　普通级 | √ | √ | √ | 一般用轴承 | (1)一般轴承为 0 级,凡属于 0 级的在轴承型号上不标公差等级。<br>(2)使用精密轴承时,只有轴和外壳的几何公差精度和表面粗糙度同轴承精度协调一致时,才能充分发挥其功效 |
| 6　中等精度 | √ | 6X | √ | 普通机床主轴、精密机床传动轴等支承中 | |
| 5　较高级 | √ | √ | √ | 精密仪器、精密机床主轴中的支承 | |
| 4　高级 | √ | √ | √ | | |
| 2　精密级 | √ | — | — | 高精度仪器和高转速机构中使用 | |

注:①滚动轴承按尺寸公差与旋转精度(均为产品的制造精度)分级;

②调心轴承、调心滚子、推力调心滚子和推力圆锥滚子轴承只生产 0 级公差的,圆锥滚子轴承一般只生产 0 级公差的,有特殊要求时也可生产其他公差等级的。

## 8.1.3　滚动轴承小、大径公差带

滚动轴承的内、外圈都是宽度较小的薄壁件,精度要求又高,在其制造、保管过程中容易变形(如变成椭圆形),但是在装入轴和外壳孔上之后,这种变形又容易得到矫正。因此,国家标准 GB/T 4199—2003 对滚动轴承小径、大径、宽度和成套轴承的旋转精度等指标都提出了很高的要求。轴承的精度设计不仅控制轴承与轴、与外壳孔配合的尺寸精度,而且要控制轴承内、外圈的变形程度。

滚动轴承精度主要是由尺寸精度和旋转精度决定的。

**1. 滚动轴承的尺寸精度参数**

滚动轴承的尺寸精度包括轴承小径($d$)、大径($D$)、内圈宽度($B$)、外圈宽度($C$)和装配高($T$)的制造精度。

$d$、$D$ 分别是轴承小径、大径的公称尺寸。$d_s$、$D_s$ 分别是轴承的单一小径、大径。$\Delta_{ds}$、$\Delta_{Ds}$ 分

别是轴承单一小径、大径偏差,它控制同一轴承单一小径、大径偏差。$V_{dsp}$、$V_{Dsp}$ 分别是轴承单一平面小径、大径的变动量,它用于控制轴承单一平面内小径、大径的圆度误差。

$d_{mp}$、$D_{mp}$ 分别是同一轴承单一平面平均小径、大径。$\Delta_{dmp}$、$\Delta_{Dmp}$ 分别是同一轴承单一平面平均小径、大径偏差,它用于控制轴承与轴、外壳孔装配后的配合尺寸偏差。$V_{dmp}$、$V_{Dmp}$ 分别是同一轴承平均小径、大径的变动量,它用于控制轴承与轴、外壳孔装配后的圆柱度误差。

$B$、$C$ 分别是控制轴承内、外圈宽度的公称尺寸。$\Delta_{Bs}$、$\Delta_{Cs}$ 分别是轴承内、外圈单一宽度偏差,它用于控制内、外圈宽度的实际偏差。$V_{Bs}$、$V_{Cs}$ 分别是轴承内、外圈宽度的变动量,它用于控制内、外圈宽度方向的几何误差。

**2. 滚动轴承的旋转精度参数**

用于评定滚动轴承的旋转精度参数有:成套轴承内、外圈的径向跳动 $K_{ia}$、$K_{ea}$;成套轴承内、外圈的轴向跳动 $S_{ia}$、$S_{ea}$;内圈基准端面对内孔中心线的跳动 $S_d$;外圈外表面对基准端面的垂直度 $S_{DL}$;成套轴承外圈凸缘背面轴向跳动 $S_{eal}$;外圈外表面对凸缘背面的垂直度 $S_{DI}$。

对不同精度等级、不同结构形式的滚动轴承,其尺寸精度、旋转精度的评定参数有不同要求,表 8.2、表 8.3 是按 GB/T 307.1—2005 摘录的各级向心轴承内、外圈评定参数的公差值,供使用时参考。

**表 8.2　向心轴承内圈公差**(摘自 GB/T 307.1—2005)　　　　　　　单位:$\mu m$

| $d/mm$ | 公差等级 | $\Delta_{dmp}$ 上偏差 | $\Delta_{dmp}$ 下偏差 | $\Delta_{ds}$① 上偏差 | $\Delta_{ds}$① 下偏差 | $V_{dsp}$ 直径系列 9 最大 | $V_{dsp}$ 直径系列 0,1 最大 | $V_{dsp}$ 直径系列 2,3,4 最大 | $V_{dmp}$ 最大 | $K_{ia}$ 最大 | $S_d$ 最大 | $S_{ia}$② 最大 | $\Delta_{Bs}$ 全部 上偏差 | $\Delta_{Bs}$ 正常 下偏差 | $\Delta_{Bs}$ 修正③ 下偏差 | $V_{Bs}$ 最大 |
|---|---|---|---|---|---|---|---|---|---|---|---|---|---|---|---|---|
| >30~50 | 0 | 0 | −12 | — | — | 15 | 12 | 9 | 9 | 15 | | | 0 | −120 | −250 | 20 |
| | 6 | 0 | −10 | — | — | 13 | 10 | 8 | 8 | 10 | | | 0 | −120 | −250 | 20 |
| | 5 | 0 | −8 | — | — | 8 | 6 | 6 | 4 | 5 | 8 | 8 | 0 | −120 | −250 | 5 |
| | 4 | 0 | −6 | 0 | −6 | 6 | 5 | 5 | 3 | 4 | 4 | 4 | 0 | −120 | −250 | 3 |
| | 2 | 0 | −2.5 | 0 | −2.5 | — | 2.5 | 2.5 | 1.5 | 2.5 | 1.5 | 2.5 | 0 | −120 | −250 | 1.5 |
| >50~80 | 0 | 0 | −15 | — | — | 19 | 19 | 11 | 11 | 20 | — | — | 0 | −150 | −380 | 25 |
| | 6 | 0 | −12 | — | — | 15 | 15 | 9 | 9 | 10 | — | — | 0 | −150 | −380 | 25 |
| | 5 | 0 | −9 | — | — | 9 | 7 | 7 | 5 | 5 | 8 | 8 | 0 | −150 | −380 | 6 |
| | 4 | 0 | −7 | 0 | −7 | 7 | 5 | 5 | 3.5 | 4 | 5 | 5 | 0 | −150 | −250 | 4 |
| | 2 | 0 | −4 | 0 | −4 | 4 | 4 | 4 | 2 | 2.5 | 1.5 | 2.5 | 0 | −150 | −250 | 1.5 |
| >80~120 | 0 | 0 | −20 | — | — | 25 | 25 | 15 | 15 | 25 | — | — | 0 | −200 | −380 | 25 |
| | 6 | 0 | −15 | — | — | 19 | 19 | 11 | 11 | 13 | — | — | 0 | −200 | −380 | 25 |
| | 5 | 0 | −10 | — | — | 10 | 8 | 7 | 5 | 6 | 9 | 9 | 0 | −200 | −380 | 7 |
| | 4 | 0 | −8 | 0 | −8 | 8 | 6 | 6 | 4 | 5 | 5 | 5 | 0 | −200 | −380 | 4 |
| | 2 | 0 | −5 | 0 | −5 | 5 | 5 | 5 | 2.5 | 2.5 | 2.5 | 2.5 | 0 | −200 | −380 | 2.5 |

注:①4、2 级轴承仅适用于直径系列 0、1、2、3、4;

②5、4、2 级轴承仅适用于沟型球轴承;

③用于各级轴承的成对和成组安装时单个轴承的内圈,其中 0、6、5 级轴承也适于 $d \geqslant 50$ mm 锥孔轴承的内圈。

表 8.3　向心轴承外圈公差（摘自 GB/T307.1—2005）　　　　　　　　单位：μm

| D/mm | 公差等级 | ΔDmp 上偏差 | ΔDmp 下偏差 | ΔDs④ 上偏差 | ΔDs④ 下偏差 | VDsp⑤ 开型轴承 直径系列9 最大 | VDsp⑤ 开型轴承 直径系列0、1 最大 | VDsp⑤ 开型轴承 直径系列2、3、4 最大 | VDsp⑤ 闭型轴承 0、1、2、3、4 最大 | VDmp① 最大 | Kea 最大 | SD③/SD1 最大 | Sea②③ 最大 | Sea1② 最大 | ΔCs/ΔC1s② 上偏差 | ΔCs/ΔC1s② 下偏差 | VCs/VC1s② 最大 |
|---|---|---|---|---|---|---|---|---|---|---|---|---|---|---|---|---|---|
| 50～80 | 0 | 0 | −13 | — |  | 16 | 13 | 10 | 20 | 10 | 25 | — | — | — | 与同一轴承内圈的 ΔBs 及 VBs 相同 |  |  |
|  | 6 | 0 | −11 | — |  | 14 | 11 | 8 | 16 | 8 | 13 |  |  |  | 与同一轴承内圈的 ΔBs 及 VBs 相同 |  |  |
|  | 5 | 0 | −9 | — |  | 9 | 7 | 7 | — | 5 | 8 | 8 | 10 | 14 | 与同一轴承内圈的 ΔBs 相同 |  | 6 |
|  | 4 | 0 | −7 | 0 | −7 | 7 | 5 | 5 | — | 3.5 | 5 | 4 | 5 | 7 | 与同一轴承内圈的 ΔBs 相同 |  | 3 |
|  | 2 | 0 | −4 | 0 | −4 | 4 | 4 | 4 | — | 2 | 4 | 1.5 | 4 | 6 | 与同一轴承内圈的 ΔBs 相同 |  | 1.5 |
| 80～120 | 0 | 0 | −15 | — |  | 19 | 19 | 11 | 26 | 11 | 35 | — | — | — | 与同一轴承内圈的 ΔBs 及 VBs 相同 |  |  |
|  | 6 | 0 | −13 | — |  | 16 | 16 | 11 | 20 | 11 | 18 |  |  |  | 与同一轴承内圈的 ΔBs 及 VBs 相同 |  |  |
|  | 5 | 0 | −10 | — |  | 10 | 8 | 8 | — | 5 | 9 | 9 | 11 | 16 | 与同一轴承内圈的 ΔBs 相同 |  | 8 |
|  | 4 | 0 | −8 | 0 | −8 | 8 | 6 | 6 | — | 4 | 6 | 5 | 6 | 8 | 与同一轴承内圈的 ΔBs 相同 |  | 4 |
|  | 2 | 0 | −5 | 0 | −5 | 5 | 5 | 5 | — | 2.5 | 5 | 2.5 | 5 | 7 | 与同一轴承内圈的 ΔBs 相同 |  | 2.5 |

注：①0、6级轴承仅适用于内、外止动环安装前或拆卸后；

　　②仅适用于沟型球轴承；

　　③5、4、2级轴承不适用于凸缘外圈轴承；

　　④4级轴承仅适用于直径系列1、2、3和4；

　　⑤2级轴承仅适用于直径系列1、2、3和4的开型和闭型轴承。

### 8.1.4　滚动轴承小径、大径公差带特点

通常，滚动轴承内圈装在传动的轴颈上随轴一起旋转以传递扭矩，外圈固定于机体孔中起支承作用。因此，内圈的小径（$d$）、外圈的大径（$D$）是滚动轴承与配合件的公称尺寸。国家标准 GB/T 307.1—2005 规定 0、6(6X)、5、4、2 各级公差等级轴承的单一平面平均小径 $d_{mp}$ 和单一平面平均大径 $D_{mp}$ 的公差带均为单向制，而且统一采用公差带在零线的下方，即上偏差为零，下偏差为负值的分布，如图 8.3 所示。

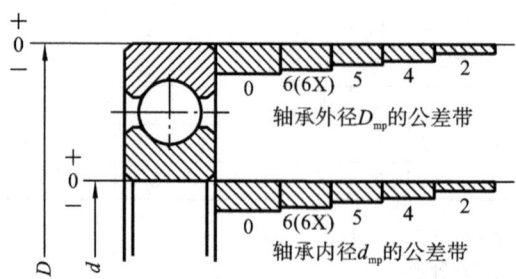

图 8.3　轴承内、外径公差带图

滚动轴承是精密的标准件,使用时不能再进行附加加工。因此,轴承内圈与轴的配合采用基孔制,但小径的公差带位置与一般基准孔相反,如图 8.3 所示,小径公差带位于零线下方,即上偏差为零,下偏差为负值。这主要是考虑到配合的特殊需要,因为在多数情况下,轴承内圈都会随轴一起转动传递扭矩,并且不允许轴、孔之间有相对运动,所以两者的配合应具有一定的过盈量。由于内圈是薄壁零件,又常需维修拆换,故过盈量不宜过大。一般基准孔的公差带分布在零线上方,当选用过盈配合时,其过盈量太大;如果改用过渡配合,又违反了标准化和互换性原则。为此,滚动轴承国际标准规定将 $d_{mp}$ 的公差带分布在零线下方。当轴承内孔与一般过渡配合的轴相配合时,不但能保证获得较小的过盈,而且还不会出现间隙,从而可满足轴承内孔与轴配合的要求,同时,又可按照标准来加工轴。

滚动轴承的外径与外壳孔配合应按基轴制,通常两者之间不要求太紧。因此,所有精度的轴承外圈,其 $D_{mp}$ 的公差带位置仍按一般基轴制规定,将其布置在零线以下,即其上偏差为零,下偏差为负值。由于轴承精度要求很高,其公差值相对略小一些。

注意,由于滚动轴承结合面的公差带是特别规定的,因此,在装配图上对轴承的配合,仅标注公称尺寸及轴、孔外壳孔的公差带代号。

### 8.1.5　滚动轴承与座孔、轴颈的配合与选择

#### 1. 轴、外壳孔的尺寸公差带

滚动轴承基准接合面的公差带单向布置在零线下侧,既可满足各种旋转机构不同配合性质的需要,又可以按照标准公差来制造与之相配合的零件。轴和外壳孔的公差带就是从"极限与配合"国家标准中选取的。国家标准 GB/T 275—1993 给出了常用的公差带,如图 8.4 所示。

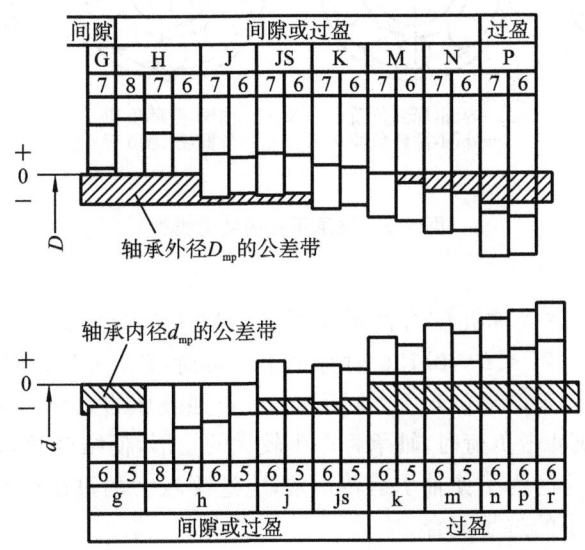

图 8.4　滚动轴承与轴和外壳孔配合的常用公差带关系图

#### 2. 轴径、外壳孔公差带的选用

正确地选用轴和外壳孔的公差带,对于充分发挥轴承的技术性能和保证机构的运转质量、使用寿命有着重要意义。

影响公差带选用的因素很多,如轴承的工作条件(包括负荷类型、负荷大小、工作温度、旋

转精度、轴向间隙），配合零件的结构、材料及安装与拆卸的要求等，一般根据轴承所承受的负荷类型和大小来确定。

1）负荷类型

轴承转动时，根据作用于轴承上合成径向负荷相对套圈的旋转情况，可将所受负荷分为局部负荷、循环负荷和摆动负荷三类。

（1）局部负荷　作用于轴承上的合成径向负荷与套圈相对静止，即负荷方向始终不变地作用在套圈滚道的局部区域上，该套圈所承受的这种负荷称为局部负荷，如图 8.5(a)、图(b)所示。对承受这类负荷的套圈与壳体孔或轴的配合一般选较松的过渡配合，或较小的间隙配合，以便让套圈滚道间的摩擦力矩带动转位，延长轴承的使用寿命。

（2）循环负荷　作用于轴承上的合成径向负荷顺次地作用在套圈滚道的整个圆周上，该套圈所承受的这种负荷称为循环负荷，如图 8.5(a)、图 8.5(b)所示。通常，对承受循环负荷的套圈与轴（或壳体孔）应选择过盈配合或较紧的过渡配合，其过盈量的大小以不使套圈与轴或壳体孔配合表面产生爬行现象为准。

（3）摆动负荷　作用于轴承上的合成径向负荷与所承受的套圈在一定区域内相对摆动，即其负荷向量经常变动地作用在套圈滚道的局部圆周上，该套圈所承受的这种负荷称为摆动负荷，如图 8.5(c)、图 8.5(d)所示。承受摆动负荷的套圈，其配合要求与循环负荷相同或略松一些。

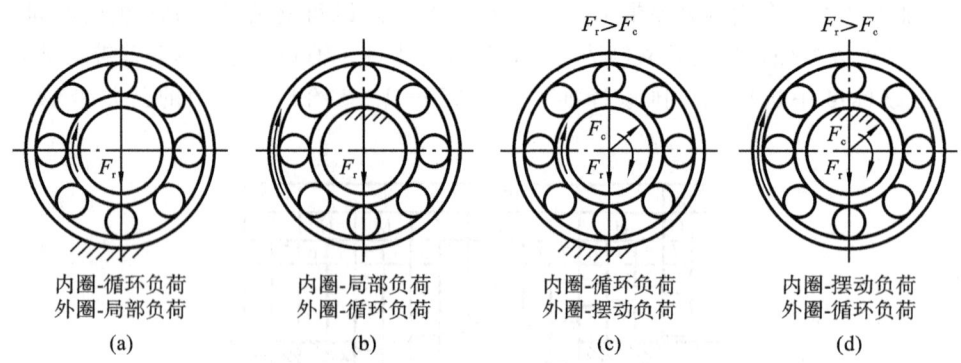

| 内圈-循环负荷 | 内圈-局部负荷 | 内圈-循环负荷 | 内圈-摆动负荷 |
| 外圈-局部负荷 | 外圈-循环负荷 | 外圈-摆动负荷 | 外圈-循环负荷 |
| (a) | (b) | (c) | (d) |

**图 8.5　轴承承受的负荷类型**

2）负荷大小

滚动轴承套圈与轴或壳体孔配合的最小过盈取决于负荷的大小。一般，径向负荷 $P\leqslant0.07C$ 时称为轻负荷，$0.07C<P\leqslant0.15C$ 时称为正常负荷，$P>0.15C$ 时称为重负荷。其中 $C$ 为轴承的额定负荷，即轴承能够旋转 $10^6$ 次而不发生点蚀破坏的概率为 90% 时的载荷值。

承受较重的负荷或冲击负荷时，轴承将产生较大的变形，使结合面间实际过盈减小和轴承内部的实际间隙增大，这时为了使轴承运转正常，应选择较大的过盈配合。同理，轴承承受较轻的负荷时，可选择较小的过盈配合。

当轴承内圈承受循环负荷时，它与轴承配合所需的最小过盈

$$Y_{\min\text{计算}} =-13Rk/(10^6b) \tag{8.1}$$

式中：$R$——轴承承受的最大径向负荷（kN）；$k$——与轴承系列有关的系数，轻系列 $k=2.8$，中系列 $k=2.3$，重系列 $k=2$；$b$——轴承内圈的配合宽度（m），$b=B-2r$，$B$ 为轴承宽度，$r$ 为内圈倒角。

为避免套圈破裂，必须按不超出套圈允许的强度计算其最大过盈

$$Y_{\max\text{计算}} = -11.4kd[\sigma_P]/[(2k-2)10^3] \tag{8.2}$$

式中：$[\sigma_P]$——允许的拉应力，单位为 $10^5\,\text{Pa}$，轴承钢的拉应力 $[\sigma_P] \approx 400(10^5\,\text{Pa})$；$d$——轴承的内圈直径，单位为 m；$k$ 含义同式(8.1)。

根据计算得到的 $Y_{\max\text{计算}}$，按例 3.7 中的方法选择合理的配合。

滚动轴承配合的选择一般用类比法，表 8.4 至表 8.7 可作为参考。

**表 8.4　向心轴承和轴的配合　轴公差带代号**

| 圆柱孔轴承 | | | | | |
|---|---|---|---|---|---|
| 运转状态 | | 负荷状态 | 深沟球轴承、调心球轴承和角接触球轴承 | 圆柱滚子轴承和圆锥滚子轴承 | 调心滚子轴承 | 公差带 |
| 说明 | 举例 | | 轴承公称内径/mm | | | |
| 循环负荷及摆动负荷 | 一般通用机械、电动机、机床主轴、泵、内燃机、直齿轮传动装置、铁路机车车辆轴箱、破碎机等 | 轻负荷 | ≤18 | — | — | h5 |
| | | | >18~100 | ≤40 | ≤40 | j6① |
| | | | >100~200 | >40~140 | >40~100 | k6① |
| | | | — | >140~200 | >100~200 | m6① |
| | | 正常负荷 | ≤18 | — | — | j5,js5 |
| | | | >18~100 | ≤40 | ≤40 | k5② |
| | | | >100~140 | >40~100 | >40~65 | m5② |
| | | | >140~200 | >100~140 | >65~100 | m6 |
| | | | >200~280 | >140~200 | >100~140 | n6 |
| | | | — | >200~400 | >140~280 | p6 |
| | | | — | — | >280~500 | r6 |
| | | 重负荷 | | >50~140 | >50~100 | n6③ |
| | | | | >140~200 | >100~140 | p6③ |
| | | | | >200 | >140~200 | r6③ |
| | | | | — | >200 | r7③ |
| 局部负荷 | 静止轴上的各种轮子、张紧轮绳轮、振动筛、惯性振动器 | 所有负荷 | 所有尺寸 | | | f6 |
| | | | | | | g6① |
| | | | | | | h6 |
| | | | | | | j6 |
| 仅有轴向负荷 | | | 所有尺寸 | | | j6,js6 |
| 圆锥孔轴承 | | | | | | |
| 所有负荷 | 铁路机车车辆轴箱 | 装在退卸套上的所有尺寸 | | | | h8(IT6)⑤④ |
| | 一般机械传动 | 装在紧定套上的所有尺寸 | | | | h9(IT7)⑤④ |

注：①对精度要求较高的场合，应用 j5，k5……分别代替 j6，k6……；

②圆锥滚子轴承、角接触球轴承配合对游隙影响不大，可用 k6、m6 代替 k5、m5；

③应选用轴承径向游隙大于基本组游隙的滚子轴承；

④凡有较高精度或转速要求的场合，应选用 h7(IT5)代替 h8(IT6)；

⑤IT6、IT7 表示圆柱度公差数值。

表 8.5　向心轴承和外壳的配合　孔公差带代号

| 运转状态 | | 负荷状态 | 其他状况 | 公差带 | |
|---|---|---|---|---|---|
| 说明 | 举例 | | | 球轴承 | 滚子轴承 |
| 固定的外圈负荷 | 一般机械、铁路机车车辆轴箱、电动机、泵、曲轴主轴承 | 轻、正常 | 轴向易移动,可采用剖分式外壳 | H7 | |
| | | 重 | | | |
| 摆动负荷 | | 冲击 | 轴向能移动,可采用整体或剖分 | J7、JS7 | |
| | | 轻、正常 | | | |
| | | 正常、重 | 轴向不移动,采用整体式外壳 | K7 | |
| | | 冲击 | | M7 | |
| 旋转的外圈负荷 | 张紧滑轮、轮毂轴承 | 轻 | | J7 | K7 |
| | | 正常 | | K7、M7 | M7、N7 |
| | | 重 | | | N7、P7 |

注:①并列公差带随尺寸的增大从左至右选择,对旋转精度有较高要求时,可相应提高一个公差等级;
　　②不适用于剖分式外壳。

表 8.6　推力轴承和轴的配合　轴公差带代号

| 运转状态 | 负荷状态 | 推力球轴承和推力滚子轴承 | 推力调心滚子轴承 | 公差带 |
|---|---|---|---|---|
| | | 轴承公称内径/mm | | |
| 仅有轴向负荷 | | 所有尺寸 | | J6、js6 |
| 固定的轴圈负荷 | 径向和轴向联合负荷 | ≤250 | | J6 |
| | | >250 | | Js6 |
| 旋转的轴 | | ≤200～400 | | k6① |
| | | >400 | | m6 |
| | | | | n6 |

注:① 要求较小过盈时,可分别用 j6、k6、m6 代替 k6、m6、n6;
　　② 也包括推力圆锥滚子轴承、推力角接触球轴承。

表 8.7　推力轴承和外壳的配合　孔公差带代号

| 运转状态 | 负荷状态 | 轴承类型 | 公差带 | 备注 |
|---|---|---|---|---|
| 仅有轴向负荷 | | 推力球轴承 | H8 | |
| | | 推力圆柱滚子、圆锥滚子轴承 | H7 | |
| | | 推力调心滚子轴承 | | 外壳孔与座圈间间隙为 0.001$D$($D$ 为轴承公称外径) |

| 运 转 状 态 | 负 荷 状 态 | 轴 承 类 型 | 公差带 | 备 注 |
|---|---|---|---|---|
| 固定的座圈负荷 | 径向和轴向联合负荷 | 推力角接触球轴承、推力调心滚子轴承、推力圆锥滚子轴承 | H7 | |
| 旋转的座圈负荷或摆动负荷 | | | K7 | 普通使用条件 |
| | | | M7 | 有较大径向负荷时 |

3）工作温度的影响

轴承在运转时,虽然是滚动摩擦,但套圈也会发热而升温,经常是套圈温度高于与其结合零件的温度。因此,由于热膨胀不一致而使内圈与轴结合变松,外圈与外壳孔结合变紧。故选择配合时应充分注意温度的影响。

4）其他影响因素

对于负荷较大、有较高旋转精度要求的轴承,为了消除弹性变形和振动的影响,应避免采用间隙配合。而对于一些精密机床的轻负荷轴承,为避免孔和轴的形状误差对轴承精度的影响,易采用较小的间隙配合。例如内圆磨床的磨头,内圈间隙为 $1\sim4~\mu m$,外圈间隙为 $4\sim10$ $\mu m$,滚动轴承的尺寸越大,选取的配合应越紧。

空心轴颈比实心轴颈、薄壁壳体比厚壁壳体、轻合金壳体比钢或铸铁壳体采用的配合要求紧些;而剖分式壳体比整体式壳体采用的配合要松些,以免过盈将轴承外圈夹扁、甚至将轴卡住。对于紧于 K7（包括 K7）的配合或壳体孔的标准公差小于 IT6 级时,应选用整体式壳体。

为了便于安装与拆卸,特别对于重型机械,宜采用较松的配合。这在既要求拆卸、而又要用较紧配合时,可采用分离型轴承或内圈带锥孔和紧定套或退卸套的轴承。

当要求轴承的内圈或外圈能沿轴向游动时,该内圈与轴或外圈与壳体孔的配合应选择较松的配合。

由于过盈配合使轴承径向游隙减小,如轴承的两个套圈之一须采用过盈特大的过盈配合,应选择具有大于基本组的径向游隙的轴承。

**3. 轴颈、外壳孔几何公差的选择**

为了保证轴承的工作质量及使用寿命,除选用定轴和外壳的公差带之外,还应规定限定的几何公差,国家标准推荐的几何公差列于表 8.8 和表 8.9,供设计时选择。

**表 8.8 轴和外壳孔的配合表面的粗糙度**

| 公称尺寸/mm | 轴和外壳孔配合表面直径公差等级 | | | | | | | | |
|---|---|---|---|---|---|---|---|---|---|
| | IT7 | | | IT6 | | | IT5 | | |
| | 表面粗糙度/$\mu m$ | | | | | | | | |
| | $Rz$ | $Ra$ | | $Rz$ | $Ra$ | | $Rz$ | $Ra$ | |
| | | 磨 | 车 | | 磨 | 车 | | 磨 | 车 |
| ≤80 | 10 | 1.6 | 3.2 | 6.3 | 0.8 | 1.6 | 4 | 0.4 | 0.8 |
| >80～500 | 16 | 1.6 | 3.2 | 10 | 1.6 | 3.2 | 6.3 | 0.8 | 1.6 |
| 端面 | 25 | 3.2 | 6.3 | 25 | 3.2 | 6.3 | 10 | 1.6 | 3.2 |

表 8.9　轴和外壳孔的几何公差

| 公称尺寸/mm | 圆柱度 | | | | 端面圆跳动 | | | |
| --- | --- | --- | --- | --- | --- | --- | --- | --- |
| | 轴颈 | | 外壳孔 | | 轴肩 | | 外壳轴肩 | |
| | 轴承精度等级 | | | | | | | |
| | 0 | 6(6X) | 0 | 6(6X) | 0 | 6(6X) | 0 | 6(6X) |
| | 公差值/μm | | | | | | | |
| ≤6 | 2.5 | 1.5 | 4 | 2.5 | 5 | 3 | 8 | 5 |
| >6~10 | 2.5 | 1.5 | 4 | 2.5 | 6 | 4 | 10 | 6 |
| >10~18 | 3.0 | 2.0 | 5 | 3.0 | 8 | 5 | 12 | 8 |
| >18~30 | 4.0 | 2.5 | 6 | 4.0 | 10 | 6 | 15 | 10 |
| >30~50 | 4.0 | 2.5 | 7 | 4.0 | 12 | 8 | 20 | 12 |
| >50~80 | 5.0 | 3.0 | 8 | 5.0 | 15 | 10 | 25 | 15 |
| >80~120 | 6.0 | 4.0 | 10 | 6.0 | 15 | 10 | 25 | 15 |
| >120~180 | 8.0 | 5.0 | 12 | 8.0 | 20 | 12 | 30 | 20 |
| >180~250 | 10.0 | 7.0 | 14 | 10.0 | 20 | 12 | 30 | 20 |
| >250~315 | 12.0 | 8.0 | 16 | 12.0 | 25 | 15 | 40 | 25 |
| >315~400 | 13.0 | 9.0 | 18 | 13.0 | 25 | 15 | 40 | 25 |
| >400~500 | 15.0 | 10.0 | 20 | 15.0 | 25 | 15 | 40 | 25 |

**4. 轴颈与外壳孔精度设计举例**

　　**例 8.1**　在 C616 车床主轴后支承上,装有两个单列向心轴承(见图 8.6),其外形尺寸为 $d \times D \times B = 50$ mm×90 mm×20 mm,试选定轴承的精度等级、轴承与轴和外壳孔的配合。

　　**解**　(1)分析确定轴承的精度等级。

　　C616 型车床属轻载的普通车床,主轴承受轻载荷。C616 型车床主轴的旋转精度和转速较高,由表 8.1 选择 6 级精度的滚动轴承。

　　　　　　　　　　　(2)分析确定轴承与轴和壳体孔的配合。

　　　　　　　　　　轴承内圈与主轴配合一起旋转,外圈装在外壳孔中不转。主轴后支承主要承受齿轮传递力,故内圈承受循环负荷、外圈承受局部负荷。前者配合应紧,后者配合略松。参考表 8.4、表 8.5 选出轴公差带为 $\phi$50j5,外壳孔公差带为 $\phi$90J6。机床主轴前轴承已轴向定位,若后轴承外圈与外壳孔配合无间隙,则不能补偿由于温度变化引起的主轴的伸缩性;若外圈与外壳孔配合有间隙,会引起主轴跳动,影响车床加工精度。为了满足使用要求,将外壳孔公差带改用 $\phi$90K6。

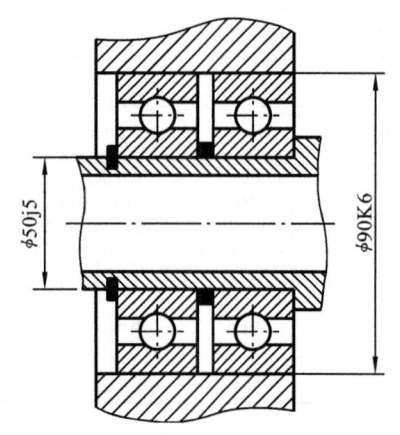

**图 8.6　C616 型车床主轴后轴承结构**

　　　　　　　　　　按滚动轴承公差国家标准,由表 8.2 查出 6 级轴承单一平面平均内径偏差 $\Delta_{dmp}$ 为 $\phi50_{-0.01}^{\ 0}$ mm,由表 8.3 查出 6

级轴承单一平面平均外径偏差 $\Delta_{Dmp}$ 为 $\phi90_{-0.013}^{\ 0}$ mm。

根据极限与配合国家标准查得：轴为 $\phi50j5_{-0.005}^{+0.006}$ mm，外壳孔为 $\phi90K6_{-0.018}^{+0.004}$ mm。

图 8.7 所示为 C616 型车床主轴后轴承的公差与配合图解，由此可知，轴承与轴的配合比与外壳孔的配合要紧些。

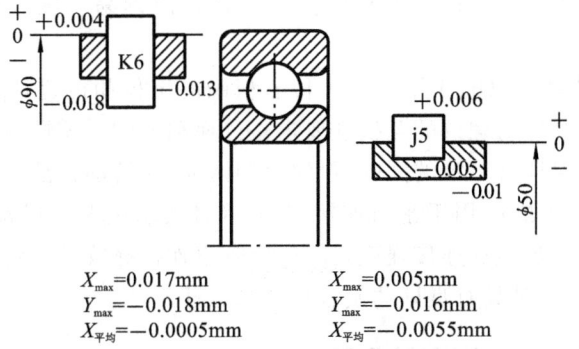

$X_{max}=0.017mm$
$Y_{max}=-0.018mm$
$X_{平均}=-0.0005mm$

$X_{max}=0.005mm$
$Y_{max}=-0.016mm$
$X_{平均}=-0.0055mm$

**图 8.7　C616 型车床主轴后轴承公差与配合图解**

按表 8.8、表 8.9 查出轴和壳体孔的几何公差和表面粗糙度值标注在零件图上（见图 8.8 和图 8.9）。

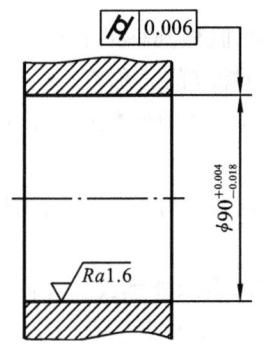

**图 8.8　壳体孔的公差标注**

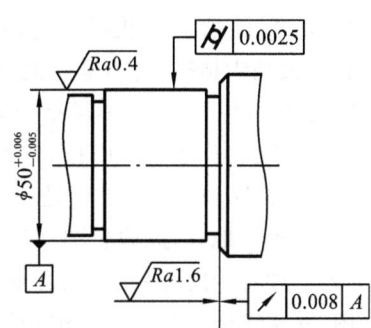

**图 8.9　轴颈的公差标注**

# 8.2　普通螺纹配合的精度设计

螺纹是机电产品中应用最广泛的连接结构之一，它是一种最典型的具有互换性的连接结构，本节主要介绍使用最广泛的普通螺纹的公差、配合及其应用，涉及的标准如下。

（1）GB/T 196—2003《普通螺纹　基本尺寸》。

（2）GB/T 197—2003《普通螺纹　公差》。

（3）GB/T 9144—2003《普通螺纹　优选系列》。

（4）GB/T 9145—2003《普通螺纹　中等精度　优选系列的极限尺寸》。

（5）GB/T 192—2003《普通螺纹　基本牙型》。

（6）GB/T 193—2003《普通螺纹　直径与螺距系列》。

### 8.2.1　螺纹的种类及使用要求

螺纹有许多种类,按其结合性和使用要求分为如下三类。

(1)紧固螺纹　这类螺纹主要是用于连接和紧固零部件,如公制普通螺纹等,这是使用最广泛的一种螺纹,对这种螺纹连接的主要要求是可旋合性(即易于旋入和拧出,以便装配和拆换)和连接的可靠性(连接强度)。

(2)传动螺纹　传动螺纹的作用是用于传递精确的位移和传递动力,如机床的丝杠和螺母、量仪的测微螺纹。对传动螺纹的互换性要求是传递动力的可靠性、传动比的正确性和稳定性(传动精度),并要求保证有一定的间隙,可储存润滑油,使转动灵活。

(3)紧密螺纹　这种螺纹用于密封连接,其互换性要求主要是连接紧密,不漏水、不漏气和不漏油,当然也必须有足够的连接强度,如气、液管道连接螺纹,容器接口或封口螺纹等。对这类螺纹连接的主要要求是具有良好的旋合性和密封性。

### 8.2.2　普通螺纹基本牙型及几何参数

螺纹的牙型是指轴剖面内螺纹轮廓的形状,其基本牙型是以标准规定的削平高度、削去原始三角形的顶部和底部后得到的牙型。公制普通螺纹的基本牙型如图 8.10 中粗实线所示,该牙型具有螺纹的公称尺寸。

(1)大径($D$ 或 $d$)　大径是与外螺纹牙顶或内螺纹牙底相重合的假想圆柱的直径。对外螺纹而言,大径为顶径;对内螺纹而言,大径为底径。普通螺纹大径为螺纹的公称直径。

(2)小径($D_1$ 或 $d_1$)　小径是与外螺纹的牙底或内螺纹的牙顶相重合的假想圆柱面的直径。对外螺纹而言,小径为底径,对内螺纹而言,小径为顶径。

(3)中径($D_2$ 或 $d_2$)　中径是一个假想圆柱的直径,该圆柱的母线通过螺纹牙型上沟槽和凸起宽度相等的地方,此假想圆柱称为中径圆柱。

上述三种直径的符号中,大写英文字母表示内螺纹,小写英文字母表示外螺纹。在同一连接中,内、外螺纹的大径、小径、中径的公称尺寸对应相同。

(4)单一中径($D_{2s}$ 或 $d_{2s}$)　单一中径是一个假想圆柱直径,该圆柱的母线通过牙型上沟槽宽度等于二分之一基本螺距的地方(见图 8.11)。

当螺距无误差时,单一中径和实际中径相等;当螺距有误差时,则两者不相等。如图 8.8 所示。

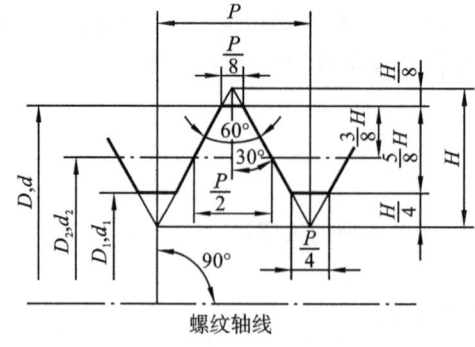

图 8.10　普通螺纹基本牙型

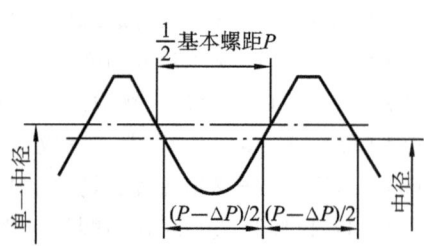

图 8.11　螺纹的单一中径

（5）螺距（$P$）　螺距是指相邻两牙在中径上对应两点间的轴向距离。

（6）导程（$L$）　导程是指同一螺旋线上的相邻两牙在中径线上对应两点间的轴向距离。对单线螺纹,导程与螺距相等。对多线螺纹,导程等于螺距 $P$ 与螺纹线数 $n$ 的乘积,即 $L = nP$。

（7）原始三角形高度 $H$ 和牙型高度　原始三角形高度 $H$ 是原始三角形顶点到底边的距离（$H = \sqrt{3} P/2$）;牙型高度指在螺纹牙型上牙顶和牙底之间在垂直于螺纹轴线方向上的距离。如图 8.10 中的 $5H/8$。

（8）牙型角（$\alpha$）和牙型半角（$\alpha/2$）　牙型角 $\alpha$ 是指螺纹牙型上相邻两牙侧间的夹角,牙型半角 $\alpha/2$ 是在螺纹牙型上牙侧与螺纹轴线的垂线间的夹角。公制普通螺纹的牙型角 $\alpha = 60°$,牙型半角 $\alpha/2 = 30°$。

（9）螺纹升角（$\psi$）　螺纹升角 $\psi$ 是指在中径圆柱上螺旋线的切线与垂直于螺纹轴线的平面的夹角（见图 8.12）。它与螺距 $P$ 和中径 $d_2$ 之间的关系为

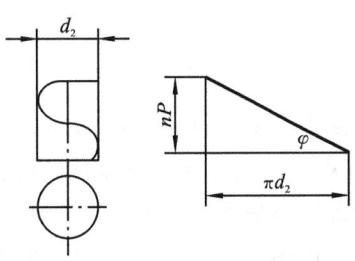

**图 8.12　螺纹升角**

$$\tan\psi = nP/(\pi d_2) \qquad (8.3)$$

式中：$n$——螺纹线数；$P$——螺距。

（10）旋合长度　螺纹的旋合长度是指两个相互配合的螺纹,沿螺纹轴线方向相互旋合部分的长度。

### 8.2.3　螺纹几何参数对互换性的影响

螺纹主要几何参数有大径、小径、中径、螺距和牙型半角,这些参数的误差对螺纹互换性的影响不同,其中中径偏差、螺距误差和牙型半角误差是影响互换性的主要几何参数。

**1. 螺距误差对互换性的影响**

对紧固螺纹来说,螺距误差主要影响螺纹的可旋合性和连接的可靠性;对传动螺纹来说,螺距误差直接影响传动精度,影响螺牙上负荷分布的均匀性。

螺距误差包括局部误差和累积误差,前者与旋合长度无关,后者与旋合长度有关。

螺距误差包括单个螺距误差和螺距累积误差。单个螺距误差是指一牙螺距的实际值与其标准值之间代数差的绝对值,它与旋合长度无关。螺距累积误差是指旋合长度内,包括若干螺距的螺距误差,具体包含多少个螺牙是未知的,要视哪两个螺牙之间的实际距离与其基本值差距最大,由于螺距偏差有正负,故不一定包含的螺牙数越多累积的误差值就越大。定义中的螺距累积误差是指其中的最大值,应该是绝对值。它直接影响螺纹的旋合性,也影响传动精度和连接可靠性。

为了便于说明,以图 8.13 中的普通螺纹为例。假设内螺纹具有理想牙型,与之相配的外螺纹的中径和牙型半角与理想内螺纹相同,仅螺距有误差,即螺距 $P_外$ 或大于或小于理想螺纹的螺距 $P$。若在 $n$ 个螺牙间,外螺纹的轴向长度为 $L_外 = nP \pm \Delta P_\Sigma$,而内螺纹的轴向长度为 $L_内 = nP$,比较后得知 $L_外$ 误差值最大,它的绝对值便是外螺纹的螺距累积误差：$\Delta P_\Sigma = |L_外 - nP|$。它会使内、外螺纹牙侧产生干涉而不能旋入。

如图 8.13(a)所示,当 $L_外 > L_内$ 时,在外螺纹牙形左侧发生干涉,使内、外螺纹起作用的中径尺寸皆增大。

实际生产中,为了使有螺距累积误差 $\Delta P_\Sigma$ 的外螺纹旋入标准的内螺纹,只得把外螺纹中

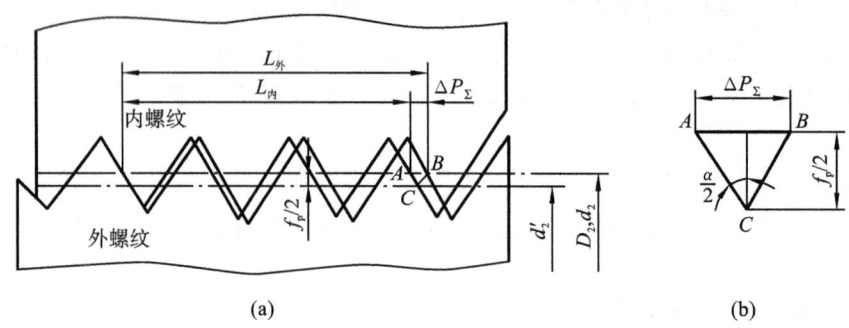

**图 8.13 螺距累积误差对旋合性的影响**

径减少一个数值 $f_P$，使综合后的作用中径尺寸不超过其最大实体边界。同理，当内螺纹螺距有误差时，为了保证旋合性，应把内螺纹的中径加大（即向材料内缩入）一个数值 $f_P$。此值称为螺距累积误差的中径当量值（中径补偿值）。

由图 8.13(b)中 $\triangle ABC$ 可以看出，$\Delta f_P = \Delta P_\Sigma \cdot \cot(\alpha/2)$，对于牙型角 $\alpha = 60°$ 的普通螺纹：$f_P = 1.732\Delta P_\Sigma$。式中，$f_P$ 的单位取决于 $\Delta P_\Sigma$，两者一致。

**2. 中径偏差的影响**

中径的大小决定了牙侧的径向位置，中径偏差将影响螺纹配合的松紧程度。对于外螺纹，中径过大将使配合过紧，甚至不能旋合；中径过小，将会导致配合过松，难以保证牙侧接触良好，且密封性差。

**3. 牙侧角偏差的影响**

只要牙侧角有偏差，不论其值是正还是负，都相当于光滑轴、孔有形状误差，一样会引起作用中径的增大（外螺纹）或减小（内螺纹），影响螺纹互换性（主要为旋入性）。

实际上，为了便于设计和生产，同时，为保证螺纹的互换性，对于大多数螺纹来说，应着重考虑旋入性，对于传动负载不大的螺纹（如紧固螺纹、一般梯形螺纹等），可以通过控制中径和顶径的方法。

### 8.2.4 普通螺纹的公差与配合

**1. 普通螺纹公称尺寸**

GB/T 192—2003 规定了普通螺纹的基本牙型，基本牙型是截顶、截底的三角形（见图 8.10）。普通螺纹的公称尺寸参数系列见表 8.10（摘自 GB/T 196—2003）。

表 8.10 普通螺纹的公称尺寸

单位：mm

| 公称直径 $D$、$d$ | | | 螺距 $P$ | 中径 $D_2$ 或 $d_2$ | 小径 $D_1$ 或 $d_1$ | 公称直径 $D$、$d$ | | | 螺距 $P$ | 中径 $D_2$ 或 $d_2$ | 小径 $D_1$ 或 $d_1$ |
|---|---|---|---|---|---|---|---|---|---|---|---|
| 第一系列 | 第二系列 | 第三系列 | | | | 第一系列 | 第二系列 | 第三系列 | | | |
| 10 | | | 1.5 | 9.026 | 8.376 | 16 | | | 1 | 15.350 | 14.917 |
| | | | 1.25 | 9.188 | 8.647 | | | | | | |
| | | | 1 | 9.350 | 8.917 | | | | | | |
| | | | 0.75 | 9.513 | 9.188 | | | | | | |

| 公称直径 D、d | | | 螺距 P | 中径 D₂ 或 d₂ | 小径 D₁ 或 d₁ | 公称直径 D、d | | | 螺距 P | 中径 D₂ 或 d₂ | 小径 D₁ 或 d₁ |
|---|---|---|---|---|---|---|---|---|---|---|---|
| 第一系列 | 第二系列 | 第三系列 | | | | 第一系列 | 第二系列 | 第三系列 | | | |
| 12 | | | 1.75 | 10.863 | 10.106 | | | 17 | 1.5 | 16.026 | 15.376 |
| | | | 1.5 | 11.026 | 10.376 | | | | | | |
| | | | 1.25 | 11.188 | 10.647 | | | | | | |
| | | | 1 | 11.350 | 10.917 | | | | | | |
| | 14 | | 2 | 12.701 | 11.835 | 18 | | | 2.5 | 16.367 | 15.294 |
| | | | 1.5 | 13.026 | 12.376 | | | | 2 | 16.701 | 15.835 |
| | | | 1 | 13.350 | 12.917 | | | | 1.5 | 17.026 | 16.376 |
| | | | | | | | | | 1 | 17.350 | 16.917 |
| | | 15 | 1.5 | 14.026 | 13.376 | 20 | | | 2.5 | 18.376 | 17.294 |
| | | | | | | | | | 2 | 18.701 | 17.835 |
| | | | | | | | | | 1.5 | 19.026 | 18.376 |
| | | | | | | | | | 1 | 19.350 | 18.917 |
| 16 | | | 2 | 14.701 | 13.835 | 24 | | | 3 | 22.051 | 20.752 |
| | | | 1.5 | 15.026 | 14.276 | | | | 2 | 22.701 | 21.835 |
| | | | | | | | | | 1.5 | 23.026 | 22.376 |
| | | | | | | | | | 1 | 23.350 | 22.917 |

**2. 普通螺纹的公差等级**

　　国家标准 GB 197—2003 按内、外螺纹的中径、大径和小径公差的大小分为不同的公差等级，如表 8.11 所示。

表 8.11　普通螺纹的公差等级

| 内螺纹直径 | 内螺纹公差等级 | 外螺纹直径 | 外螺纹公差等级 |
|---|---|---|---|
| 内螺纹小径 D₁ | 4、5、6、7、8 | 外螺纹大径 d | 4、6、8 |
| 内螺纹中径 D₂ | 4、5、6、7、8 | 外螺纹大径 d₂ | 3、4、5、6、7、8、9 |

　　等级中 3 级最高，依次降低至 9 级。其中 6 级为基本级。对应的内、外螺纹中径公差值 $T_{D2}$、$T_{d2}$ 和顶径公差值 $T_{D1}$、$T_d$ 可分别从表 8.12 和表 8.13 处查取(摘录)。

表 8.12　内、外螺纹中径公差值 $T_{D2}$、$T_{d2}$

| 公称直径 D、d/mm | 螺距 P /mm | 内螺纹中径公差 $T_{D2}$/μm | | | | | 外螺纹中径公差 $T_{d2}$/μm | | | | | | |
|---|---|---|---|---|---|---|---|---|---|---|---|---|---|
| | | 公差等级 | | | | | 公差等级 | | | | | | |
| | | 4 | 5 | 6 | 7 | 8 | 3 | 4 | 5 | 6 | 7 | 8 | 9 |
| >11.2 | 0.5 | 75 | 95 | 118 | 150 | — | 45 | 56 | 71 | 90 | 112 | — | — |
| | 0.75 | 90 | 112 | 140 | 180 | — | 53 | 67 | 85 | 106 | 132 | — | — |
| | 1 | 100 | 125 | 160 | 200 | 250 | 60 | 75 | 95 | 118 | 150 | 190 | 236 |
| | 1.25 | 112 | 140 | 180 | 224 | 280 | 67 | 85 | 106 | 132 | 170 | 212 | 265 |

续表

| 公称直径 D、d/mm | 螺距 P/mm | 内螺纹中径公差 $T_{D2}$/μm 公差等级 | | | | | 外螺纹中径公差 $T_{d2}$/μm 公差等级 | | | | | | |
|---|---|---|---|---|---|---|---|---|---|---|---|---|---|
| | | 4 | 5 | 6 | 7 | 8 | 3 | 4 | 5 | 6 | 7 | 8 | 9 |
| ~22.4 | 1.5 | 118 | 150 | 190 | 236 | 300 | 71 | 90 | 112 | 140 | 180 | 224 | 280 |
| | 1.75 | 125 | 160 | 200 | 250 | 315 | 75 | 95 | 118 | 150 | 190 | 236 | 300 |
| | 2 | 132 | 170 | 212 | 265 | 335 | 80 | 100 | 125 | 160 | 200 | 250 | 315 |
| | 2.5 | 140 | 180 | 224 | 280 | 355 | 85 | 106 | 132 | 170 | 212 | 265 | 335 |
| >22.4 | 0.75 | 95 | 118 | 150 | 190 | — | 56 | 71 | 90 | 112 | 140 | — | — |
| | 1 | 106 | 132 | 170 | 212 | — | 63 | 80 | 100 | 125 | 160 | 200 | 250 |
| | 1.5 | 125 | 160 | 200 | 250 | 315 | 75 | 95 | 118 | 150 | 190 | 236 | 300 |
| | 2 | 140 | 180 | 224 | 280 | 355 | 85 | 106 | 132 | 170 | 212 | 265 | 335 |
| ~45 | 3 | 170 | 212 | 265 | 335 | 425 | 100 | 125 | 160 | 200 | 250 | 315 | 400 |
| | 3.5 | 180 | 224 | 280 | 355 | 450 | 106 | 132 | 170 | 212 | 265 | 335 | 425 |
| | 4 | 190 | 236 | 300 | 375 | 475 | 112 | 140 | 180 | 224 | 280 | 355 | 450 |
| | 4.5 | 200 | 250 | 315 | 400 | 500 | 118 | 150 | 190 | 236 | 300 | 375 | 475 |

**表 8.13　内、外螺纹基本偏差和顶径公差值 $T_{D1}$、$T_d$**

| 螺距 P/mm | 内螺纹的基本偏差 EI/μm | | 外螺纹的基本偏差 es/μm | | | | 内螺纹小径公差 $T_{D1}$/μm | | | | | 外螺纹大径公差 $T_d$/μm | | |
|---|---|---|---|---|---|---|---|---|---|---|---|---|---|---|
| | G | H | e | f | g | h | 4 | 5 | 6 | 7 | 8 | 4 | 6 | 8 |
| 1 | +26 | | −60 | −40 | −26 | | 150 | 190 | 236 | 300 | 375 | 112 | 180 | 280 |
| 1.25 | +28 | | −63 | −42 | −28 | | 170 | 212 | 265 | 335 | 425 | 132 | 212 | 335 |
| 1.5 | +32 | | −67 | −45 | −32 | | 190 | 236 | 300 | 375 | 475 | 150 | 236 | 375 |
| 1.75 | +34 | 0 | −71 | −48 | −34 | 0 | 312 | 265 | 335 | 425 | 530 | 170 | 265 | 425 |
| 2 | +38 | | −71 | −52 | −38 | | 236 | 300 | 375 | 475 | 600 | 180 | 280 | 450 |
| 2.5 | +42 | | −80 | −58 | −42 | | 280 | 355 | 450 | 560 | 710 | 212 | 335 | 530 |
| 3 | +48 | | −85 | −63 | −48 | | 315 | 400 | 500 | 630 | 800 | 236 | 375 | 600 |

**3. 普通螺纹的基本偏差**

国家标准 GB 197—2003 规定了中径、顶径的基本偏差代号,提供了几种配合的选择,以满足各种使用需要。

国家标准规定,外螺纹中径和大径的上偏差(es)和内螺纹中径和小径的下偏差(EI)为基本偏差,并对内螺纹规定了代号为 G 和 H 的两种位置,对外螺纹规定了代号 e、f、g、h 的四种位置,H 和 h 的基本偏差值为零,G 的基本偏差为正值,e、f、g 的基本偏差为负值,它们的数值可从表 8.13 查取。而另一偏差:内螺纹的上偏差为 ES＝EI＋T;外螺纹的下偏差为 ei＝es−T。式中,T 为螺纹相应直径的公差值。

### 8.2.5 普通螺纹公差与配合的选择

根据螺纹基本偏差和公差等级的不同,可以组成各种不同的螺纹公差带。不同的内、外螺纹公差带又可组成各种不同的配合。在生产中为了减少刀具、量具的规格和数量,提高经济效益,设计时应按国家标准选用。GB/T 197—2003 规定了内、外螺纹的选用公差带如表 8.14 所示。带星号"*"的公差带应优先选用,不带星号"*"的公差带其次,带括号的公差带尽量不用。

表 8.14　内、外螺纹的选用公差带

| 精度等级 | 内螺纹公差带 | | | 外螺纹公差带 | | |
|---|---|---|---|---|---|---|
| | S | N | L | S | N | L |
| 精密级 | 4H | 4H5H | 5H6H | (3H4H) | *4h | (5h4h) |
| 中等级 | *5H (5G) | *6H (6G) | *7H (7G) | (5h6h) (5g6g) | *6e *6f *6g *6h | (7g6g) |
| 粗糙级 | — | 7H (7G) | — | — | (8h) 8g | |

GB/T 197—2003 将螺纹的旋合长度按其公称直径、螺距综合因素的比例划分为三组,即短旋合长度、中等旋合长度和长旋合长度,代号分别为 S、N、L,其旋合长度值范围如表 8.15 所示。

表 8.15　旋合长度分组　　　　　　单位:mm

| 公称直径 D、d | | 螺距 P | 旋合长度 | | | |
|---|---|---|---|---|---|---|
| | | | S | | N | L |
| > | ≤ | | ≤ | > | ≤ | > |
| 5.6 | 11.2 | 0.75 | 2.4 | 2.4 | 7.1 | 7.1 |
| | | 1 | 3 | 3 | 9 | 9 |
| | | 1.25 | 4 | 4 | 12 | 12 |
| | | 1.5 | 5 | 5 | 15 | 15 |
| 11.2 | 22.4 | 0.75 | 2.7 | 2.7 | 8.1 | 8.1 |
| | | 1 | 3.8 | 3.8 | 11 | 11 |
| | | 1.25 | 4.5 | 4.5 | 13 | 13 |
| | | 1.5 | 5.6 | 5.6 | 16 | 16 |
| | | 1.75 | 6 | 6 | 18 | 18 |
| | | 2 | 8 | 8 | 24 | 24 |
| | | 2.5 | 10 | 10 | 30 | 30 |
| 22.4 | 45 | 1 | 4 | 4 | 12 | 12 |
| | | 1.5 | 6.3 | 6.3 | 19 | 19 |
| | | 2 | 8.5 | 8.5 | 25 | 25 |
| | | 3 | 12 | 12 | 36 | 36 |

表 8.14 和表 8.15 是螺纹公差配合设计首先要使用的两个表,若要选定螺纹公差带、公差等级,要先确定螺纹的精度等级。螺纹按照质量的优劣可分为三种精度等级,分别为精密级、中等级和粗糙级。精密级螺纹用于重要的连接,要求配合稳定可靠;中等级螺纹广泛用于一般的螺纹连接;粗糙级螺纹用于不重要的连接以及制造困难的场合,如较深的盲孔的螺纹。螺纹的精度等级确定之后,根据螺纹所需的旋合长度值(一般情况下采用中等旋合长度)从表 8.15 查得其旋合长度组别,按精度级和旋合长度组别查表 8.14 选定公差带。

内、外螺纹选用的公差带可任意组合,基本偏差 e、f 一般用于需要涂镀保护层的螺纹镀前的设计,为了保证足够的接触高度,完工后内、外螺纹最好组成 H/g、H/h 或 G/h 的配合。H/h 配合最小间隙为零,一般采用此配合。

### 8.2.6　普通螺纹的标注

普通螺纹的标记由普通螺纹特征代号、螺距、螺旋方向(其中右旋方向不标)、中径和小径公差带、旋合类型等几部分组成。例如

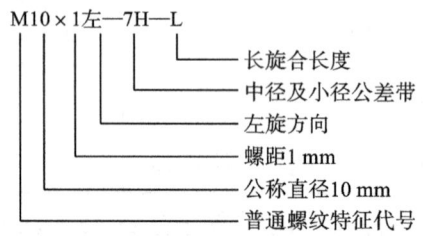

普通螺纹副在装配图中的标记应把内、外螺纹的公差代号(包括中径公差带代号与顶径公差带代号)写成配合形式,例如 M10×1—6H/5g6g—L,其中:6H 表示内螺纹中径和小径的公差带(两者相同可省略写一个),公差等级 6 级,基本偏差 H;5g、6g 分别表示外螺纹中径和大径的公差带。

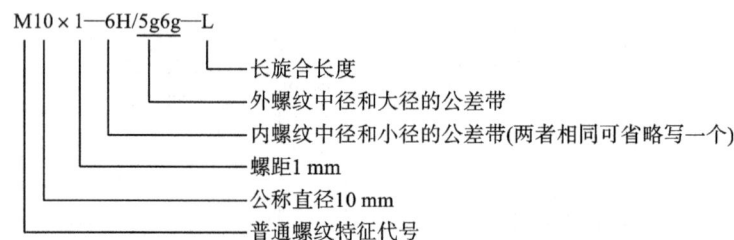

## 8.3　圆锥配合的精度设计

与圆柱配合相比,圆锥配合同轴度精度高,间隙或过盈可以调整,具有良好的紧密性和自锁性,并且可利用摩擦力来传递转矩。但是,圆锥配合在结构上比较复杂,影响其互换性的参数较多,加工和检测也较困难。为了满足圆锥配合的使用要求,保证圆锥配合的互换性,我国发布了一系列标准,本节涉及的标准如下。

(1) GB/T 157—2001《产品几何量技术规范(GPS)　圆锥的锥度和锥角系列》。

(2) GB/T 11334—2005《产品几何量技术规范(GPS)　圆锥公差》。

（3）GB/T 12360—2005《产品几何量技术规范（GPS）　圆锥配合》。

（4）GB/T 15754—1995《技术制图圆锥的尺寸和公差注法》。

### 8.3.1　圆锥配合种类及应用

圆锥孔、轴配合种类有三类，各有不同的使用场合。

（1）间隙配合　内、外圆锥之间具有间隙，它可在装配过程中通过调整轴向相对位置获得，通过精细的调整可以得到很合适的松紧程度，磨损后间隙的改变亦容易得到调整。这类配合常用于机床主轴锥形轴颈与轴承套的可调间隙的装配。

（2）紧密配合　内、外圆锥面的贴紧具有很好的密封性，可以防止液体、气体的泄露。这类配合可用于管道接头或阀门，如内燃机的进、排气阀与阀体，燃气具中的气路开关以及液压气动管路接头。

（3）过盈配合　通过施加较大的轴向压紧力可以得到过盈配合，既可自动定心又可自锁，同时，可以传递较大的扭矩，非常适用于经常需要拆换的刀具等安装结构，还可以用于锥销定位、车床尾架顶尖的安装等。

由于圆锥结合的结构复杂，影响配合的因素除直径尺寸外，还有角度因素，加上加工检验也困难，所以，圆锥结合主要用在较重要或有特殊需要的结构上。

### 8.3.2　主要参数

**1. 圆锥**

与轴线成一定角度且一端相交于轴线的一条直线（母线），围绕着该轴线旋转形成的圆锥表面（见图 8.14）与一定尺寸所限定的几何体，称为圆锥。

外圆锥是外部表面为圆锥表面的几何体（见图 8.14 和图 8.15），内圆锥是内部表面为圆锥表面的几何体（见图 8.16）。

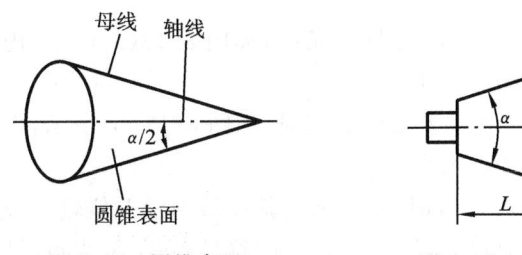

图 8.14　圆锥表面

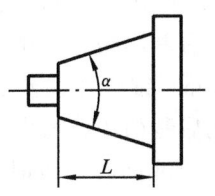

图 8.15　外圆锥

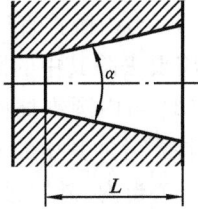

图 8.16　内圆锥

**2. 圆锥角 $\alpha$**

在与圆锥平行并通过轴线的截面内两条素线（圆锥表面与轴线截面的交线）间的夹角（见图 8.14 至图 8.16），称为圆锥角，用 $\alpha$ 表示。

**3. 圆锥直径**

圆锥在垂直轴线截面上的直径（见图 8.17）称为圆锥直径，常用的圆锥直径有：最大圆锥直径 $D$；最小圆锥直径 $d$；给定截面圆锥直径 $d_x$。

**4. 圆锥长度 $L$**

最大圆锥直径与最小圆锥直径之间的轴向距离，称为圆锥长度（见图 8.15 至图 8.17）。

**5. 锥度 $C$**

两个垂直于圆锥轴线截面的直径差与该两截面间的轴向距离之比，称为锥度。即

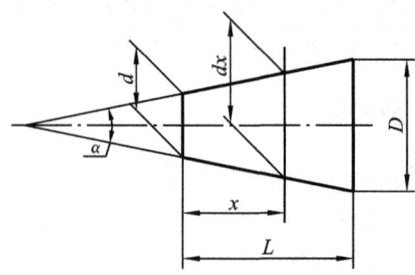

**图 8.17　圆锥的直径、长度、锥角**

$$C = \frac{D - d}{L}$$

锥度 $C$ 与圆锥角 $\alpha$ 的关系为

$$C = 2\tan\frac{\alpha}{2} = 1 : \frac{1}{2}\cot\frac{\alpha}{2} \tag{8.4}$$

锥度的关系式(8.4)反映了圆锥直径、圆锥长度、圆锥角和锥度之间的相互关系,这一关系式是圆锥的基本公式。

### 8.3.3　圆锥参数误差对配合的影响

**1. 直径误差对基面距的影响**

基面距是指外圆锥基面(通常为轴肩)与内圆锥基面(通常指端面)之间的距离,用 $\Delta_1$ 表示。当内、外圆锥配合时,假设基准平面为圆锥的大端平面,内、外圆锥的锥角无误差,仅有圆锥的直径误差,外圆锥直径的偏差为 $\Delta D_e$,内圆锥直径误差为 $\Delta D_i$,则内、外圆锥体结合后,其基面距偏差为

$$\Delta_1 = -\frac{\Delta D_e - \Delta D_i}{2\tan\alpha/2} = \frac{1}{C}(\Delta D_e - \Delta D_i) \tag{8.5}$$

(1)当内圆锥直径偏差 $\Delta D_i$ 为正,外圆锥直径偏差 $\Delta D_e$ 为负时,如图 8.18(a)所示,内、外圆锥将要去除其中的阴影部分,则装配后基面距将减小。

(2)当内圆锥直径偏差 $\Delta D_i$ 为负,外圆锥直径偏差 $\Delta D_e$ 为正时,如图 8.18(b)所示,内、外圆锥将要增加其中的阴影部分,则装配后基面距将增大。

(3)当内、外圆锥直径偏差同时为正或同时为负时,则装配后基面距的偏差值较小,基面距是增大还是减小,要看哪一个直径偏差的绝对值大,最终根据 $\Delta_1$ 的符号判断,$\Delta_1$ 为负时则减小,$\Delta_1$ 为正时则增大。若内、外圆锥直径偏差相等则对基面距无影响。

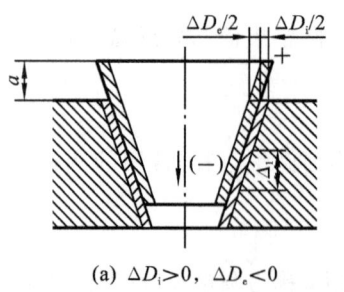
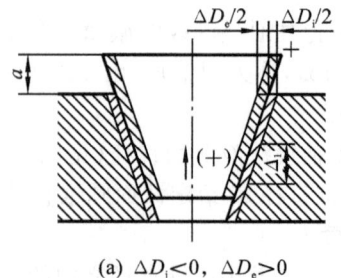

(a) $\Delta D_i > 0$,　$\Delta D_e < 0$　　　　　　(a) $\Delta D_i < 0$,　$\Delta D_e > 0$

**图 8.18　直径偏差对基面距的影响**

**2. 圆锥角误差的影响**

当内、外圆锥体的锥角有不等的偏差时,会使配合表面的接触面积减小,并引起基面距产生偏差。假设内、外锥体的大端直径不变,如图 8.19(a)所示,若外锥角 $\alpha_e$ 大于内锥角 $\alpha_i$,则内、外圆锥将在大端处接触,基面距减小,但变化很小,可忽略不计。但是,由于接触面积小,容易磨损,且可能使内、外锥面相对倾斜。若外锥角 $\alpha_e$ 小于内锥角 $\alpha_i$ 时(见图 8.19(b)),则内、外圆锥将在小端接触,并会引起较大的轴向位移,使基面距增大,增大量为

$$\Delta_2 = 0.000\ 6\ \frac{H}{C}\left(\frac{\alpha_i}{2} - \frac{\alpha_e}{2}\right) \tag{8.6}$$

式中:$\Delta_2$——由圆锥角引起的基面距偏差;$H$——内、外圆锥的结合长度;$\alpha_i/2$——内圆锥素线角;$\alpha_e/2$——外圆锥素线角。

一般情况下,直径误差和圆锥角误差同时存在,基面距的变动量为

$$\Delta a = \Delta_1 + \Delta_2$$

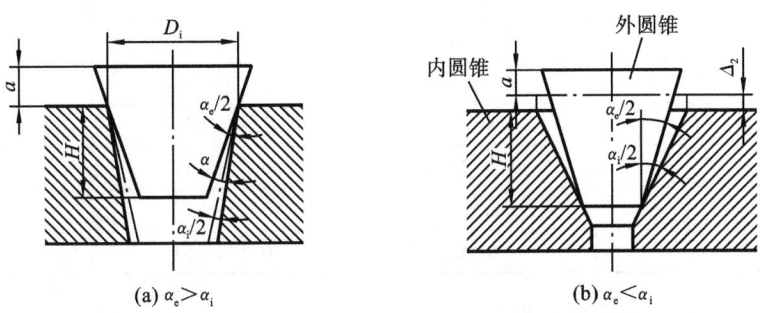

(a) $\alpha_e > \alpha_i$　　　　　　　　　　　　　　(b) $\alpha_e < \alpha_i$

**图 8.19　锥角误差对基面距的影响**

## 8.3.4　圆锥公差与配合

**1. 锥度与锥角系列规定**

国家标准 GB/T 157—2001 规定了一系列的锥度和角度,供光滑圆锥设计时选用。系列值分为一般用途和特殊用途。

1)一般用途圆锥的锥度与锥角

国家标准规定的锥度与锥角共 22 种(见表 8.16)。实际选用时,应优先选用系列 1。当系列 1 不能满足要求时,再从系列 2 中选取。

**表 8.16　一般用途圆锥的锥度**

| 基　本　值 | | 推　算　值 | | |
|---|---|---|---|---|
| 系列 1 | 系列 2 | 圆锥角 $\alpha$ | | 锥度 C |
| 120° | — | — | — | 1 ∶ 0.288 675 |
| 90° | — | — | — | 1 ∶ 0.500 000 |
| — | 75° | — | — | 1 ∶ 0.651 613 |
| 60° | — | — | — | 1 ∶ 0.866 025 |
| 45° | — | — | — | 1 ∶ 1.207 107 |
| 30° | — | — | — | 1 ∶ 1.866 025 |
| 1 ∶ 3 | — | 18°55′28.7″ | 18.924 644° | — |

| 基　本　值 | | 推　算　值 | | |
| --- | --- | --- | --- | --- |
| 系列 1 | 系列 2 | 圆锥角 $\alpha$ | | 锥度 C |
| — | 1∶4 | 14°15′0.1″ | 14.257 033° | — |
| 1∶5 | — | 11°25′16.3″ | 11.421 186° | — |
| — | 1∶6 | 9°31′38.2″ | 9.527 283° | — |
| — | 1∶7 | 8°10′16.4″ | 8.171 234° | — |
| — | 1∶8 | 7°9′9.6″ | 7.152 283° | — |
| 1∶10 | — | 5°43′29.3″ | 5.724 810° | — |
| — | 1∶12 | 4°46′18.8″ | 4.771 888° | — |
| — | 1∶15 | 3°49′5.9″ | 3.818 305° | — |
| 1∶20 | — | 2°51′51.1″ | 2.864 192° | — |
| 1∶30 | — | 1°54′34.9″ | 1.909 682° | — |
| — | 1∶40 | 1°25′56.8″ | 1.432 222° | — |
| 1∶50 | — | 1°8′45.2″ | 1.145 877° | — |
| 1∶100 | — | 0°34′22.6″ | 0.572 953° | — |
| 1∶200 | — | 0°17′11.3″ | 0.286 478° | — |
| 1∶500 | — | 0°6′52.5″ | 0.114 591° | — |

2）特殊用途圆锥的锥度与锥角

国家标准规定了特殊用途圆锥的锥度与锥角共 20 种（见表 8.17）。它包括我国早已广泛使用的莫氏锥度共 7 种。对于特殊用途的圆锥，通常只用于表中最后一栏，即该表说明栏所指的范围。

表 8.17　特殊用途圆锥的锥度与锥角

| 基　本　值 | 推　算　值 | | 说　　明 |
| --- | --- | --- | --- |
| | 锥角 $\alpha$ | 锥度 C | |
| 18°30′ | — | — | 1∶3.070 115 | 纺织工业 |
| 11°54′ | — | — | 1∶4.797 451 | 纺织工业 |
| 8°40′ | — | — | 1∶6.598 442 | 纺织工业 |
| 7°40′ | — | — | 1∶7.462 208 | 纺织工业 |
| 1∶24 | 16°35′39.4″ | 16.594 290° | 1∶3.428 571 | 机床主轴,工具配合 |
| 1∶9 | 6°21′12.2″ | 6.359 660° | — | 电池接头 |
| 1∶16.666 | 3°26′12.2″ | 3.436 716° | — | 医疗设备 |
| 1∶12.262 | 4°40′11.6″ | 4.669 884° | — | 贾各锥度 No.2 |
| 1∶12.972 | 4°24′53.1″ | 4.414 746° | — | 贾各锥度 No.1 |
| 1∶15.748 | 3°38′13.4″ | 3.637 060° | — | 贾各锥度 No.33 |
| 1∶18.779 | 3°3′1.0″ | 3.050 280° | — | 贾各锥度 No.3 |
| 1∶19.264 | 2°58′24.8″ | 2.973 556° | — | 贾各锥度 No.6 |

| 基　本　值 | 推　算　值 | | 说　　明 |
| --- | --- | --- | --- |
| | 锥角 α | 锥度 C | |
| 1 : 20.288 | 2°49′24.7″ | 2.823 537° | 贾各锥度 No.0 |
| 1 : 19.002 | 3°0′52.4″ | 3.014 543° | 莫氏锥度 No.5 |
| 1 : 19.180 | 2°59′11.7″ | 2.986 582° | 莫氏锥度 No.6 |
| 1 : 19.212 | 2°58′53.8″ | 2.981 618° | 莫氏锥度 No.0 |
| 1 : 19.254 | 2°52′31.5″ | 2.975 179° | 莫氏锥度 No.4 |
| 1 : 19.922 | 2°52′31.5″ | 2.875 406° | 莫氏锥度 No.3 |
| 1 : 20.020 | 2°51′41.0″ | 2.861 377° | 莫氏锥度 No.2 |
| 1 : 20.047 | 2°51′26.7″ | 2.857 417° | 莫氏锥度 No.1 |

3) 一般用途圆锥的锥度与锥角

表 8.18 所示为一般用途圆锥的应用举例。

**表 8.18　一般用途圆锥的应用举例**

| 锥度 C | 锥角 α | 标记 | 应　用　举　例 |
| --- | --- | --- | --- |
| 1 : 0.288 675 | 120° | 120° | 螺纹孔的内倒角、节气阀、内燃机阀 |
| 1 : 0.500 000 | 90° | 90° | 沉头螺钉、沉头及半沉头铆钉头、轴及螺纹的倒角、重型顶尖、重型中心孔、阀的阀销椎体 |
| 1 : 0.651 613 | 75° | 75° | 10～13 mm 沉头及半沉头铆钉头 |
| 1 : 1.866 025 | 60° | 60° | 顶尖、中心孔、弹簧夹头、沉头钻 |
| 1 : 1.207 107 | 45° | 45° | 沉头及半沉头铆钉 |
| 1 : 1.866 025 | 30° | 30° | 摩擦离合器、弹簧夹头 |
| 1 : 3 | 18°55′28.7″ | 1 : 3 | 受轴向力的易拆开的结合面、摩擦离合器 |
| 1 : 5 | 11°25′16.3″ | 1 : 5 | 受轴向力的结合面、锥形摩擦离合器、磨床主轴 |
| 1 : 7 | 8°10′16.4″ | 1 : 7 | 重型机床顶尖、旋塞 |
| 1 : 8 | 7°9′9.6″ | 1 : 8 | 联轴器和轴的结合面 |
| 1 : 10 | 5°43′29.3″ | 1 : 10 | 受轴向力和扭矩的结合面、电动机及机器的锥形轴、主轴承调节套筒 |
| 1 : 12 | 4°46′18.8″ | 1 : 12 | 滚动轴承的衬套 |
| 1 : 15 | 3°49′5.9″ | 1 : 15 | 受轴向力零件的结合面、主轴齿轮的结合面 |
| 1 : 20 | 2°51′51.1″ | 1 : 20 | 机床主轴、刀具、刀杆的尾部,锥形铰刀 |
| 1 : 30 | 1°54′34.9″ | 1 : 30 | 锥形铰刀、套式铰刀及扩孔的刀杆尾部、主轴颈 |
| 1 : 50 | 1°8′45.2″ | 1 : 50 | 圆锥销、锥形铰刀、量规尾部 |
| 1 : 100 | 0°34′22.6″ | 1 : 100 | 受震动及静变载荷的不需要拆开的连接件 |
| 1 : 200 | 0°17′11.3″ | 1 : 200 | 受震动及冲击变载荷的不需要拆开的连接件、圆锥螺栓 |

**2. 圆锥公差规定**

国家标准 GB/T 11334—2005 规定了圆锥公差的项目及公差数值。它适合于锥度 C 从

1∶3到1∶500、圆锥长度 $L$ 从 6～630 mm 的光滑圆锥。这类圆锥由于锥度较小,主要用于自动定心、自锁和密封等功能的内、外圆锥配合,如圆锥滑动轴承、圆锥阀门、工具锥柄与圆锥心轴等。

　　1) 圆锥公差项目

　　该项目包括圆锥直径公差 $T_D$、圆锥角公差 $AT$、圆锥的形状公差 $T_F$(包括素线直线度和截面圆度)、给定截面圆锥直径公差 $T_{DS}$。

　　(1) 圆锥直径公差 $T_D$ 允许圆锥直径的变动量称为圆锥直径公差。其数值为允许的最大极限圆锥和最小极限圆锥直径之差(见图 8.20),用公式表示为

$$T_D = D_U - D_L = d_U - d_L \tag{8.7}$$

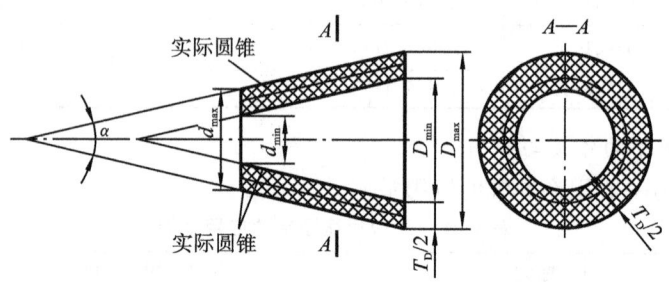

**图 8.20　圆锥直径公差**

　　最大极限圆锥和最小极限圆锥都称为极限圆锥,它与基本圆锥同轴,且圆锥角相等。在垂直于圆锥轴线的任意截面上,该两圆锥直径差都相等。

　　圆锥直径公差数值可根据圆锥配合的使用要求和工艺条件,对圆锥直径公差 $T_D$ 和给定截面直径公差 $T_{DS}$,分别以最大圆锥直径 $D$ 和给定截面圆锥直径 $D_x$ 为公称尺寸,直接从国家标准 GB/T 1800.2—2009 中选择。圆锥直径公差带用圆锥体公差与配合标准符号表示,其公差等级也与该标准相同。

　　对于有配合要求的圆锥,推荐采用基孔制,对于没有配合要求的内、外圆锥,最好选择基本偏差 JS 和 js。

　　(2) 圆锥角公差 $AT$ 允许圆锥角的变动量称为圆锥角公差。其数值为允许的最大与最小圆锥角之差(见图 8.21),用公式表示为

$$AT_D = \alpha_{max} - \alpha_{min} \tag{8.8}$$

　　圆锥角公差 $AT$ 共分为 12 个等级,分别用 $AT1, AT2, \cdots\cdots, AT12$ 表示。其中 $AT1$ 为最高公差等级,$AT12$ 为最低公差等级。各公差等级的圆锥角公差数值见表 8.19。

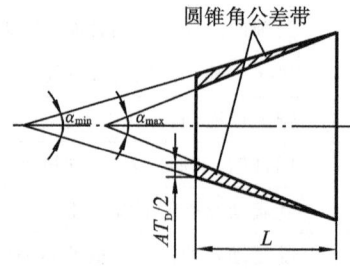

**图 8.21　圆锥角公差带**

**表 8.19　圆锥角公差**(摘自 GB/T 11334—2005)

| 基本圆锥长度 L/mm | | 圆锥角公差等级 | | | | | | | | |
|---|---|---|---|---|---|---|---|---|---|---|
| | | AT4 | | | AT5 | | | AT6 | | |
| | | $AT_a$ | | $AT_D$ | $AT_a$ | | $AT_D$ | $AT_a$ | | $AT_D$ |
| 大于 | 至 | μrad | (″) | μm | μrad | (′)(″) | μm | μrad | (′)(″) | μm |
| 16 | 25 | 125 | 26 | >2～3.2 | 200 | 41″ | >3.2～5.0 | 315 | 1′5″ | >5.0～8.0 |
| 25 | 40 | 100 | 21 | >2.5～4.0 | 160 | 33″ | >4.0～6.3 | 250 | 52″ | >6.3～10.0 |
| 40 | 63 | 80 | 16 | >3.2～5.0 | 125 | 26″ | >5.0～8.0 | 200 | 41″ | >8.0～12.5 |
| 63 | 100 | 63 | 13 | >4.0～6.3 | 100 | 21″ | >6.3～10.0 | 160 | 33″ | >10.0～16.0 |
| 100 | 160 | 50 | 10 | >5.0～8.0 | 80 | 16″ | >8.0～12.5 | 125 | 26″ | >12.5～20.0 |

| 基本圆锥长度 L/mm | | 圆锥角公差等级 | | | | | | | | |
|---|---|---|---|---|---|---|---|---|---|---|
| | | AT7 | | | AT8 | | | AT9 | | |
| | | $AT_a$ | | $AT_D$ | $AT_a$ | | $AT_D$ | $AT_a$ | | $AT_D$ |
| 大于 | 至 | μrad | (′)(″) | μm | μrad | (′)(″) | μm | μrad | (′)(″) | μm |
| 16 | 25 | 500 | 1′43″ | >8.0～12.5 | 800 | 2′45″ | >12.5～20.0 | 1 250 | 4′18″ | >20～32 |
| 25 | 40 | 400 | 1′22″ | >10.0～16.0 | 630 | 2′10″ | >16.0～25.0 | 1 000 | 3′26″ | >25～40 |
| 40 | 63 | 315 | 1′03″ | >12.5～20 | 500 | 1′43″ | >20.0～32.0 | 800 | 2′45″ | >32～50 |
| 63 | 100 | 250 | 52″ | >16.0～25 | 400 | 1′22″ | >25～40.0 | 630 | 2′10″ | >40～63 |
| 100 | 160 | 200 | 41″ | >20～32 | 315 | 1′05″ | >32.0～50 | 500 | 1′43″ | >50～80 |

## 8.3.5　圆锥尺寸及公差标注

GB/T 15754—1995 规定了圆锥尺寸和公差在图样上的标注方法。

**1. 圆锥尺寸标注**

圆锥尺寸标注方法如图 8.22 所示。

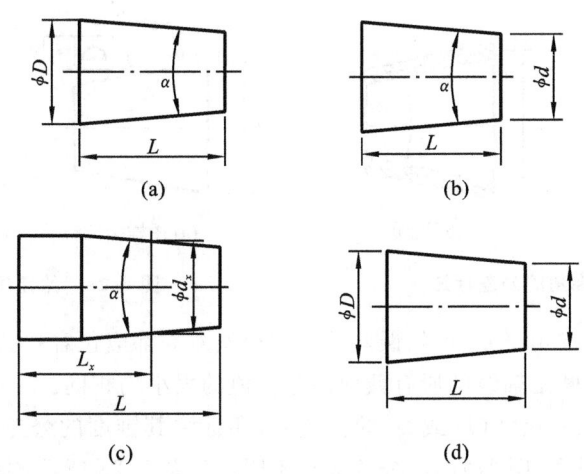

(a)　　　　　　　　　　(b)

(c)　　　　　　　　　　(d)

**图 8.22　圆锥尺寸的标注**

锥度标注如图 8.23 所示。

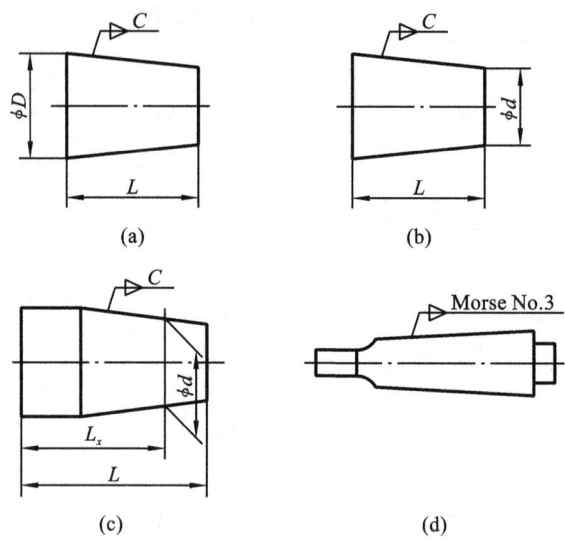

图 8.23　圆锥锥度的标注

当所标注的锥度是标准圆锥系列之一,尤其是莫氏锥度或米制锥度时,可用标准系列号和相应的标记表示(见图 8.23(d))。

**3. 圆锥公差标注**

圆锥公差标注有两种方法。

(1) 只标注圆锥某一线值尺寸的公差,将锥度和其他的有关尺寸作为标准尺寸(理想尺寸标注在方框内,不注公差)。

① 给定圆锥角的圆锥公差注法(见图 8.24)。

② 给定圆锥锥度的圆锥公差注法(见图 8.25)。

③ 给定圆锥轴向位置的圆锥公差注法(见图 8.26)。

④ 给定圆锥轴向位置公差的圆锥公差注法(见图 8.27)。

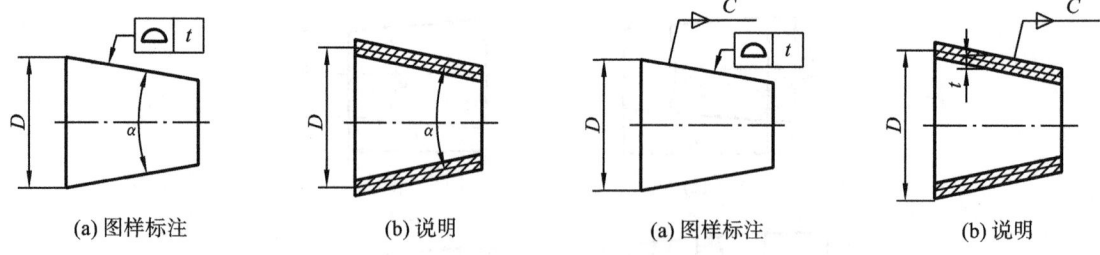

图 8.24　给定圆锥角的公差标注　　　图 8.25　给定锥度的公差标注

若圆锥合格,则其锥角误差、形状误差及其直径误差等都应包容在公差带内。这一标注方法的特点,是在垂直于圆锥轴线的所有截面内公差值的大小均相同。

(2) 除标注圆锥某一尺寸(D 或 L)的公差外,还标注其锥度的公差。这种标注方法的特点是在垂直于圆锥轴线的不同截面内公差大小不同。如图 8.28 所示,在锥度公差和某一尺寸公差组合下,形成了圆锥表面最大界限和最小界限。

具体采用哪种方法,根据圆锥零件的使用要求决定。

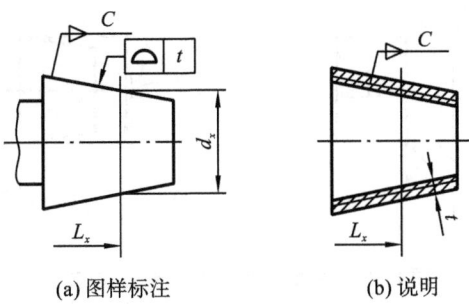

(a) 图样标注　　　(b) 说明

图 8.26　给定圆锥轴向位置的公差标注

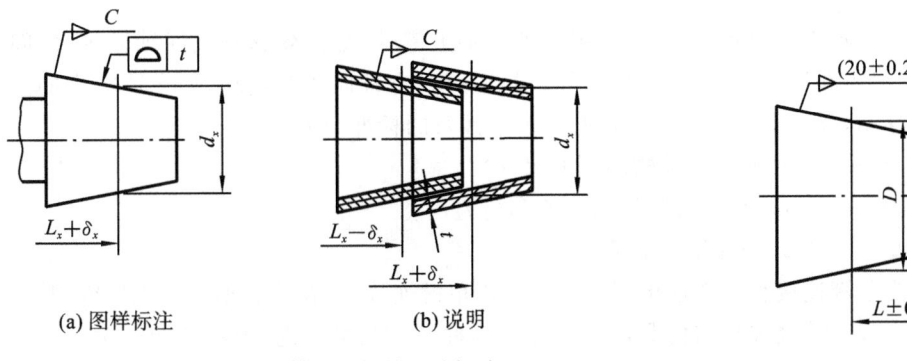

(a) 图样标注　　　(b) 说明

图 8.27　给定圆锥轴向位置的公差标注

图 8.28　标注圆锥尺寸公差和锥度公差

### 3. 相配合的圆锥的公差标注方法

根据 GB/T 15754—1995 规定,相配合的圆锥应保证各装配件的径向和(或)轴向位置,标注两个相配合圆锥的尺寸及公差时,应确定:二者具有相同的锥度或锥角;标注尺寸公差的圆锥直径的基本尺寸应一致,确定直径(见图 8.29)和位置(见图 8.30)的理论正确尺寸与两装配件的基准平面有关。

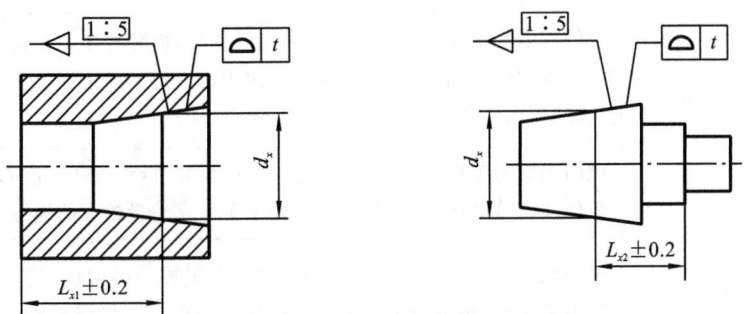

图 8.29　相配合圆锥的公差标注(一)

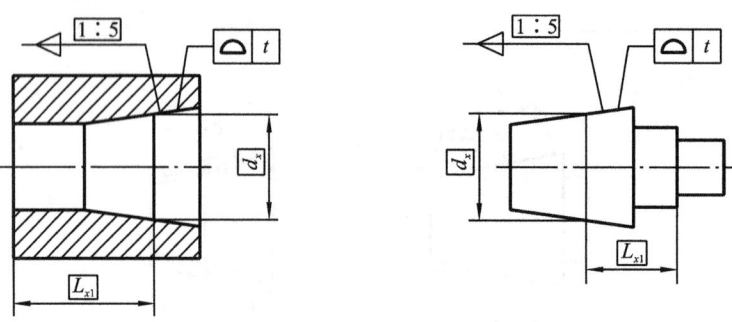

**图 8.30　相配合圆锥的公差标注(二)**

# 8.4　键配合的精度设计

键连接在机械工程中的应用广泛,通常用于轴与轴上零件(如齿轮、带轮、联轴器等)之间的连接,用以传递扭矩和运动。必要时,配合件之间还可以有轴向相对运动,如变速箱中的齿轮可以沿花键轴移动,以达到变换速度的目的。本节涉及的标准如下。

(1) GB/T 1095—2003《平键　键槽的剖面尺寸》。

(2) GB/T 1144—2001《矩形花键尺寸、公差和检验》。

(3) GB/T 1096—2003《普通型　平键》。

键连接可分为单键连接和花键连接两大类。采用单键连接时,在孔和轴上均铣出键槽,再通过单键连接在一起。单键按其结构形状不同分为四种:平键、半圆键、楔键和切向键。其类型、特点和应用见表8.20。

**表 8.20　单键和单键连接的类型、特点及应用**

| 类型和标准 | | 特点和应用 |
|---|---|---|
| 平键 | 普通型平键<br>GB/T 1096—2003 | 键的侧面为工作面,靠侧面传力,对中性好,装拆方便。无法实现轴上零件的轴向固定。定位精度较高,用于高速或承受冲击、变载荷的轴 |
| | 薄型平键<br>GB/T 1567—2003 | 薄型平键用于薄壁结构和传递扭矩较小的地方 |
| | 导向型平键<br>GB/T 1097—2003 | 键的侧面为工作面,靠侧面传力,对中性好,拆装方便。无轴向固定作用。用螺钉把键固定在轴上,中间的螺纹孔用于起出键。用于轴上零件沿轴移动量不大的场合,如变速箱中的滑移齿轮 |
| | 滑键 | 键的侧面为工作面,靠侧面传力。对中性好,拆装方便。键固定在轮毂上,轴上零件能带着键作轴向移动,用于轴上零件移动量较大的地方 |
| | 半圆键<br>GB/T 1099.1—2003 | 键的侧面为工作面,靠侧面传力,键可在轴槽中沿槽底圆弧滑动,装拆方便,但要加长键时,必定使键槽加深使轴强度削弱。一般用于轻载,常用于轴的锥形轴端处 |

续表

| 类型和标准 | | 特点和应用 |
|---|---|---|
| 楔键 | 普通型楔键<br>GB/T 1564—2003 | 键的上、下面为工作平面,键的上表面和毂槽都有 1∶100 的斜度,装配时需打入、楔紧,键的上、下两面与轴和轮毂相接触。对轴上零件有轴向固定作用。由于楔紧力的作用使轴上零件偏心,导致对中精度不高,转速也受到限制。钩头用于方便装拆,但应加保护 |
| | 钩头型楔键<br>GB/T 1565—2003 | |
| | 薄型楔键<br>GB/T 16922—1997 | |
| | 切向键<br>GB/T 1974—2003 | 由两个斜度为 1∶100 的楔键组成,能传递较大的扭矩,一对切向键只能传递一个方向的转矩,传递双向转矩时,要用两对切向键互成 120°～135° 安装,用于载荷大、对中要求不高的场合。键槽对轴的削弱大,常用于直径大于 100 mm 的轴 |
| 端面键 | 端面键 | 在圆盘端面嵌入平键,可用于凸缘间传力,常用于铣床主轴 |

花键连接按其齿形分为矩形花键和渐开线花键(见表 8.21)。

表 8.21 花键的类型、特点及应用

| 花 键 类 型 | 特 点 | 应 用 |
|---|---|---|
| 矩形花键<br>GB/T 1144—2001 | 花键连接为多齿工作,承载能力高,对中性、导向性好,齿根较浅,应力集中较小,轴与毂强度削弱小。<br>矩形花键加工方便,能用磨削方法获得较高的精度。有两个系列:轻系列,用于载荷较轻的静连接;中系列,用于中等载荷。 | 应用广泛,如飞机、汽车、拖拉机、机床制造业、农业机械及一般机械传动装置等 |
| 渐开线花键<br>GB/T 3478.1—1995 | 渐开线花键的齿廓为渐开线,受载时齿上有径向力,能起到自动定心作用,使各齿受力均匀,强度高、寿命长。加工工艺与齿轮相同,易获得较高精度和互换性。<br>渐开线花键标准压力角 $\alpha_D$ 有 30° 和 37.5° 及 45° 三种 | 用于载荷较大,定心精度要求较高,以及尺寸较大的连接 |

与单键相比,花键连接具有如下优点。

(1) 键与轴或孔为一体,强度高,负荷分布均匀,可传递较大的扭矩。

(2) 连接可靠,导向精度高,定心性好,易达到较高的同轴度要求。

但是,由于花键的加工制造比单键复杂,故其成本较高。

### 8.4.1 单键配合

在键连接中,扭矩是通过键的侧面与键槽的侧面相互接触来传递的,因此它们的宽度 $b$ 是主要配合尺寸。

由于键均为标准件(其尺寸公差见表 8.22),所以键与键槽宽 $b$ 的配合采用基轴制(平键连接结构见图 8.31),通过规定键槽不同的公差带来满足不同的配合性能要求。按照配合的松紧不同,普通平键分为较松连接、一般连接和较紧连接。半圆键只分为一般连接和较紧连接。GB/T 1095—2003 对轴槽和轮毂槽各规定了三组公差带,构成三组配合,其公差带值从

GB/T 1800.2—2009 中选取。各种配合的性质及应用见表 8.23。平键连接的键宽与槽宽的公差带图见图 8.32。平键的键和键槽剖面尺寸及键槽公差见表 8.24。

**表 8.22　普通平键的尺寸与公差**（摘自 GB/T 1096—2003）　　　　　单位：mm

| 宽度 $b$ | 公称尺寸 | 4 | 5 | 6 | 8 | 10 | 12 | 14 | 16 | 18 | 20 | 22 | 25 | 28 |
|---|---|---|---|---|---|---|---|---|---|---|---|---|---|---|
| | 极限偏差(h8) | 0<br>−0.018 | | | 0<br>−0.022 | | 0<br>−0.027 | | | | 0<br>−0.033 | | | |
| 高度 $h$ | 公称尺寸 | 4 | 5 | 6 | 7 | 8 | 9 | | 10 | 11 | 12 | 14 | | 16 |
| | 极限偏差 矩形(h11) | — | | | 0<br>−0.090 | | | | | | 0<br>−0.110 | | | |
| | 方形(h8) | −0.018 | | | — | | | | | | — | | | |

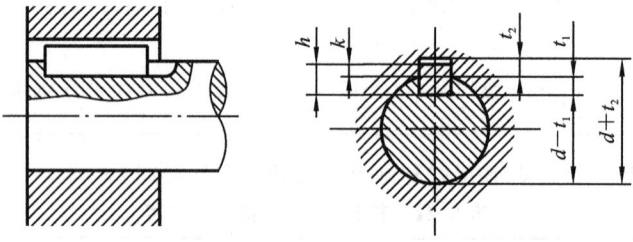

**图 8.31　平键连接主要结构尺寸**

**表 8.23　键宽与轴槽、轮毂槽宽的公差与配合**

| 键的类型 | 配合种类 | 尺寸 $b$ 的公差 | | | 配合性质及应用 |
|---|---|---|---|---|---|
| | | 键 | 轴槽 | 毂槽 | |
| 平键 | 较松连接 | h8 | H9 | D10 | 键在轴上及轮毂中均能滑动，主要用于导向平键，轮毂需在轴上作轴向移动 |
| | 一般连接 | | N9 | JS10 | 键在轴上及轮毂中固定，用于传递载荷不大的场合，一般机械制造中应用广泛 |
| | 较紧连接 | | P9 | P9 | 键在轴上及轮毂固定，且较一般连接更紧，主要用于传递重载、冲击载荷及双向传递扭矩的场合 |
| 半圆键 | 一般连接 | | N9 | JS9 | 定位及传递扭矩 |
| | 较紧连接 | | P9 | | |

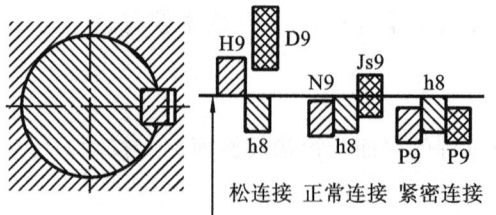

**图 8.32　平键连接键宽与键槽宽的公差带**

**表 8.24　平键的键和键槽剖面尺寸及键槽公差**（摘自 GB/T 1095—2003）　　　　单位：mm

| 轴的公称直径 d | 键尺寸 b×h | 宽度 b 公称尺寸 | 轴 N9（正常连接） | 毂 JS9（正常连接） | 轴和毂 P9（紧密） | 轴 H9（松连接） | 毂 D10（松连接） | 轴 $t_1$ 公称尺寸 | $t_1$ 极限偏差 | 毂 $t_2$ 公称尺寸 | $t_2$ 极限偏差 | 半径 r 最小 | 半径 r 最大 |
|---|---|---|---|---|---|---|---|---|---|---|---|---|---|
| 6～8 | 2×2 | 2 | −0.004 / −0.029 | ±0.0125 | −0.006 / −0.031 | +0.025 / 0 | +0.060 / +0.020 | 1.2 | | 1.0 | | | |
| >8～10 | 3×3 | 3 | | | | | | 1.8 | | 1.4 | | 0.08 | 0.16 |
| >10～12 | 4×4 | 4 | 0 / −0.030 | ±0.015 | −0.012 / −0.042 | +0.030 / 0 | +0.078 / +0.030 | 2.5 | +0.10 | 1.8 | +0.10 | | |
| >12～17 | 5×5 | 5 | | | | | | 3.0 | | 2.3 | | | |
| >17～22 | 6×6 | 6 | | | | | | 3.5 | | 2.8 | | 0.16 | 0.25 |
| >22～30 | 8×7 | 8 | 0 / −0.036 | ±0.018 | −0.015 / −0.051 | +0.036 / 0 | +0.098 / +0.040 | 4.0 | +0.20 | 3.3 | +0.20 | | |
| >30～38 | 10×8 | 10 | | | | | | 5.0 | | 3.3 | | | |
| >38～44 | 12×8 | 12 | 0 / −0.043 | ±0.0215 | −0.018 / −0.061 | +0.043 / 0 | +0.120 / +0.050 | 5.0 | | 3.3 | | | |
| >44～50 | 14×9 | 14 | | | | | | 5.5 | | 3.8 | | 0.25 | 0.40 |
| >50～58 | 16×10 | 16 | | | | | | 6.0 | | 4.3 | | | |
| >58～65 | 18×11 | 18 | | | | | | 7.0 | | 4.4 | | | |
| >65～75 | 20×12 | 20 | 0 / −0.052 | ±0.026 | −0.022 / −0.074 | +0.052 / 0 | +0.149 / +0.065 | 7.5 | | 4.9 | | | |
| >75～85 | 22×14 | 22 | | | | | | 9.0 | | 5.4 | | | |
| >85～95 | 25×14 | 25 | | | | | | 9.0 | | 5.4 | | 0.40 | 0.60 |
| >95～110 | 28×16 | 28 | | | | | | 10.0 | | 6.4 | | | |
| >110～130 | 32×18 | 32 | 0 / −0.062 | ±0.031 | −0.026 / −0.088 | +0.062 / 0 | +0.180 / +0.080 | 11.0 | +0.30 | 7.4 | +0.30 | | |
| >130～150 | 36×20 | 36 | | | | | | 12.0 | | 8.4 | | | |
| >150～170 | 40×22 | 40 | | | | | | 13.0 | | 9.4 | | 0.70 | 1.00 |
| >170～200 | 45×25 | 45 | | | | | | 15.0 | | 10.4 | | | |
| >200～230 | 50×28 | 50 | | | | | | 17.0 | | 11.4 | | | |
| >230～260 | 56×32 | 56 | 0 / −0.074 | ±0.037 | −0.032 / −0.0435 | +0.074 / 0 | +0.220 / +0.100 | 20.0 | | 12.4 | | | |
| >260～290 | 63×32 | 63 | | | | | | 20.0 | | 12.4 | | | |
| >290～330 | 70×36 | 70 | | | | | | 22.0 | | 14.4 | | 1.20 | 1.60 |
| >330～380 | 80×40 | 80 | | | | | | 25.0 | | 15.4 | | | |
| >380～440 | 90×45 | 90 | 0 / −0.087 | ±0.0435 | −0.037 / −0.124 | +0.087 / 0 | +0.260 / +0.120 | 28.0 | | 17.4 | | 2.00 | 2.50 |
| >440～500 | 100×50 | 100 | | | | | | 31.0 | | 19.4 | | | |

## 8.4.2　花键配合

### 1. 矩形花键的主要尺寸

矩形花键几何参数有大径 $D$、小径 $d$、键数 $N$ 和键宽 $B$（见图 8.33）。GB/T 1144—2001 规定了矩形花键连接的公称尺寸系列、定心方式、公差与配合、标注方法和检验规则。为了便于加工和测量,取矩形花键的键数 $N$ 为偶数,有 6、8、10 共三种。按承载能力的不同,分为中、轻两个系列,中系列的键高尺寸大,承载能力强,轻系列的键高尺寸较小,承载能力较弱。矩形花键的尺寸系列如表 8.25 所示。

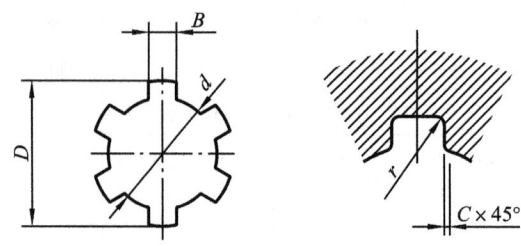

**图 8.33　矩形花键公称尺寸**

**表 8.25　矩形花键公称尺寸系列**(摘自 GB/T 1144—2001)　　　　　　　　　　单位:mm

| 小径 $d$ | 轻　系　列 | | | 参考 | | 中　系　列 | | | 参考 | |
|---|---|---|---|---|---|---|---|---|---|---|
| | 规格 $N \times d \times D \times B$ | $C$ | $r$ | $d_1$（最小） | $a$（最小） | 规格 $N \times d \times D \times B$ | $C$ | $r$ | $d_1$（最小） | $a$（最小） |
| 11 | | | | | | $6 \times 11 \times 14 \times 3$ | 0.2 | 0.1 | | |
| 13 | | | | | | $6 \times 13 \times 16 \times 3.5$ | | | | |
| 16 | — | 0.2 | 0.1 | — | — | $6 \times 16 \times 20 \times 4$ | 0.3 | 0.2 | 14.4 | 1.0 |
| 18 | | | | | | $6 \times 18 \times 22 \times 5$ | | | 16.6 | 1.0 |
| 21 | | | | | | $6 \times 21 \times 25 \times 5$ | | | 19.5 | 2.0 |
| 23 | $6 \times 23 \times 26 \times 6$ | | | 22.0 | 3.5 | $6 \times 23 \times 28 \times 6$ | | | 21.2 | 1.2 |
| 26 | $6 \times 26 \times 30 \times 6$ | | | 24.5 | 3.8 | $6 \times 26 \times 32 \times 6$ | | | 23.6 | 1.2 |
| 28 | $6 \times 28 \times 32 \times 7$ | | | 26.6 | 4.0 | $6 \times 28 \times 34 \times 7$ | | | 25.8 | 1.4 |
| 32 | $8 \times 32 \times 36 \times 6$ | 0.3 | 0.2 | 30.3 | 2.7 | $8 \times 32 \times 38 \times 6$ | 0.4 | 0.3 | 29.4 | 1.0 |
| 36 | $8 \times 36 \times 40 \times 7$ | | | 34.4 | 3.5 | $8 \times 36 \times 42 \times 7$ | | | 33.4 | 1.0 |
| 42 | $8 \times 42 \times 46 \times 8$ | | | 40.5 | 5.0 | $8 \times 42 \times 48 \times 8$ | | | 39.4 | 2.5 |
| 46 | $8 \times 46 \times 50 \times 9$ | | | 44.6 | 5.7 | $8 \times 46 \times 54 \times 9$ | | | 42.6 | 1.4 |
| 52 | $8 \times 52 \times 58 \times 10$ | | | 49.6 | 4.8 | $8 \times 52 \times 60 \times 10$ | 0.5 | 0.4 | 48.6 | 2.5 |
| 56 | $8 \times 56 \times 62 \times 10$ | | | 53.5 | 6.5 | $8 \times 56 \times 65 \times 10$ | | | 52.0 | 2.5 |
| 62 | $8 \times 62 \times 68 \times 12$ | | | 59.7 | 7.3 | $8 \times 62 \times 72 \times 12$ | | | 57.7 | 2.4 |
| 72 | $10 \times 72 \times 78 \times 12$ | 0.4 | 0.3 | 69.6 | 5.4 | $10 \times 72 \times 82 \times 12$ | | | 67.4 | 1.0 |
| 82 | $10 \times 82 \times 88 \times 12$ | | | 79.3 | 8.5 | $10 \times 82 \times 92 \times 12$ | 0.6 | 0.5 | 77.0 | 2.9 |
| 92 | $10 \times 92 \times 98 \times 14$ | | | 89.6 | 9.9 | $10 \times 92 \times 102 \times 14$ | | | 87.3 | 4.5 |
| 102 | $10 \times 102 \times 108 \times 16$ | | | 99.6 | 11.3 | $10 \times 102 \times 112 \times 16$ | | | 97.7 | 6.2 |
| 112 | $10 \times 112 \times 120 \times 18$ | 0.5 | 0.4 | 108.8 | 10.5 | $10 \times 112 \times 125 \times 18$ | | | 106.2 | 4.1 |

### 2. 矩形花键连接的定心方式

花键连接的主要要求是保证内、外花键连接后具有较高的同轴度,并能传递扭矩。使矩形花键的三个主要尺寸参数都起定心作用很困难、而且没有必要。定心尺寸应按较高的精度制造,以保证定心精度。非定心精度尺寸则可按较低的精度制造。由于传递扭矩是通过键和键槽侧面进行的,因此,键和键槽不论是否作为定心尺寸,都要求较高的尺寸精度。

根据定心要求的不同,有三种定心方式:小径 $d$ 定心、大径 $D$ 定心和键宽 $B$ 定心。GB/T 1144—2001 规定了矩形花键用小径 $d$ 定心,因为用小径定心有一系列优点。当用大径定心时,内花键定心表面的精度依靠拉刀保证。在单件、小批量及大规格花键生产中,用拉刀加工经济性差。用小径定心时,热处理后的变形可通过内圆磨削修复,而且,内圆磨可到达更高的尺寸精度和更高的表面粗糙度要求。因而用小径定心的定心精度高,定心稳定性好,花键使用寿命长,有利于产品质量的提高。外花键可用小径定心,精度可用成形磨削加工保证。

### 3. 矩形花键连接的公差与配合

GB/T 1144—2001 规定,矩形花键的尺寸公差采用基孔制,目的是减少拉刀的数目。矩形花键选用尺寸公差带的一般原则是:①当定心精度高时,应选择高精度传递用尺寸公差带,反之可选用一般用尺寸公差带;②当要求传递扭矩较大或经常需要正反转时,应选择较紧一些的配合,反之选择松一些的配合;③当内、外花键需要频繁相对滑动或配合长度较大时,可选择松一些的配合。其公差带如表 8.26 所示。

**表 8.26　内、外花键的尺寸公差带**(摘自 GB/T 1144—2001)

| 内花键 | | | | 外花键 | | | 装配形式 |
|---|---|---|---|---|---|---|---|
| $d$ | $D$ | $B$ | | $d$ | $D$ | $B$ | |
| | | 拉削后不热处理 | 拉削后热处理 | | | | |
| 一般用 | | | | | | | |
| H7 | H10 | H9 | H11 | f7 | d10 | | 滑动 |
| | | | | g7 | a11 | f9 | 紧滑动 |
| | | | | h7 | | h10 | 固定 |
| 精密传动 | | | | | | | |
| H6 | H10 | H7、H9 | | f6 | a11 | 8 | 滑动 |
| | | | | g6 | | 7 | 紧滑动 |
| | | | | h6 | | 8 | 固定 |
| H5 | | | | f5 | | 8 | 滑动 |
| | | | | g5 | | 7 | 紧滑动 |
| | | | | h5 | | 8 | 固定 |

### 4. 矩形花键的图样标注

矩形花键连接在图样上的标注,按顺序包括以下项目:键数 $N$、小径 $d$、大径 $D$、键宽 $B$、花键的公差代号及标准代号。

对于 $N=6$,$d=23\dfrac{H7}{f7}$,$D=26\dfrac{H10}{a10}$,$B=6\dfrac{H11}{d10}$ 的花键标记如下:

花键规格:$N×d×D×B$　　$6×23×26×6$

花键副:$6 \times 23 \dfrac{H7}{f7} \times 26 \dfrac{H6}{a11} \times 6 \dfrac{H11}{d10}$

内花键:$6 \times 23H7 \times 26H6 \times 6H11$

外花键:$6 \times 23f7 \times 26a11 \times 6d10$

以小径定心时,花键各表面的表面粗糙度如表 8.27 所示。

**表 8.27  花键表面粗糙度推荐值**

| 加工表面 | 内 花 键 | 外 花 键 |
|:---:|:---:|:---:|
| | $Ra$ 不大于/$\mu$m | |
| 小径 | 1.6 | 0.9 |
| 大径 | 6.3 | 3.2 |
| 键侧 | 6.3 | 1.6 |

**5. 矩形花键的几何公差**

内、外花键除尺寸公差外,还有几何公差要求,包括小径 $d$ 的形状公差和花键的位置度公差等。

1) 小径的极限尺寸应遵守包容要求

小径 $d$ 是花键连接中的定心配合尺寸,保证花键的配合性能,其定心表面的几何公差和尺寸公差的关系应遵守包容要求。即当小径 $d$ 的实际尺寸处于最大实体状态时,它必须具有理想形状,只有当小径 $d$ 的实际尺寸偏离最大实体状态时,才允许有形状误差。

2) 花键的位置度公差遵守最大实体要求

花键的位置度公差综合控制花键各键之间的角位置、各花键对中心线的对称度误差,以及各键对中心线的平行度误差等。位置度公差遵守最大实体要求,其图样标注如图 8.34 所示。

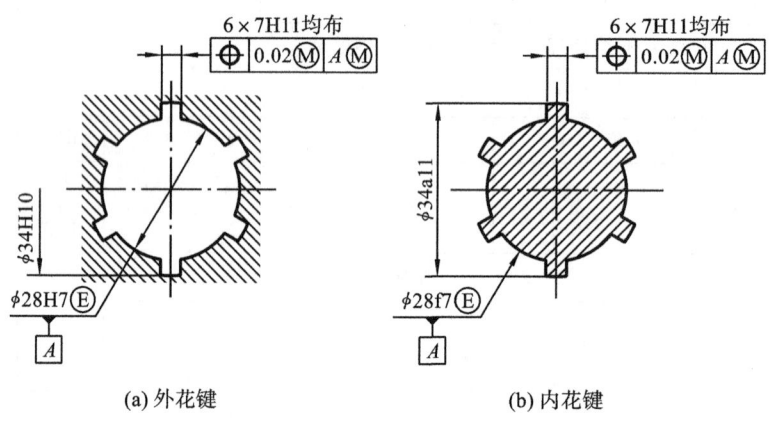

(a) 外花键          (b) 内花键

**图 8.34  花键位置度公差标注**

国家标准对键和键槽规定的位置度公差如表 8.28 所示。

**表 8.28  矩形花键位置度公差**                                                     单位:mm

| 键槽宽或键宽 $B$ | | 3 | 3.5～6 | 7～10 | 12～18 |
|:---:|:---:|:---:|:---:|:---:|:---:|
| | | $t_1$ | | | |
| 键槽宽 | | 0.010 | 0.015 | 0.020 | 0.025 |
| 键宽 | 滑动、固定 | 0.010 | 0.015 | 0.020 | 0.025 |
| | 紧滑动 | 0.006 | 0.010 | 0.013 | 0.016 |

3) 键和键槽的对称度公差和等分度公差遵守独立原则

为保证装配并能传递转矩和运动,一般应使用综合花键量规检验、控制花键的几何公差,但在单件、小批量生产时没有综合量规,这时,为控制花键几何公差,一般在图样上分别规定花键的对称度和等分度公差。

花键的对称度公差、等分度公差均遵守独立原则,其对称度公差在图样上的标注如图8.35所示,选择标准如表 8.29 所示。

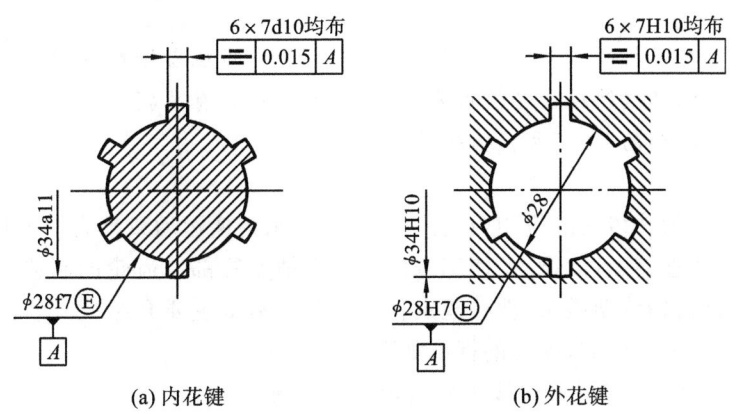

(a) 内花键　　　　　　　　　　　　　(b) 外花键

**图 8.35　花键对称度公差标注**

**表 8.29　矩形花键对称度公差**　　　　　　　　　　　　　　　　　　单位:mm

| 键槽宽或键宽 B | 3 | 3.5～6 | 7～10 | 12～18 |
|---|---|---|---|---|
| | $t_2$ | | | |
| 一般用 | 0.010 | 0.015 | 0.020 | 0.025 |
| 精密传动用 | 0.006 | 0.008 | 0.009 | 0.011 |

# 习　　题

8.1　滚动轴承内圈与轴、外圈与外壳孔的配合分别用何种基准制? 有什么特点?

8.2　滚动轴承承受载荷与选择配合有何关系?

8.3　某机床转轴上安装有 6 级精度的深沟球轴承,轴承内径为 40 mm,外径为 90 mm,该轴承承受着一个 4 000 N 的定向径向负荷,轴的额定负荷为 31 400 N,内圈随轴一起转动,而外圈静止。试确定:

(1) 与轴承配合的轴颈、外壳孔的公差带代号;

(2) 画出公差带图,计算内圈与轴、外圈与外壳孔的极限间隙或过盈;

(3) 轴和外壳孔的几何公差和表面粗糙度参数值;

(4) 把所选公差标注在图样上。

8.4　解释下列螺纹标注的含义:

M24×2—5H6H—L,M20—7g6g—40,M42—6G/5h6h。

8.5　有一螺栓 M30×2—6h,其单一中径 $d_{2单一}$ =28.329 mm,螺距误差 $\Delta P_{\Sigma}$ =+35 $\mu$m,牙侧角偏差 $\Delta \alpha_1$ =−30′,$\Delta \alpha_2$ =+65′,试判断该螺栓的合格性。

8.6　圆锥配合与光滑圆柱体配合比较,有何特点?

8.7　确定圆锥公差的方法有哪几种? 各适用于什么场合?

8.8　花键与平键在结构上有什么不同? 花键连接有什么优点?

# 第9章 渐开线圆柱齿轮的精度设计

**教学提示** 齿轮是机械传动的重要零件,其中渐开线圆柱齿轮在生产实际中应用最为广泛。本章主要介绍渐开线圆柱齿轮使用要求、互换性特点和有关指标与检测,通过学习,要求理解齿轮精度评定指标的含义,掌握齿轮精度的设计方法。

在机械产品中,齿轮传动的应用极为广泛,通常用来传递运动或动力。凡是使用齿轮传动的机械产品,其工作性能、承载能力、使用寿命及工作精度等都与齿轮的制造和装配精度有密切关系。为了保证齿轮传动质量,就要规定相应公差。本章主要介绍渐开线圆柱齿轮传动误差、测量方法和有关公差标准,涉及的标准如下。

(1) GB/T 10095—2008《渐开线圆柱齿轮 精度制》。

(2) GB/Z 18620—2008《圆柱齿轮 检验实施规范》。

(3) GB/T 13924—2008《渐开线圆柱齿轮精度 检验细则》。

## 9.1 齿轮传动及其使用要求

### 9.1.1 齿轮传动

齿轮传动的传动质量取决于各主要组成零部件的制造和安装精度,其中,齿轮本身的制造精度及齿轮副的安装精度起主要作用。齿轮传动按齿轮的外形可分为圆柱齿轮传动、锥齿轮传动、非圆齿轮传动、齿条传动和蜗杆传动;按轮齿的齿廓曲线可分为渐开线齿轮传动、摆线齿轮传动和圆弧齿轮传动等。本章只介绍渐开线圆柱齿轮有关国家标准。渐开线圆柱齿轮的主要设计参数如图9.1所示。

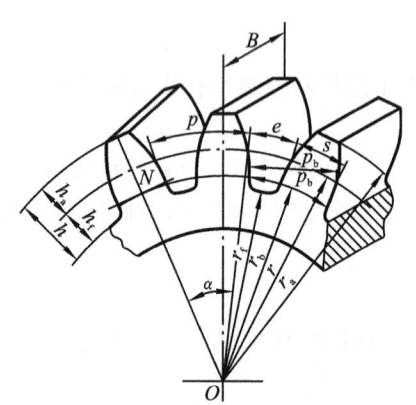

**图 9.1 渐开线圆柱齿轮的部分轮齿**

### 9.1.2 齿轮传动的使用要求

**1. 运动传递准确性**

要求从动轮与主动轮运动协调,为此应限制齿轮在一转内传动比的不均匀程度。齿廓为渐开线的齿轮在传递运动时可保持恒定的传动比。但由于各种加工误差的影响,加工后得到的齿轮,其齿廓相对于旋转中心分布不均,且渐开线也不是理论的渐开线,在齿轮传动中必然引起传动比的变动。传动比的变动程度通过转角误差的大小来反映。正确传动的齿轮是:主动齿轮转过一个角度 $\phi_1$,从动齿轮应按理论传动比 $i=z_2/z_1$,相应地转过一个角度 $\phi_2=\phi_1/i$。但在实际齿轮的传动中,由于齿轮本身误差的影响,使得从动轮的实际转角 $\phi'_2 \neq \phi_2$,产生转角误差 $\Delta\phi=\phi'_2-\phi_2$,它是转角的函数,实际传动比 $i'=$

$\dfrac{\phi_1}{\phi_2+\Delta\phi}\neq i$。如图 9.2 所示,在齿轮转动一转的范围内,从动齿轮必然会产生较大的转角误差,它的大小反映了齿轮传动比的变动,亦即反映齿轮在一转范围内传递转角的准确程度。对于在一转内要求保持传动比相对恒定齿轮,应提出准确性要求。

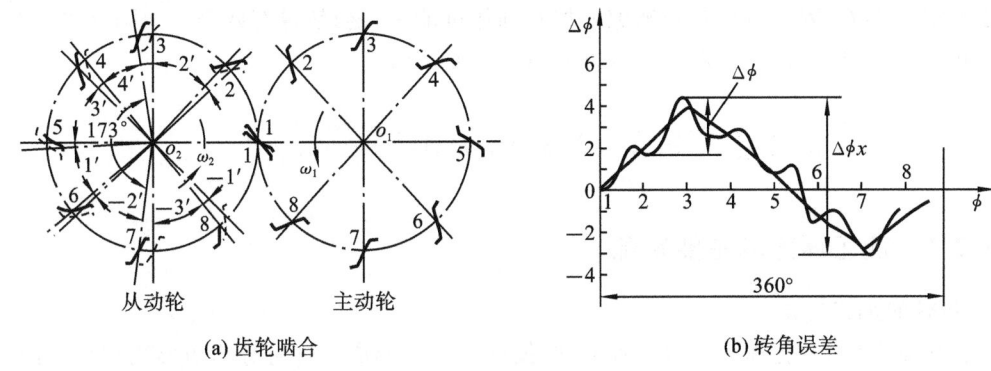

(a) 齿轮啮合　　　　　　　　　　(b) 转角误差

**图 9.2　齿轮转角误差**

**2. 传动平稳性**

理想的渐开线齿轮的传动比,应要求在传动的全过程中任何瞬时都保持恒定。但实际齿轮由于受齿形误差和齿距误差等影响,传动比在任何时刻都不会恒定,即使转过很小的角度都会产生转角误差,在齿轮传动的过程中,瞬时传动比的变化是噪声、冲击、振动的根源,使齿轮传动不平稳,必须给以限制。通常所说的齿轮传动平稳性要求,是指齿轮在转过一齿或一齿距角内的最大转角误差应不超过一定的限度,以控制瞬时传动比变动。

**3. 载荷分布均匀性**

要求啮合齿轮齿宽均匀接触,在传递载荷时不致因接触不均匀使局部接触应力过大而导致轮齿过早磨损。但由于受各种误差的影响,工作齿面不可能全部均匀接触。若接触面积过小,则该部分齿面承受载荷过大,产生应力集中,会造成局部磨损或点蚀,影响齿轮的寿命。因此,为了保证齿轮能正常传递载荷,对齿轮传动工作齿面的接触面积应有一定限制,这就是齿轮载荷分布的均匀性要求。

**4. 齿轮副侧隙合理性**

如图 9.3 所示,齿轮副侧隙是指齿轮在运转过程中,主、从动齿轮的非工作齿面间所形成的间隙。齿轮传动一般需要具有侧隙,一方面是为了保证齿面润滑需要,要求在齿面上形成一定厚度的油膜,另一方面是为补偿制造误差、装配误差、热膨胀的影响,以及为受力后的弹性变形等预留空间,以免在齿轮传动过程中出现轮齿卡死和烧伤现象。

齿轮在设计制造中,一般都应提出上述四个方面要求,但由于用途及其工作条件的不同,侧重点不同,合理确定齿轮的精度和侧隙要求是设计的关键。如:用于分度和读数的齿轮传动,其特点是模数小、转速低、传递运动要精确,主要要求是传递运动的准确性,当需要可逆传动时,应对齿侧间隙加以限制,从而减小反转时的空程误差;对于低速动力齿轮,如轧钢机、矿山机械以及起重机械使用的

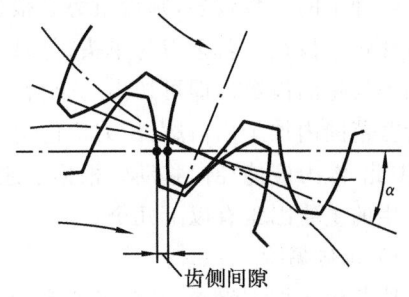

**图 9.3　齿轮副侧隙**

齿轮,其特点是功率大、速度低,对传动比要求并不高,主要要求是承受载荷的均匀性,即要求齿面接触良好;对于中速中载齿轮,如汽车、拖拉机等变速装置上所用的齿轮,其特点是圆周速度较高,传递功率较大,其主要要求是传动平稳,噪声及振动要小。另外,对各类齿轮传动都应给定适当的侧隙,但正、反方向传递运动的齿轮传动,不仅要求传递运动要精确,而且还要求尽可能小的空回误差,因此对齿轮副侧隙要控制到尽可能小。当然也有四个方面同等要求的,如燃汽轮机等高速重载齿轮,其对齿轮各方面精度均要求较高。

## 9.2　齿轮的加工误差

### 9.2.1　加工误差的主要来源

#### 1. 齿轮的加工方法

在机械制造中,齿轮加工方法多种多样,按渐开线的形成原理可分为仿形法和范成法。

采用仿形法加工齿轮时,刀具轴剖面的刀刃形状和被切齿槽的形状相同。刀具分为盘状铣刀和指状铣刀等。切削时,铣刀转动,同时毛坯沿它的轴线方向移动一个行程,这样就切出一个齿槽,也就是切出相邻两齿的各一侧齿槽;然后毛坯退回原来的位置,并用分度盘将毛坯转过 $360/z$ 度,再继续切削第二个齿槽。依次进行转动即可切削出所有轮齿。因此,用仿形法加工齿轮的缺点是加工精度低、加工不连续、生产率低、加工成本高。其优点在于可以用普通铣床加工。仿形法主要应用于齿轮修配和小批量生产齿轮。

展成法又称范成法、共轭法或包络法,用展成法加工齿轮就是利用一对齿轮互相啮合传动时,两轮的齿廓互为包络线的原理来加工的。设想将一对互相啮合传动的齿轮之一变为刀具,而另一个作为轮坯,并使二者仍按原传动比进行传动,则在传动过程中,刀具的齿廓将在轮坯上包络出与其共轭的齿廓。常用的刀具有齿轮插刀、齿条插刀和齿轮滚刀。利用范成法加工齿轮,只要刀具和被加工齿轮的模数及压力角相同,就可以利用一把刀具来加工。因此,范成法被广泛应用于齿轮加工中。

#### 2. 齿轮的加工误差

齿轮的加工误差来源于组成工艺系统的机床、刀具、夹具和齿坯本身的误差,以及安装和调整误差等。由于齿形比较复杂,而影响齿轮加工误差的工艺因素比较多,对齿轮加工误差的规律性及对传动性能影响的研究,至今还在进行中。现以滚齿加工为例分析产生齿轮加工误差的主要原因。图 9.4 所示为滚齿机滚切加工齿轮的情形。

滚刀的轴截面为一齿条,若齿条移动一个齿距,而齿坯转过一个齿距角,即可加工出一个齿。若加工的齿数较多,则齿条势必很长。将滚刀刀齿排列在螺旋线上,滚刀转一转,相当于刀齿移过一齿距。若滚刀为单头螺旋线滚刀,则滚刀转一转,齿坯转过 $360/z$ 度角(其中,$z$ 为被加工齿轮的齿数),即可切出一个齿。滚刀不断旋转,齿坯转一圈,则整个齿圈被切出。为在全齿宽范围内加工出齿廓,滚刀应能上下移动。齿廓不是转一圈一次切成,而是分多次进给切出,因此,滚刀应能径向移动。根据上述滚齿加工过程的阐述可知,用滚刀加工齿轮时导致误差产生的主要因素有以下几个。

1) 几何偏心

按范成法加工齿轮,其轮齿的形成是滚刀对齿坯周期性地连续滚切的结果,犹如齿条与齿轮的啮合运动,加工过程中把多余的材料去除。齿坯定位孔与心轴外圆之间可能存在间隙,如

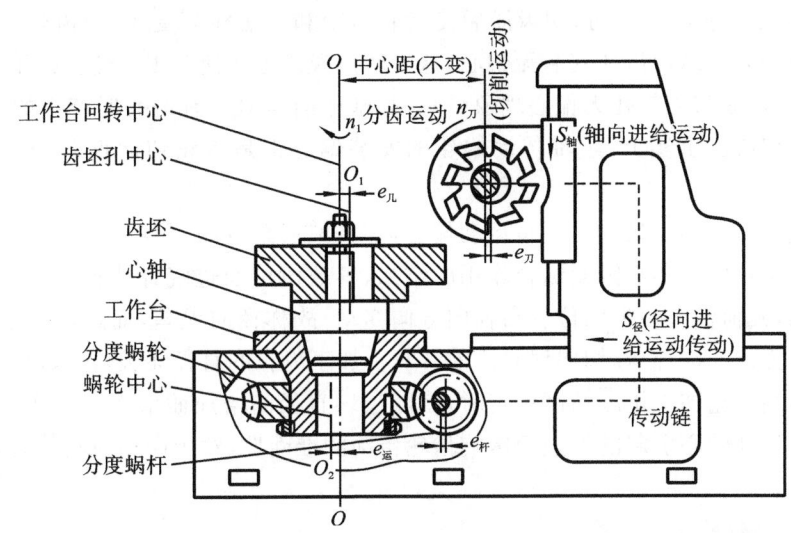

**图 9.4　滚齿机滚切轮齿**

图 9.4 中齿坯定位孔的轴心线 $O_1O_1$ 与机床工作台的回转轴心线 $OO$ 不重合，产生偏心 $e_几$，通常把它称为几何偏心。由于这种偏心的存在，实际齿轮顶圆各处到心轴中心（亦即加工时的回转中心）的距离不相等，从而造成加工后的齿轮一边齿长，另一边齿短（见图 9.5）。这实质上是使齿轮基圆产生了偏心，齿廓位置的几何中心产生了径向位移，从而使得齿轮的齿距、齿厚和齿高不均匀。这样的齿轮按照齿坯孔的中心线旋转时，将使输出运动不匀速。这种传递运动的不准确，可认为是圆周切线方向的误差，故可把它称为切向误差。也就是说，切齿加工时的径向误差，是造成完工齿轮的切向误差的原因。当以齿轮基准孔中心 $O_1$ 定位进行测量时，在齿轮一转内产生周期性的齿圈径向跳动误差，同时齿距和齿厚也产生周期性变化。

　　2）运动偏心

　　除几何偏心引起的齿距分布不均匀外，还有运动偏心的影响。滚齿加工时齿轮毛坯的旋转运动是靠主轴中蜗杆传动实现的，由于滚齿机分度蜗轮加工误差，分度蜗轮轴线 $O_2O_2$ 与工作台旋转轴线 $OO$ 有安装偏心 $e_运$，产生了运动偏心。运动偏心使齿坯相对于滚刀的转速不均匀而使被加工齿轮各齿廓产生切向错移。加工齿轮时，蜗轮蜗杆中心距周期性变化，相当于蜗轮的节圆半径在变化，而蜗杆的线速度是恒定不变的，则在蜗轮（齿坯）一转内，蜗轮转速必然呈周期性变化，如图 9.6 所示。当角速度由 $\omega$ 增加到 $\omega+\Delta\omega$ 时，使齿轮齿距和公法线都变长；

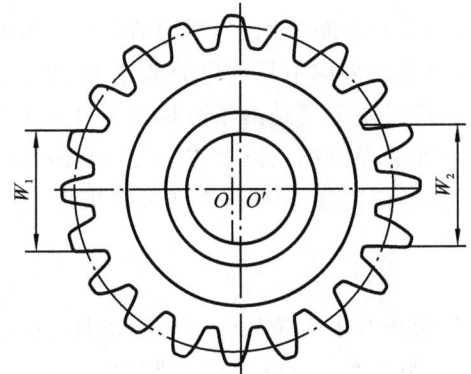

**图 9.5　具有几何偏心的齿轮**

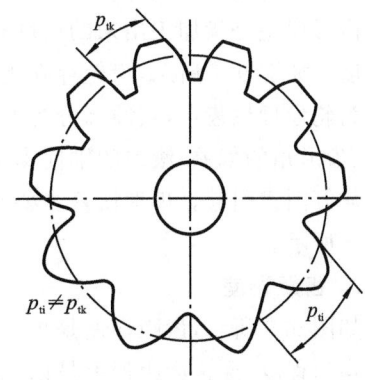

**图 9.6　具有运动偏心的齿轮**

当角速度由 $\omega$ 减少到 $\omega - \Delta\omega$ 时,切齿滞后使齿轮齿距和公法线都变短,使齿轮产生切向周期性变化的切向误差。纵使齿坯安装无偏心,这一转角误差也会使完工齿轮齿距不均匀,这种齿轮从外观上看,齿圈与齿轮孔无偏心现象(即齿高都相同),但与有偏心时产生的效果相同,故可称其为运动偏心。事实上,主轴传动蜗轮的安装偏心正是齿轮切向误差产生的主要原因之一。

综上所述,无论是几何偏心,还是运动偏心,都将使齿距分布不均匀,产生齿距累积误差。齿距累积误差是这两种影响因素综合作用的结果,其数值可通过统计法得到。但这二者影响趋势是不同的,几何偏心使齿廓位置沿径向方向变动,故称径向误差,而运动偏心是使齿廓位置沿圆周切线方向变动,故称切向误差。前者与被加工齿轮的直径无关,仅取决于安装误差的大小;而后者,当齿轮加工机床精度一定时,将随齿坯直径的增加而增大。由此,齿轮加工中,由几何偏心和运动偏心引起的误差都影响齿轮传动的准确性,对于高速齿轮传动,也会影响到其工作平稳性。

3)机床传动链的高频误差

直齿轮加工主要受传动链中各传动元件误差的影响,尤其是分度蜗杆的安装偏心(它引起分度蜗杆的径向跳动)和轴向窜动的影响,这些影响因素会使蜗轮(齿坯)在一周范围内转速出现多次变化,导致加工出的齿轮产生齿距偏差和齿形误差。斜齿轮加工除传动链误差外,还受差动链误差的影响。

4)滚刀的加工误差

滚刀的加工误差主要是指滚刀本身的基节和齿形等制造误差,它们都会在加工齿轮过程中被反映到被加工齿轮的每一齿上,使加工出来的齿轮产生基节偏差和齿形误差。

5)滚刀的安装误差

滚刀偏心使被加工齿轮产生径向误差。滚刀刀架导轨或齿坯轴线相对于工作台旋转轴线的倾斜及轴向窜动,使滚刀的进刀方向与轮齿的理论方向不一致,直接造成齿面沿齿长方向(轴向)歪斜,产生齿向误差,齿向误差主要影响载荷分布的均匀性。

## 9.2.2 齿轮加工误差的分类

齿轮加工工艺系统中的机床、刀具、齿坯的制造和安装等多种误差要素,致使实际加工后的齿轮存在各种形式的加工误差,概况而论,由切削加工引起的齿轮误差可分为以下四类。

### 1. 齿形误差

齿形误差是指加工出来的齿廓相对于工件的旋转中心分布不均,与理论渐开线齿形的偏离程度。如图 9.7 所示,齿轮存在齿形误差时,加工出来的齿廓不是理论的渐开线,图中虚线部分为轮齿理论齿形,实线部分为实际齿形。产生齿形误差主要是由于刀具本身刀刃轮廓的误差、齿形角的偏差,滚刀的轴向窜动和径向跳动、齿坯的径向跳动以及在每转一齿距角内转速不均等因素引起。齿形误差主要有出棱、不对称、齿形角误差、周期误差和根切几种形式,如图 9.8 所示。

### 2. 齿距误差

如图 9.9 所示,齿距误差是指加工所得的实际齿廓相对于齿轮旋转中心的切向齿距分布的不均匀程度,通常齿距误差是以 $2\pi$ 为周期的切向齿距误差。齿距误差主要是由于齿坯安装时的几何偏心、蜗轮齿廓本身的分布不均及运动偏心等引起的。

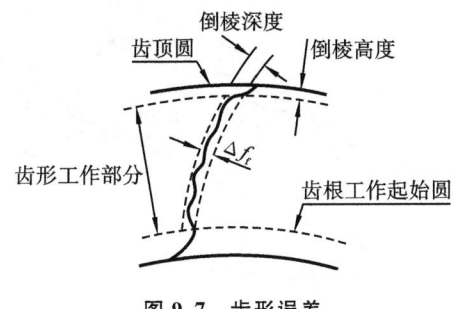

**图 9.7　齿形误差**

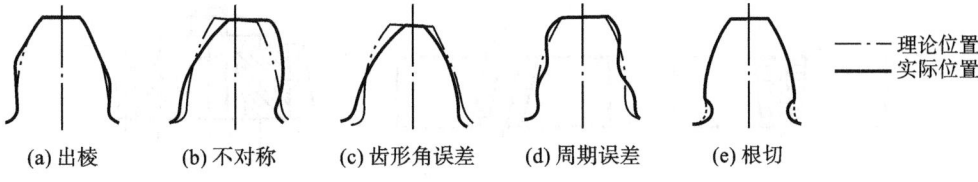

(a) 出棱　　(b) 不对称　　(c) 齿形角误差　　(d) 周期误差　　(e) 根切

**图 9.8　齿形误差形式**

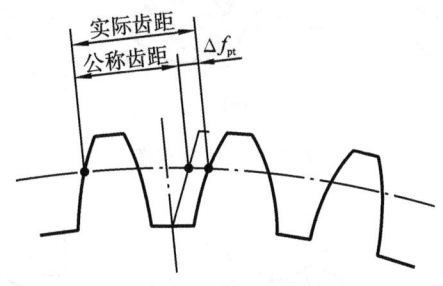

**图 9.9　齿距误差**

**3. 齿向误差**

　　如图 9.10 所示,齿向误差是指加工后的齿面沿基准轴线方向上的形状和位置误差。产生齿向误差主要是由于刀具进给运动的方向歪斜及齿坯安装偏斜等而产生的。图 9.11(a)表示因刀架导轨径向倾斜产生了齿向误差,图 9.11(b)表示因刀架导轨切向倾斜而产生了齿向误差,图 9.11(c)表示因齿坯基准端面跳动误差而产生了齿向误差。图 9.12 表示采用两种常规的齿轮齿向修形方法而产生了齿向误差,即形成鼓形齿和两端修薄齿,这两种齿向误差对于提高齿轮传动平稳性和接触精度是十分有益的。图中实线 1 表示实际齿廓线,虚线 2 表示设计齿廓线,符号 $\Delta_1$ 表示齿轮的鼓形量,符号 $\Delta_2$ 表示齿端修薄量,符号 $b$ 表示齿轮齿宽。

**4. 齿厚误差**

　　如图 9.13 所示,齿厚误差是指加工出来的齿轮齿厚在整个齿圈范围内不一致的程度。产生齿厚误差主要是由刀具铲形面对齿坯中心的位置误差以及齿廓的分布不均引起的。

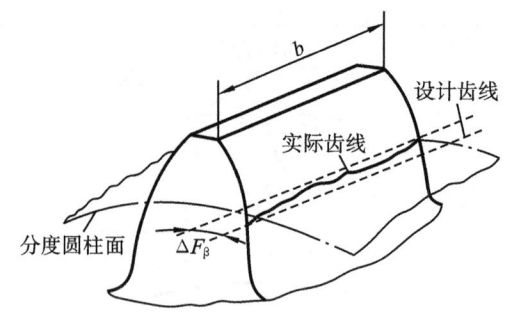

图 9.10　齿向误差

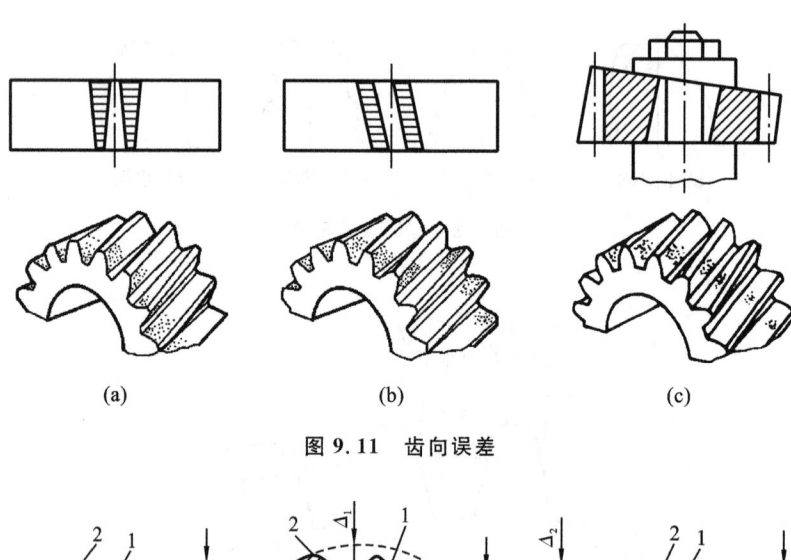

(a)　　　　　　　　　　(b)　　　　　　　　　　(c)

图 9.11　齿向误差

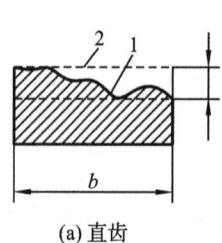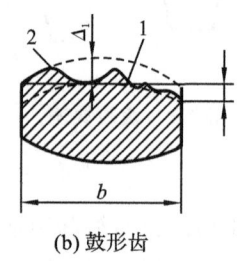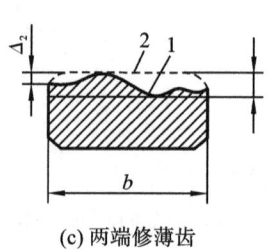

(a) 直齿　　　　　　　(b) 鼓形齿　　　　　　(c) 两端修薄齿

图 9.12　齿向误差

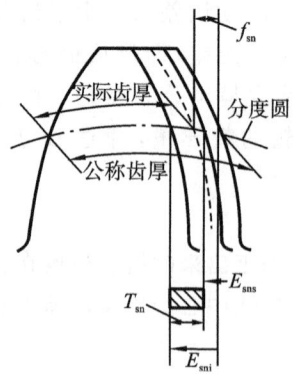

图 9.13　齿厚误差

## 9.3　单个齿轮精度的评定指标及检测

单个齿轮是一个复杂的几何体,加工后会产生 9.2.2 小节所述四种误差,使得齿轮的各设计参数发生变化,影响传动质量,因此,可以考虑规定能反映加工误差的齿轮误差参数作为评定指标。当然,所规定的评定指标应是便于检测的。另一方面,齿轮又是一个传动件,齿轮的传动质量最终应体现在其工作状态上。因此,也可以规定能直接反映齿轮传动使用要求的齿轮副误差作为评定指标。

在齿轮标准中齿轮误差和偏差统称为齿轮偏差,将偏差与公差共用一个符号表示,例如 $F_a$ 既表示齿廓总偏差,又表示齿廓总公差。单项要素测量所用的偏差符号用小写字母(如 $f$)加上相应的下标组成,而表示若干单项要素偏差组成的累积偏差或总偏差采用大写字母(如 $F$)加上相应的下标表示。

### 9.3.1　传递运动准确性的评定指标及检测

根据国标 GB/Z 18620—2008《圆柱齿柱检验实施规范》和国标 GB/T 10095—2008《渐开线圆柱齿轮　精度》,在齿轮传动中,影响运动准确性的误差项目共有五项。

**1. 切向综合总偏差 $F'_i$**

1) 定义

切向综合总偏差 $F'_i$ 是指被测齿轮与标准齿轮单面啮合时,被测齿轮一转内,齿轮分度圆上实际转角与理论转角的最大差值,如图 9.14 所示,以分度圆弧长计值。$F'_i$ 反映了齿轮的运动误差,它说明齿轮的运动是不均匀的,在一转过程中其速度忽快忽慢,周期性地变化。引起 $F'_i$ 的原因包括几何偏心、运动偏心和各种短周期误差等。

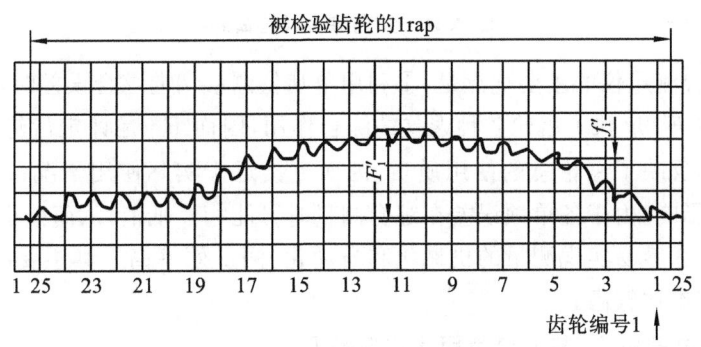

**图 9.14　切向综合总偏差曲线**

2) 测量

$F'_i$ 可以用单面啮合综合测量仪测量,如图 9.15 所示。由电动机通过传动系统带动标准蜗杆(也可用标准齿轮)和圆光栅盘Ⅰ转动,而标准蜗杆又带动被测齿轮及其同轴的圆光栅盘Ⅱ转动,圆光栅盘Ⅰ和Ⅱ分别通过信号发生器Ⅰ和Ⅱ将标准蜗杆和被测齿轮的角位移变成电信号 $f_1$ 和 $f_2$,并根据标准蜗杆头数 $k$ 及被测齿轮的齿数 $z$ 通过分频器进行分频,使两个圆光栅盘发出的脉冲信号变成同频信号,将这两列同频信号输入比相器进行比较。当被测齿轮有误差时,将引起被测齿轮转角误差,此微小的转角误差将变为两列电信号的相位差,经比相器输出,通过记录器记录在与被测齿轮同步旋转的圆形记录纸上,如图 9.16(a) 所示,或记录在与被测齿轮分度圆切线方向同步移动的长记录纸上,如图 9.16(b)所示,得出被测齿轮的 $F'_i$ 曲线。

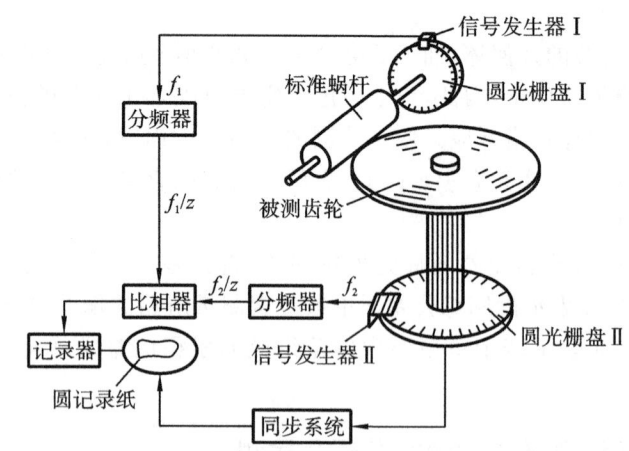

图 9.15 光栅式单面啮合综合测量仪原理图

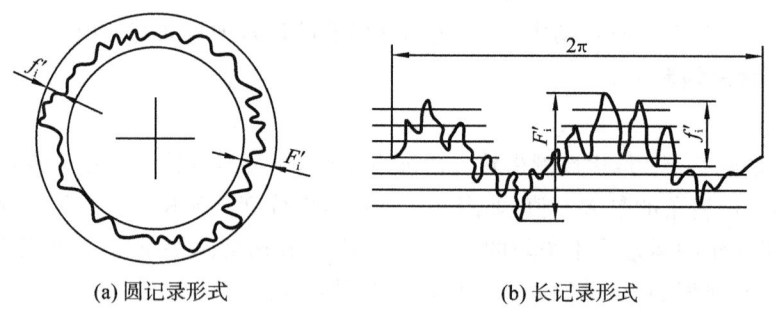

(a) 圆记录形式        (b) 长记录形式

图 9.16 切向综合误差曲线

单面啮合综合测量仪的主要优点是:①利用单啮仪测量切向综合误差时,被测齿轮近似于工作状态,测得的 $F'_i$ 反映了齿轮各种误差的综合作用,因而 $F'_i$ 是评定齿轮传递运动准确性较为完善的指标,反映了齿轮总的使用质量,因而更接近于实际使用情况;②$F'_i$ 反映的是各单项误差综合的影响,由于各单项误差在综合测量时可能相互抵消,从而减小了把合格产品当做废品的可能性;③容易实现测量的机械化和自动化,测量效率高。其主要缺点是:制造精度要求很高,价格成本比较高。

**2. 齿距累积总偏差 $F_p$ 与 $k$ 个齿距累积偏差 $F_{pk}$**

1)定义

齿距累积总偏差 $F_p$ 是指在齿轮同侧齿面任意弧段($k=1$ 至 $k=z$)内的最大齿距累积偏差,它表示为齿距累积偏差曲线的总幅值,如图 9.17 所示。

对某些齿数较多的齿轮来说,为了控制齿轮的局部累积偏差和提高测量效率,可以测量 $k$ 个齿距累积偏差 $F_{pk}$。$F_{pk}$ 是指任意 $k$ 个齿距的实际弧长与理论弧长的代数差,如图 9.18 所示。理论上它等于这 $k$ 个齿距的单个齿距偏差的代数和。除另有规定外,$F_{pk}$ 值被限定在不大于 $1/8$ 的圆周上评定,因此,$F_{pk}$ 的允许值适用于齿距数 $k$ 为 2 到小于 $z/8$ 的整数($z$ 为齿轮的齿数)。通常,测量时,$F_{pk}$ 取测量齿数 $k=z/8$ 就足够了,$z$ 是齿轮齿数。

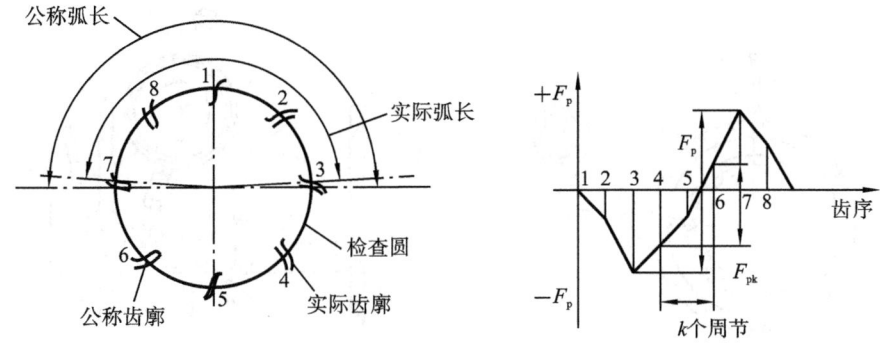

**图 9.17　齿距累积总偏差与 $k$ 个齿距累积偏差**

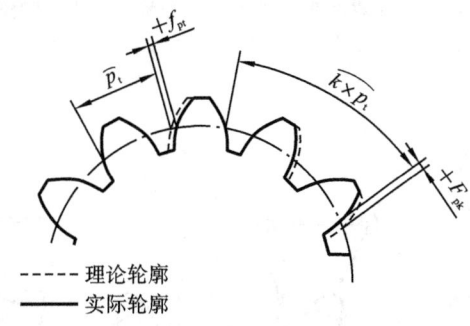

**图 9.18　单个齿距偏差与齿距累积偏差**

2）$F_p$（$F_{pk}$）产生的原因

$F_p$（$F_{pk}$）主要是由滚切齿形过程中的几何偏心（$e_几$）和运动偏心（$e_运$）所造成的。$e_几$ 和 $e_运$ 都是近似按正弦规律变化，在误差合成过程中由于两者初相角的差异可能相互叠加，也可能相互抵消。所以 $F_p$（$F_{pk}$）能较好地综合反映齿轮误差。但由于测量时是沿所取分度圆圆周上若干齿（一般与齿数 $z$ 相等）测量的，测量结果是一条折线，故 $F_p$（$F_{pk}$）只能说明有限点运动误差情况，而不能反映两点之间传动比变化，所以它近似地反映齿轮运动误差。

$F'_i$ 和 $F_p$（$F_{pk}$）均能较全面反映齿轮一转的转角误差，是评价齿轮运动精度高低的综合性评定指标，但两者又有差别，$F_p$（或 $F_{pk}$）不如 $F'_i$ 反映全面。

3）$F_p$ 的测量

$F_p$ 的测量方法通常有相对测量法和绝对测量法两种，其中以相对测量法应用最广。如图 9.19（a）所示，绝对测量法是利用一个精密分度和定位装置准确控制被测齿轮，每次转过一个或 $k$ 个齿距角，测量其实际转角与理想转角之差（以测量圆弧长计），即可测得齿距累积总误差（$F_p$）和 $k$ 个齿距累积偏差（$F_{pk}$）。相对测量法一般使用双测头测量仪器。所谓双测头，一般是指一个为活动测量头，另一个为固定测量头，但也可以两个均为活动测量头。如图 9.19（b）所示，测量仪器上有三个定位爪，用以支承仪器，测量时调整定位爪的相对位置，使测量头能在分度圆附近与齿面接触。两测量头中一个是可调整位置（按被测齿轮模数）的固定测头，另一个是与千分表相连的活动测头。测量前将仪器调整到零位，然后逐齿测量，测量时双手轻轻地推动仪器，当定位爪定好位、两测量头与齿面接触后，即可从千分表读取其余各齿距相对于基准的偏差，最后通过数据处理求出齿距累积总误差 $F_p$ 和 $k$ 个齿距累积偏差 $F_{pk}$。根据定位基准的不同，相对法又可分为以齿根定位、齿顶定位和内孔定位等三种，如图 9.20 所示。

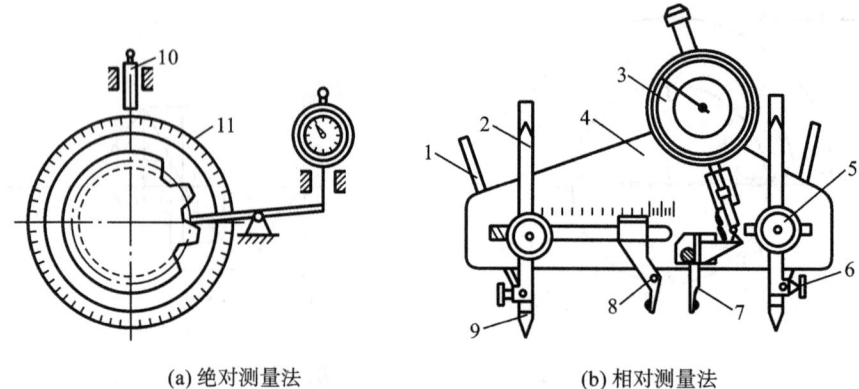

(a) 绝对测量法　　　　　　　　　　(b) 相对测量法

**图 9.19　齿距累积总偏差的绝对测量法和相对测量法**

1—支架；2—定位支脚；3—指示表；4—主体；5—固定螺母；6—固定螺钉；7—活动量爪；

8—固定量爪；9—定位支脚；10—显微镜；11—分度盘

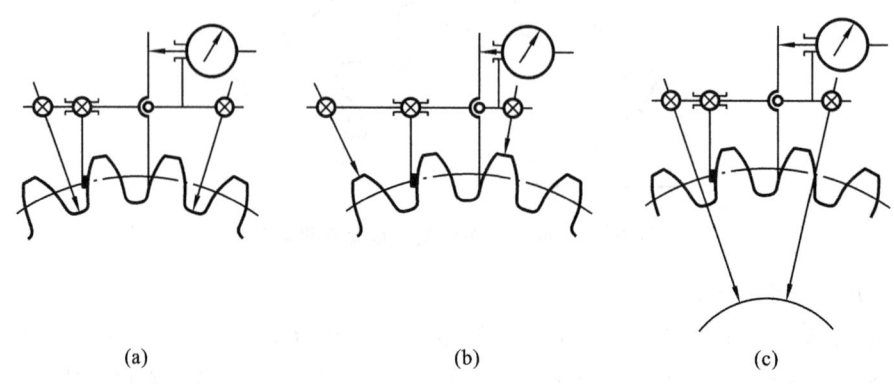

(a)　　　　　　　　　　(b)　　　　　　　　　　(c)

**图 9.20　三种定位方式**

定位方式不同，所使用的测量仪器也不同。目前用齿根和齿顶定位的测量仪器主要是齿距仪，用齿轮孔定位的仪器主要是万能测齿仪。由于齿距仪是手提式的，容易产生人为的测量误差，所以它仅适合于测量 7 级及 7 级以下精度的大模数大直径齿轮。万能测齿仪可用于测量 4～7 级精度的齿轮。万能测齿仪的工作原理如图 9.21 所示，以内孔或顶尖孔为定位基准，图中部件 1 是活动量脚，它与指示表 4 相连接，部件 2 是固定量脚。被测齿轮在重锤 3 作用下靠在量脚 2 上。测量时先按任一齿距调整量脚 1、2 的距离，使量脚 1、2 在分度圆附近与相邻同名齿廓接触，将指示表调整到零位，作为测量基准，然后沿整个齿圈依次测出其他实际齿距与作为基准的齿距的差值，测得的数据可用计算法或图解法处理。

采用绝对法测量齿距累积误差 $F_p$ 是用精密分度、定位装置准确控制被测齿轮每次转过 1 个或 $k$ 个齿距，测取实际转角与理论转角之差（以弧长计），即可测得齿距累积误差和齿距偏差。绝对法测量比较精确可靠，但需用精密的分度装置和定位装置。

**3. 齿轮径向跳动 $F_r$**

1）定义

齿圈径向跳动 $F_r$ 是指测头（为球形、圆柱形、梯形等形状）相继置于每个齿槽内时，测头到齿轮轴心线的最大和最小径向距离之差。检查中，测头在近似齿高中部与左、右齿面接触，如图 9.22 所示。

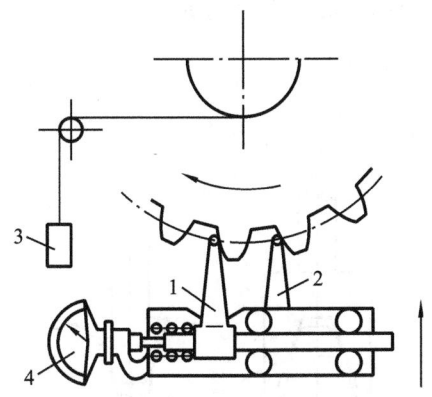

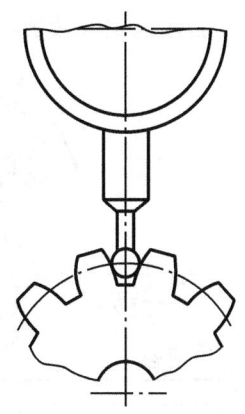

**图 9.21 万能测齿仪的工作原理图**

1—活动量脚；2—固定量脚；3—重锤；4—指示表

**图 9.22 齿圈径向跳动的测量**

2）$F_r$ 产生的原因

$F_r$ 是由几何偏心 $e_几$ 引起的，而几何偏心可能是在齿轮加工中产生的，也可能是在齿轮装配时产生的，如图 9.23（a）所示。齿坯孔 $O$ 与心轴中心 $O'$ 之间有间隙，所以孔中心 $O$ 可能与切齿时的回转中心 $O'$ 不重合，而有一个几何偏心 $e_几$。在切齿过程中，刀具至回转中心 $O'$ 的距离始终保持不变，因而切出的齿圈就以 $O'$ 为中心均匀分布。当齿轮装配在轴上工作时，是以孔中心 $O$ 为回转中心，由于 $e_几$ 存在，所以在齿轮转动时，从齿圈到孔中心 $O$ 的距离不等，从而产生齿圈径向跳动误差 $F_r$。齿圈径向跳动误差 $F_r$ 是按正弦规律变化的，如图 9.23（b）所示。它以齿轮一转为一个周期，属于长周期误差。若忽略其他误差的影响，则 $F_r = 2e_几$。由 $e_几$ 引起的误差是沿着齿轮径向方向产生的，属径向误差。

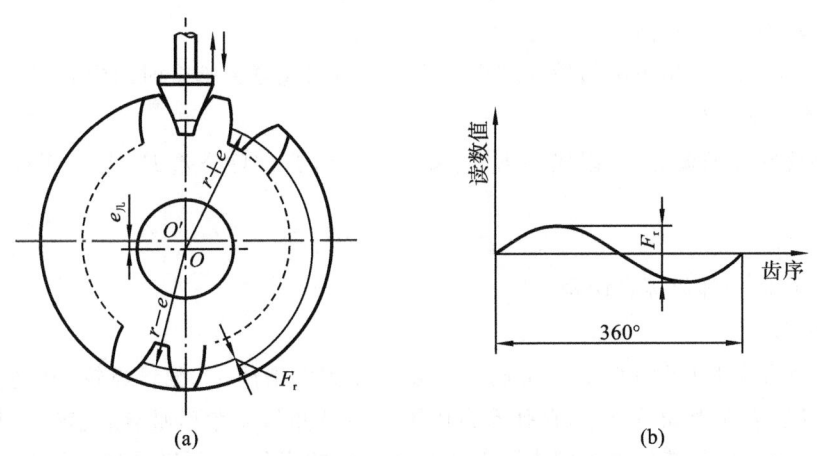

**图 9.23 几何偏心 $e_几$ 产生 $F_r$**

假如齿轮加工时无误差，但加工好的齿轮安装在轴上时，若齿轮孔与传动轴有间隙，其对齿轮传动准确性的影响与几何偏心 $e_几$ 产生的影响是相同的。

3）$F_r$ 的测量

$F_r$ 可在齿圈径向跳动检查仪、万能测齿仪或普通偏摆检查仪上用小圆棒和百分表测量。普通偏摆检查仪测量方法如图 9.24 所示。把测量头（可采用球形或锥形的）或圆棒放在齿间，对于采用标准齿轮，球形测头的直径 $d_p$ 可取为 $1.68\,m$（$m$ 为齿轮模数），依次逐齿测量。在齿轮一转中指示表最大读数与最小读数之差就是被测齿轮的齿圈径向跳动 $F_r$。

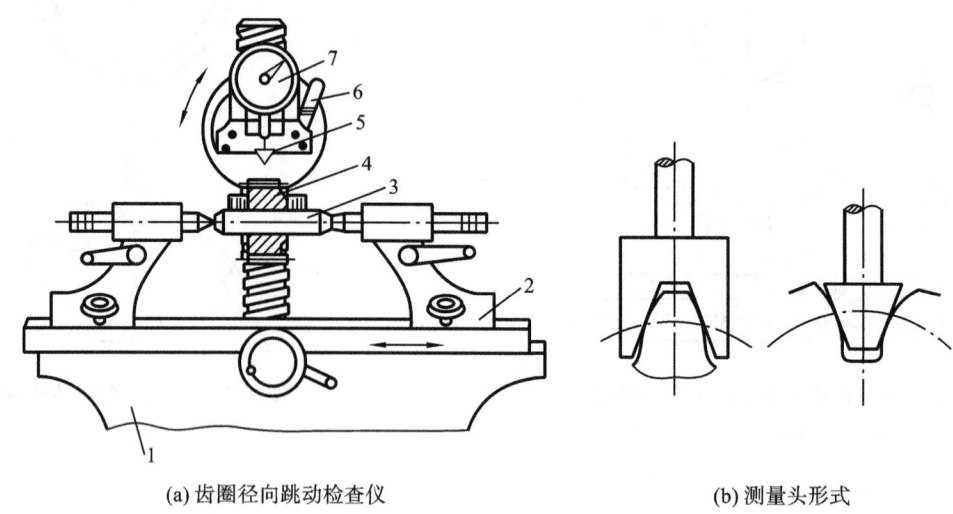

(a) 齿圈径向跳动检查仪　　　　　　　　　　(b) 测量头形式

**图 9.24　齿圈径向跳动的测量**

1—底座;2—顶尖座;3—心轴;4—被测齿轮;5—测量头;6—指示表提升手柄;7—指示表

#### 4. 径向综合总偏差 $F''_i$

1) 定义

径向综合总偏差 $F''_i$ 是径向(双面)综合检验时,被测齿轮的左右齿面同时与理想精确的测量齿轮接触,并转过一整圈时出现的中心距最大值和最小值之差,即

$$F''_i = E_{amax} - E_{amin} \tag{9.1}$$

式中:$E_{amax}$ 为双啮最大中心距;$E_{amin}$ 为双啮最小中心距。

双啮中心距($E_a$)是指被测齿轮与理想精确的测量齿轮紧密啮合时的中心距。

2) $F''_i$ 产生的原因

$F''_i$ 主要反映几何偏心,可以代替 $F_r$ 的检查。径向综合总公差 $F''_i$ 与齿圈径向跳动公差 $F_r$ 的关系是

$$F''_i = F_r + f''_i \tag{9.2}$$

式中:$f''_i$——径向相邻齿综合误差。

3) $F''_i$ 的测量

$F''_i$ 用双啮仪测量(见图 9.25),被测齿轮安装在固定滑座上,测量齿轮(其精度比被测量齿轮高 3~4 级)装在浮动滑座上,在弹簧力作用下与被测齿轮紧密啮合,旋转被测齿轮,此时齿圈偏心、齿形误差、基节偏差等因素引起双啮中心距的变化,使浮动滑座产生位移,由自动记录装置根据此位移量画出误差曲线,如图 9.25(b)所示。在被测齿轮一转中,双啮中心距最大变动量就是 $F''_i$。

由此可见,$F''_i$ 是评定齿轮传递运动准确性一项较好的综合性指标。用双啮仪测量齿轮的径向综合总偏差 $F''_i$ 的优点是操作方便,测量效率高,在成批生产和大量生产中普遍被采用。但这种测量方法也有缺点,由于测量时被测齿轮齿面是与理想精确齿轮啮合,与实际工作状态不相符合。由于 $F''_i$ 只能反映齿轮的径向误差,而不能反映切向误差,故 $F''_i$ 并不能用来确切地和充分地表示齿轮的运动精度。

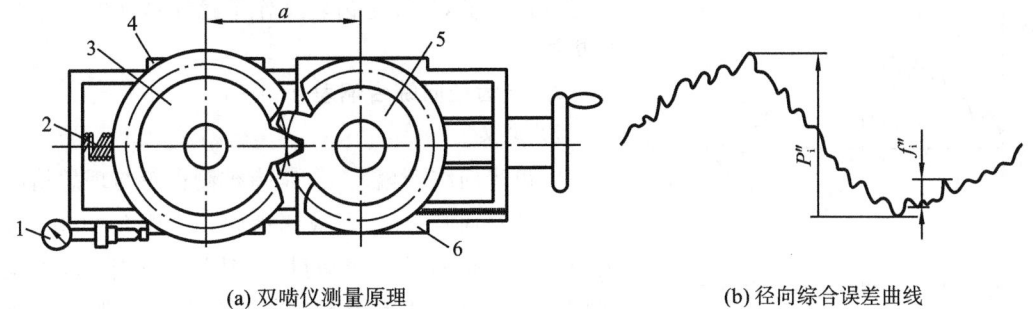

(a) 双啮仪测量原理　　　　　　　　　　(b) 径向综合误差曲线

**图 9.25　双面啮合仪测量 $F_i''$**

1—指示表；2—弹簧；3—测量齿轮；4—滑动溜板；5—被测齿轮；6—固定溜板

### 9.3.2　传动平稳性的评定指标及检测

齿轮在工作时，如果只有长周期误差，其误差曲线如图 9.26(a)所示，此时，虽然运动不均匀，但齿轮在工作速度不高时，其传动还是比较平稳的。如果只有短周期误差，其误差曲线如图 9.26(b)所示，由于它在齿轮一转中多次重复出现，将引起齿轮瞬时传动比的急剧变化，使齿轮传动不平稳。在高速传动中，将发生冲击，产生噪声与振动，所以对短周期误差必须加以控制。

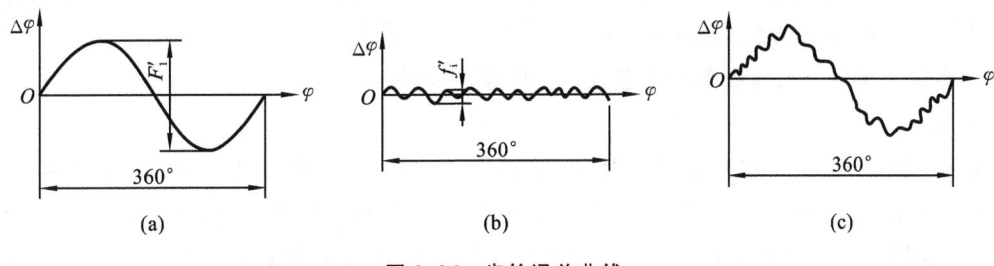

**图 9.26　齿轮误差曲线**

在实际工作中，齿轮运动误差是一条复杂的周期函数，如图 9.26(c)所示，此曲线是长、短周期误差曲线叠加而成。影响齿轮传动平稳性的误差项目主要有以下五项。

**1. 一齿切向综合偏差 $f_i'$**

1) 定义

一齿切向综合偏差 $f_i'$ 是指被测齿轮与理想精确的测量齿轮单面啮合检验时，一个齿距内的切向综合偏差(见图 9.14)，以分度圆弧长计。

2) $f_i'$ 的产生原因

刀具的制造和安装误差、机床传动链的短周期误差(主要是分度蜗杆齿侧面的跳动及其蜗杆本身的制造误差)是造成一齿切向综合偏差的根源。$f_i'$ 反映的是高频误差(短周期误差)，将影响齿轮传动的平稳性。

3) $f_i'$ 的测量

一齿切向综合偏差 $f_i'$ 是采用单啮仪测量的。它是切向综合总偏差曲线上(见图 9.14)小波纹中幅值最大的那一段所代表的误差，它综合反映了由刀具制造误差和安装误差，以及机床分度蜗杆制造误差和安装误差等所造成的齿轮各种短周期偏差，因而能充分地表明齿轮工作

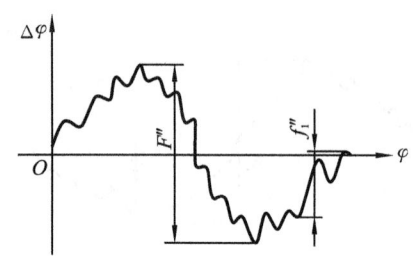

**图 9.27　一齿径向综合偏差 $f''_i$**

平稳性的高低,是评定齿轮工作平稳性精度的一项综合性指标。

**2. 一齿径向综合偏差 $f''_i$**

1) 定义

一齿径向综合偏差 $f''_i$ 是指被测齿轮与理想精确的测量齿轮双面啮合时,在被测齿轮一齿距角($360°/z$)内的双啮中心距的最大变动量。如图 9.27 所示,也就是径向综合误差曲线上小波纹中幅值最大的那一段所代表的误差。

2) $f''_i$ 产生的原因

一齿径向综合偏差 $f''_i$ 产生的原因与一齿切向综合偏差 $f'_i$ 产生的原因基本相同。它主要是由刀具制造误差和安装误差(如齿距偏差、齿形偏差及偏心等)所造成。

3) $f''_i$ 的测量

一齿径向综合偏差 $f''_i$ 是采用双啮仪测量的。当测量啮合角与加工啮合角相等($\alpha_{测}=\alpha_{加工}$)时,$f''_i$ 只反映刀具制造和安装误差引起的径向误差,而不能反映机床传动链短周期误差引起的周期切向误差。当 $\alpha_{测}\neq\alpha_{加工}$ 时,则 $f''_i$ 除包含径向误差外,还反映部分周期误差。因此用一齿径向综合偏差 $f''_i$ 评定齿轮传动的平稳性不如用一齿切向综合偏差 $f'_i$ 评定好,但由于双啮仪结构简单,操作方便,在成批生产中 $f''_i$ 仍被广泛采用。

**3. 齿廓总偏差 $F_\alpha$、齿廓形状偏差 $f_{f\alpha}$、齿廓倾斜偏差 $f_{H\alpha}$**

1) 定义

齿廓总偏差 $F_\alpha$ 是指在计算范围内,包容实际齿廓迹线的两条设计齿廓迹线间的距离。如图 9.28(a)所示。齿廓形状偏差 $f_{f\alpha}$ 是指在计算范围内,包容实际齿廓迹线的两条与平均齿廓迹线完全相同的曲线间的距离,且两条曲线与平均齿廓迹线的距离为常数,如图 9.28(b)所示。齿廓倾斜偏差 $f_{H\alpha}$ 是指在计值范围内的两端与平均齿廓迹线相交的两条设计齿廓迹线间的距离,如图 9.28(c)所示。

2) 齿廓偏差产生的原因

齿廓偏差产生的原因有以下几种:①刀具的制造误差(如刀具齿形误差和齿形角误差等)和刀具安装误差(如滚刀在刀杆上的安装偏心及倾斜等);②机床传动链误差;③刀具的轴向窜动;④工艺系统(含机床、刀具、夹具和工件组成的系统等)的振动。

从齿轮啮合原理可知,当齿轮具有正确的渐开线齿廓时,一对齿轮啮合过程中任一瞬间的接触点(啮合点)$K$ 必在啮合线上,如图 9.29 所示。而啮合线就是两基圆的公切线,亦即齿廓的公法线。啮合线与齿轮中心线交点即为节点 $P$。齿轮瞬间的传动比与节点所分的中心线两线段成反比。所以具有理论渐开线的齿轮,每一瞬间传动比是个定值。当齿廓有误差时(见图 9.30),实际接触点 $a'$ 在啮合线上,此时过点 $a'$ 所作齿轮公法线必定不相交于点 $P$,而交于另一点,所以破坏了瞬间传动比的关系,从而影响齿轮传动的平稳性。

3) 齿廓偏差的测量

齿廓偏差的测量方法有展成法、坐标法和啮合法三种,详细内容介绍如下。

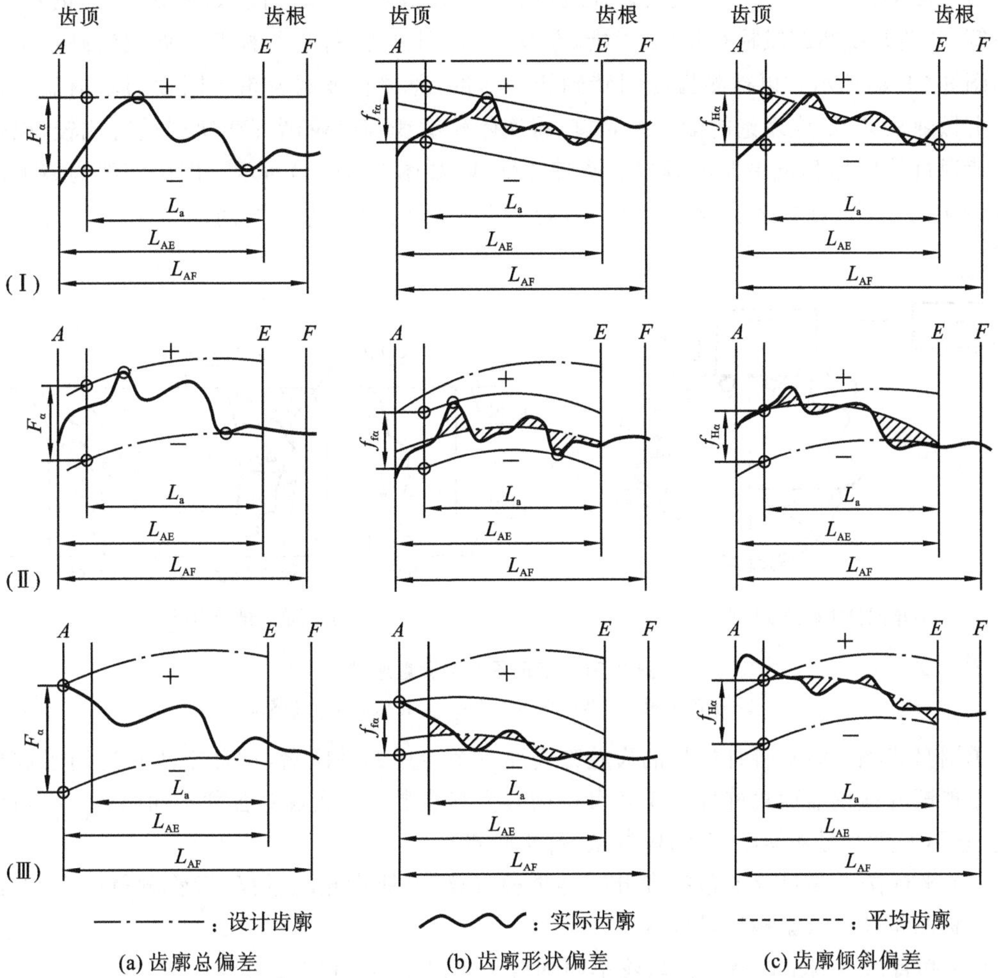

图 9.28　齿廓偏差

—·—·—·— : 设计齿廓　　　　～～～～ : 实际齿廓　　　- - - - - - - : 平均齿廓

(a) 齿廓总偏差　　　　　　(b) 齿廓形状偏差　　　　　　(c) 齿廓倾斜偏差

（Ⅰ）设计齿廓—修形的渐开线，实际齿廓—在减薄区内具有偏向体内的负偏差

（Ⅱ）设计齿廓—修形的渐开线（举例），实际齿廓—在减薄区内具有偏向体内的负偏差

（Ⅲ）设计齿廓—修形的渐开线（举例），实际齿廓—在减薄区内具有偏向体外的正偏差

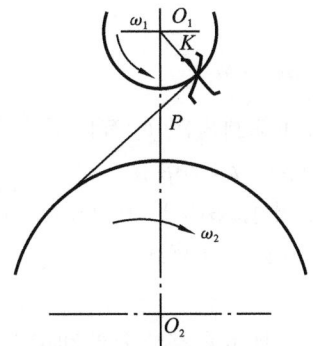

图 9.29　齿轮正确啮合

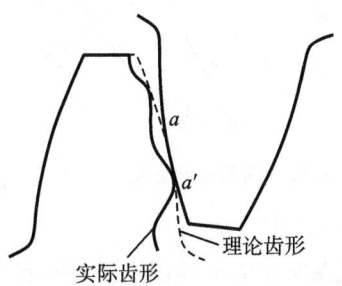

图 9.30　齿形有偏差时啮合情况

（1）展成法　展成法用单盘式渐开线检查仪、万能渐开线检查仪（如圆盘杠杆、正弦杠杆、靠模等）和渐开线螺旋线检查仪（如万能、单盘、分级圆盘等）等进行检测。展成法测量工作原理如图 9.31（a）所示。以被测齿轮回转轴线为基准，通过和被测齿轮 1 同轴的基圆盘 2 在直尺 3 上做纯滚动，形成理论的渐开线轨迹，将实际轮廓线与理论渐开线轨迹进行比较，根据所得差值通过传感器和记录器 4 画出齿廓偏差曲线，如图 9.31（b）所示。图中实线为齿形误差的测量记录图形，点画线为设计齿形，包容实际齿形的两条虚线之间的距离就是齿廓总偏差 $F_\alpha$。

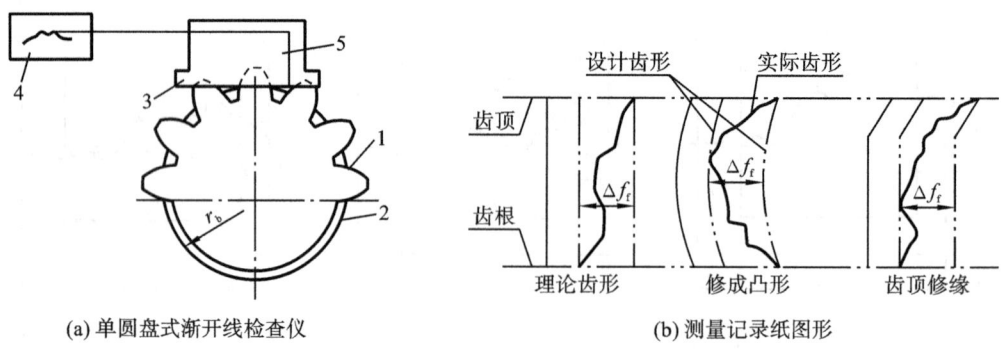

（a）单圆盘式渐开线检查仪　　　　　　（b）测量记录纸图形

**图 9.31　齿形展成法测量原理**

1—被测齿轮；2—基圆盘；3—直尺；4—记录器；5—传感器

单圆盘式测量时对各种规格的齿轮都需要一个专用的基圆盘，这种方法只适用于成批生产。万能渐开线仪器通过杠杆或正弦尺机构改变基圆半径来实现对各种不同基圆半径齿轮的测量，它不需要专用基圆盘，但结构复杂，价格较贵。

（2）坐标法　测量仪器包括渐开线样板检查仪、万能齿轮测量仪、齿轮测量中心、上置式直角坐标测量仪以及坐标测量仪等。

（3）啮合法　测量仪器包括齿轮单面啮合整体误差测量仪等。

**4. 基节偏差 $f_{pb}$**

1）定义

齿轮端面基圆齿距 $p_{bt}$ 等于两相邻同侧齿面端面齿廓间公法线长度，也等于两相邻同侧渐开线齿廓间基圆圆弧长度，如图 9.32 所示。其计算公式为

$$p_{bt} = d_h \frac{\pi}{z} \tag{9.3}$$

法向基节 $p_{bn}$ 和端面基圆齿距 $p_{bt}$ 有以下关系：

$$p_{bn} = p_{bt}\cos\beta_h \tag{9.4}$$

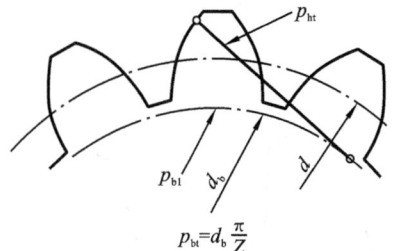

**图 9.32　端面基圆齿距 $p_{bt}$**

关于基节偏差 $f_{pb}$，国标 GB/T 10095.1—2008 未规定其定义，也未给其极限偏差计算式。

2）$f_{pb}$ 产生的原因

造成基节偏差的原因主要是切齿刀具的制造误差，包括刀具本身基节偏差和齿形角误差。齿轮工作时，要实现正确的啮合传动，主动轮与从动轮的基节必须相等，即

$$t_{j1} = t_{j2} \tag{9.5}$$

式中：$t_{j1}$——主动轮基节；$t_{j2}$——从动轮基节。

但齿轮存在基节偏差 $f_{pb}$，使主、从动轮基节不相等，即 $t_{j1} \neq t_{j2}$。基节不等的一对齿轮在啮合过渡的一瞬间发生冲击，如图 9.33 所示。

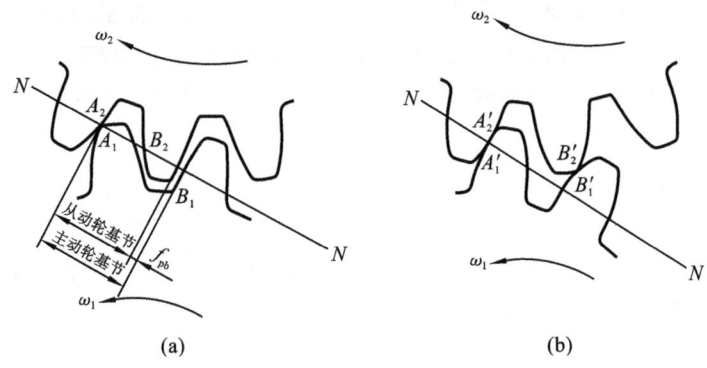

图 9.33　基节偏差对齿轮传动工作平稳性的影响

（1）当 $t_{j1} > t_{j2}$ 时　如图 9.33(a)所示，第一对齿在 $A_1$、$A_2$ 点啮合终止时，第二对齿 $B_1$、$B_2$ 尚未进入啮合。此时，$A_1$ 的齿顶将沿着 $A_2$ 的齿根"刮行"（称齿刃啮合），发生啮合线外的啮合，使从动轮突然降速，第二对齿 $B_1$、$B_2$ 进入啮合时，又使从动轮突然加速。这样就引起冲击、振动和噪声，使传动不平稳。

（2）当 $t_{j1} < t_{j2}$ 时　如图 9.33(b)所示，第一对齿在 $A'_1$、$A'_2$ 点的啮合尚未结束，第二对齿就已开始在 $B'_1$、$B'_2$ 点进入啮合，$B'_2$ 的齿顶反向撞击 $B'_1$ 的齿腹，使从动轮突然加速，强迫 $A'_1$ 和 $A'_2$ 脱离啮合。$B'_2$ 的齿顶在 $B'_1$ 的齿腹上"刮行"，同样产生顶刃啮合，直到 $B'_1$ 和 $B'_2$ 进入正常啮合，恢复正常转速为止。这种情况比前一种情况更坏，除有冲击、振动和噪声外，有时还会发生卡住和不能传动的现象。

上述两种情况在齿轮一转中多次重复出现，误差的频率等于齿数，称为齿频误差。这是影响传动平稳性的重要原因。

3）$f_{pb}$ 的测量

相啮合的齿轮各齿之间有效负荷的分配，要求两个齿轮的基节精度能得到充分的控制，在两个齿轮要求能互换时，这点就显得尤为重要。在这种情况下，一个重要的测量目标，就是确定用于与其他齿轮的平均基节相比较的那个齿轮的平均基圆齿距。法向基节的理论值是法向模数和法向压力角的函数，即

$$p_{bn} = m_n \pi \cos\alpha_n \tag{9.6}$$

通常用便携式比较仪来测量法向基节偏差，这种仪器的使用原理如图 9.34 所示，借助于一组合适的量块校准，可直接测量与理论基圆齿距的偏差。测量中，必须保证比较仪触头的接

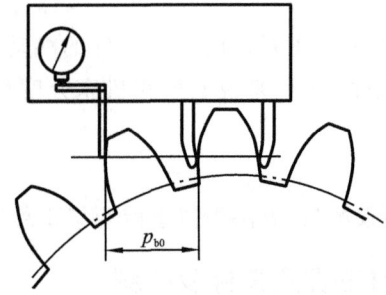

图 9.34　用便携式比较仪测量直齿轮基节偏差

触点不在齿廓或螺旋线的修形区域内。

基节偏差 $f_{pb}$ 还可用基节仪或万能测齿仪来测量。图 9.35 所示为用基节仪测量基节偏差 $f_{pb}$ 的原理图。测量时，先按被测齿轮基节的公称值组合量块，并按量块组尺寸调整相平行的活动量爪 1 与固定量爪 2 之间的距离，调整指示表到零位，然后将支脚 3 靠在轮齿上，令两个量爪在基圆切线与两相邻同侧齿面的交点接触，测量两点之间的直线距离，由指示表上读出基节偏差数值。

**5. 单个齿距偏差 $f_{pt}$**

1）定义

单个齿距偏差 $f_{pt}$ 是指在齿轮端截面上，在接近齿高中部的一个与齿轮轴线同心的圆上，实际齿距与理论齿距的代数差，如图 9.36 所示。

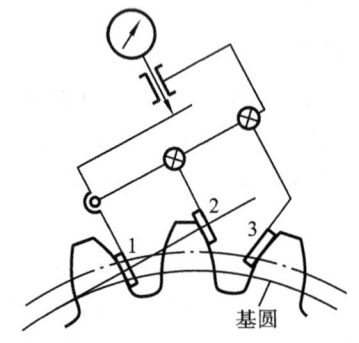

图 9.35　用基节仪测量基节偏差

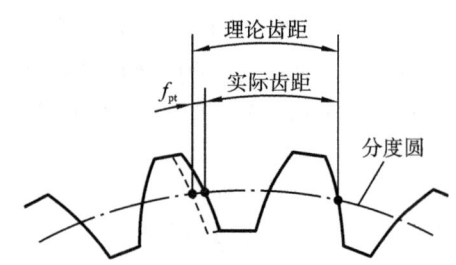

图 9.36　齿距偏差

在理论上，齿距 $p_t$ 与基节 $p_b$ 之间的关系如下：

$$p_b = p_t \cos\alpha \tag{9.7}$$

式中：$\alpha$——齿形角。

将上式微分得

$$\Delta p_b = \Delta p_t \sin\alpha \Delta\alpha \tag{9.8}$$

解得

$$\Delta p_t = \frac{\Delta p_b + \Delta\alpha \cdot p_t \sin\alpha}{\cos\alpha} \tag{9.9}$$

式中：$\Delta p_t$——齿距偏差，$\Delta p_b$——基节偏差，$\Delta\alpha$——齿形误差。

因此，式（9.11）表明齿距偏差在一定程度上反映了基节偏差和齿形误差的影响，所以可用齿距偏差来评定齿轮工作平稳性精度。

2）$f_{pt}$ 产生的原因

在滚齿加工中，单个齿距偏差 $f_{pt}$ 主要是由分度蜗杆的跳动引起的。在有些切齿工艺（如磨齿）中，可以通过测量单个齿距偏差 $f_{pt}$ 来说明齿轮机床分度盘的误差对切向相邻齿的一齿切向综合误差 $f'_i$ 的影响。

3）$f_{pt}$ 的测量

单个齿距偏差 $f_{pt}$ 采用齿距仪测量，方法类似于齿距累积总偏差 $F_p$ 的测量。

### 9.3.3　载荷分布均匀性的评定指标及检测

从理论上讲，一对轮齿在啮合过程中，由齿顶到齿根每一瞬间都是沿全齿宽接触的，如果不考虑弹性变形的影响,每一瞬间轮齿都是沿着一条直线进行接触的。对于直齿轮,这条接触线是平行于轴线的直线段 K—K,如图 9.37(a)所示。对于斜齿轮,某瞬间的接触线是一根在基圆柱的切平面上与基圆柱母线夹角为 $\beta_b$ 的直线 K—K,如图 9.37(b)所示。但实际上,由于齿轮的制造和安装误差,啮合齿并不是沿全齿宽及全齿高接触。就单个齿轮的制造误差而言:对于直齿轮,影响接触长度的是齿向误差,影响接触高度的是齿形误差;对于宽斜齿轮,影响接触长度的主要是螺旋线的误差,影响接触高度的是齿形误差和基节偏差。从评定齿轮载荷分布均匀性来看,一般对接触长度的要求高于对接触高度的要求,且影响接触高度的误差项目已在传动平稳性中得到控制,所以这里主要考虑影响接触长度的误差项目。

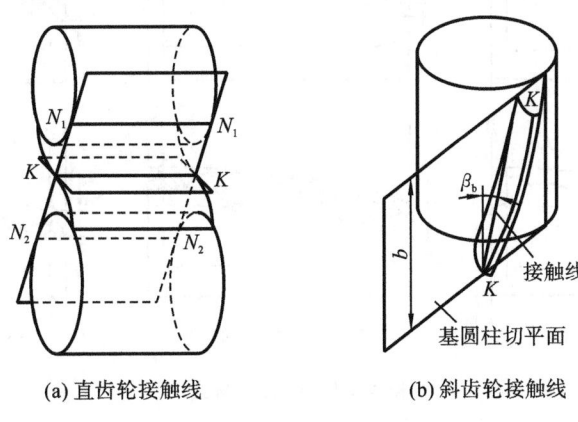

(a) 直齿轮接触线          (b) 斜齿轮接触线

**图 9.37　齿轮接触线**

**1. 螺旋线总偏差 $F_\beta$**

1) 定义

螺旋线总偏差 $F_\beta$ 是指在计值范围 $L_\beta$ 内,包容实际螺旋线迹线的两条设计螺旋线迹线间的距离,如图 9.38 所示。图中点画线为设计螺旋线,实线为实际螺旋线,虚线为平均螺旋线。其中图 9.38(a)所示为螺旋线总偏差 $F_\beta$;图 9.38(b)所示为螺旋线形状偏差 $F_{f\beta}$;图 9.38(c)所示为螺旋线倾斜偏差 $F_{H\beta}$。

2) $F_\beta$ 产生的原因

螺旋线总偏差产生的原因有:①机床刀架导轨方向相对于工作台回转中心线有倾斜误差;②齿坯安装时内孔与心轴不同轴或齿坯端面跳动量过大。对于斜齿轮,螺旋线总偏差还与机床差动传动链(附加传动)的调整误差有关。

3) $F_\beta$ 的测量

$F_\beta$ 的测量方法有展成法和坐标法两种方法。

展成法的测量仪器有单盘式渐开线螺旋线检查仪、分级圆盘式渐开线检查仪、杠杆圆盘式万能渐开线检查仪和导程仪等。其测量原理如图 9.39 所示。以被测齿轮回转轴线为基准,通过精密传动机构实现被测齿轮 1 回转和测头 2 沿轴向移动,以形成理论的螺旋线轨迹。将实际螺旋线与理论螺旋线轨迹进行比较,并将其差值输入记录器,绘出螺旋线偏差曲线,在该曲线上按偏差定义找出 $F_\beta$。

坐标法的测量仪器有螺旋线样板检查仪、齿轮测量中心和三坐标测量机等。测量原理为以被测齿轮回转轴线为基准,通过测量角度装置(如圆光栅、分度盘等)和测量长度装置(如长光栅、激光等)测量螺旋线的回转角度坐标和径向坐标,将被测螺旋线的实际坐标位置与理论

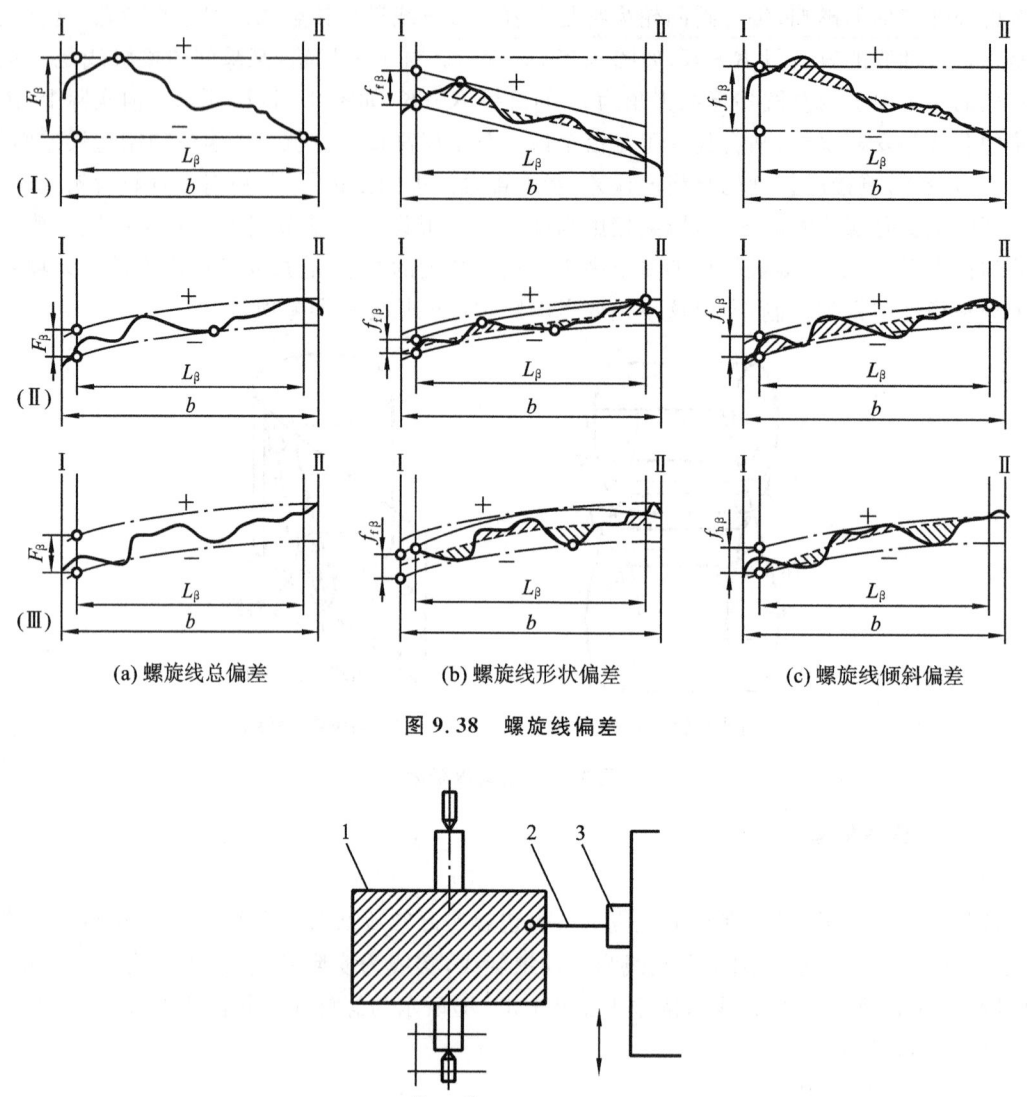

(a) 螺旋线总偏差　　　　　(b) 螺旋线形状偏差　　　　　(c) 螺旋线倾斜偏差

图 9.38　螺旋线偏差

图 9.39　用展成法测量 $F_\beta$ 原理

1—被测齿轮；2—测头；3—测头滑架

坐标位置进行比较,并将其差值输入记录器,绘出螺旋线偏差曲线,在该曲线上按偏差定义找出 $F_\beta$。

### 9.3.4　侧隙评定指标及检测

在齿轮加工误差中,影响齿轮副侧隙的误差主要是齿厚偏差和公法线平均长度偏差两项。

**1. 齿厚偏差 $E_{sn}$**

齿厚偏差 $E_{sn}$ 是指分度圆柱面上实际齿厚与公称齿厚之差(对于斜齿轮系指法向齿厚)。如图 9.40 所示。

为了获得齿轮副最小侧隙,必须将齿厚削薄,其最小削薄量(即齿厚允许的上偏差)可以通过计算求得。

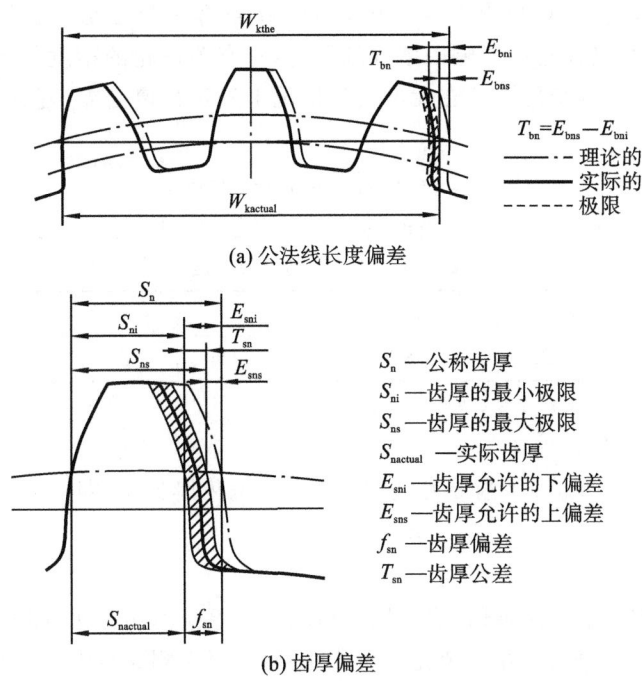

(a) 公法线长度偏差

$S_n$ —公称齿厚
$S_{ni}$ —齿厚的最小极限
$S_{ns}$ —齿厚的最大极限
$S_{nactual}$ —实际齿厚
$E_{sni}$ —齿厚允许的下偏差
$E_{sns}$ —齿厚允许的上偏差
$f_{sn}$ —齿厚偏差
$T_{sn}$ —齿厚公差

(b) 齿厚偏差

**图 9.40　公法线长度和齿厚的允许偏差**

1) 齿厚允许的上偏差 $E_{sns}$

齿厚允许的上偏差 $E_{sns}$ 除了最小侧隙外,还要考虑齿轮和齿轮副的加工安装误差。例如中心距的下偏差($-f_a$),轴线的平行度偏差($f_{\Sigma\beta}$、$f_{\Sigma\delta}$),负基节偏差($-f_{pb}$),螺旋线总偏差($F_\beta$)等,其关系式为

$$E_{sns1} + E_{sns2} = -2f_a\tan\alpha_n - \frac{j_{bn\,min} + J_n}{\cos\alpha_n} \tag{9.10}$$

式中:$E_{sns1}$、$E_{sns2}$——小、大齿轮允许的齿厚上偏差;$f_a$——中心距偏差;$J_n$——齿轮和齿轮副的加工和安装误差对侧隙减小的补偿量,可以表示为

$$J_n = \sqrt{f_{pb1}^2 + f_{pb2}^2 + 2(F_\beta\cos\alpha_n)^2 + (f_{\Sigma\delta}\sin\alpha_n)^2 + (f_{\Sigma\beta}\cos\alpha_n)^2} \tag{9.11}$$

式中:$f_{pb1}$、$f_{pb2}$——大、小齿轮的基节偏差;$f_\beta$——大、小齿轮的螺旋线总偏差;$f_{\Sigma\beta}$、$f_{\Sigma\delta}$——齿轮副轴线平行度偏差;$\alpha_n$——法向压力角。

求出两个齿轮齿厚允许的上偏差之和后,便可将此值分配给大齿轮和小齿轮。分配方法有等值分配和不等值分配两种。等值分配很简单,令 $E_{sns1} = E_{sns2} = E_{sns}$,则

$$E_{sns} = \frac{E_{sns1} + E_{sns2}}{2} = -f_a\tan\alpha_n - \frac{j_{bn\,min} + J_n}{2\cos\alpha_n} \tag{9.12}$$

采用不等值分配方法分配时可随意分配或按一定规律分配。无论如何分配,一般都要使小齿轮的减薄量小一些、大齿轮的减薄量大一些,从而使小齿轮的强度与大齿轮的强度匹配。在进行齿轮承载能力计算时,必须验证一下,看加工后的齿轮齿厚是否变薄,如果 $|E_{sni}/m_n| > 0.05$,在任何情况下变薄现象都会出现。

2) 法向齿厚公差 $T_{sn}$

法向齿厚公差的选择,基本上与齿轮的精度无关。在很多应用场合,允许用较大的齿厚公差或工作侧隙,这样做不会影响齿轮的性能和承载能力,却可以获得较经济的制造成本。不应

该采用很小的齿厚公差,这对制造成本有很大的影响,除非十分必要。如果出于工作运行的原因必须控制最大侧隙,则须对各影响因素仔细研究,对有关齿轮的精度等级、中心距公差和测量方法予以仔细规定。为帮助读者在无经验的情况下确定齿厚公差,建议按下式计算求得齿厚公差 $T_{sn}$:

$$T_{sn} = (\sqrt{F_r^2 + b_r^2}) \cdot 2\tan\alpha_n \tag{9.13}$$

式中: $F_r$——齿圈径向跳动; $b_r$——切齿时的径向进刀公差,可按表 9.1 选用。

**表 9.1　切齿径向进刀公差**

| 齿轮精度等级 | 4 | 5 | 6 | 7 | 8 | 9 |
|---|---|---|---|---|---|---|
| $b_r$ | 1.26 IT7 | IT8 | 1.26 IT8 | IT9 | 1.26 IT9 | IT10 |

注:查 IT 值可参照表 3.3,公称尺寸为分度圆直径尺寸。

3) 齿厚允许的下偏差 $E_{sni}$

齿厚允许的下偏差 $E_{sni}$ 等于齿厚允许的上偏差减去齿厚公差,即

$$E_{sni} = E_{sns} - T_{sn} \tag{9.14}$$

4) $E_{sni}$ 产生的原因

为了设计所要求的最小侧隙值,多采用将齿轮的齿厚减薄的方法,即相当于基准齿条作必要的径向位移。齿侧间隙只能在安装完成后才能测得,因为侧隙与中心距和齿厚偏差有关。

5) $E_{sni}$ 的测量

$E_{sni}$ 一般是用齿厚游标卡尺(见图 9.41(a))和光学齿厚卡尺(见图 9.41(b))测量。测量时应尽量使量爪与齿面在分度圆接触,因此,量仪上与齿顶接触的定位板位置应根据实际齿顶高误差值来调节。测得分度圆弦齿厚的实际值后,减去其公称值就得到分度圆弦齿厚的实际偏差。分度圆上公称弦齿高($\overline{h}_a$)与公称弦齿厚($\overline{S}$)分别为

$$\overline{h}_a = m\left[1 + \frac{z}{2}\left(1 - \cos\frac{\pi}{2z}\right)\right] \pm \Delta R_e \tag{9.15}$$

$$\overline{S} = m \cdot z \cdot \sin\frac{\pi}{2z} \tag{9.16}$$

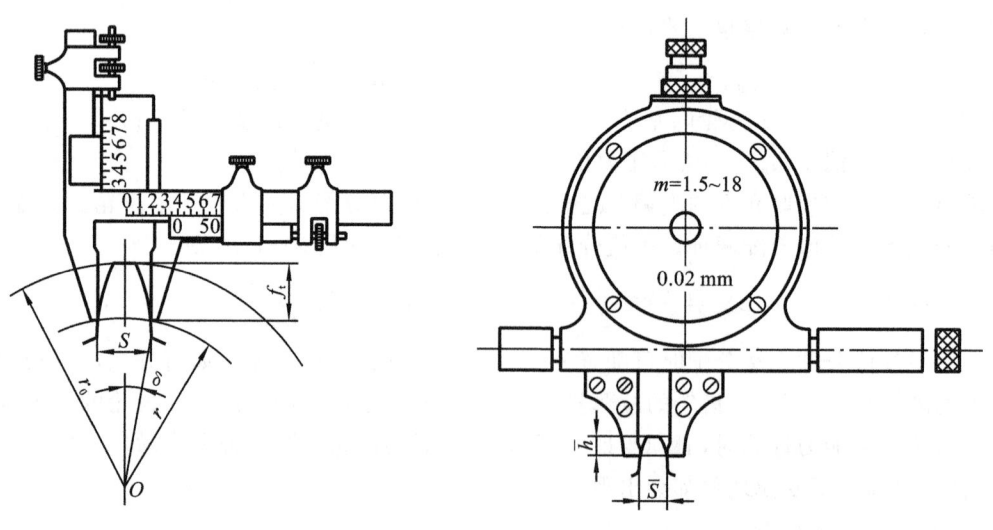

(a) 齿厚游标卡尺　　　　　　　　　　　　(b) 光学齿厚卡尺

**图 9.41　齿厚测量**

式中:$\Delta R_e$——齿顶圆半径的实际偏差,作为计算 $\overline{h}_a$ 的修正量;$z$——被测齿轮齿数;$m$——被测齿轮模数。

**2. 公法线平均长度偏差 $E_{wms}$ 和 $E_{wmi}$**

公法线 $W_k$ 的长度是在基圆柱切平面(公法线平面)上,跨 $k$ 个齿(对外齿轮)或 $k$ 个齿槽(对内齿轮),在接触到一个齿的右齿面和另一个齿的左齿面的两个平行平面之间测得的距离。

公法线平均长度公差 $T_{bn}$ 是指公法线变动量 $E_{bn}$ 的最大允许值,即

$$T_{bn} = \mid E_{wms} - E_{wmi} \mid \tag{9.17}$$

公法线长度 $W_k$ 等于若干个基节 $P_b$ 与一个基圆弧齿厚 $S_b$ 之和,如图 9.42 所示。

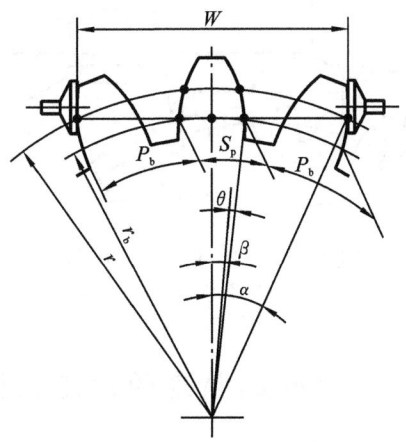

**图 9.42  直齿轮的公法线长度**

由于基节偏差主要取决于刀具,而刀具的制造精度明显高于工件的精度。所以齿轮基节偏差的数值比齿厚偏差的数值小得多。公法线平均长度偏差主要反映齿厚偏差,因而可用公法线平均长度偏差作为齿厚偏差的代用指标,它们关系如下:

$$E_{bns} = E_{sns}\cos\alpha_n - 0.72F_r\sin\alpha_n \tag{9.18}$$

$$E_{bni} = E_{sni}\cos\alpha_n - 0.72F_r\sin\alpha_n \tag{9.19}$$

式中:$F_r$——齿圈径向跳动。

公法线长度 $W_k$ 的公称值及跨齿数 $k$ 的计算公式为

$$W_k = m[1.476(2k-1) + 0.014z] \tag{9.20}$$

$$k = \frac{z}{9} + 0.5 \tag{9.21}$$

实际公法线长度测量除前面讲的使用公法线千分尺或游标卡尺外,还可用公法线长度指示卡规测量。如图 9.43 所示。图中固定量爪 3 紧固在开口弹性套筒 2 上,后者可沿空心杆 1 作轴向运动,以调节固定量爪 3 与活动量爪 4 之间距离。测量公法线平均长度偏差 $E_{bn}$ 时,可先按公法线长度公称值 $W$ 组合量块,让量爪 3、4 的测头与量块组接触,再将指示表指针对零,然后逐一测出公法线长度偏差 $F_{bi}$,取平均值,即

$$E_{bn} = \sum_{i=1}^{z} F_{bi}z \tag{9.22}$$

式中:$z$——被测齿轮齿数;$F_{bi}$——第 $i$ 次测量公法线长度偏差值。

测量公法线平均长度偏差与测量齿厚偏差不同,不受齿顶圆误差的影响,方法简便,因而被广泛应用。

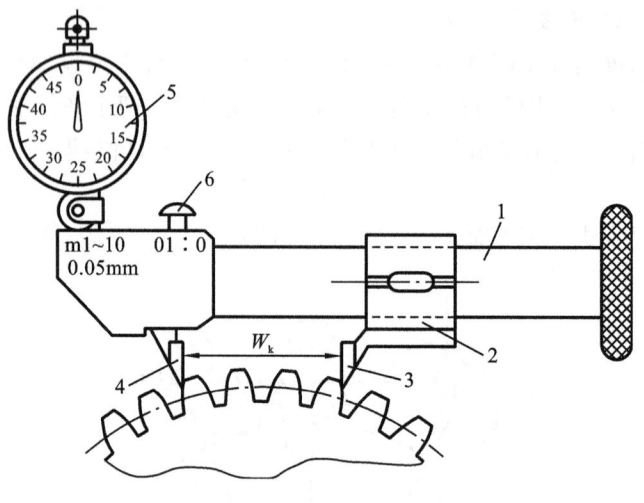

**图 9.43　公法线长度指示卡规**

1—卡规圆筒；2—套筒；3—固定卡脚；4—活动卡脚；5—千分表；6—拔销

## 9.4　齿轮副精度的评定指标

在齿轮传动中，由两个相互啮合的齿轮组成的基本机构称为齿轮副。影响齿轮副传动精度和侧隙的因素是多方面的。因此，要保证齿轮副的传动精度和具有合理的侧隙，除了控制单个齿轮的精度外，还必须控制齿轮副的精度。

### 9.4.1　齿轮副中心距极限偏差 $\pm f_{a}$

齿轮副中心距极限偏差 $\pm f_{a}$ 是指在齿轮副的齿宽中间平面内，实际中心距与公称中心距之差。公称中心距是在考虑了最小侧隙及两齿轮的齿顶和其相啮的非渐开线齿廓齿根部分的干涉后确定的。

在齿轮只是单向承载运转而不经常反转的情况下，最大侧隙的控制不是一个重要的考虑因素，此时中心距极限偏差 $\pm f_{a}$ 主要取决于齿轮啮合的重合度。

在控制运动用的齿轮中，对其侧隙必须加以控制，当齿轮上的负载常常反向时，对中心距偏差必须很仔细地考虑下列因素：①轴、箱体和轴承的偏斜；②由于箱体的偏差和轴承的间隙导致的齿轮轴线的不一致；③由于箱体的偏差和轴承的间隙导致的齿轮轴线的倾斜；④齿轮安装误差；⑤轴承跳动；⑥温度的影响（随箱体和齿轮零件间的温差、中心距和材料不同而变化）；⑦旋转件的离心伸胀；⑧其他因素（如润滑剂污染的允许程度及非金属齿轮材料的溶胀等）。当确定影响侧隙偏差的所有尺寸公差时，应该遵照国标 GB/Z 18620.2—2008 中关于齿厚公差和侧隙的推荐内容。

国标 GB/Z 18620.3—2008 未给出中心距极限偏差的允许偏差值，在生产中可类比某些成熟产品的技术资料，或参照表 9.2 确定。

**表 9.2　中心距极限偏差 $\pm f_a$**　　　　　　　　　　　　　　　　单位: $\mu m$

| 中心距 $a/mm$ | 齿轮精度等级 | |
|---|---|---|
| | 5、6 | 7、8 |
| ≥6～10 | 7.5 | 11 |
| >10～18 | 9 | 13.5 |
| >18～30 | 10.5 | 16.5 |
| >30～50 | 12.5 | 19.5 |
| >50～80 | 15 | 23 |
| >80～120 | 17.5 | 27 |
| >120～180 | 20 | 31.5 |
| >180～250 | 23 | 36 |
| >250～315 | 26 | 40.5 |
| >315～400 | 28.5 | 44.5 |
| >400～500 | 31.5 | 48.5 |

### 9.4.2　齿轮副中心线平行度偏差 $f_{\Sigma\delta}$、$f_{\Sigma\beta}$

如果一对啮合的圆柱齿轮的两条轴线不平行,形成了空间的异面(交叉)直线,则将影响齿轮的接触精度,因此必须加以控制,如图 9.44 所示。国标 GB/Z 18620.3—2008 规定了轴线平面内的 $X$ 方向平行度偏差 $f_{\Sigma\delta}$ 和轴线 $Y$ 方向平行度偏差 $f_{\Sigma\beta}$。

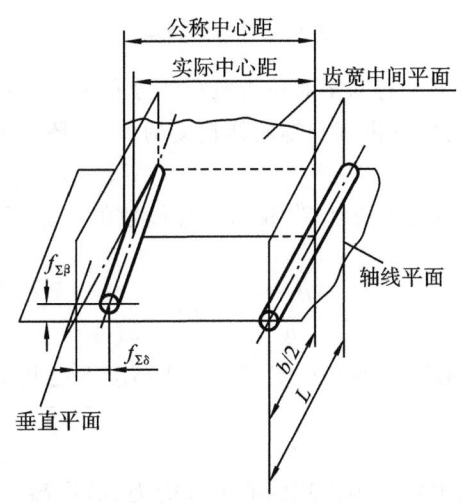

**图 9.44　轴线平行度误差**

轴线的 $X$ 方向平行度偏差 $f_{\Sigma\delta}$ 定义为一对齿轮的轴线在其基准平面上投影时,在齿宽的全长上测量的平行度误差。其允许范围则是轴线的 $X$ 方向的平行度公差。

轴线的 $Y$ 方向平行度偏差 $f_{\Sigma\beta}$ 定义为一对齿轮的轴线在垂直于基准平面,并且平行于基准轴线的平面上投影时的平行度误差,在等于齿宽的长度上测量。其允许范围则是轴线的 $Y$ 方向的平行度公差。

轴线平面内的平行度偏差 $f_{\Sigma\delta}$ 是在两轴线的公共平面上测量的;垂直平面上的平行度偏

差 $f_{\Sigma\beta}$ 是在与轴线公共平面相垂直平面上测量的。上述基准平面是指包含基准轴线,并通过由另一轴线与齿宽中间平面相交的点所形成的平面。两根轴线中任何一根轴线都可作为基准轴线。$f_{\Sigma\delta}$ 与 $f_{\Sigma\beta}$ 的最大推荐值为

$$f_{\Sigma\beta}=0.5\left(\frac{L}{b}\right)F_{\beta} \tag{9.23}$$

$$f_{\Sigma\delta}=2f_{\Sigma\beta} \tag{9.24}$$

式中:$L$——轴承跨距;$b$——齿宽。

### 9.4.3　齿轮副的接触斑点

齿轮在工作中,除上面分析的单个齿轮的加工误差外,齿轮副的误差项目也对齿轮传动的使用性能有影响。本节主要讨论齿轮的接触斑点(见国标 GB/Z 18620.4—2008)。

齿轮副的接触斑点是指装配(在箱体内或啮合试验台上)好的齿轮副,在轻微的制动下,旋转后齿面上的接触痕迹。接触斑点可以用沿齿高方向和沿齿长方向的百分数来表示,如图9.45所示。

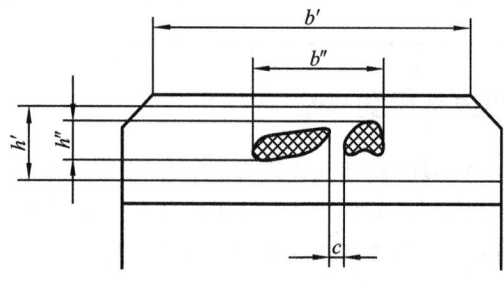

**图 9.45　接触斑点**

检验产品齿轮副的接触斑点有助于对轮齿载荷的分布进行评估。产品齿轮与测量齿轮的接触斑点,可用于装配后的齿轮的齿廓和螺旋线精度的评估,还可用来规定和控制齿轮轮齿在齿长方向的配合精度。

(1)沿齿长方向　接触痕迹的长度 $b''$(扣除超过模数值的断开部分 $c$)与工作长度 $b'$ 之比百分数,即

$$\frac{b''-c}{b'}\times100\%$$

(2)沿齿高方向　接触痕迹的平均高度 $h''$ 与工作高度 $h'$ 之比的百分数,即

$$\frac{h''}{h'}\times100\%$$

沿齿长方向的接触斑点主要影响齿轮副的承载能力,沿齿高方向的接触斑点主要影响齿轮副的工作平稳性。齿轮副的接触斑点综合反映了齿轮副的加工误差和安装误差,是评定齿轮接触精度的一项综合性指标。对接触斑点的要求应标注在齿轮传动装配图的技术要求中。

### 9.4.4　齿轮副侧隙

为保证齿轮润滑、补偿齿轮的制造误差、安装误差以及热变形等造成的误差,必须在非工作齿面留有侧隙。轮齿与配对齿间的配合相当于圆柱体孔、轴的配合,这里采用的是基中心距制,即在中心距一定的情况下改变齿厚(相当于轴)的公差带,从而形成大小不同的侧隙,以满

足不同的使用要求。

**1. 齿轮副侧隙表示方法**

借用光滑圆柱体公差与配合中基孔制的概念,国标采用基中心距制,即使传动中心距(相当于基准孔)公差带固定不变,而改变齿厚(相当于轴)的公差带,从而形成大小不同的侧隙。侧隙 $j$ 是指在一对装配好的齿轮副中,相啮合轮齿间的间隙,它是在节圆上齿槽宽度超过相啮合的轮齿齿厚的量。齿轮副按计量方向的不同,分为圆周侧隙 $j_{wt}$ 和法向侧隙 $j_{bn}$,如图 9.46 所示。圆周侧隙 $j_{wt}$ 是指安装好的齿轮副,当其中一个齿轮固定时,另一齿轮圆周的晃动量,以分度圆上弧长计值。法向侧隙 $j_{bn}$ 是指安装好的齿轮副,当工作齿面接触时,非工作齿面之间的最短距离。

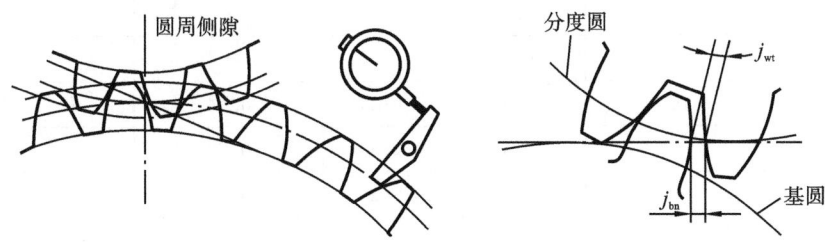

**图 9.46　齿轮副的圆周侧隙和法向侧隙**

测量法向侧隙 $j_{bn}$ 需在基圆切线方向,也就是在啮合线方向上测量,一般可以通过压铅丝方法测量,即齿轮啮合过程中在齿间放入一根铅丝,啮合后取出压扁了的铅丝测量其厚度。也可以用塞尺直接测量 $j_{bn}$。理论上 $j_{bn}$ 与 $j_{wt}$ 存在以下关系:

$$j_{bn} = j_{wt}\cos\alpha_{wt}\cos\beta_b \tag{9.25}$$

式中:$\alpha_{wt}$——端面工作压力角;$\beta_b$——基圆螺旋角。

**2. 最小侧隙 $j_{bn\ min}$ 的确定**

决定配合侧隙大小的齿轮副尺寸要素有:小齿轮的齿厚 $S_1$、大齿轮的齿厚 $S_2$ 和箱体孔的中心距 $a$。另外齿轮的配合也受到齿轮的形状和位置偏差以及轴线平行度的影响。所有相啮合的齿轮必定都存在侧隙,必须要保证非工作齿面不会相互接触。在一个齿轮啮合中,在齿轮传动中侧隙会随着速度、温度、负载等的变化而变化。在静态可测量的条件下,必须有足够的侧隙,以保证齿轮在承受负载运行于最不利的工作条件下时仍有足够的侧隙。齿轮正确啮合所需要的侧隙量与齿轮的大小、精度、安装和应用情况有关。

最小法向侧隙 $j_{bn\ min}$ 是当一个齿轮的轮齿以最大允许实效齿厚与一个也具有最大允许实效齿厚的相配齿以最紧的允许中心距相啮合时,在静态条件下存在的最小允许侧隙。这是设计者所提供的传统允许间隙,以考虑下列因素:①箱体、轴和轴承的偏斜;②由于箱体的偏差和轴承的间隙导致齿轮轴线的不对准;③由于箱体的偏差和轴承的间隙导致的齿轮轴线的歪斜;④安装误差,例如轴的偏心;⑤轴承径向跳动;⑥温度影响(箱体与齿轮零件的温度差、中心距和材料差异所致);⑦旋转零件的离心胀大;⑧其他(如由于润滑剂的污染以及非金属齿轮材料的溶胀等)。

如果上述因素均能很好地控制,则最小法向侧隙值可以很小,每一个因素均可用分析其公差来进行估计,然后计算出最小的要求量,在估计最小期望要求值时,也需要用根据经验判断,因为在最坏情况时的公差,不大可能都叠加起来。

对于采用钢铁金属材料齿轮和钢铁金属材料箱体的齿轮传动系统,工作时齿轮节圆线速

度小于 15 m/s,其箱体、轴和轴承都采用常用商业制造公差,最小法向侧隙 $j_{bn\,min}$ 可按下式计算

$$j_{bn\,min} = \frac{2}{3}(0.06 + 0.000\,5a + 0.03m_n) \tag{9.26}$$

式中:$a$——中心距;$m_n$——法向模数。

按上式计算可以得出如表 9.3 所示最小侧隙的推荐数据。

表 9.3 对于中、大模数齿轮最小侧隙 $j_{bn\,min}$ 的推荐数据(摘自 GB/Z 18620.2—2008)  单位:mm

| 模数 $m_n$ | 中心距 $a$ | | | | | |
| --- | --- | --- | --- | --- | --- | --- |
| | 50 | 100 | 200 | 400 | 800 | 1600 |
| 1.5 | 0.09 | 0.11 | — | — | — | — |
| 2 | 0.10 | 0.12 | 0.15 | — | — | — |
| 3 | 0.12 | 0.14 | 0.17 | 0.24 | — | — |
| 5 | — | 0.18 | 0.21 | 0.28 | — | — |
| 8 | — | 0.24 | 0.27 | 0.34 | 0.47 | — |
| 12 | — | — | 0.35 | 0.42 | 0.55 | — |
| 18 | — | — | — | 0.54 | 0.67 | 0.94 |

**3. 齿侧间隙的获得和检验项目**

如前所述,齿轮轮齿的配合采用基中心距制,在此前提下,齿侧间隙必须通过减薄齿厚来获得,由此还可以派生出通过控制公法线长度等来控制齿厚的方法。

(1)用齿厚极限偏差控制齿厚  为了获得最小法向侧隙 $j_{bn\,min}$,齿厚应保证有最小减薄量,它是由分度圆齿厚上偏差 $E_{sns}$ 形成的,如图 9.47 所示。

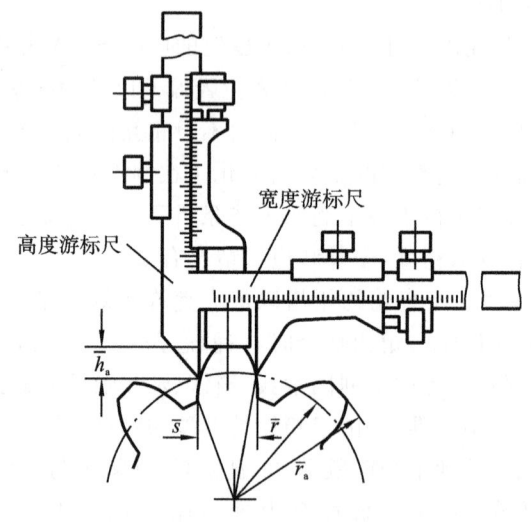

图 9.47 齿厚测量

对于 $E_{sns}$ 的确定,可以参考同类产品的设计经验或其他有关资料选取,当缺少此方面资料时可参考下述方法计算选取。当主动轮与被动轮齿厚都采用最小值即按照上偏差制造时,可获得最小法向侧隙 $j_{bn\,min}$。齿厚公差 $T_{sn}$ 大体上与齿轮精度无关,如对最大侧隙有要求时,就必须进行计算。齿厚公差的选择要适当,公差过小势必增加齿轮制造成本,公差过大会使侧隙加

大,使齿轮正反转空行程过大。

（2）用公法线平均长度偏差控制齿厚　齿轮齿厚的变化必然引起公法线长度的变化。通过测量公法线长度同样可以控制齿侧间隙。

## 9.5　渐开线圆柱齿轮精度标准及其应用

### 9.5.1　齿轮精度等级及选择

国标 GB/T 10095.1—2008《渐开线圆柱齿轮　精度　第 1 部分:轮齿同侧齿面偏差的定义和允许值》适用于平行轴传动的渐开线圆柱齿轮及其齿轮副,其法向模数 $70 \geqslant m_n \geqslant 0.5$ mm,分度圆直径 $10\,000 \geqslant d \geqslant 5$ mm,齿宽 $4 \leqslant B \leqslant 1\,000$ mm。GB/T 10095.1—2008 对渐开线圆柱齿轮的精度等级作出了新的规定。本节主要介绍齿轮精度等级及其选择、各项齿轮偏差数值的查用、根据生产情况合理选择齿轮误差的检验组的方法、如何合理确定齿轮副侧隙的评定指标及齿坯和箱体的精度,以及如何合理确定在齿轮零件图中各项要求的标注方法等内容。

**1. 精度等级**

国家标准对齿轮及齿轮副规定了 13 个精度等级,即 $0,1,2,\cdots,12$ 级,其中 0 级精度最高,12 级精度最低,5 级是制定标准的基础级,用一般的切齿加工便能达到,在设计中用得最广。一般将 3～5 级齿轮视为高精度齿轮;6～8 级齿轮为中等精度齿轮;9～12 级齿轮为粗糙齿轮;1、2 级齿轮是有待发展的特别精密的齿轮。

选择齿轮精度等级的主要依据是:齿轮的用途、使用要求及工作条件等。选择方法常用计算法和类比法。计算法主要用于精密传动链,要求准确性很高时,可按要求计算出所需转角误差来选择准确性要求的等级。对于高速动力齿轮,可按其工作的最大转数计算圆周速度,然后再按速度查表对照选取所需的平稳性等级,也可按噪声大小选用平稳性等级。类比法,即按使用要求和用途及工作条件等查表对比选择,分别给出不同用途和不同工作条件(圆周速度及应用场合)下所应选择的精度等级。表 9.4 给出了各精度等级齿轮的适用范围和切齿方法,可供参考。

表 9.4　齿轮精度等级的选用

| 精度等级 | 圆周速度/(m·s⁻¹) | | 齿面的终加工 | 工　作　条　件 |
| --- | --- | --- | --- | --- |
| | 直齿 | 斜齿 | | |
| 3 级<br>(极精密) | 到 40 | 到 75 | 特精密的磨削和研齿;用精密滚刀或单边剃齿,大多数不经淬火 | 要求特别精密的或在最平稳且无噪声的特别高速下工作的齿轮传动;特别精密机构中的齿轮;特别高速传动(透平齿轮);检测 5～6 级齿轮用的测量齿轮 |
| 4 级<br>(特别精密) | 到 35 | 到 70 | 精密磨齿;用精密滚刀加工和挤齿或单边剃齿 | 特别精密分度机构中或在最平稳且无噪声的极高速下工作的齿轮传动;特别精密分度机构中的齿轮;高速透平传动;检测 7 级齿轮用的测量齿轮 |

| 精度等级 | 圆周速度/(m·s⁻¹) | | 齿面的终加工 | 工 作 条 件 |
|---|---|---|---|---|
| | 直齿 | 斜齿 | | |
| 5级<br>（高精密） | 到 20 | 到 40 | 精密磨齿；大多数用精密滚刀加工，进而挤齿或剃齿 | 精密分度机构中或要求极平稳且无噪声的高速工作的齿轮传动；精密机构中的齿轮；透平齿轮；检测8级和9级齿轮用的测量齿轮 |
| 6级<br>（高精密） | 到 15 | 到 30 | 精密磨齿或剃齿 | 要求最高效率且无噪声的高速下平稳工作的齿轮传动或分度机构的齿轮传动；特别重要的航空、汽车齿轮；读数装置用特别精密传动的齿轮 |
| 7级<br>（精密） | 到 10 | 到 15 | 无须热处理仅用精确刀具加工；淬火齿轮必须精整加工（磨齿、挤齿、珩齿等） | 增速和减速用齿轮传动；金属切削机床送刀机构用齿轮；高速减速器用齿轮；航空、汽车用齿轮；读数装置用齿轮 |
| 8级<br>（中等精密） | 到 6 | 到 10 | 不磨齿，不必光整加工或对研 | 无须特别精密的一般机械制造用齿轮，包括在分度链中的机床传动齿轮；飞机、汽车制造业中的不重要齿轮；起重机构用齿轮；农业机械中的重要齿轮；通用减速器齿轮 |
| 9级<br>（较低精密） | 到 2 | 到 4 | 无须特殊光整加工 | 用于粗糙工作的齿轮 |

根据使用要求的不同，对齿轮传动准确性、平稳性及载荷分布均匀性这三方面可以选同等精度等级，也可以选不同级。若选用不同等级，一般是根据使用要求或工作条件，首先确定主要方面的精度等级，然后按它们之间的相互关系确定另两个方面的等级。通常齿轮传动准确性要求不能比传动平稳性要求低过两级或高过一级，载荷分布的均匀性要求不能低于传动平稳性要求，因为齿面接触不好，必然使齿轮传动不平稳。

如何更合理地计算和确定出齿轮的精度等级，目前还没有完整的指导性材料。为了应用方便，按对生产实践的调查了解，一般机械常用精度等级作如下综合建议：对于行星传动和读数齿轮，传递运动准确性要求和平稳性要求可按同级制造。其他情况下准确性要求可比平稳性要求低一级。对于重载齿轮的传动，载荷分布均匀性要求可高于平稳性要求，而中轻载荷则多选同级，如拖拉机、载重汽车中的齿轮传动准确性、平稳性及载荷分布均匀性要求多用 $7F_p6$（$F_\alpha$、$F_\beta$）。

不同机械的内齿轮传动中所采用的齿轮精度等级，如：测量齿轮为3~5级；蜗轮减速器为3~6级；金属切削机床为3~8级；内燃机车和电气机车为6~7级；轻型汽车为5~8级；重型汽车为6~9级；航空发动机为4~7级；拖拉机为6~10级；一般用途的减速器为6~9级；轧钢设备的小齿轮为6~10级；矿用绞车为8~10级；起重机械为7~10级；农用机械为8~11级。

**2. 精度等级的选用**

齿轮副中两个齿轮的精度等级一般取相同的，也允许取不相同的。若两齿轮的精度等级不同,则按较低的精度确定齿轮副的精度等级。精度等级的选择应根据使用要求、工作条件、技术要求等具体情况来选择。其选择原则是在满足使用要求的前提下,尽量选用精度较低的等级。这主要是既要考虑满足使用要求,又要考虑经济性。

确定齿轮精度等级的方法有计算法和类比法两种。由于影响齿轮传动精度的因素多而复杂,按计算法得出的齿轮精度仍需要进行修正,故计算法很少采用。多数场合采用类比法选择齿轮精度等级。类比法是根据以往产品设计、性能试验及使用过程中所积累的经验,以及较可靠的技术资料进行对比,从而确定齿轮的精度等级。表 9.5 所示为各种机械产品常用的齿轮精度等级。

**表 9.5　常见机械产品的齿轮精度等级**

| 应 用 范 围 | 精 度 等 级 | 应 用 范 围 | 精 度 等 级 |
|---|---|---|---|
| 测量齿轮 | 2～5 | 航空发动机 | 3～7 |
| 汽轮机减速器 | 3～6 | 拖拉机 | 6～10 |
| 金属切削机床 | 3～7 | 一般用途的减速器 | 6～9 |
| 一般机床 | 5～8 | 轧钢设备齿轮 | 6～10 |
| 内燃机与电气汽车 | 6～7 | 矿山绞车 | 7～10 |
| 轻型汽车 | 5～8 | 起重机 | 7～10 |
| 载重汽车 | 6～9 | 农业机械 | 8～11 |

### 9.5.2　齿轮副侧隙指标公差值的确定

齿侧间隙是两个配对齿轮啮合后才产生的,对单个齿轮不存在齿侧间隙,故只有齿轮副才有侧隙。齿轮传动装置中对侧隙的要求,主要取决于其工作条件和使用要求,与齿轮的精度等级无关。

齿轮副的侧隙在装配后形成,其大小由相配的两个齿轮的齿厚和中心距尺寸决定。设计中采用基中心距制,即对每一精度等级规定一种中心距极限偏差,然后通过计算确定两齿轮的齿厚偏差或公法线平均长度偏差,装配后获得所需要的齿轮副侧隙,以满足各种使用要求。

国家标准规定,齿厚偏差在精度表示中是用代号表示的,共有 14 种,依次用字母 C、D、E、F、G、H、J、K、L、M、N、P、R、S 表示。每个代号给出一个偏差值表达式,代表一个数值,如表 9.6 所示,齿厚极限偏差是以单个齿距偏差 $f_{pt}$ 乘上一个系数计算得到,单个齿距偏差绝对值根据该齿轮传动平稳性精度等级通过查表获得。

**表 9.6　齿厚偏差计算式**

| | | | |
|---|---|---|---|
| $C = +1f_{pt}$ | $G = -6f_{pt}$ | $L = -16f_{pt}$ | $R = -40f_{pt}$ |
| $D = 0$ | $H = -8f_{pt}$ | $M = -20f_{pt}$ | $S = -50f_{pt}$ |
| $E = -2f_{pt}$ | $J = -10f_{pt}$ | $N = -25f_{pt}$ | |
| $F = -4f_{pt}$ | $K = -12f_{pt}$ | $P = -32f_{pt}$ | |

选择齿厚偏差时,应根据对侧隙的需要选择两种代号,分别表示齿厚允许的上偏差和下偏差。例如,若选择齿厚偏差的代号为 FL,则表示齿厚允许的上偏差代号为 $F(-4f_{pt})$,下偏差代号为 $L(-16f_{pt})$,其形成的齿厚公差带的大小和位置如图 9.48 所示。

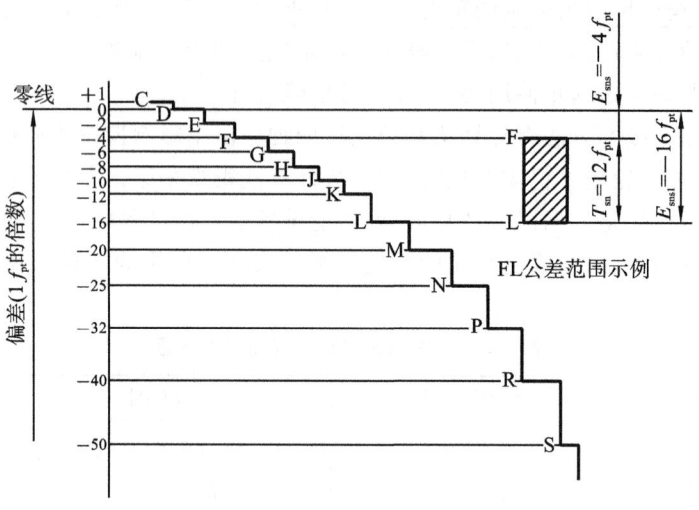

图 9.48　齿厚偏差代号

### 9.5.3　齿轮坯精度

齿坯的内孔、外圆和端面通常作为齿轮的加工、测量和装配基准,它们的精度对齿轮的加工、测量和安装精度有很大的影响,所以必须规定其公差。齿坯公差包括轴或孔的尺寸公差、形状公差及基准面的跳动公差,各项公差值可参照表 9.7 以及表 9.8 选用。

表 9.7　齿坯尺寸公差

| 齿轮精度等级 | | 5 | 6 | 7 | 8 | 9 | 10 | 11 | 12 |
|---|---|---|---|---|---|---|---|---|---|
| 孔 | 尺寸公差 | IT5 | IT6 | IT7 | | IT8 | | IT9 | |
| 轴 | 尺寸公差 | IT5 | IT6 | IT7 | | IT8 | | | |
| 顶圆直径偏差 | | $\pm 0.05 m_{\mathrm{n}}$ | | | | | | | |

表 9.8　齿坯径向和端面圆跳动公差　　　　　　　　　　　　　单位:μm

| 分度圆直径 $d/\mathrm{mm}$ | 齿轮精度等级 | | | |
|---|---|---|---|---|
| | 3、4 | 5、6 | 7、8 | 9~12 |
| 到 125 | 7 | 11 | 18 | 28 |
| >125~400 | 9 | 14 | 22 | 36 |
| >400~800 | 12 | 20 | 32 | 50 |
| >800~1600 | 18 | 28 | 45 | 71 |

### 9.5.4　齿轮齿面、基准面的表面粗糙度要求

齿轮各主要表面的表面粗糙度也将影响加工方法、使用性能和经济性,齿面粗糙度将影响齿轮的传动精度(如噪声和振动等状况)、表面承载能力(如点蚀、胶合和磨损等状况)和弯曲强度(齿根过渡曲面状况)。各主要表面粗糙度数值参照表 9.9 选用。齿轮各基准面的表面粗糙

度数值参照表 9.10 选用。

**表 9.9　齿轮齿面的表面粗糙度推荐极限值**(摘自 GB/Z 18620.4—2008)　　　　单位:$\mu m$

| 齿轮精度等级 | $Ra$ | | $Rz$ | |
|---|---|---|---|---|
| | $m_n < 6$ | $m_n \leqslant 25$ | $m_n < 6$ | $6 \leqslant m_n \leqslant 25$ |
| 3 | — | 0.16 | — | 1.0 |
| 4 | — | 0.32 | — | 2.0 |
| 5 | 0.5 | 0.63 | 3.2 | 4.0 |
| 6 | 0.8 | 1.00 | 5.0 | 6.3 |
| 7 | 1.25 | 1.60 | 8.0 | 10 |
| 8 | 2.0 | 2.5 | 12.5 | 16 |
| 9 | 3.2 | 4.0 | 20 | 25 |
| 10 | 5.0 | 6.3 | 32 | 40 |

**表 9.10　齿轮各基准面的表面粗糙度($Ra$)推荐值**　　　　单位:$\mu m$

| 表面粗糙度 $Ra$ | 齿轮精度等级 | | | | | |
|---|---|---|---|---|---|---|
| | 5 | 6 | 7 | 8 | 9 | |
| 齿面加工方法 | 磨齿 | 磨或珩齿 | 剃或珩齿 | 精滚精插 | 插齿或滚齿 | 滚齿 | 铣齿 |
| 齿轮基准孔 | 0.32~0.63 | 1.25 | 1.25~2.5 | | | 5 | |
| 齿轮轴基准颈 | 0.32 | 0.63 | 1.25 | | 2.5 | | |
| 齿轮基准端面 | 1.25~2.5 | 2.5~5 | | | 3.2~5 | | |
| 齿轮顶圆 | 1.25~2.5 | 3.2~5 | | | | | |

### 9.5.5　齿轮精度的标注

在齿轮零件图上应标注齿轮的精度等级和齿厚偏差的字母代号或数值。齿轮的结构尺寸及形式都是根据设计需要并参考有关手册而定的。齿坯公差直接标注在工作图上,齿轮的主要参数(如模数 $m_n$、齿数 $z$、齿形角 $\alpha$、螺旋角 $\beta$、变位系数 $x$ 等)、精度等级及齿厚偏差代号、所选用的公差(或偏差)均应列表标注。齿轮精度等级及齿厚偏差代号的标注示例如下。

(1) 7-6-6(GMGB/T 10095—2008)表示齿轮传动准确性、平稳性和承载均匀性要求的精度分别为 7 级、6 级、6 级,齿厚上、下偏差分别为 G、M。

(2) 7FL(GB/T 10095—2008)表示齿轮传动准确性、平稳性和承载均匀性要求的精度等级相同,都为 7 级,齿厚上、下偏差分别为 F、L。

(3) $4\binom{-0.030}{-0.495}$(GB/T 10095—2008)表示齿轮齿轮传动准确性、平稳性和承载均匀性要求的精度同为 4 级,齿厚上、下偏差值分别为 $-0.330$ mm,$-0.495$ mm。

齿轮装配图上应标注齿轮副精度等级和齿轮副的极限侧隙,例如:副 7-6-6$\binom{+0.223}{+0.388}$(GB/T 10095—2008)表示齿轮副切向综合误差精度为 7 级,切向一齿综合误差精度为 6 级,接触斑点精度为 6 级,齿轮副最小、最大圆周侧隙分别为 $+0.223$ mm 和 $+0.388$ mm。

# 习　题

**9.1**　判断题

1. 在齿轮的加工误差中,影响齿轮副侧隙的主要是齿厚偏差和公法线平均长度偏差。

（　　）

2. 根据不同的传动要求,同一圆柱齿轮的三项性能要求,可取相同的精度等级,也可以取不同的精度等级相组合。　　　　　　　　　　　　　　　　　　　　　（　　）

3. 同一个齿轮的齿距累积误差与其切向综合误差的数值是相等的。　（　　）

4. 当一个齿轮的使用基准与加工基准的轴线重合时,即不存在齿圈径向跳动误差。

（　　）

5. 齿距累积误差是由径向误差与切向误差造成的。　　　　　　　（　　）

6. 齿形误差对接触精度无影响。　　　　　　　　　　　　　　　（　　）

7. 切向综合误差能用于全面评定齿轮运动精度。　　　　　　　　（　　）

8. 绘制齿轮工作图时,必须在齿轮的三个公差组中各选一个检验项目标注在齿轮图样上。　　　　　　　　　　　　　　　　　　　　　　　　　　　　　（　　）

9. 齿厚的上偏差为正值,下偏差为负值。　　　　　　　　　　　（　　）

10. 齿轮的单项测量不能用于充分评定齿轮的工作质量。　　　　（　　）

11. 齿轮的综合测量的结果代表各单项误差的综合。　　　　　　　　（　）

**9.2**　选择题

1. 齿轮传递运动准确性的必检指标是（　　）。

A. 齿厚偏差　　　　　　　B. 齿廓总偏差　　　　C. 齿距累积误差　　　　D. 螺旋线总偏差

2. 保证齿轮传动平稳的偏差项目是（　　）。

A. 齿廓偏差　　　　　　　B. 齿形偏差　　　　　　C. 齿厚偏差　　　　　　D. 齿距偏差

3. 下列说法正确的有（　　）。

A. 用于精密机床的分度机构、测量仪器上的读数分度齿轮,一般要求传递运动准确

B. 用于传递动力的齿轮,一般要求传动平稳

C. 用于高速传动的齿轮,一般要求传递运动准确

D. 低速动力齿轮对运动的准确性要求高

4. 齿轮副的侧隙用于（　　）。

A. 补偿热变形　　　　　　　　　　　B. 补偿制造误差和装配误差

C. 储存润滑油　　　　　　　　　　　D. 以上三者

5. 对轧钢机、矿山机械和起重机械等低速传动齿轮的传动精度要求较高的为（　　）。

A. 传递运动的准确性　　　　　　　　B. 载荷在齿面上分布的均匀性

C. 传递运动的平稳性　　　　　　　　D. 传递侧隙的合理性

6. 对高速传动齿轮(如汽车、拖拉机等)减速器中齿轮精度要求较高的为（　　）。

A. 传递运动的准确性　　　　　　　　B. 载荷在齿面上分布的均匀性

C. 传递运动的平稳性　　　　　　　　D. 传递侧隙的合理性

7. 测量齿圈径向跳动误差,主要用以评定由齿轮（　　）。

A. 几何偏心所引起的误差　　　　　　B. 运动偏心所引起的误差

C.几何偏心和运动偏心综合作用引起的误差

8. 测量齿距累积误差,可以评定齿轮传递运动的(　　)。

A.准确性　　　　　　　　B.平稳性　　　　　　C.侧隙的合理性　　　D.承载的均匀性

9. 对于公法线长度变动,根据齿轮精度要求,工艺规定可用公法线指示卡规测量,则该齿轮精度为(　　)。

A.一般精度　　　　　　　B.较高精度　　　　　　C.较低精度

**9.3　简答题**

1. 对齿轮传动有哪些使用要求?

2. 齿轮加工误差产生的原因有哪些?

3. 为什么要对齿坯提出精度要求? 齿坯精度包括哪些内容?

4. 齿轮传动中的侧隙有什么作用? 用什么指标来控制侧隙?

5. 齿轮各项偏差如何测量?

6. 什么是齿厚偏差? 如何确定齿厚偏差?

7. 确定齿轮中心距偏差时应该考虑哪些因素?

8. 确定齿轮最小侧隙的方法有哪几种? 确定时要考虑哪些因素?

9. 齿轮副精度检验项目有哪些? 主要控制哪方面的齿轮使用要求?

10. 为什么要规定齿坯偏差? 齿坯要求检验哪些精度项目?

11. 标记"7-6-6FL GB/T 10095—2008"的含义是什么?

# 第 10 章　几何量精度设计实例

**教学提示**　本章以单级减速器为例,结合前面各章内容的学习,完成对单级减速器主要零部件配合部位的精度分析与选择,包括极限与配合的选择、几何公差项目及数值的确定,以及表面粗糙度参数值的选取,为今后的精度设计工作奠定基础。

机械零部件的精度分析与设计是机械产品设计中一项很重要的工作,合理地选择几何量精度,对于保证产品质量、降低生产成本、保证互换性生产的顺利进行起着重要的作用。

机械零部件精度设计方法通常有类比法、计算法和试验法。类比法是根据实际工作经验进行零部件的几何量精度设计,是一种可靠而有效的方法。随着科学技术的发展及计算机水平的提高,计算法和试验法的使用将会越来越多。

在对机械产品进行精度设计之前,首先要了解机械产品的性能、工作状况、各零部件的作用及相互关系,然后,在综合考虑制造工艺、成本等因素后确定零部件几何量精度中的相关参数,主要包括尺寸精度设计、几何公差选择、表面粗糙度参数选取等内容。

本章通过对单级减速器中重要零部件精度设计的实例分析,介绍采用类比法进行精度设计的思路、设计内容,为今后工作奠定基础。

本章以单级减速器的重要配合部位为例,进行极限与配合的分析与选择,以低速轴为例,进行几何公差及表面粗糙度参数的分析与选择。

## 10.1　对减速器及重要零部件的性能分析

减速器的作用就是降低转速、增加转矩,在传递动力与运动的机构中应用范围相当广泛,几乎在各式机械的传动系统中都可以见到它的踪迹:从交通工具的船舶、汽车、机车,建筑用的重型机具,机械工业所用的加工机具及自动化生产设备,到日常生活中常见的家电、钟表;从大动力的传输到小负荷、精确的角度传输等工作场合,都可以见到减速器的应用。

减速器是一种相对精密的机械,它的种类繁多,型号各异,不同种类有不同的用途。例如:按传动类型可分为齿轮减速器、蜗杆减速器和行星齿轮减速器;按传动级数不同可分为单级减速器、多级减速器;按齿轮形状可分为圆柱齿轮减速器、圆锥齿轮减速器和圆锥-圆柱齿轮减速器。本章选择单级圆柱齿轮减速器作为实例进行分析,图 10.1 所示为一单级减速器产品。

高速轴

低速轴

**图 10.1　单级减速器产品**

图 10.2 所示为经过运动设计和结构设计后所绘制的单级圆柱齿轮减速器。它用在一般传动机械中，主要由齿轮、轴、轴套、轴承、轴承盖、键、箱体等零部件组成（见图 10.2(b)）。

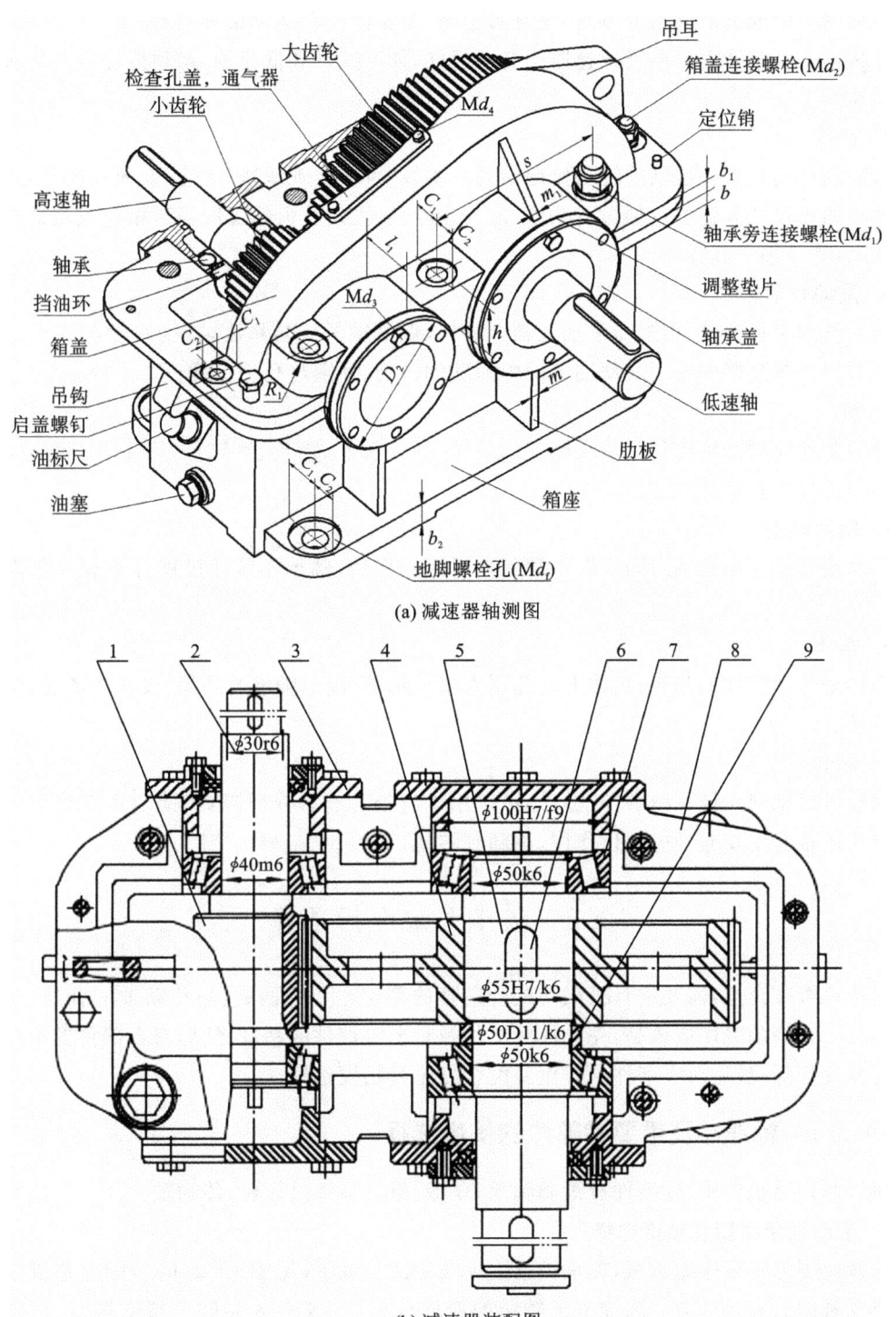

(a) 减速器轴测图

(b) 减速器装配图

**图 10.2　单级减速器**

1—小齿轮；2—高速轴；3—轴承盖；4—大齿轮；5—低速轴；6—键槽；7—轴承；8—箱体；9—轴套

减速器中主要零部件的作用如下。

**1. 传动轴(轴)**

传动轴是组成机器的重要零件,它主要用来支承作回转运动的零件(如带轮、齿轮、叶轮等),并传递运动和动力。单级减速器中有两根轴,即高速轴和低速轴,运动传递方向是从高速轴到低速轴。

**2. 齿轮**

齿轮的作用是将一根轴的转动传递给另一根轴,可以实现减速、增速、变向和换向等动作。减速器中的小尺寸齿轮可与轴做成一体,成为齿轮轴;大尺寸齿轮可以通过单键或花键连接安装在轴上,并与轴一起转动。

**3. 滚动轴承**

滚动轴承是标准件,用来支承轴及轴上零件,保证轴的旋转精度,减少转轴与支承之间的摩擦和磨损。减速器中所用滚动轴承的内圈随轴转动、外圈与孔相对静止。

**4. 键**

键的主要作用是将轴和套装在轴上的零件(如联轴器、带轮、齿轮等)固定在一起,以便传递扭矩和进行矢量运动。

**5. 轴承端盖**

轴承端盖的作用是轴向固定轴承和起密封保护作用,轴承端盖通过螺钉或螺栓固定在箱体上。

**6. 箱体**

箱体是传动零件的基座,箱体上的孔用来支承轴承,固定轴承的外圈,仅让内圈转动、外圈保持不动。

**7. 轴套**

轴套可以轴向定位及减磨、减振,也可以用于将轴与有害介质隔离,使轴增寿耐用等。减速器中所用轴套主要起轴向定位作用,不随轴转动。

## 10.2　极限与配合的选择

对于单级减速器,需要进行极限与配合选择的部位主要有两处:与传动轴配合处、与箱体孔配合处。选择的顺序应该是:先选择标准件及重要零部件的精度;然后对零部件的重要配合处进行精度选择;最后对零部件的非重要配合处进行精度选择。

### 10.2.1　标准件及重要零部件的精度选择

单级减速器机构中,标准件有滚动轴承、单键,重要零件是齿轮、传动轴。

**1. 滚动轴承类型及精度选择**

该减速器为一般用途机械,轴承类型选择圆锥滚子轴承(见图 10.2(b)),因为圆锥滚子轴承可承受轴向力和径向力。圆锥滚子轴承的精度分为 0、6X、5、4 共四个精度等级,根据减速器的用途选用中等精度 6X 即可满足要求(参考第 8 章)。

**2. 键的类型及精度选择**

根据使用要求,选择单键中的平键即可,其公差带代号为 h8(参考第 8 章)。

**3．齿轮精度选择**

结合减速器的实际应用，齿轮精度应在 6～9 级范围内，这里选择传递运动的准确性、工作的平稳性和承载的均匀性均为 8 级精度的齿轮即可（参考第 9 章）。

## 10.2.2　主要配合处极限与配合的选择

**1．与传动轴配合处的极限与配合**

单级减速器中传动轴有高速轴和低速轴。如图 10.2(b)所示，装配在高速轴上的零部件（由上到下）依次有联轴器、轴承盖、滚动轴承，装配在低速轴上的零部件依次有轴承盖、滚动轴承、大齿轮、平键、轴套、联轴器。

1）滚动轴承内圈与轴的极限与配合

此处是重要配合处。因为滚动轴承是标准件，应选择基孔制；根据轴承精度，轴的公差等级应选择 IT6；为保证减速器的正常工作，滚动轴承内圈与轴的配合类型应选过盈配合。按滚动轴承标准的有关规定，考虑到运动从高速轴（输入轴）到低速轴（输出轴）的转速依次降低，所选配合的松紧程度也应依次降低，所选的过盈量依次减小，因此，与滚动轴承内圈配合的高速轴、低速轴的公差带依次选为 $\phi40\,m6$、$\phi50k6$（见第 8 章），配合代号分别为 $\phi40\,m6$、$\phi50/k6$。其装配图标注如图 10.2(b)所示。

2）平键与轴槽、轮毂槽的极限与配合

低速轴上的齿轮通过平键安装在轴上，键同时与轴槽、轮毂槽相配合，键宽 $b$ 为配合尺寸，其他尺寸均为非配合尺寸。在单级减速器中，键与键槽之间属于一般键连接，根据平键国家标准 GB/T 1095—2003，选正常连接即可，轴槽宽的公差带为 N9，齿轮上的轮毂槽公差带为 JS9。图 10.3 所示为传动轴的零件图，轴槽宽按 N9 查表后标注极限偏差（见第 8 章）。

3）齿轮孔与低速轴的极限与配合

齿轮孔与轴的配合较为重要。基准制优先选基孔制；当齿轮精度选为 8 级时，齿轮孔和相配轴的轴颈公差等级应分别选 IT7 和 IT6；为保证齿轮孔与轴的对中性和装拆方便，并考虑到齿轮与轴之间用键连接传递运动和动力，配合的间隙可适当增大，配合类型应选择较松的过渡配合，故选轴的基本偏差为 k 系列，参考第 3 章，此处配合代号应为 $\phi55H7/k6$，如图 10.3 所示。

4）轴与联轴器的极限与配合

由于高速轴的转速比较高，尽管它们之间也通过键连接来传递运动和动力，但是，为了保证连接可靠，所选配合应该偏紧一些，过盈量应该适当增大；低速轴则选择配合相对较松的过渡配合。按联轴器标准推荐，高速轴、低速轴与联轴器配合部位轴的公差带分别选 $\phi30r6$、$\phi45k6$，如图 10.2(b)和图 10.3 所示。

5）轴套与轴的极限与配合

轴套与轴的配合为不重要配合，轴的公差等级前面已确定为 $\phi50k6$。这里只需选择挡套的公差带。为使挡套的拆装便利，一般采用较大的最小间隙，考虑经济性，采用较低的公差等级，最后确定轴套内孔的公差等级为 $\phi50D11$，轴套与低速轴的配合为 $\phi50D11/k6$（这种配合属于非基准制配合，见第 3 章）。

**2．与箱体孔配合处**

1）轴承外圈与箱体孔的极限与配合

轴承外圈与箱体孔的配合为重要配合。滚动轴承为标准件，外圈基准制应选基轴制；公差等级应选择较高的 IT7；轴承外圈与箱体孔之间没有运动，为便于装拆，配合类型应选择过渡

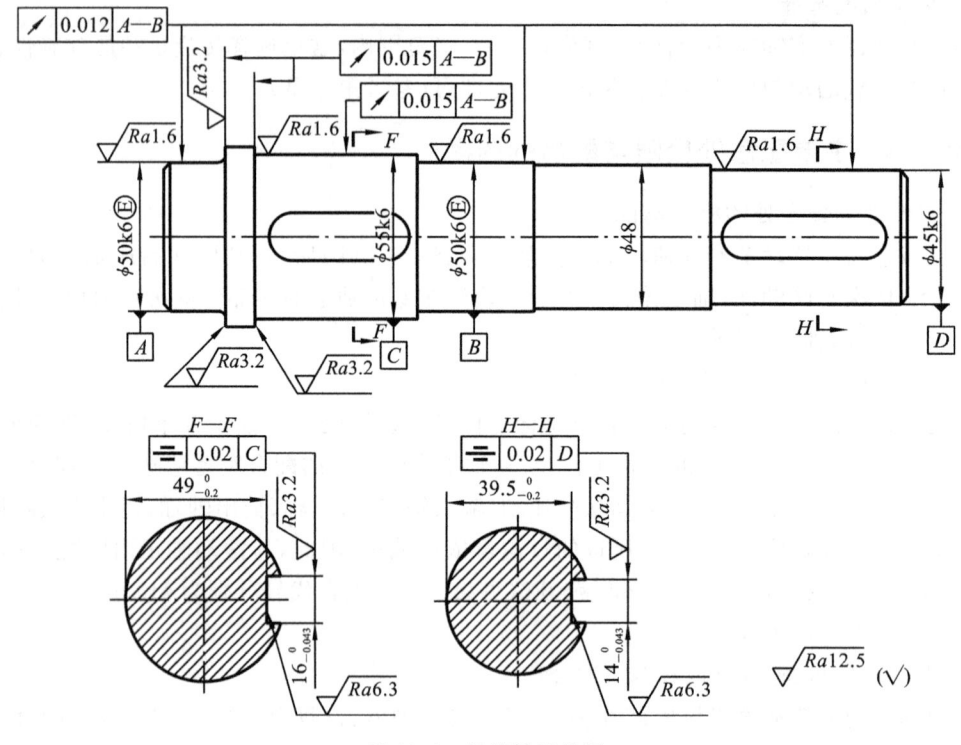

图 10.3　低速轴零件图

配合。为保证轴在受热伸长时有轴向游隙,采用轴承外圈为游动套圈,并且通过调整轴承盖与箱体连接处的垫片来实现,因此,轴承外圈与箱体孔之间可以采用最松的过渡配合,或者间隙配合,此时,箱体孔的公差带代号选择 J7,也可取 H7(见第 8 章)。其装配图 10.2(b)是按 H7 标注的。

　　2) 轴承盖与箱体孔的极限与配合

　　为便于加工箱体孔,箱体孔沿深度方向应设计成光孔,公差等级已按上述选定为 $\phi100$H7。为保证装拆方便,加之定心精度要求不高,此处应采用间隙稍大一些的间隙配合,此处配合对减速器的性能影响不大,间隙的变动不影响其使用要求,选择较低的公差等级使加工经济性好。因此,轴承盖选定的公差等级为 f9。在装配图 10.2(b)上,轴承盖与箱体孔之间的配合为 H7/f9,属于根据使用要求选定的非基准制配合类型。

　　其余非重要配合处的极限与配合的选择这里不一一介绍。

## 10.3　传动轴的几何公差选择

　　如第 5 章所述,加工后的零件都会存在几何误差,一般情况下,这种误差多由尺寸公差或者所用加工设备的本身精度来控制,不必提出几何公差要求。但是,如果根据使用要求,一定要在图样上给定几何公差时,则应根据要求选择公差项目、基准、公差值以及所用的公差原则,并按规定正确地标注在零件图上。这里以单级减速器中的低速轴为例,分析如何进行几何公差的选择。

　　对零件提出几何公差要求,并不是对构成零件的所有要素一一提出,而是主要针对重要配合处的几何要素。对于减速器中的低速轴,几何公差项目主要有径向跳动、轴向跳动和对称度。

**1. 径向跳动**

1) 安装轴承的圆柱面

$\phi 50k6$ 两圆柱面用以安装滚动轴承，并通过滚动轴承将轴安装在减速器箱体孔中，其公共轴线是该轴的装配基准。为使轴、滚动轴承工作时运转灵活、受载均匀和便于装配，应对 $\phi 50k6$ 两圆柱面的轴线提出同轴度要求。考虑到测量方便，选择 $\phi 50k6$ 两圆柱面的径向圆跳动项目代替同轴度。为了使设计基准与装配基准重合，选择 $\phi 50k6$ 两圆柱面的公共轴线作为基准。

参照类似零件，由表 5.15 选择径向圆跳动公差等级为 6 级，由表 5.11 选取其公差值为 0.012 mm。因为 $\phi 50k6$ 两圆柱面是较重要的配合面，为了保证其配合性质，要求圆柱面采用包容要求，即控制 $\phi 50k6$ 两圆柱面的实际轮廓不得超越最大实体边界，零件图标注如图 10.3 所示。

2) 安装齿轮的圆柱面

$\phi 55k6$ 圆柱面用以安装齿轮，其轴线是齿轮的装配基准。为了使齿轮传递运动准确，需要控制其形状误差和对 $\phi 50k6$ 两圆柱面公共轴线的同轴度误差，考虑测量方便，选择该 $\phi 55k6$ 圆柱面对 $\phi 50k6$ 两圆柱面的公共轴线的径向圆跳动项目，按 6 级确定公差值为 0.015 mm。另外，该圆柱面也是比较重要的配合面，为了保证配合性质，该表面的尺寸公差与形状公差采用包容要求，标注如图 10.3 所示。

3) 安装联轴器的圆柱面

$\phi 45k6$ 圆柱面的轴线是安装联轴器的装配基准，同样对该圆柱面应提出对 $\phi 50k6$ 两圆柱面公共轴线的径向圆跳动，公差等级选 6 级，确定公差值为 0.012 mm，标注如图 10.3 所示。

**2. 轴向跳动**

如图 10.2(b)所示，$\phi 55k6$、$\phi 50k6$ 的轴肩分别是齿轮、滚动轴承的轴向定位基准。为了使齿轮、轴承在轴上的正确定位、受载均匀，对它们应分别提出端面圆跳动要求。根据功能要求，基准应选择各自的轴线，即 $\phi 55k6$、$\phi 50k6$ 的圆柱轴线。但是，为了使基准统一，便于检测，可采用 $\phi 50k6$ 两圆柱面的公共轴线作为基准。

按照滚动轴承公差标准和齿轮接触精度的要求，端面圆跳动公差等级按 6 级选取，公差值确定为 0.015 mm，标注如图 10.3 所示。

**3. 对称度**

宽度分别为 14 mm、16 mm 的键槽用于安装普通平键，是键的装配基准。为了使键的受载均匀、便于拆卸，应该对键槽的中心平面相对各自所在轴的中心线提出对称度。对称度公差等级可参照表 5.15 选普通平键的 7 或 8 级，可查表 5.11 确定 8 级公差值取 0.02 mm。

其他如退刀槽、倒角、没有配合要求的结构尺寸等，几何公差要求不严，一般机床加工容易保证，故图样上对这些要素不提出几何公差要求。

将以上各项几何公差按 GB/T 1182—2008 规定标注在图样中，如图 10.3 所示。

## 10.4　传动轴表面粗糙度参数及数值的选择

零件表面的微观几何特征对零件使用性能的影响是多方面的。因此，在选择表面粗糙度的评定参数时应能充分、合理地反映微观空间表面或曲面的真实情况。对一般零件，多数表面只给定表面粗糙度的高度特征参数,就基本上能够满足零件的功能要求。至于间距特征参数和形状特征参数可根据要求选择。

参数值的选择应从零件的功能要求、与尺寸公差和几何公差相协调,以及加工经济性这三个方面来考虑,选择方法一般采用类比法。表 6.10、表 6.11 是有关表面粗糙度参数值的选用推荐表,可供选择时参考。

下面仍以单级减速器中的低速轴为例,讨论表面粗糙度的选用和标注。

**1. 与滚动轴承、齿轮、联轴器等重要配合表面**

与轴承、齿轮、联轴器配合的表面是重要表面,要求与其配合件之间的配合性质稳定、可靠,所以,表面粗糙度数值应取较小值,同时,该数值还应与尺寸公差、形状公差相协调,这里参数选取 $Ra$,其数值为 1.6 $\mu m$。

**2. 各轴肩表面**

各轴肩表面都是轴的工作表面,但不是重要的配合表面,与相连的零件之间没有相对运动,参数选 $Ra$,数值略大,为 3.2 $\mu m$。

**3. 两键槽的侧面和底面**

两键槽的侧面是键的配合表面,底面为非配合表面。根据国家标准 GB/T 1096—2003,对侧面选取 $Ra$ 值不大于 3.2 $\mu m$,对底面选取 $Ra$ 值为 6.3 $\mu m$。

**4. 其他表面**

其他表面都是轴上非工作表面,从经济性和外表美观出发,选取 $Ra$ 值为 12.5 $\mu m$。

将上述的选择标注在图样上,如图 10.3 所示。

# 习　　题

10.1　图 10.4 所示为一般机构中使用的传动轴,根据要求,完成下列零件的几何量精度设计(包括尺寸公差、几何公差及表面粗糙度参数的选择和数值的确定,轴的外径尺寸可结合实际自行确定大小)。对与该轴相配的零件要求为:

(1) 直径为 $d_3$ 的轴段处安装一般精度的齿轮;

(2) 两个直径为 $d_1$ 的轴段处安装滚动轴承。

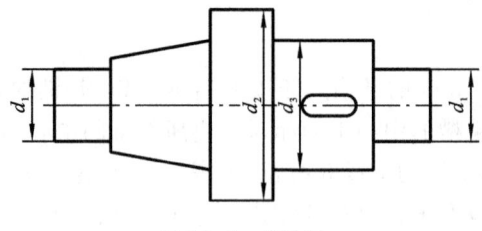

**图 10.4　传动轴**

10.2　试叙述图 10.3 中各项标注的含义。

# 参 考 文 献

[1]  孔晓玲.公差与测量技术[M].北京:北京大学出版社,2009.

[2]  胡凤兰.互换性与测量技术基础[M].2版.北京:高等教育出版社,2011.

[3]  王喜力.产品几何技术规范(GPS)国家标准应用指南[M].北京:中国标准出版
社,2010.

[4]  蒋向前,新一代 GPS 标准理论与应用[M].北京:高等教育出版社,2007.

[5]  毛平淮.互换性与测量技术基础[M].2版.北京:机械工业出版社,2010.

[6]  廖念钊.互换性与技术测量[M].5版.北京:中国计量出版社,2007.

[7]  韩进宏.互换性与技术测量[M].北京:机械工业出版社,2004.

[8]  郑建忠.互换性与测量技术[M].杭州:浙江大学出版社,2004.

[9]  王伯平.互换性与测量技术基础[M].北京:机械工业出版社,2000.

[10]  刘品.互换性与测量技术基础[M].2版.哈尔滨:哈尔滨工业大学出版社,2001.

[11]  何贡.互换性与测量技术[M].北京:中国计量出版社,2000.

[12]  黄镇昌.互换性与测量技术[M].广州.华南理工大学出版社,2001.

[13]  庞学慧.互换性与测量技术基础[M].北京:兵器工业出版社,2003.

[14]  景旭文.互换性与测量技术基础[M].北京:中国标准出版社,2002.

[15]  郑风琴.互换性与测量技术[M].南京:东南大学出版社,2000.

[16]  田敏茹.互换性与测量技术基础[M].哈尔滨:哈尔滨工程大学出版社,1998.

[17]  谢铁邦.互换性与技术测量 [M].3版.广州:华中理工大学出版社,1998.

[18]  修树东.互换性与测量技术基础[M].哈尔滨:哈尔滨工程大学出版社,1998.

[19]  柏永新.渐开线圆柱齿轮精度[M].西安:陕西科学技术出版社,1988.

[20]  毛友新.机械设计基础[M].武汉:华中科技大学出版社,2005.

[21]  孙桓.机械原理[M].3版.北京:人民教育出版社,1959.

[22]  吕天玉.公差配合与测量技术 [M].2版.大连:大连理工大学出版社,2005.

[23]  甘永力.机械设计精度基础[M].长春:吉林人民出版社,2005.

[24]  李彩霞.机械精度设计与检测技术[M].上海:上海交通大学出版社,2004.

[25]  孙玉琴.机械精度设计基础[M].北京:科学出版社,2003.

[26]  陈隆德.机械精度设计与检测技术[M].北京:机械工业出版社,2000.

[27]  成大先.机械设计手册[M].5版.北京:化学工业出版社.2011.

[28]  徐学林.互换性与测量技术基础 [M].长沙:湖南大学出版社,2005.

[29]  胡照海.公差配合与测量技术 [M].北京:人民邮电出版社,2006.

[30]  田野.互换性与测量技术 [M].北京:化学工业出版社,2006.